“十三五”普通高等教育本科规划教材

Ceramics Processing

陶瓷工艺学

焦宝祥　主编　　　管浩　副主编

化学工业出版社

·北京·

本教材整合了普通陶瓷和特种陶瓷的工艺原理与基本方法，阐述了材料组成和工艺过程对材料性能与结构的影响，为无机非金属材料专业学生解决陶瓷生产过程中的复杂问题提供了基础知识和方法。内容涉及陶瓷材料的原料选择、组成设计、工艺过程、结构形成、性能优化等方面的基本知识和原理。包括原料选择及加工、坯釉的配料计算、成型工艺、干燥、烧结及加工等内容。目的是让学生熟悉陶瓷生产的共性原理，理解工艺因素对陶瓷产品性质与结构的影响，能够从技术的角度分析陶瓷生产中的问题并加以解决，同时，具备研发和设计新工艺、新技术与新材料的基本能力。

本书是针对材料类本科专业学生而编写的，内容宽泛，深入浅出，具有较强的实用性。也可作为材料类工程技术人员的参考用书。

图书在版编目（CIP）数据

陶瓷工艺学 / 焦宝祥主编．—北京：化学工业出版社，2019.5（2024.9重印）

ISBN 978-7-122-33770-2

Ⅰ.①陶… Ⅱ.①焦… Ⅲ.①陶瓷-工艺学-高等学校-教材 Ⅳ.①TQ174.6

中国版本图书馆CIP数据核字（2019）第044774号

责任编辑：王 婧 杨 菁　　文字编辑：王 琪
责任校对：王素芹　　装帧设计：王晓宇

出版发行：化学工业出版社（北京市东城区青年湖南街13号 邮政编码100011）
印 装：大厂聚鑫印刷有限责任公司
787mm×1092mm 1/16 印张16¼ 字数362千字 2024年9月北京第1版第7次印刷

购书咨询：010-64518888　　售后服务：010-64518899
网 址：http://www.cip.com.cn
凡购买本书，如有缺损质量问题，本社销售中心负责调换。

定 价：49.00元

Preface

前言

陶瓷工艺学是一门传统工艺与现代技术相结合的综合学科。不仅担负着对传统工艺和技术传承的重要使命，而且要不断对材料组成、工艺过程、生产技术及产品性能进行改进及创新，并紧跟自动化、信息化的时代步伐。

现代陶瓷工艺涉及的领域很广，是多学科、新技术和新工艺交叉融合的产物，是一个国家国民经济的发展基础和综合实力的标志。为了促进该学科和产业的发展，适应信息化时代的要求，满足传统陶瓷和新型陶瓷材料产业的快速发展，本教材结合我国高等教育改革和建设的现状，整合传统陶瓷与现代陶瓷基本知识，面向应用型本科教学特点而为材料类学生编写，其目标是培养生产一线的应用型高级工程人才。

本教材针对应用型本科人才的培养层次和培养目标，坚持"基础宽泛，突出应用"的原则，适应人才培养模式的改革，教材着重从基本概念、基础理论和工艺过程等方面培养学生的工程应用能力，具有以下特点。

1. 融合了传统陶瓷和现代陶瓷基本知识、理论与工艺方法，阐述了材料组成和工艺过程对材料性能与结构的影响。

2. 吸收了本学科的新研究成果，基本反映了当代陶瓷工艺研究和应用的新趋势。

3. 基本内容宽泛并易懂，注重理论的深入浅出。

4. 渗透了环保、节能的理念。

本教材由焦宝祥任主编，管浩任副主编。参加本书编写的人员有盐城工学院焦宝祥（绪论、第 1 章 1.6 节、第 3 章、第 4 章 4.5 节）、韩朋德（第 1 章 1.1 节～ 1.5 节）、王旭（第 2 章）、顾大国（第 4 章 4.1 节～ 4.4 节）、管浩（第 5 章～第 7 章）。全书由焦宝祥修改并统稿。

本教材在编写过程中，吸收和借鉴了许多相关教材、专著的内容，并引用了一些专家和学者的著作与文献，谨此表示衷心的感谢。同时要感谢江苏高校品牌专业建设工程（PPZY2015A025）对本教材的资助。

鉴于时间短促和限于编者水平有限，本书难免有不足或疏漏之处，欢迎读者在使用过程中批评指正。

编　者

2019 年 7 月

Contents

目录

绪论

陶瓷工艺学是传承古老工艺的精华，融合现代技术前沿的学科。无论是陶瓷胎薄如纸的古代技艺，还是现代3D打印的增材工艺，都令人叹为观止。陶瓷已经成为人们生活和生产中不可缺少的材料。唐三彩浓墨重妆，青花瓷烟雨飘逸，成为中国文化的符号；现代结构陶瓷性能卓绝，功能陶瓷异彩纷呈，成为各国高科技产品的竞争对象。因此，学习和掌握陶瓷工艺的基本原理，不断研发陶瓷新技术和新产品，是陶瓷技艺文化传承和国家核心竞争力提升的重要使命。

0.1 陶瓷的概念与分类

陶瓷在人类生产的历史上已有数千年的历史。传统上，陶瓷是指所有以黏土为主要原料与其他天然矿物原料经过粉碎、混练、成型、烧结等过程而制成的各种材料和制品。主要包括常见的日用陶瓷制品和建筑陶瓷、电瓷等。其原料取之于自然界的硅酸盐矿物（如黏土、长石、石英等），所以传统陶瓷可归属于硅酸盐类材料和制品。因此，陶瓷工业与玻璃、水泥、搪瓷、耐火材料等工业同属“硅酸盐工业”的范畴。

随着新技术的兴起，陶瓷材料的研究突飞猛进。为了满足新技术对陶瓷材料提出特殊性能的要求，出现了许多新的陶瓷品种，诸如氧化物陶瓷、压电陶瓷、金属陶瓷。这些材料的生产过程基本上还是原料处理、成型、烧结这种传统的陶瓷生产方法，但原料已不再使用或很少使用黏土等传统陶瓷原料，而扩大到化工原料和合成矿物，甚至是非硅酸盐、非氧化物原料，组成范围也延伸到无机非金属材料的范围中，并且出现了许多新的工艺。所以，广义的陶瓷概念就是指用陶瓷生产方法制造的无机非金属固体材料和制品。

陶瓷制品种类繁多，为了便于掌握各种制品的特征，需要对其进行分类。通常有两种比较普遍的分类方法。

0.1.1 按陶瓷概念和用途分类

按照陶瓷概念和用途可以分为普通陶瓷和特种陶瓷两大类。

（1）普通陶瓷　即为陶瓷概念中的传统陶瓷，这一类陶瓷制品是人们生活和生产中最常见和最普遍使用的陶瓷制品。根据其使用领域的不同，又可分为日用陶瓷、建筑卫生陶瓷、化工陶瓷、化学瓷、电瓷及其他工业用陶瓷。这类陶瓷制品所用的原料基本相同，生产工艺技术也相近，是典型的传统陶瓷生产工艺，只是根据需要制成适合于不同使用要求的制品。

（2）特种陶瓷　是采用高度精选或合成的原料，具有能精确控制的化学组成，按照便于控制的制造技术加工，便于进行结构设计，并且有优异特性的陶瓷，又称为先进陶瓷或精细陶瓷。特种陶瓷可分为结构陶瓷和功能陶瓷两大类。结构陶瓷主要是用于耐磨损、高强度、耐高温、耐热冲击、硬质、高刚性、低热膨胀性和隔热等结构陶瓷材料。功能陶瓷包括电磁功能、光学功能和生物－化学功能等陶瓷制品和材料，此外还有核能陶瓷和其他功能材料等。

普通陶瓷和特种陶瓷都是经过高温热处理而制成的无机非金属材料，其主要区别见表 0.1。

表 0.1　普通陶瓷和特种陶瓷的区别

区别点	普通陶瓷	特种陶瓷
原料	天然矿物原料	人工精制化工原料和合成原料
成分	主要由黏土、长石、石英的产地决定	原料是纯化合物，由人工配比决定
成型	注浆、可塑成型为主	模压、热压铸、轧膜、流延、等静压成型为主
烧成	温度一般在 1350℃以下，燃料以煤、油、气为主	结构陶瓷在 1600℃左右高温烧结，功能陶瓷需精确控制烧成温度，燃料以电、气、油为主
加工	一般不需加工	常需切割、打孔、磨削、研磨和抛光
性能	以外观效果为主，较低力学性能和热性能	以内在质量为主，常呈现耐温、耐腐蚀、耐磨和电、光、热、磁、敏感、生物性能
用途	餐具、陈设品、墙地砖、卫生洁具等	用于宇航、能源、冶金、机械、交通、家电等

0.1.2　按坯体的物理性能分类

按照陶瓷制品的坯体结构及其相应的基本物理性能的不同来分类，是较为科学的一种分类方法。这种分类方法按照陶瓷坯体的结构不同所标志的坯体致密度的不同，把所有陶瓷制品分为陶器和瓷器两大类。陶器和瓷器又可根据其性能和特征的差别分为几小类。我国国家标准（GB/T 5001—2018）日用陶瓷的分类见表 0.2 ～表 0.4。

表 0.2　日用陶瓷分类

性能及特征	陶器	瓷器
吸水率	一般大于 5%	一般不大于 5%
透光性	不透光	透光
胎体特征	未玻化或玻化程度差，结构不致密，断面粗糙	玻化程度高，结构致密，细腻，断面呈石状或贝壳状
敲击声	沉浊	清脆

表 0.3 日用陶器分类

名称	粗陶器	普通陶器	细陶器
特征	吸水率大于 5%，不施釉，制作粗糙	吸水率大于 5%，断面颗粒较粗，气孔较大，表面施釉，制作不够精细	吸水率大于 5%，断面颗粒细，气孔较小，结构均匀，施釉或不施釉，制作精细

表 0.4 日用瓷器分类

名称	炻瓷器	普通瓷器	细瓷器
特征	吸水率一般不大于 5%，透光性差，通常胎体较厚，呈色，断面呈石状，制作较精细	吸水率一般不大于 1%，有一定透光性，断面呈石状或贝壳状，制作较精细	吸水率一般不大于 0.5%，透光性好，断面细腻，呈贝壳状，制作精细

0.2 我国陶瓷技术发展

我国的陶瓷有着悠久的历史。英文单词“china”小写时即为“瓷器”。据考证，它是中国景德镇在北宋真宗景德年之前的古名昌南镇的音译。我国是陶瓷之国，瓷器是中国劳动人民的伟大发明之一。

陶器的出现距今约 10000 年。随着陶器制作技术的不断发展，到新石器时代，即仰韶文化时期，出现了彩陶，故仰韶文化又称为彩陶文化。在新石器时代晚期，长江以北已从仰韶文化过渡到龙山文化，长江以南则从马家浜文化进入良渚文化。山东历城县龙山镇出现了黑陶，所以这个时期称为龙山文化时期，龙山文化又称为黑陶文化。龙山黑陶在烧制技术上有了显著进步，它广泛采用了轮制技术，因此，器形浑圆端正，器壁薄而均匀，将黑陶制品表面打磨光滑，乌黑发亮，薄如蛋壳，厚度仅 1mm，人称“蛋壳陶”。殷商时代的陶器从无釉到有釉，是制陶技术上的重大成就。为从陶过渡到瓷创造了必要的条件，这一时期釉陶的出现是我国陶瓷发展过程中的“第一次飞跃”。

汉代以后，釉陶逐渐发展成瓷器，无论从釉面还是从胎质来看，瓷器的出现无疑是釉陶的“第二次飞跃”。在浙江出土的东汉越窑青瓷是迄今为止我国发掘的最早瓷器，距今已有 1700 年。当时的釉具有半透明性，而胎还是欠致密的。这种“重釉轻胎倾向”一直贯穿到宋代的五大名窑（汝、定、官、越、钧）。“第三次飞跃”是瓷器由半透明釉发展到半透明胎。唐代越窑的青瓷、邢窑的白瓷和宋代景德镇湖田窑、湘湖窑的影青瓷都享有盛名。到元、明、清朝代，彩瓷发展很快，釉色从三彩发展到五彩、斗彩，一直发展到粉彩、珐琅彩和低温、高温颜色釉。

我国普通陶瓷的发展在历史上经历了三个阶段，取得三个重大突破。三个阶段即是陶器、原始瓷器（过渡阶段）、瓷器。三个重大突破即是原料的选择和精制、窑炉的改进和烧成温度的提高、釉的发现和使用。目前，进入产品精细化、设备自动化、控制流程信息化、全过程环保节能等新阶段。

近 30 年来，由于冶金、汽车、能源、生物、航天、通信等领域的特殊要求，特种陶瓷应运而生并得到长足的发展。这些陶瓷在许多方面都突破了传统陶瓷的概念和范畴，是陶瓷发展史上的一次革命性的变化。它们具有优异的物理力学性能，如高强、超硬、耐磨、耐腐蚀、耐高温和抗热震性等，在电、磁、热、光、声、化学、生物等方面也具有很多特殊功能，其性能在某些方面远远超过优质合金和高分子材料，因此，特种陶瓷往往是高新技术或重大工程中的关键材料。特种陶瓷的应用不仅可以促进相关行业的技术进步，改善人民生活质量，创造良好的经济效益和社会效益，而且对增强国防力量、保证国家安全也极其重要。特种陶瓷发展主要聚焦在以下几个方面。

0.2.1 高纯、超细、均质的陶瓷粉体制备技术

高纯、超细、均匀的粉体是制备先进特种陶瓷的基础。一般来说，陶瓷粉体的制备有固相法、液相法和气相法。传统的固相法不容易获得高纯的均匀粉体，并且需要先高温合成再粉碎的过程，能耗较大，因此不是主要的发展方向。气相法需要的设备较为复杂，产量较低，缺乏大规模工业化生产的优势。液相法的工艺过程相对简单，成分容易控制，得到了广泛的研究与发展。目前陶瓷粉体合成方法的发展已经突破了传统的固相法、液相法和气相法的分类，出现了各类方法融合的趋势，如将提高反应活性的湿化学法与强调低价离子氧化物活性的二次合成法工艺相结合的半化学法、结合了湿化学法和自蔓延高温合成优点的低温燃烧合成法、结合了液相法和气相法特点的喷雾热解法以及将外场作用与液相沉淀法结合的超重力反应沉淀法。从粉体特征来看，粉体制备工艺的主要进展体现在以下几个方面。

（1）制备具有纳米尺度的陶瓷粉体　纳米粉体由于独特的尺寸效应，具有广泛的现实用途和发展前景。

（2）制备具有核－壳结构的复合粉体　在一种陶瓷颗粒的表面包覆另外一种成分的材料，以提高复合材料尤其是弥散增强的纳米复合材料中成分的均匀性，解决微细粉体的团聚问题，它可以在制粉阶段实现材料各组分的均匀复合。

（3）制备具有特定形貌的单分散颗粒　单分散的颗粒无论对工业应用还是对基础研究都有重要意义，这种制备工艺主要是通过控制有机盐水解时晶粒成核和晶核长大过程的分离来实现。

（4）陶瓷粉体的表面改性　为了改善粉体尤其是非氧化物粉体的分散特性，采用表面包覆或偶联实现陶瓷粉体的表面改性，以减少粉体之间的团聚趋势，提高成型坯体的相对密度，减少烧结过程中裂纹和缺陷的形成。

0.2.2 低成本、复杂形状陶瓷部件成型工艺

由于传统陶瓷成型工艺本身固有的缺陷不能满足制备高可靠性先进特种陶瓷的要求，而且制造成本高，因此，近年来有关先进结构陶瓷材料成型工艺的研究一直是人们关注的课题，如注凝成型、计算机辅助无模成型等。注凝成型工艺是一种原位固化近净尺寸成型

工艺，其坯体和烧结体的微观结构较均匀，产品的制造成本低廉，为批量化制备结构均匀、形状复杂的陶瓷部件提供了极大可能，从而使该工艺的研究和开发得到了广泛的关注。计算机辅助无模成型技术（又称为固体自由成型制造技术或增材技术）的出现是近年来陶瓷成型技术的另一个重要研究方向，该技术直接利用计算机CAD设计，将复杂的三维立体构件经计算机软件分割切片处理，形成计算机可执行的像素单元文件，再通过计算机控制的外部设备，将要成型的陶瓷粉体（或陶瓷坯带）快速形成（或切割成）实际的像素单元，将一个一个单元叠加即可直接成型出所需要的三维立体构件。

0.2.3 新烧结技术

通过加入部分纳米材料或颗粒表面包裹低熔点玻璃添加剂，降低体系的烧结温度；通过工艺过程优化，控制缺陷的传递；在常规陶瓷材料的烧结方法（常压烧结、热压烧结、热等静压烧结、气压烧结等）的基础上，发展出一系列新颖的烧结技术，如微波烧结、放电等离子体烧结（SPS）、高温自蔓燃快速加压烧结（SHS-QP）、选区激光烧结（SLS）、锻造烧结和爆炸烧结等。

0.2.4 改善陶瓷材料韧性和可靠性

通过控制、减小陶瓷材料在成型、烧结、加工等制备过程中的缺陷，如采用胶态成型、湿化学等成型方法可有效减小成型坯体中的缺陷尺寸，提高坯体的均匀性；采用先进的烧结技术（如放电等离子体烧结、微波烧结等），对陶瓷材料进行快速致密化烧结，避免在烧结过程中晶粒的异常长大；通过纳米陶瓷材料的设计和制备，减小晶粒和缺陷的尺寸；通过模仿高强韧天然生物材料（如竹木、贝壳珍珠层等）的结构特征，设计、制备具有弱界面结合层的纤维独石结构和层状结构的陶瓷材料；利用不同组元之间线膨胀系数的差异，有效地调节材料表面和内部的残余应力，使之获得增强、增韧的效果；通过控制强韧相在陶瓷材料基体中的分布形态，如采用挤制、流延等方法，使强韧相（如晶须、长柱状晶粒等）出现一定的定向排列，从而大大提高增韧相在排布方向上的强韧化效果；通过引入一定的孔隙率来降低材料的弹性模量和刚度；通过控制材料内部显微结构，又保持材料的强度，从而大大提高了材料的断裂韧性和使用性能的可靠性。

0.2.5 新型功能陶瓷材料

功能陶瓷材料及产品支撑着现代通信、计算机、信息网络技术、微机械智能系统、工业自动化和家电等现代高技术产业。功能材料产业的发展规模和技术水平，已经成为衡量一个国家经济发展、科技进步和国防实力的重要标志，在国民经济中具有重要战略地位，是科技创新和国际竞争最为激烈的材料领域。随着电子学向光电子学、光子学迈进，功能陶瓷材料向纳米结构、非均值、非线性和非平衡态发展。材料尺度逐步低维化——由体材料向薄层、超薄层和纳米结构材料的方向发展，材料系统由均质到非均质、工作特性由线性向非线性、制备体系由平衡态向非平衡态发展是其最明显的特征。电子陶瓷材料迅速将传统的陶瓷组件和复合元器件全面推向片式化、小型化，大幅度提高了产品的性能，降低了制造成本。

总之，随着科学技术的不断进步，对陶瓷的性能提出更加苛刻的要求，陶瓷材料及其工艺必须不断开拓创新。在材料制备技术上，必须继续研发产品制备新工艺，提升工艺过程的自动化、信息化水平；在材料体系上必须不断创新和推陈出新，满足现代高技术产业和人民生活水平提高的需求；在产品制备全过程中，必须探索环保节能等新路径。

思考题

0-1 陶瓷有哪几种分类方法？如何分类？

0-2 为什么说从制陶至制瓷是陶瓷史上的一次革命？

0-3 简述结构陶瓷的发展趋势。

0-4 简述功能陶瓷的发展趋势。

0-5 简述陶瓷工艺研究的新进展。

0-6 试述信息技术对陶瓷工业的影响。

1 陶瓷原料及加工

原料是陶瓷生产的基础。从陶瓷工业发展的历史上看，人们最初使用的主要是天然的矿物原料或岩石原料。矿物是地壳中的一种或多种化学元素在各种地质作用下形成的天然单质或化合物，是组成岩石和矿石的基本单位。岩石是一种或多种矿物集合体，是构成岩石圈的基本物质。这些天然原料多为硅酸盐矿物，且种类繁多，资源蕴藏丰富，分布广泛。但是，由于地质成矿条件复杂多变，天然原料很少有单一、纯净的矿物产出，往往共生或伴生有不同种类和不同含量的杂质矿物，使得天然原料的化学组成、矿物组成和工艺性能产生波动。因此，仅仅使用天然原料已经不能满足陶瓷工业生产的要求。随着陶瓷工业的发展，新型陶瓷材料及新产品不断涌现，对陶瓷性能的要求日益增高，对陶瓷原料的要求也越来越高，通常需要采用均一而又高纯的人工合成原料，这又推动了原料合成工业的发展。

事实上，陶瓷制品的性能和品质，既取决于所选用的原料，也有赖于所采用的生产工艺过程优选及加工。优质原料是生产优质陶瓷制品的基础，但不同性质的陶瓷制品，并不要求完全采用优质的原料。如部分陶瓷制品选用一般品质的原料即可满足陶瓷生产工艺及制品性能的需求。因此，了解和掌握原料的品质和特性，是充分利用物质资源，做到物尽其用的关键。

1.1 黏土类原料

黏土（clay）是一种颜色多样、细分散的多种含水铝硅酸盐矿物的混合体，其矿物粒径一般小于 2μm，主要由黏土矿物以及其他一些杂质矿物组成。黏土在自然界中分布广泛，种类繁多，储量丰富，是一种宝贵的天然资源。

黏土的种类不同，其物理化学性能也各不相同。黏土可呈白、灰、黄、红、黑等各种颜色。有的黏土疏松柔软，可在水中自然分散；有的黏土则为致密坚硬块状。黏土具有独特的可塑性和结合性，调水后可成为软泥，能塑造成型，烧结后变得致密坚硬。黏土的这种性能，构成了陶瓷生产的工艺基础，赋予陶瓷以成型性能与烧结性能，满足一定条件下的使用性能。因而它是陶瓷生产的基础原料，也是整个传统硅酸盐工业的主要原料。

黏土的可塑性主要取决于其所含黏土矿物的结构与性能。黏土矿物主要是一些含水铝硅酸盐矿物，其晶体结构是由硅氧四面体 $[SiO_4]^{4-}$ 组成的（Si_2O_5）$_n$ 层和由铝氧八面体组

成的 $AlO(OH)_2$ 层相互以顶角连接起来的层状结构，这种层状结构在很大程度上决定了各种黏土矿物的性能。除可塑性和结合性外，黏土通常还具有较高的耐火度、良好的吸水性、膨胀性和吸附性。

1.1.1 黏土的成因与产状

地球外壳的主要成分为硅酸盐，从地表至地下 15km 处的地层几乎均由各种硅酸盐矿物构成，其平均成分如下：SiO_2 59.1%，Na_2O 3.8%，MgO 3.5%，Al_2O_3 15.4%，K_2O 3.1%，Fe_2O_3 6.9%，TiO_2 1.1%，CaO 5.1%，P_2O_5 0.3%。地壳中的硅酸盐矿物大致为碱类及碱土类的硅酸盐复盐，如长石、云母、辉石及角闪石等。黏土是自然界产出的多种矿物混合体，普遍存在于各种类型的沉积岩中，占沉积岩矿物组成的 40% 以上。各种富含铝硅酸盐矿物的岩石经过漫长地质年代的风化或热液蚀变作用，均可形成黏土。这类经风化或蚀变作用而生成黏土的岩石统称为黏土的母岩。母岩经风化作用而形成的黏土产于地表或不太深的风化壳以下，而经热液蚀变作用而形成的黏土常产于地壳较深处。

例如，长石及绢云母通过风化作用转化为高岭石的反应大致如下：

$$2KAlSi_3O_8 + H_2O + H_2CO_3 \longrightarrow Al_2Si_2O_5(OH)_4 + 4SiO_2 + K_2CO_3 \quad (1.1)$$

$$Al_2Si_2O_5(OH)_4 \longrightarrow Al_2O_3 \cdot H_2O + 2SiO_2 \cdot H_2O \quad (1.2)$$

$$CaAl_2Si_2O_8 + H_2O + H_2CO_3 \longrightarrow Al_2Si_2O_5(OH)_4 + CaCO_3 \quad (1.3)$$

$$2[KAl_3Si_3O_{10}(OH)_2] + 3H_2O + H_2CO_3 \longrightarrow 3Al_2Si_2O_5(OH)_4 + K_2CO_3 \quad (1.4)$$

从上述反应可看出，反应后生成的基本产物是 $Al_2Si_2O_5(OH)_4$，称为高岭石，主要由高岭石组成的黏土就是高岭土。此外，还有可溶性的 K_2CO_3、难溶性的 $CaCO_3$ 以及游离的 SiO_2。其中，K_2CO_3 易被水冲走，$CaCO_3$ 在富含 CO_2 的水中逐渐溶解后也被水冲走，剩下的 SiO_2 以游离石英状态存在于黏土中。

上述反应的端点矿物是水铝石和蛋白石。但常因受条件的限制，反应往往尚未进行到底，就生成一系列的中间产物，成为不同类型的黏土。

此外，母岩不同，风化与蚀变条件不同，常形成不同类型的黏土矿物。由火山熔岩或凝灰岩在碱性环境中经热液蚀变则形成蒙脱石类黏土，由白云母在中性或弱碱性条件下风化可形成伊利石类（或水云母类）黏土。这些过程必须经过漫长的地质时期，并要有适当的条件才能使黏土矿物形成工业矿床。对于风化残积型黏土矿床来说，需要平缓的丘陵山地和低凹的地貌，以利于黏土矿物的就地储藏。对于沉积型黏土矿床，则要有丰富的黏土物质来源、稳定的沉积环境以及适宜的沉积盆地。

黏土的成因大致可以分为以下几种类型。

（1）风化残积型　指深成的岩浆岩（如花岗岩、伟晶岩、长英岩等）在原地风化后即残留在原地，多成为优质高岭土的主要矿床类型。有时，火山岩（如火山凝灰岩、火山熔岩）会就地风化，一般形成膨润土矿床。风化残积型黏土矿床主要分布在我国南方，一般称为一次黏土（也称为残留黏土或原生黏土）。在风化残积型黏土矿床中，有时候会发现母岩岩体与下层或沿层面活动的地下水作用，形成潜蚀淋积型黏土矿床。风化残积型多以脉状、覆盆状或帽状产出；潜蚀淋积型则以层状或扁豆状产出。景德镇高岭村、晋江白安、潮州飞天燕矿属于风化残积型；叙永六拐河矿属于潜蚀淋积型。

（2）热液蚀变型　高温岩浆冷凝结晶后，残余岩浆中含有大量的挥发分及水，当温度进一步降低时，水分则以液态存在，但其中溶有大量其他化合物。当这种热液（水）作用于母岩时，会形成黏土矿床，这就称为热液蚀变型黏土矿床。矿体多呈层状、脉状、透镜状等。苏州阳山、衡阳界牌矿属于此类型。

（3）沉积型　指风化了的黏土矿物借雨水或风力的搬运作用搬离原母岩后，在低洼的地方沉积而成的矿床，称为二次黏土（也称为沉积黏土或次生黏土）。它们多呈层状或透镜状产出，面积大而厚度小是其特点。南安康垅、清远源潭矿属于此类型。

1.1.2 黏土的组成

黏土的组成主要包括黏土的化学组成、矿物组成和颗粒组成。

1.1.2.1 黏土的化学组成

黏土是含水铝硅酸盐矿物的混合物，其主要化学成分为 SiO_2、Al_2O_3 和结晶水（H_2O）。随着矿物形成的地质条件不同，黏土还含有少量的碱金属氧化物 K_2O、Na_2O，碱土金属氧化物 CaO、MgO，以及着色氧化物 Fe_2O_3、TiO_2 等。通常，对黏土原料进行上述九个项目的化学分析，即可满足生产上的需要。当然，为了研究工作的需要，有时还需测定 CO_2、SO_3、有机物以及其他微量元素。在实际生产中，结晶水一项一般不进行直接测定，而以“灼烧减量”（或称烧失量，简写 I.L.）的形式测定。灼烧减量除了包括结晶水外，还包括碳酸盐的分解和有机物的挥发等所引起的质量减少。当黏土比较纯净、杂质含量少时，灼烧减量可近似地作为结晶水的含量。

不同成因的黏土，所含黏土矿物、杂质矿物的种类和含量也不同，由此导致其化学组成发生变化。例如，风化残积型黏土矿床一般 SiO_2 含量高，而 Al_2O_3 含量低，铁含量高于钛，富含游离石英及未风化的残余长石，化学组成和矿物组成很不稳定。海陆交替相沉积黏土及浅海相沉积黏土多为硬质黏土岩，极少为半软质的，其 Al_2O_3 含量高，而 SiO_2 含量低，铁、钛含量普遍偏高。热液蚀变型黏土矿床的 Al_2O_3 含量高，而 SiO_2 含量低，钛和碱（碱土）金属含量都低，但常含有少量的黄铁矿、明矾石等含硫杂质。表 1.1 是我国常用黏土原料的化学组成。

表 1.1　我国常用黏土原料的化学组成

产地	化学组成 /%								
	SiO_2	Al_2O_3	Fe_2O_3（TiO_2）	CaO	MgO	K_2O	Na_2O	I.L.	合计
景德镇高岭土	47.28	37.41	0.78	0.36	0.10	2.51	0.23	12.03	100.70
唐山碱土	43.50	40.09	0.63（0.30）	0.47	—	0.49	0.22	14.28	99.98

续表

产地	化学组成 /%								
	SiO_2	Al_2O_3	Fe_2O_3（TiO_2）	CaO	MgO	K_2O	Na_2O	I.L.	合计
唐山紫木节土	41.96	35.91	0.91（0.96）	2.10	0.42	0.37	—	16.96	99.58
界牌桃花泥	68.52	20.24	0.60	0.15	0.75	1.42		7.49	99.17
淄博焦宝石	45.26	38.34	0.70（0.78）	0.05	0.05	0.05	0.10	14.46	99.80
山西大同土	43.25	39.44	0.27（0.09）	0.24	0.38	—	—	16.07	100.34
广东飞天燕瓷土	76.03	14.82	0.80	0.10	1.02	2.82	0.37	3.19	99.15
清远浸潭洗泥	47.96	35.27	0.52	1.05	0.42	5.48	0.51	9.06	100.27
江苏苏州土	46.92	37.50	0.15	0.56	0.16	0.08	0.05	14.52	100.13
福建连城膨润土	66.05	17.99	0.70（0.10）	0.10	2.83	0.50	0.10	11.43	99.89
焦作碱土	43.76	40.75	0.27	1.31	0.53	0.35	0.31	13.16	100.42
陕西上店土	45.64	37.50	0.83（1.16）	0.46	0.56	0.11	0.02	13.81	100.59
辽宁黑山膨润土	68.42	13.12	2.90（1.57）	1.84	1.74	0.33	1.38	9.34	100.64
吉林水曲柳黏土	56.85	27.53	1.81（1.47）	0.92	0.11	0.58	0.20	1.07	100.17
贵阳高坡高岭土	46.42	39.40	0.10（0.03）	0.09	0.09	0.05	0.09	13.80	100.17
四川汉源小堡高岭土	45.18	36.36	0.67	0.09	0.86	0.70	0.20	15.78	99.86
景德镇南港瓷石	76.35	15.43	0.55	0.77	0.26	3.03	0.54	3.09	100.02
景德镇三宝蓬瓷石	75.80	14.16	0.55	0.86	0.27	2.42	3.93	1.86	99.85
安徽祁门瓷石	75.67	15.89	0.56	0.54	0.13	3.35	2.02	1.67	100.60

黏土的化学组成可在一定程度上反映其工艺性质。如果黏土的化学组成与高岭石的化学组成很接近，则可推断该黏土主要由高岭石组成，属于高岭土。当黏土中碱性氧化物含量较高时，则可能以蒙脱石类或伊利石类黏土矿物为主。黏土中 SiO_2 含量变化很大，除以胶体状态存在的 SiO_2 外，还有较多的游离状态的结晶 SiO_2——石英颗粒。当石英含量多时，这种黏土的可塑性必然降低，但干燥和烧成收缩会小一些。当黏土含碱金属、碱土金属和铁的氧化物较多时，则其耐火度就较低，烧结温度也较低。当 Al_2O_3 含量高（如在 35% 以上）时，通常属于高岭石类黏土，说明其耐火度较高，难以烧结。若黏土含有一定量的 K_2O、Na_2O，而且灼烧减量较低时，则属于伊利石类黏土，且烧结温度较低。黏土中的 Fe_2O_3 和 TiO_2 的含量会影响烧成后制品的颜色，若铁的氧化物含量少于 1%、TiO_2 含量少于 0.5%，则烧后坯体仍呈白色；若铁的氧化物含量达 1% ～ 2.5%、TiO_2 含量达 0.5% ～ 1%，则烧后坯体颜色为浅黄色或浅灰色，电绝缘性也差；若 Fe_2O_3、TiO_2 的含量持续增高时，坯体颜色会呈红褐色。表 1.2 所列为在氧化气氛下煅烧时，黏土中 Fe_2O_3 含量对其烧后颜色的影响。在还原气氛下进行煅烧时，部分 Fe_2O_3 被还原为 FeO，因此烧后一般呈青色、蓝灰色到蓝黑色，同时降低黏土的耐火度。在氧化气氛下，1230 ～ 1270℃以上的温度下烧成时，则 Fe_2O_3 易发生分解而放出气体，从而引起膨胀。此外，当黏土中含有云母时，会导致 Na_2O 和 K_2O 含量升高，而云母的结晶水在较高温度下（1000℃以上）排出，这也是引起黏土膨胀的一个原因。

表 1.2 Fe_2O_3 含量对黏土煅烧后呈色的影响

Fe_2O_3 含量 /%	在氧化焰中烧成时的呈色	适于制造的品种	Fe_2O_3 含量 /%	在氧化焰中烧成时的呈色	适于制造的品种
＜0.8	白色	细瓷，白炻瓷，细陶瓷	4.2	黄色	炻瓷，陶器
0.8	灰白色	一般细瓷，白炻瓷	5.5	浅红色	炻瓷，陶器
1.3	黄白色	普通瓷，炻瓷	8.5	紫红色	普通陶器，粗陶器
2.7	浅黄色	炻器，陶器	10.0	暗红色	粗陶器

灼烧减量对黏土工艺性能也有影响。如高岭石类黏土的灼烧减量大于 14%、叶蜡石黏土的大于 5%、多水高岭石和蒙脱石类的大于 20%、瓷石的大于 8%，则说明黏土中所含的有机物或碳酸盐过多，可使黏土呈灰褐至紫黑的颜色，这种黏土的可塑性一般比较高，但是烧成收缩必然较大，应在配料和烧成工艺上考虑如何解决。

黏土中的 CaO、MgO 常以碳酸盐或硫酸盐的形式存在，如果含量高时，在煅烧时碳酸盐或硫酸盐分解后会产生 CO_2 或 SO_3 等气体，控制不当时易导致陶瓷坯体出现针孔和气泡。

应当指出，黏土原料的化学组成并不能完全反映矿物的类质同象替代、离子交换能力和吸附性等工艺性能。黏土矿中混有的各种黏土矿物及其他硅酸盐矿物也难以从化学组成上加以区别，所以不能仅从原料的化学组成上对其做出工业应用的评价。

1.1.2.2 黏土的矿物组成

黏土很少由单一矿物组成，而是多种微细矿物的混合体。因此，黏土所含各种微细矿物的种类和数量是决定其工艺性能的主要因素。为了便于研究黏土的矿物组成，通常根据黏土中矿物的性质和数量将其分成两类：黏土矿物和杂质矿物。

黏土矿物是一些含水铝硅酸盐矿物，它们是黏土的主要组成矿物，其种类、含量是决定黏土类别、工业性质的主要因素。黏土矿物主要为高岭石类（包括高岭石、多水高岭石等）、蒙脱石类（包括蒙脱石、叶蜡石等）和伊利石类（也称为水云母）等。一种黏土并不全是只含有一种黏土矿物，往往同时含有两种或多种黏土矿物。通常根据所含主要的黏土矿物，可将黏土分为高岭土、蒙脱土（膨润土）、伊利石黏土等类型。

在黏土形成过程中，常由于母岩风化未完全，或由于其他因素而混入一些非黏土矿物和有机物质，这些物质统称为杂质矿物。杂质矿物通常以细小晶粒及其集合体分散于黏土中，影响甚至决定着黏土的工艺性能。黏土的成因不同，所含杂质矿物的种类、含量和性质也不同。就陶瓷工业讲，黏土中的石英、长石等是有益杂质矿物，碳酸盐、硫酸盐、金红石和铁质矿物则为有害杂质矿物。

（1）主要黏土矿物

① 高岭石类（kaolinite）。高岭石族矿物包括高岭石、地开石、珍珠陶土和多水高岭石等。高岭石是黏土中常见的黏土矿物，主要由高岭石组成的黏土称为高岭土。高岭土这一名称源于我国江西景德镇东部的高岭村，因在那里最早发现了适于制造瓷器的优质黏土而得名。现在国际上都把这种利于成瓷的黏土称为高岭土，它的主要矿物成分是高岭石和

多水高岭石。高岭石的理论化学通式是 $Al_2O_3 \cdot 2SiO_2 \cdot 2H_2O$，晶体结构式为 $Al_4(Si_4O_{10})(OH)_8$，化学组成为 Al_2O_3 39.53%，SiO_2 46.51%，H_2O 13.96%。

图 1.1　高岭石的电子显微镜照片

高岭石属于三斜晶系，常为细分散状的晶体（一般粒径小于 2μm），外形常呈片状、粒状和杆状，晶体完整者为六方鳞片状（图 1.1）。二次高岭土中粒子形状不规则，边缘折断，尺寸较小。高岭石的密度为 2.61 ～ 2.68g/cm^3，莫氏硬度为 1 ～ 3，{001} 离解完全。高岭石在加热过程中，低温下首先失去吸附水；至 550 ～ 650℃会排出结晶水；至 950℃以后高岭石晶格结构完全解体；至 1200 ～ 1250℃则形成莫来石。

高岭石为 1∶1 型层状结构硅酸盐矿物，是由硅氧四面体 $[SiO_4]^{4-}$ 层和铝氧八面体 $[AlO_2(OH)_4]$ 层通过共用的氧原子联系而成的双层结构，从而构成高岭石晶体的基本结构单元层。基本结构单元层在 *a* 轴和 *b* 轴方向延续，在 *c* 轴方向堆叠，相邻的结构单元层通过八面体的羟基和另一层四面体的氧以氢键相联系，因而它们之间的结合力减弱，晶层解理完整而缺乏膨胀性。

高岭石晶格内部的离子很少发生置换。当其晶格破裂，最外层边缘上产生断键而使电荷出现不平衡时，才吸附其他阳离子，重新建立平衡。高岭石结构外表面的 OH^- 中的 H^+ 可以被 K^+ 或 Na^+ 等阳离子所取代。在结晶差的高岭石晶体中，晶格内部的部分 Al^{3+} 可以被 Ti^{4+} 或 Fe^{3+} 等所置换，产生不平衡键力，从而吸附其他离子，具有一定的离子交换量。

我国四川省叙永县生产以多水高岭石（又称为埃洛石）为主的黏土，这种多水高岭石是世界上公认的典型晶体类型，故又定名为叙永石（hydro-endellite）。多水高岭石的化学通式为 $Al_2O_3 \cdot 2SiO_2 \cdot nH_2O$（$n = 4 \sim 6$），其晶体结构与高岭石的不同之处在于晶层间填充着按一定取向排列的水分子（层间水），其数量不固定。层间水能抵消大部分氢键结合力，使得晶层只靠微弱的分子键相连，故层间有一定的自由活动能力，使水分子进入层间，形成层间水，且易吸附水化离子与有机物，改善可塑性。多水高岭石为单斜（或三斜）晶系晶体，外形常呈微细空管状或卷曲片状出现，颗粒大小在 1μm 以下，密度为 2.0 ～ 2.2g/cm^3，莫氏硬度为 1 ～ 2，有滑感。多水高岭石的可塑性及结合性比高岭石强，干燥收缩较大，加热时在较低温度下（110 ～ 200℃）会大量脱水，从而易使坯体开裂。

高岭土一般质地细腻，纯者为白色，含杂质时呈黄色、灰色或褐色。高岭土中高岭石类黏土矿物的含量越多，杂质越少，其化学组成越接近高岭石的理论组成。纯度越高的高岭土其耐火度越高，烧后越白，莫来石晶体发育越多，从而其力学性能、热稳定性、化学稳定性越好，但其分散度较小，可塑性较差。反之，杂质越多，耐火度越低，烧后不够洁白，莫来石晶体较少，但可能其分散度较大，可塑性较好。

② 蒙脱石类。蒙脱石（montmorillonite）也是一种常见的黏土矿物，因最早发现于法国蒙脱利龙地区而得名。长期以来，一直把这个命名用于除蛭石以外的具有膨胀晶格的一切黏土矿物，总称为蒙脱石类矿物（或微晶高岭石矿物），为避免混乱，现在把蒙皂石作为族名，而把蒙脱石用于 Al、Mg 二八面体的蒙皂石。

以蒙脱石为主要组成矿物的黏土称为膨润土（bentonite），一般呈白色、灰白色、粉红色或淡黄色，被杂质污染时呈现其他颜色。蒙脱石的密度为 2.2 ～ 2.9g/cm^3，莫氏硬度为 1 ～ 2，晶粒呈不规则细粒状或鳞片状，颗粒较小，一般小于 0.5μm，结晶程度差，轮廓不清楚。蒙脱石晶体为单斜晶系，理论化学通式为 $Al_2O_3 \cdot 4SiO_2 \cdot nH_2O$（一般 $n > 2$），晶体结构式为 $Al_4(Si_8O_{20})(OH)_4 \cdot nH_2O$。

蒙脱石是具有 2∶1 型层状结构的黏土矿物，其基本结构单元晶层由两层硅氧四面体层中间夹着一层铝氧八面体层而组成。四面体的顶端氧指向结构层中央，与八面体共用，并将三层连接在一起。在 c 轴方向上，基本结构单元晶层间的氧层与氧层的结合力很小，可形成良好的解理面，而且水分子或其他极性分子容易进入晶层中间，形成层间水。随着外界环境的温度和湿度的变化，层间水的数量也发生相应的变化，从而引起 c 轴方向的膨胀与收缩，这是蒙脱石吸水性强、吸水后体积膨胀的主要原因。以蒙脱石为主要矿物组成膨润土，吸水后体积可膨胀 20 ～ 30 倍，因此得名膨润土。此外，蒙脱石容易碎裂，颗粒极细，一般小于 0.5μm，故可塑性强，干后强度大，但干燥收缩也大。

蒙脱石晶格中四面体层的小部分 Si^{4+} 可被 Al^{3+}、P^{5+} 等置换，八面体层内的 Al^{3+} 常被 Mg^{2+}、Fe^{3+}、Zn^{2+}、Li^{+} 等置换。置换的结果使得晶格中的电价不平衡，促使晶层之间吸附 Ca^{2+}、Na^{+} 等阳离子，以平衡晶格内的电价。由于吸附离子，晶层之间的距离增大，使得蒙脱石更易吸收水分而膨胀，而且这些被吸附的阳离子易于被置换，使蒙脱石具有较强的阳离子交换能力。由于离子置换、离子交换的原因，蒙脱石的化学成分很复杂。膨润土可根据蒙脱石所吸附的离子不同进行分类，如吸附钠离子的称为钠膨润土，吸附钙离子的称为钙膨润土。钠膨润土吸水速度慢，但吸水率与膨胀倍数大，阳离子交换量高，在水中分散性强，悬浮液的触变性和润滑性好，在较高温度下能保持其膨胀性和一定阳离子交换量。所以钠膨润土的经济使用价值较高。钙膨润土分散性差，在水中不易形成稳定的悬浮液，矿物颗粒多凝聚成集合体。

膨润土常被用作陶瓷生产中的增塑剂。当黏土的可塑性差时，常加入少量膨润土提高坯料的可塑性与结合能力，一般用量在 5% 左右。由于膨润土中的 Al_2O_3 含量较低，又吸附了其他阳离子，杂质较多，故烧结温度较低，烧后色泽较差。此外，釉浆中可掺用少量膨润土作为悬浮剂。但是，膨润土的触变性强，会严重地影响泥浆性能，使用时需要加以注意。

我国膨润土资源多分布在东部地区，辽宁黑山膨润土、江苏祖堂山泥、浙江宁海黏土都是以蒙脱石为主要矿物的黏土。我国已发现的膨润土矿床，其地表部分多数是钙膨润土。

③ 伊利石类。伊利石是沉积岩中分布最广的一种黏土矿物，从矿物结构上来讲它属于云母类，组成成分与白云母相似，但比正常的白云母多 SiO_2 和 H_2O，而少 K_2O。与高岭石相比，伊利石含 K_2O 较多而含 H_2O 较少。因此，伊利石是白云母经强烈的化学风化作用而转变为蒙脱石或高岭石过程中的中间产物。

伊利石为白色，含杂质者可呈黄、绿、褐等色，密度为 2.65 ～ 2.75g/cm^3，莫氏硬度为 1 ～ 2，{001} 完全解理。由于成因及产状的不同，伊利石晶体呈厚度不等的鳞片状，有时带有劈裂与折断的痕迹，也有呈边界圆滑的片状及板条状。伊利石也是 2∶1 型层状结构的铝硅酸盐矿物，与蒙脱石不同的是，其硅氧四面体中的 Al^{3+} 比蒙脱石多，层间阳离子通常为 K^+，也有部分被 H^+、Na^+ 所取代。K^+ 的离子半径大小正好嵌入层间，故其晶格结合牢固，不致发生膨胀。伊利石的层间键比白云母弱，比蒙脱石强，所以可把伊利石看作白云母与蒙脱石的过渡产物。

伊利石是水化了的白云母，白云母是典型的 2∶1 型层状结构的硅酸盐矿物，化学通式为 $K_2O \cdot 3Al_2O_3 \cdot 6SiO_2 \cdot 2H_2O$，晶体结构式为 $KAl_2[AlSi_3O_{10}](OH)_2$，理论化学组成为 K_2O 11.8%，Al_2O_3 38.5%，SiO_2 45.2%，H_2O 4.5%。此外，还含有少量的 Ca、Mg、Fe、Na、F 等。白云母晶体属于单斜晶系，呈假六方片状或板状产出，结构与蒙脱石基本相似，只是在蒙脱石的晶层间为层间水和可交换阳离子，而在白云母中是 K^+，依靠 K^+ 将两个晶层连接在一起，K^+ 是由于 Al^{3+} 置换了 1/4 的 Si^{4+} 以后的剩余键吸附的，它的位置恰好在氧层的四面体网眼中。白云母抗风化能力很强，母岩风化后的白云母鳞片可被水搬运很远，常与黏土一起沉积下来。在强烈的风化作用下，白云母可水化成水白云母、伊利石等。

绢云母是与白云母和伊利石晶体结构相似的矿物，它是由热液或变质作用形成的一种细小鳞片状的白云母，外观呈土状，表面呈丝绢光泽，故而得名绢云母。绢云母的化学通式与白云母相同，其 SiO_2 含量略高于白云母，K_2O 含量低于白云母，但高于伊利石，含水量介于白云母和伊利石之间。因此，绢云母是一种白云母水化不完全的中间产物，即白云母与伊利石之间的过渡产物。绢云母类黏土能单独成瓷。

伊利石类矿物构成的黏土，一般可塑性较低、干后强度差、干燥和烧成收缩小、烧成温度低、烧结范围窄，生产中应注意这些特点。

我国各地含伊利石类矿物的黏土组成不一。河北邢台章村土由伊利石和少量石英、钠长石、白云母等矿物组成。我国南方各地（如景德镇南港、三宝蓬、安徽祁门等）生产传统细瓷的原料——瓷石，由石英、绢云母及少量其他矿物组成。湖南醴陵默然塘泥为水云母类黏土，它含有少量杆状高岭石和游离石英。

黏土矿物是具有层状结构的硅酸盐矿物，其基本结构单位是硅氧四面体层和铝氧八面体层，由于四面体层和八面体层的结合方式、同形置换以及层间阳离子等不同，从而构成了不同类型的层状结构黏土矿物，图 1.2 所示为晶体结构模型图。

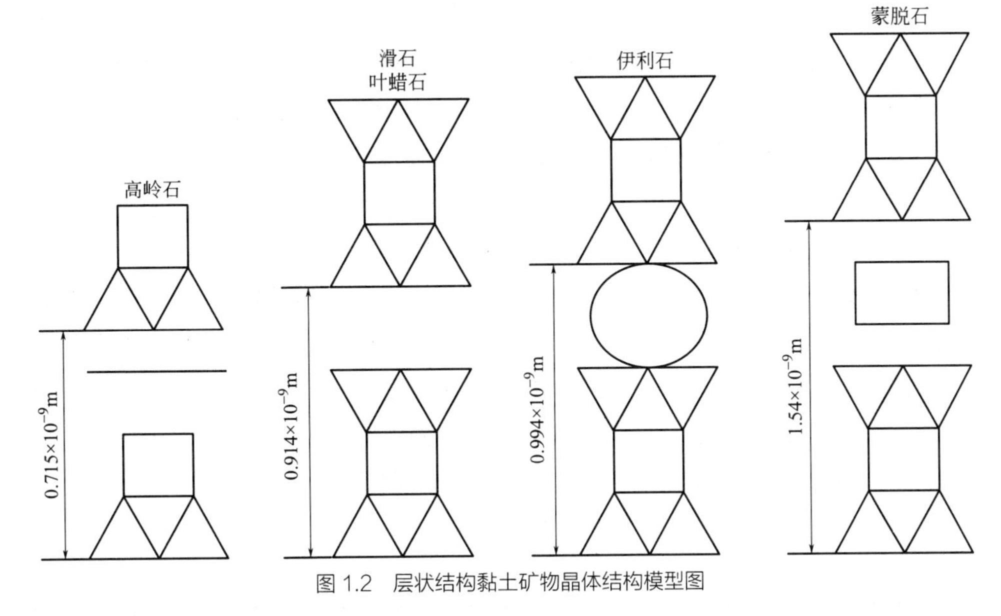

图 1.2 层状结构黏土矿物晶体结构模型图

（2）杂质矿物

① 石英。在风化、蚀变型黏土中，石英是母岩风化后的残留矿物。在沉积型黏土中，石英则是机械混入的，因其经过搬运而多呈近似圆形的颗粒。一次黏土中游离石英是常见的杂质之一。由于石英为瘠性物料，加之黏土中有机物含量少，从而对黏土的可塑性、干后强度甚至随后的施釉工艺产生不利影响。因此，生产中多采用淘洗法（也可用水力旋流器）将黏土中的石英粗颗粒杂质分离除去。事实上，如果在原料细碎和配方上采取措施，也可不经淘洗工序，直接将含石英多的黏土配料后送入下一道工序，这样可提高原料利用率和降低成本。

② 含铁矿物和含钛矿物。黏土中的含铁矿物有黄铁矿（FeS_2）、褐铁矿（$HFeO_2 \cdot nH_2O$）、菱铁矿（$FeCO_3$）、赤铁矿（Fe_2O_3）、针铁矿（$HFeO_3$）和钛铁矿（$FeTiO_3$）等，它们都能使坯体呈色，同时降低黏土耐火度，也会严重影响制品的介电性能、化学稳定性等。因此，陶瓷生产中采取各种方法降低铁质矿物含量。其中，呈结核状存在的铁质矿物可用淘洗等方法除去，分散度大、易于被磁铁吸引的含铁杂质可用电磁选矿来除去。而黄铁矿的晶体细小而又坚硬，既不易粉碎，也难以被电磁除去，往往在烧成中造成坯体出现深黑色斑点。但是含铁杂质较多的黏土也可用于制造墙地砖和配制米黄色或棕黄色料。

黏土中的含钛矿物主要是金红石、锐钛矿和钛铁矿（TiO_2）等。纯净的 TiO_2 为白色，但与铁化合物共存时，在还原焰中烧成后呈灰色，在氧化焰中烧成后则呈浅黄色或象牙色。

③ 碳酸盐及硫酸盐矿物。黏土中的碳酸盐矿物主要是方解石（$CaCO_3$）、菱镁矿（$MgCO_3$）。混入的硫酸盐矿物主要是石膏（$CaSO_4 \cdot 2H_2O$）、明矾石［$KAl_3(SO_4)_2(OH)_6$］及 K_2SO_4、Na_2SO_4 等。$CaCO_3$、$MgCO_3$ 如果以很细微的颗粒分布于黏土中，其影响不大；如果以很粗的颗粒存在，则往往使坯体烧成后吸收空气中的水分而局部爆裂。碳酸盐在高

温下（低于 1000℃）分解产生 CaO、MgO 等，起熔剂作用，能降低陶瓷的烧结温度。

黏土中的可溶性硫酸盐能使制品表面形成一层白霜。这是由于坯体在干燥时，可溶性盐随水的蒸发而在表面析出所致。硫酸盐在氧化气氛下分解温度较高，容易引起坯泡。石膏细块还会和黏土熔化形成绿色的玻璃质熔洞。所以硫酸盐在黏土中是一类有害杂质。

④ 含碱矿物。黏土中的含碱矿物主要是长石类、云母类矿物。它们来源于母岩未风化完全而残留下来的物质，在陶瓷生产中起强熔剂作用，会降低黏土的烧结温度。由于它们是瘠性物料，且云母一般为片状结构，因此对黏土的可塑性影响较大。

⑤ 有机物质。黏土中一般均含有不同数量的有机物质，如褐煤、蜡、腐殖酸衍生物等，从而使黏土呈暗色，甚至黑色。但它们在烧结时能被燃烧掉，因此只要不含其他的着色物质，黑色黏土仍可烧制出白色陶瓷。某些有机物质（如腐殖质）有显著的胶体性质，可以增加黏土的可塑性和泥浆的流动性，但有机物质过多时也有造成瓷器表面气泡与产生针孔的可能，必须在烧结过程中加强氧化来解决这个矛盾。

我国几种黏土原料的矿物组成见表 1.3。

表 1.3　我国几种黏土原料的矿物组成

序号	产地名称	主要矿物组成
1	辽宁大连复州黏土	高岭土，个别样品有游离石英
2	辽宁黑山膨润土	蒙脱土，少量石英
3	河北章村瓷土	伊利石，少量石英、钠长石、白云石等
4	河北唐山紫木节土	高岭石为主，少量长石及杂质
5	山西大同土	高岭石在 90% 以上，有少量长石和石英
6	河南巩义市高岭土	结晶较差的高岭石
7	山东潍坊坊子土	高岭石，水云母类
8	山东淄博焦宝石	高岭石
9	陕西铜川上店土	结晶较差的高岭石，含有一定量的高铝矿石（可能是水铝英石）
10	江苏苏州土	高岭石，多水高岭石
11	江苏南京王府山土	水云母及埃洛石的混合层矿物
12	浙江青田蜡石	叶蜡石
13	江西景德镇明沙高岭土	高岭石 65% ～ 70%，水云母 25% ～ 30%，余为石英、多水高岭石
14	江西南巷瓷石	石英 58% ～ 62%，高岭石 10%，绢云母 25% ～ 28%
15	安徽祁门瓷石	绢云母 50% ～ 60%，余为石英、少量方解石
16	湖南衡阳界牌泥	杆状结构的高岭石 60% ～ 65%，余为石英
17	湖南衡阳东湖泥	高岭石 90% ～ 95%，石英
18	广东潮安飞天燕瓷土	以高岭石为主，含有较多的石英和一定量的水白云母
19	广东清远浸潭洗泥	以高岭石、石英为主，少量长石、水云母
20	四川叙永土	多水高岭石（叙永石）

1.1.2.3　颗粒组成

黏土的颗粒组成是指其所含的不同大小颗粒的百分含量。陶瓷坯料的一些工艺性质常常受其颗粒组成的影响。由于细颗粒的比表面积及表面能大，因此当黏土中的细颗粒越多时，其可塑性越强，干燥收缩越大，干后强度越高，而且烧结温度低，烧成后的气孔率也小，从而有利于制品的机械强度、白度和半透明度的提高。

黏土中的黏土矿物颗粒很细，其颗粒大小一般在 1 ～ 2μm 以下。不同类型的黏土矿物，其颗粒大小也不同，蒙脱石和伊利石的颗粒要比高岭石的小。黏土中的非黏土矿物的颗粒一般较粗，可在 1 ～ 2μm 以上。在颗粒分析时，其细颗粒部分主要是黏土矿物的颗粒，而粗颗粒部分中大部分是杂质矿物颗粒。所以在进行黏土原料的分级处理时，往往可以通过淘洗等手段，富集细颗粒部分，从而得到较纯的黏土。

此外，黏土的颗粒形状和结晶程度也会影响其工艺性质，片状结构比杆状结构的颗粒堆积致密、塑性大、强度高；结晶程度差的颗粒较细，可塑性也大。

表 1.4 所列为黏土颗粒的大小对其工艺性质的影响。

表 1.4　黏土颗粒的大小对其工艺性质的影响

颗粒平均直径 /μm	100g 颗粒表面积 /cm^2	干燥收缩 /%	干后强度 /MPa	相对可塑性
8.50	13×10^4	0.0	0.46	无
2.20	392×10^4	0.0	1.4	无
1.20	744×10^4	0.6	4.7	4.40
0.55	1750×10^4	7.8	6.4	6.30
0.45	2710×10^4	10.0	13.0	7.60
0.28	3880×10^4	23.0	29.6	8.20
0.14	7100×10^4	39.5	45.8	10.20

1.1.3　黏土的工艺性质

黏土是陶瓷工业的主要原料，黏土的性质对陶瓷的生产有很大影响。因此掌握黏土的性质，尤其是工艺性质，是稳定陶瓷生产工艺的基本条件。黏土的工艺性质主要取决于黏土的矿物组成、化学组成与颗粒组成，其中矿物组成是基本的因素。研究黏土的工艺性质时，不但要了解各种黏土的工艺性质指标，而且要将黏土的工艺性质与其组成、结构密切联系起来，以便深入地了解和掌握黏土的工艺性质，正确地指导我们合理地选用黏土、拟定配方。

1.1.3.1　可塑性

可塑性是指黏土粉碎后用适量的水调和、混练后捏成泥团，在一定外力的作用下可以任意改变其形状而不发生开裂，除去外力后，仍能保持受力时的形状的性能。

可塑性是黏土能够制成各种陶瓷制品的成型基础。处于可塑状态的黏土，是由固体分散相和液体分散介质所组成的多相系统，因此黏土可塑性的大小主要取决于固相与液相的性质和数量。

固相的性质主要是指固体物料类型、颗粒形状、粒度及粒度分布、颗粒的离子交换能力等，液相的性质主要是指液相对固相的浸润能力和液相的黏度。一般来说，固体颗粒越小，分散度越高，比表面积越大，可塑性就越好。黏土中是否含有胶体物质，对其可塑性影响尤其大，所以黏土中水铝英石（$x\mathrm{Al_2O_3}\cdot y\mathrm{SiO_2}\cdot n\mathrm{H_2O}$，一种非晶态的高岭石族矿物，可视为自然界中的一种硅－铝凝胶）含量高，可塑性也好。此外，黏土矿物的离子交换能力较大者，其可塑性也较高。对于液相来说，对黏土颗粒具有较大的浸润能力的液相，一般都是含有羟基的液体（如水），黏土与其拌和后就呈较高的可塑性。此类液体的黏度越大，坯料的可塑性就越高。

固相与液相的相对数量对黏土的可塑性也有很大的影响。当黏土中加入的水量较少时，黏土因未进入可塑性状态而容易散碎，只有当含水率提高至一定程度时，黏土才形成具有可塑性的泥团，这时泥团的含水率称为塑限含水率（塑限）。如果继续在泥团中加入水分，泥团的可塑性会逐渐增高，而后再逐渐降低，直至泥团能自行流动变形，此时的含水率称为液限含水率（液限）。黏土能够形成可塑泥团的水分变化范围称为可塑性指数。指数大则成型水分范围大，成型时不易受周围环境湿度及模具的影响，即成型性好。但指数小的黏土调成的泥浆厚化度大、渗水性强，便于压滤榨泥。

在陶瓷生产中，为了获得成型性良好的坯料，除了选择适宜的黏土外，还常将黏土原矿淘洗和风化、对坯料进行真空练泥及陈腐、加入无机或有机塑化剂［如糊精、胶体 $\mathrm{SiO_2}$、$\mathrm{Al(OH)_3}$、羧甲基纤维素等］，以提高坯料的可塑性。如果要降低坯料的可塑性，以减少干燥收缩，可以加入非可塑性原料，如石英、熟料、瓷粉或瘠性黏土等。

1.1.3.2 结合性

黏土的结合性是指黏土能结合非塑性原料形成良好的可塑泥团、有一定干燥强度的能力。黏土的结合性是坯体干燥、修坯、上釉等得以进行的基础，也是配料调节泥料性质的重要因素。黏土的结合性主要表现为黏结其他瘠性物料的结合力的大小，这种结合力在很大程度上取决于黏土矿物的结构。一般来说，可塑性强的黏土结合力大，但也有例外，毕竟黏土的结合力与可塑性是两个概念，是两个不完全相同的工艺性质。

生产上常用测定由黏土制作的生坯的抗折强度来间接测定黏土的结合力。在实验中，通常以能够形成可塑泥团时所加入标准石英砂（颗粒组成为：0.15 ～ 0.25mm 占 70%，0.09 ～ 0.15mm 占 30%）的数量及干后抗折强度来反映黏土的结合性。加砂量可达 50% 的为结合力强的黏土，加砂量达 25% ～ 50% 的为结合力中等的黏土，加砂量在 20% 以下的为结合力弱的黏土。

1.1.3.3 离子交换性

黏土颗粒带有电荷，其来源是［$\mathrm{SiO_4}$］$^{4-}$ 四面体层中的 $\mathrm{Si^{4+}}$ 被 $\mathrm{Al^{3+}}$ 取代而出现负电荷，必须吸附其他异号离子来补偿其电价。在水溶液中，这种被吸附的离子又可被其他相同电荷的离子所置换。这种离子交换反应发生在黏土颗粒的表面部分，而不影响铝硅酸盐晶体的结构。

离子交换的能力一般用交换容量来表示。是指 100g 干黏土所吸附能够交换的阳离子或阴离子的数量。

黏土的阳离子交换容量大小一般情况下可按下列顺序排列，即左面的离子能置换右面的离子，从左至右交换容量逐渐减小：

$$H^{+} > Al^{3+} > Ba^{2+} > Sr^{2+} > Ca^{2+} > Mg^{2+} > NH_4^{+} > K^{+} > Na^{+} > Li^{+} \tag{1.5}$$

黏土对阴离子的吸附能力较小，且只发生在黏土矿物颗粒的棱边上。黏土吸附阴离子的能力可按下列顺序排列：

$$OH^{-} > CO_3^{2-} > P_2O_7^{4-} > PO_4^{3-} > CNS^{-} > I^{-} > Br^{-} > Cl^{-} > NO_3^{-} > F^{-} > SO_4^{2-} \tag{1.6}$$

即左面的阴离子能在离子浓度相同的情况下从黏土上交换出右边的阴离子。

影响离子交换能力的因素除和离子性质有关外，还与黏土矿物的种类和颗粒大小有关。不同黏土矿物的离子交换容量见表 1.5。黏土颗粒大小与离子交换容量的关系见表 1.6。

表 1.5 不同黏土矿物的离子交换容量

黏土种类	离子交换容量/($\times10^{-1}$mmol/g)		黏土种类	离子交换容量/($\times10^{-1}$mmol/g)	
	阳离子	阴离子		阳离子	阴离子
高岭土	3～9	—	叙永土	15～40	—
高岭土类黏土	9～20	7～20	膨润土	40～150	20～50
伊利石类黏土	10～40	—			

表 1.6 黏土颗粒大小与离子交换容量的关系

矿物	离子交换容量/($\times10^{-1}$mmol/g)							
	10～20μm	5～10μm	2～4μm	0.5～1.0μm	0.25～0.50μm	0.10～0.25μm	0.05～0.10μm	<0.05μm
高岭石	2.4	2.6	3.6	3.8	3.9	5.4	9.5	—
伊利石	—	—	—	—	13～20	—	20～30	27.5～41.7

此外，黏土中有机物的含量和黏土矿物的结晶程度也影响其交换容量。如唐山紫木节土的阳离子交换容量达 2.52mmol/g，远远超过纯高岭石的阳离子交换容量（苏州土为 0.7mmol/g）。这是由于紫木节土中有机物含量多，而有机物中的—OH、—COOH 活性基团具有吸附阳离子的能力，且紫木节土的结晶程度差，晶格内存在类质同晶的取代情况。

黏土吸附的离子种类不同，对黏土泥料的其他工艺性质会有不同的影响，表 1.7 列出了黏土吸附不同离子对可塑泥团及泥浆性质的影响。

表 1.7 吸附离子的种类与黏土泥料性质的关系

性质	吸附离子种类与性质变化的关系	性质	吸附离子种类与性质变化的关系
综合水数量（膨润土）	$K^+ < Na^+ < H^+ < Ca^{2+}$	可塑泥团的液限（高岭土）	$Li^+ < Na^+ < Ca^{2+} < Ba^{2+} < Mg^{2+} < Al^{3+} < K^+ < Fe^{2+} < H^+$
湿润热（膨润土） 湿润热（高岭土）	$K^+ < Na^+ < H^+ < Mg^{2+}$ $H^+ < Na^+ < K^+ < Ca^{2+}$	泥团破坏前扭转角	$Fe^{2+} < H^+ < Al^{3+} < Ca^{2+} < K^+ < Mg^{2+} < Ba^{2+} < Na^+ < Li^+$
ζ-电位（高岭土、膨润土）	$Ca^{2+} < Mg^{2+} < H^+ < Na^+ < K^+$	泥团干后强度	$H^+ < Ba^{2+} < Na^+$；$H^+ < Ca^{2+} < Na^+$； $Cl^- < CO_3^{2-} < OH^-$
触变性、干燥速度和干后气孔率	$Al^{3+} < Ca^{2+} < Mg^{2+} < K^+ < Na^+ < H^+$	水中溶解下列电解质时泥浆的过滤速度	$NaOH < Na_2CO_3 < KCl$、$NaCl$、$Na_2SO_4 < CaCl_2$、$BaCl_2 < Al_2(SO_4)_3$

1.1.3.4 触变性

黏土泥浆或可塑泥团受到振动或搅拌时，黏度降低，而流动性增加，静置后又能逐渐恢复原状；反之，相同的泥料放置一段时间后，在维持原有水分不变的情况下黏度增加，出现变稠和固化现象。上述情况可以无数次重复。黏土的上述性质称为触变性，也称为稠化性。

泥料处于触变状态时，由于黏土片状颗粒的活性边表面上尚残留少量电荷未被完全中和，以致形成局部边 - 边或边 - 面结合，使黏土之间常形成封闭的网络状结构，这时泥料中大部分自由水被分隔和封闭在网络的空隙中，使整个黏土 - 水系统形成一种好像水分减少、黏度增加、变稠和固化的现象。但是，这样的网络状结构是疏松和不稳定的，当稍有剪切力的作用或振动时，这种网络状结构就被破坏，使被包裹在网络中的自由水得以解脱出来，于是整个黏土 - 水系统又变成一种水分充足、黏度降低且流动性增加的状态。当放置一定的时间后，上述网络状结构又重新建立，这时又重新出现变稠和固化现象。

泥料的触变性与含水量有关，含水量大的泥浆，不易形成触变结构；反之，则易形成触变结构而呈触变现象。温度对泥料的触变性也有影响，温度升高，黏土质点的热运动剧烈，使黏土颗粒间的联系力减弱，不易建立触变结构，从而使触变现象减弱。

黏土泥料的触变性常以厚化度（或稠化度）来表示。厚化度以泥料的黏度变化之比或剪切应力变化的百分数来表示，泥浆的厚化度是泥浆静置 30min 和 30s 后相对黏度之比：

$$泥浆厚化度 = t_{30min}/t_{30s} \tag{1.7}$$

式中 t_{30min}——100mL泥浆放置30min后，从恩氏黏度计中流出的时间，s；

t_{30s}——100mL 泥浆放置 30s 后，从恩氏黏度计中流出的时间，s。

可塑泥团的厚化度为静置一段时间后，球体或圆锥体压入泥团达到一定深度时剪切强度增加的百分数：

$$泥团厚化度 = (F_n - F_0)/F_0 \tag{1.8}$$

式中 F_0——泥团开始承受的负荷，N；

F_n——经过一定时间后，球体或圆锥体压入相同深度时泥团承受的负荷，N。

在陶瓷生产中，希望泥料有一定触变性。当泥料触变性过小时，成型后生坯的强度不够，影响成型、脱模与修坯的质量。而触变性过大的泥浆在管道输送过程中会带来不便，成型后生坯也易变形。因此控制泥料的触变性，对满足生产需要、提高生产效率和产品品质有重要意义。

1.1.3.5 膨胀性

膨胀性是指黏土吸水后体积增大的现象。这是由于黏土在吸附力、渗透力、毛细管力作用下，水分进入黏土晶层之间或者胶团之间所致，因此可分为内膨胀性与外膨胀性两种。

（1）内膨胀性　是指水进入黏土矿物的晶层内部而发生的膨胀现象。如蒙脱石 $d_{(001)}$ 为 1.54nm，如果加水成胶状，可增大到 2.2nm 左右。

（2）外膨胀性　是指水存在于颗粒与颗粒之间而产生的膨胀现象。因为大部分黏土矿物都属于层状硅酸盐，因此，水主要存在于小薄片与小薄片之间，而使其发生膨胀，这种膨胀性称为外膨胀性。

膨胀性通常用膨胀容来表征。它是指黏土在水溶液中吸水膨胀后，单位质量（g）所占的体积（cm^3）。我国一些黏土的膨胀容数值如下：界牌土 2.5cm^3/g；叙永黏土 3.0cm^3/g；紫木节土 1.05cm^3/g；祖堂山黏土 6.5cm^3/g。

黏土的矿物组成、离子交换能力、表面结构特性、液体介质的极性等因素均会影响其膨胀性。

1.1.3.6 收缩

黏土泥料干燥过程中，因包围在黏土颗粒间的水分蒸发，颗粒相互靠拢而引起的体积收缩，称为干燥收缩。黏土泥料煅烧过程中，由于发生一系列的物理化学变化（如脱水作用、分解作用、莫来石的生成、易熔杂质的熔化以及熔化物充满质点间空隙等），因而使黏土再度产生的收缩，称为烧成收缩。这两种收缩构成黏土泥料的总收缩。

黏土的收缩情况主要取决于它的组成、含水量、阳离子交换能力、细度以及其他工艺性质等。细颗粒的黏土及呈长形纤维状粒子的黏土收缩较大。表 1.8 所列为黏土矿物组成与其收缩的关系。

表 1.8　各类黏土的收缩范围

收缩类型	线收缩率 /%			
	高岭石类	伊利石类	蒙脱石类	叙永石类
干燥收缩	3 ～ 10	4 ～ 11	12 ～ 23	7 ～ 15
烧成收缩	2 ～ 17	9 ～ 15	6 ～ 10	8 ～ 12

收缩测定以直线长度或体积大小的变化来实现。体积收缩近似等于线收缩的 3 倍（误差 6% ～ 9%）。

生产中，设计坯体尺寸、石膏模型尺寸时，应考虑收缩值。测定时采用实验方法，先测出干燥前、后及烧成前、后的尺寸，然后通过以下公式计算干燥收缩率（S_d）、烧成收缩率（S_f）和总收缩率（S）：

$$S_d=(a-b)/a\times100\% \tag{1.9}$$

$$S_f=(b-c)/b\times100\% \tag{1.10}$$

$$S=(a-c)/a\times100\% \tag{1.11}$$

式中　a——干燥前尺寸，μm；

b——干燥后尺寸，μm；

c——烧成后尺寸，μm。

线收缩（S_L）与体积收缩（S_V）的关系可用下式表示：

$$S_L=\left(1-\sqrt[3]{1-\frac{S_V}{100}}\right)\times100\% \tag{1.12}$$

由于干燥线收缩是以试样干燥前的原始长度为基准，而烧成线收缩是以试样干燥后的长度为基准，因此黏土试样的总收缩 S_t 并不等于干燥线收缩 S_{Ld} 与烧成线收缩 S_{Lf} 之和，它们之间的数学关系为：

$$S_{Lf}=\frac{S_t-S_{Ld}}{100-S_{Ld}}\times 100\% \tag{1.13}$$

1.1.3.7 烧结性

黏土是由多种矿物组成的混合物，没有固定熔点，而是在相当大的温度范围内逐渐软化。黏土在烧结过程中，当温度超过 900℃时，开始出现低熔物，低熔物液相填充在未熔颗粒之间的缝隙中，并在其表面张力的作用下将未熔颗粒进一步拉近，使体积急剧收缩，气孔率下降，密度提高。这种体积开始剧烈变化的温度称为开始烧结温度。当温度继续升高至一定值时，具备相当数量的液相填充于气孔中，开口气孔降至最低，收缩率达到最大，试样致密度最高，此时相应的温度称为完全烧结温度或烧结温度。从烧结温度开始，体积密度和收缩率会在一个温度范围内不发生明显的变化。温度继续上升后，由于黏土中的液相不断增多，使黏土试样的气孔率反而增大，出现膨胀。出现这种情况时的最低温度称为软化温度，通常把烧结温度到软化温度之间的温度范围称为烧结范围。生产中常用吸水率反映原料的烧结程度。一般要求黏土原料烧结后的吸水率小于 5%。

生产过程中希望黏土的烧结范围宽。因为，烧结范围越宽，陶瓷制品的烧成操作越容易掌握，也越容易得到烧结均匀的制品，这取决于黏土所含熔剂矿物的种类和数量。优质高岭土的烧结范围可达 200℃，含杂质较多的黏土约为 150℃，伊利石类黏土仅为 50 ～ 80℃。

1.1.3.8 耐火度

耐火度是耐火材料的重要指标之一，它是材料无荷重时抵抗高温作用而不熔化的性能。在一定程度上，它指出了材料的最高使用温度，并作为衡量材料在高温下使用时承受高温程度的标准，是材料的一个工艺常数（熔点是一个物理常数）。

由于天然黏土是多组分的混合物，加热没有一定的熔点，只能随着温度的上升在一定温度范围内逐渐软化熔融，直至全部熔融变为玻璃态物质。

耐火度的测定是将一定细度的原料（＜ 0.2mm）制成一个等边截头三角锥（高 30mm，下底边长 8mm，上顶边长 2mm），在高温电炉中以一定的升温速度加热，当锥内复相体系因重力作用而变形，以至于顶端软化弯倒至锥底平面时的温度，即试样的耐火度。

黏土的耐火度主要取决于其化学组成。Al_2O_3 含量高，其耐火度就高，而碱金属氧化物却使黏土的耐火度降低。通常可根据黏土原料中的 Al_2O_3/SiO_2 比值来判断耐火度，比值越大，耐火度越高，其烧结范围也越宽。

黏土原料可根据其耐火度区分为以下几种：易熔黏土耐火度＜ 1300℃ ；难熔黏土耐火度 1300 ～ 1580℃ ；耐火黏土耐火度＞ 1580℃。

黏土的耐火度也可根据黏土的化学组成用经验公式（1.14）来计算：

$$t=360+(w_A-w_{MO})/0.228 \tag{1.14}$$

式中 t——耐火度，℃；

w_A——黏土中 Al_2O_3 和 SiO_2 总量换算为 100% 时，Al_2O_3 的质量分数，%；

w_{MO}——黏土中 Al_2O_3 和 SiO_2 总量换算为 100% 时，相应带入的其他杂质氧化物的总的质量分数，%。

上式适用于 Al_2O_3 质量分数为 20% ～ 50% 的黏土，计算时各质量分数必须换算为无烧失量的质量分数。

表 1.9 列出了我国陶瓷工业一些常用黏土的主要工艺性能指标，供查阅参考。

表 1.9 常用黏土的主要工艺性能指标

原料名称	密度/(g/cm³)	液限/%	塑限/%	可塑指数	可塑指标		干燥收缩/%		烧成收缩/%		干燥强度/MPa
					数值	相应含水率/%	线收缩	体积收缩	线收缩	体积收缩	
苏州二号土	—	70.6	29.3	41.3	2	43 ～ 47	7.2	19.4	—	—	约 1
界牌土	—	42.55	21.72	20.83	2.05	39.05	4.55	16.98	2.9	9	—
星子高岭土（精泥）	2.59	—	—	—	0.6	30.58	4.2	12.6	12	36.2	0.821
紫木节土	—	—	—	17.3	2.44	—	—	7.8	—	—	—
大同土	2.512	—	—	—	—	—	0.59	—	6.94	—	0.163
青草岭土	—	69.3	26	43.3	1.37	34.4	6.9	27.9	11.8	37	0.883
叙永土	2.516	65.3	42	23.3	—	—	9.19	28.06	试样开裂	—	2.93
祖堂山黏土	—	81.9	26.7	55.2	太黏，无法成球，室温下阴干开裂	太黏，无法成球，室温下阴干开裂	太黏，无法成球，室温下阴干开裂	太黏，无法成球，室温下阴干开裂	—	—	—
黑山膨润土	2.27	87	52	35	1.06	—	—	16	9	36.75	—
南港瓷石（精泥）	2.35	—	—	—	1.05	25.69	5.8	17.8	12.25	—	2.12
章村土	2.83	17.3	10.94	6.36	—	—	3	—	10.98	—	0.64
广东飞天燕瓷土（洗泥）	2.67	—	—	—	3.04	25.2	4.58	—	12.35	—	0.654
广东浸潭泥	2.53	—	—	—	3.24	35.53	6.2	—	11.21	—	3.526

1.1.4 黏土在陶瓷生产中的作用

黏土是陶瓷生产中的主要原料，它可赋予坯料可塑性和烧结性，从而保证了陶瓷制品的成型、烧结和使用性能。黏土在陶瓷生产中的作用概括如下。

（1）黏土的可塑性是陶瓷坯泥赖以成型的基础　黏土可塑性的变化对陶瓷成型的品质影响很大，因此选择各种黏土的可塑性，或调节坯泥的可塑性，已成为确定陶瓷坯料配方的主要依据之一。

（2）黏土使注浆泥料与釉料具有悬浮性和稳定性　这是陶瓷注浆泥料与釉料所必备的

性质，因此选择能使泥浆有良好悬浮性与稳定性的黏土，也是注浆配料和釉浆配料中的重点之一。

（3）黏土一般呈细分散颗粒，同时具有结合性　这可在坯料中结合其他瘠性原料，并使坯料具有一定的干燥强度，有利于坯体的成型加工。另外，细分散的黏土颗粒与较粗的瘠性原料相组合，可得到较大堆积密度而有利于烧结。

（4）黏土是陶瓷坯体烧结时的主体　黏土中的 Al_2O_3 含量和杂质含量是决定陶瓷坯体的烧结程度、烧结温度和软化温度的主要因素。

（5）黏土是形成陶瓷主体结构和陶瓷中莫来石晶体的主要来源　黏土的热分解产物和莫来石晶体决定了陶瓷的主要性能。莫来石相赋予陶瓷良好的力学性能、介电性能、热稳定性和化学稳定性。

1.2　石英类原料

1.2.1　石英矿石的类型

二氧化硅（SiO_2）在地壳中的丰度约为 60%。含二氧化硅的矿物种类很多，部分以硅酸盐化合态存在，构成各种矿物、岩石。另一部分则以独立状态存在，称为单独的矿物实体，其中结晶态二氧化硅统称为石英。由于经历的地质作用及成矿条件不同，石英呈现多种状态，并有不同的纯度。

（1）水晶　水晶是一种最纯的石英晶体，外形呈六方柱锥体，无色透明，或含一些微量元素而呈现一定的色泽。水晶因在自然界的蕴藏量不多而产量很少，且在工业上有更重要的用途，陶瓷工业一般不予使用。

（2）脉石英　脉石英是由含二氧化硅的热液填充于岩石裂隙之间，冷凝之后而成为致密块状结晶态石英（有的凝固为玻璃态石英），一般呈矿脉状产出。脉石英呈纯白色，半透明状，油脂光泽，贝壳状断口，其 SiO_2 含量可达 99%，是生产日用细瓷的良好原料。

（3）砂岩　砂岩是石英颗粒被胶结物结合而成的一种碎屑沉积岩。根据胶结物性质可分为石灰质砂岩、黏土质砂岩、石膏质砂岩、云母质砂岩和硅质砂岩等。在陶瓷工业中，仅硅质砂岩有使用价值。砂岩一般呈白色、黄色、红色等，SiO_2 含量为 90% ～ 95%。

（4）石英岩　石英岩是硅质砂岩经变质作用后，石英颗粒发生再结晶作用的岩石。SiO_2 含量一般在 97% 以上，常呈灰白色，光泽度高，断面紧致，硬度高。加热过程中其晶型转化比较困难。石英岩是制造一般陶瓷制品的良好原料，其中杂质含量少的可用作细瓷原料。

（5）石英砂　石英砂是由花岗岩、伟晶岩等岩石经过风化作用的风化产物再经过水流冲洗、搬运淘洗等一系列地质作用后，石英颗粒自然富集而成的。利用石英砂作为陶瓷原料，可省去破碎这一生产环节，降低成本，但由于杂质含量较高，成分波动也大，使用时必须加以控制。

（6）燧石　燧石是由含 SiO_2 溶液经化学沉积在岩石夹层或岩石中的隐晶质 SiO_2。呈结核状与瘤状产出，呈钟乳状、葡萄状产出的为玉髓，呈浅灰色、深灰色或白色。因其硬度高，可作为研磨材料、球磨机内衬等，质量好的燧石也可代替石英作为细陶瓷坯、釉的原料。

（7）硅藻土　硅藻土是溶解在水中的一部分二氧化硅被微细的硅藻类水生物吸取沉积演变而成的含水非晶质二氧化硅。常含少量黏土，具有一定的可塑性，并有很多孔隙，是制造绝热材料、轻质砖、过滤体等多孔陶瓷的重要原料。

1.2.2 石英的性质

石英的主要化学成分为 SiO_2，但是常含有少量的 Al_2O_3、Fe_2O_3、CaO、MgO、TiO_2 等杂质成分。这些杂质是成矿过程中残留的其他夹杂矿物带入的，夹杂矿物主要有碳酸盐（白云石、方解石、菱镁矿等）、长石、金红石、板铁矿、云母、铁的氧化物等。此外，石英中可能含有一些微量的液态和气态包裹物。我国各地石英原料的化学组成列于表 1.10。

表 1.10　我国各地石英原料的化学组成

序号	原料名称	产地	化学组成/%								
			SiO_2	Al_2O_3	K_2O	Na_2O	Fe_2O_3	TiO_2	CaO	MgO	烧失量
1	石英	山东泰安	99.48	0.36	—	—	0.01	—	—	—	0.03
2	石英	河南铁门	98.94	0.41	—	—	0.19	—	痕量	痕量	—
3	石英砂	江苏宿迁	91.90	4.64	—	—	0.21	—	0.20	0.10	0.24
4	石英	湖南湘潭	95.31	1.93	—	—	0.26	—	0.39	0.40	1.74
5	石英	广东桑浦	99.53	0.19	—	—	—	—	痕量	0.04	—
6	石英	江西星子	97.95	0.53	痕量	0.44	0.19	—	0.33	0.63	0.29
7	石英	江西景德镇	98.24	—	—	—	—	—	—	—	—
8	石英	广西	98.24	—	—	—	1.02	—	—	—	—
9	石英	山西五台山	98.71	0.65	—	—	0.16	—	—	—	—
10	石英	四川青川	98.89	1.03	—	—	0.032	—	0.17	—	—
11	石英	贵州贵阳	98.23	0.18	—	—	0.02	—	—	—	微量
12	石英砂	贵州普定	96.77	0.46	—	—	0.57	—	—	—	—
13	石英	新疆尾亚	98.40	0.18	—	0.02	0.80	—	—	—	—
14	石英	云南昆明	97.07	—	—	—	0.56	—	—	—	—
15	石英	陕西凤县	97.00	1.41	—	—	—	—	—	—	—
16	石英	山西闻喜	98.05	—	—	—	0.10	—	—	—	—
17	石英	北京	99.02	0.024	—	—	—	—	—	—	—
18	石英	内蒙古包头	98.08	0.84	—	—	0.34	—	0.19	—	—

二氧化硅在常压下有七种结晶态和一个玻璃态。它们是 α- 石英、β- 石英，α- 鳞石

英、β- 鳞石英、γ- 鳞石英，α- 方石英、β- 方石英。石英的宏观特征随种类不同而异，一般呈乳白色或灰白色半透明状，具有玻璃光泽或脂肪光泽，莫氏硬度为 7。石英的密度因晶型而异，一般为 2.22 ～ 2.65g/cm^3。石英的晶型及性质见表 1.11。

表 1.11　石英的晶型及性质

结晶形态	晶系	密度 /（g/cm^3）	线膨胀系数 α（0 ～ 100℃）/×10^{-6}℃$^{-1}$	该状态的稳定温度范围 /℃
β- 石英	三方	2.651（20℃）	12.3	573 以下
α- 石英	六方	2.533（570℃）	—	573 ～ 870
γ- 鳞石英	斜方	2.31（20℃）	21.0	117 以下
β- 鳞石英	六方	2.24（117℃）	—	117 ～ 163
α- 鳞石英	六方	2.228（163℃）	—	870 ～ 1470
β- 方石英	四方	2.34（20℃）	10.3	150 ～ 270 以下
α- 方石英	等轴	2.22（300℃）	—	1470 ～ 1713
石英玻璃	非晶质	2.21	0.5	1713 以上

石英具有很强的耐酸侵蚀能力（氢氟酸除外），但与碱性物质接触时能起反应而生成可溶性的硅酸盐。在高温下，石英易与碱金属氧化物作用生成硅酸盐与玻璃态物质。

石英材料的熔融温度范围取决于二氧化硅的形态和杂质的含量。硅藻土的熔融终了点一般为 1400 ～ 1700℃，无定形二氧化硅约在 1713℃即开始熔融。脉石英、石英岩和砂岩在 1750 ～ 1770℃熔融，但当杂质含量达 3% ～ 5% 时，在 1690 ～ 1710℃时即可熔融。当含有 5.5% 的 Al_2O_3 时，其低共熔点温度会降低至 1595℃。

1.2.3　石英的晶型转化

石英是由［SiO_4］$^{4-}$ 四面体互相以顶点连接而成的三维空间架状结构。连接后在三维空间扩展，由于它们以共价键连接，连接之后又很紧密，因而空隙很小，其他离子不易侵入网穴中，因而晶体纯净，硬度与强度高，熔融温度也高。在不同的条件与温度下，石英中［SiO_4］$^{4-}$ 四面体之间的连接方式不同，从而呈现出多种晶型和形态，具体的转化温度如图 1.3 所示。

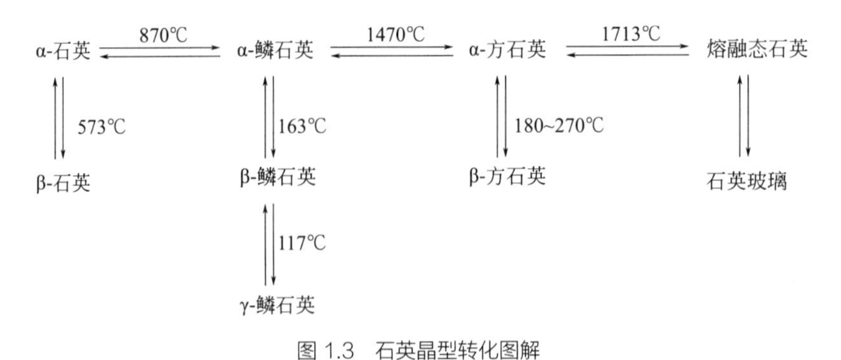

图 1.3　石英晶型转化图解

1.2.3.1 石英晶型转化的类型

自然界中的石英大部分以β-石英的形态稳定存在，只有很少部分以鳞石英或方石英的介稳态存在。上述的石英晶型转化，根据其转化时的情况可以分为高温型的缓慢转化（图 1.3 中的横向转化）和低温型的快速转化（图 1.3 中的纵向转化）两种。

（1）高温型的缓慢转化　这种转化由表面开始逐步向内部进行，转化后发生结构变化，形成新的稳定晶型，因而需要较高的活化能。转化进程缓慢，需要较高的温度与较长的时间，同时发生较大的体积变化。为了加速转化，可以添加细磨的矿化剂或助熔剂。

（2）低温型的快速转化　这种转化进行迅速，在达到转化温度之后，晶体的表里瞬间同时发生转化，但其结构不发生改变，因而转化较容易进行，体积变化不大，且为可逆转化。

1.2.3.2 石英晶型转化的体积变化

石英的晶型转化会引起一系列的物理化学变化，如体积、密度、强度等，其中对陶瓷生产影响较大的是体积变化。石英晶型转化过程中的体积变化可由相对密度的变化计算出其转化时的体积效应（表 1.12）。

表 1.12　石英晶型转化时的体积效应（计算值）

缓慢转化			快速转化		
转化过程	计算转化效应时的温度 /℃	在该温度下晶型转化时的体积效应 /%	转化过程	计算转化效应时的温度 /℃	在该温度下晶型转化时的体积效应 /%
α-石英→α-鳞石英	1000	+16.00	β-石英→α-石英	573	+0.82
α-石英→α-方石英	1000	+15.04	γ-鳞石英→β-鳞石英	117	+0.20
α-石英→石英玻璃	1000	+15.05	β-鳞石英→α-鳞石英	163	+0.20
石英玻璃→α-方石英	1000	−0.09	β-方石英→α-方石英	150	+2.80

由表 1.12 可以看出，属于缓慢转化的体积效应值大，如在α-石英向α-鳞石英的转化过程中，体积膨胀可达到 16%；而属于快速转化的体积变化则很小，如 573℃时β-石英向α-石英的转化，体积膨胀仅 0.82%。

单纯从数值上看，缓慢转化似乎会对陶瓷材料的性能产生严重的不利影响，但实际上由于该转化速度非常缓慢，同时转化时间也很长，再加上液相的缓冲作用，因而使得体积的膨胀进行缓慢，抵消了固相膨胀应力所造成的破坏作用，对制品性能的危害反而不大。相反，虽然低温下的快速转化的体积膨胀很小，但因其转化迅速，又是在无液相出现的所谓干条件下进行，因而破坏性强，危害更大。

事实上，石英在烧成过程中的实际转化与理论转化有所不同，如图 1.4 所示。

从实际转化示意图可以看出，不论有无矿化剂存在，由α-石英转化为α-方石英或α-鳞石英时，都需要先经过半安定方石英阶段，然后才能在不同的温度与条件下继续转化下去。

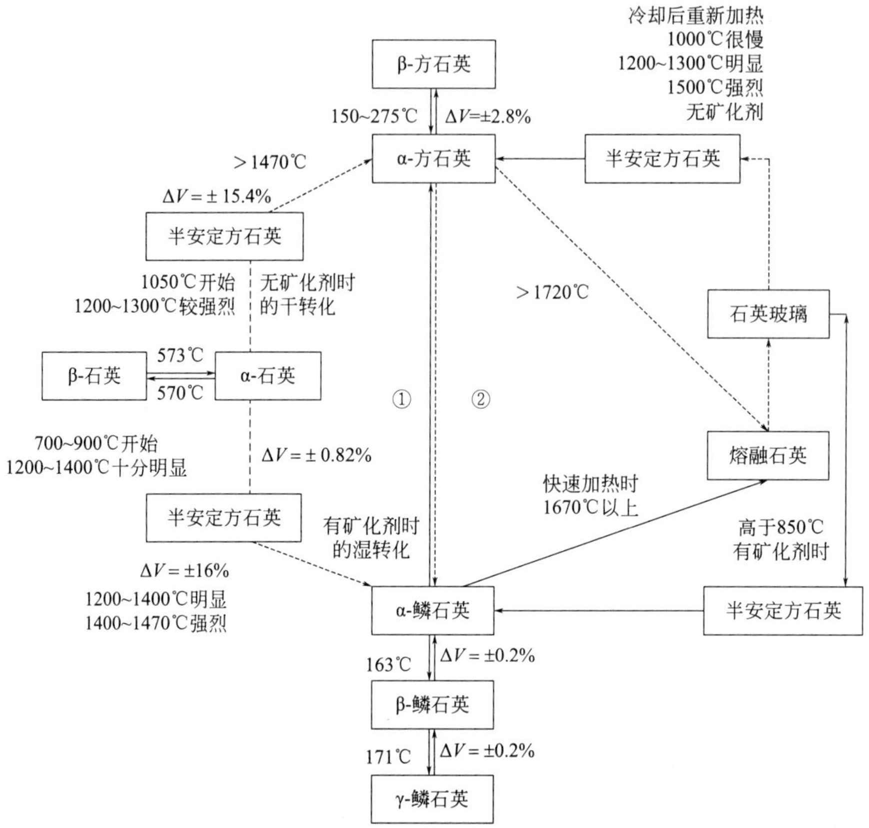

图 1.4　石英实际转化示意图

（ΔV 为体积膨胀值）

① 1470 ～ 1500℃缓慢，长时间保温时转化完全，高于 1500℃时转化迅速；

② 1300℃以上可以看得出转化，1400 ～ 1470℃转化强烈（无矿化剂时）

在转化为半安定方石英的过程中，石英颗粒会发生开裂。如果此时有矿化剂存在，矿化剂产生的液相就会沿着裂缝侵入石英颗粒内部，促使半安定方石英转化为 α- 鳞石英。如果无矿化剂存在或矿化剂很少时，就转化为 α- 方石英，而颗粒内部仍保持部分半安定方石英。

上述转化过程均在 1200℃之后明显发生，而在 1400℃之后则强烈进行。就日用陶瓷来讲，烧成温度达不到使之继续充分转化的条件，因而实际上无法保证全部转化完成。所以，日用陶瓷制品烧成后，得到的是半安定方石英晶型和少量其他晶型。在这一转化过程中，体积变化可高达 15% 以上，无液相存在时破坏性很强；有液相存在时，由于表面张力的作用，可减弱不良影响。

一般认为，半安定方石英是一种在磷石英稳定温度范围内形成的、具有光学各向同性的方石英，结构接近方石英。形成温度为 1200 ～ 1250℃，处于稳定状态，冷却后可保持下来。

掌握石英的理论转化与实际转化对于指导生产有一定的意义。利用其加热时的体积膨胀作用，可以预先煅烧块状石英，然后急速冷却，使其组织结构破坏，以利于粉碎。一般预烧温度在 1000℃左右，具体情况需视其温度高低、时间长短、冷却速度快慢等因素而定。总的体积膨胀为2%～4%，这样的体积变化能使块状石英疏松开裂。此外，在陶瓷制品的烧成和冷却过程中，当温度处于石英晶型转化的温度阶段，应适当控制升温与冷却速度，以保证制品不开裂。

1.2.4 石英在陶瓷生产中的作用

石英是日用陶瓷的主要原料之一，在陶瓷生产中的作用如下。

（1）石英在烧成前是瘠性原料，可对泥料的可塑性起调节作用。石英颗粒常呈多角的尖棱状，提供了生坯水分快速排出的通路，增加了生坯的渗水性，有利于施釉工艺，且能缩短坯体的干燥时间、减少坯体的干燥收缩，并防止坯体变形。

（2）在陶瓷烧成时，石英的体积膨胀可部分地抵消坯体收缩的影响，当玻璃质大量出现时，在高温下石英能部分熔解于液相中，增加熔体的黏度，而未熔解的石英颗粒，则构成坯体的骨架，可防止坯体产生软化变形等缺陷。但在冷却过程中，若在熔体固化温度以下降温过快，坯体中未反应的石英（称为残余石英）以及方石英会因晶型转化的体积效应使坯体产生相当大的内应力，从而产生微裂纹，甚至导致开裂，影响陶瓷产品的抗热震性和机械强度。

（3）在瓷器中，石英对坯体的机械强度有很大的影响，合适的石英颗粒能大大提高瓷器坯体的强度，否则效果相反。同时，石英也能使瓷坯的透光度和白度得到改善。

（4）在釉料中，二氧化硅是生成玻璃质的主要组分，增加釉料中的石英含量能提高釉的熔融温度与黏度，并减小釉的热膨胀系数。同时，它是赋予釉以高的机械强度、硬度、耐磨性和耐化学侵蚀性的主要因素。

1.3 长石类原料

长石是陶瓷生产中的主要熔剂性原料，一般用作坯料、釉料、色料熔剂等的基本成分，用量较大，是日用陶瓷的三大原料之一。

1.3.1 长石的种类和性质

长石是地壳中一种最常见、最重要的造岩矿物。长石类矿物是架状结构的碱金属或碱土金属的铝硅酸盐，主要是钾、钠、钙和少量钡的铝硅酸盐，有时含有微量的铯、铷、锶等金属离子。自然界中纯的长石较少，多数是以各类岩石的集合体产出，共生矿物有石英、云母、霞石、角闪石等，其中云母（尤其是黑云母）与角闪石为有害杂质。

自然界中长石的种类很多，归纳起来都是由以下四种长石组合而成：钠长石（Ab），$Na[AlSi_3O_8]$ 或 $Na_2O \cdot Al_2O_3 \cdot 6SiO_2$；钾长石（Or），$K[AlSi_3O_8]$ 或 $K_2O \cdot Al_2O_3 \cdot 6SiO_2$；

钙长石（An），Ca[$Al_2Si_2O_8$] 或 CaO・Al_2O_3・$2SiO_2$；钡长石（Cn），Ba[$Al_2Si_2O_8$] 或 BaO・Al_2O_3・$2SiO_2$。

这几种基本类型的长石，由于其结构关系，彼此可以混合形成固溶体，它们之间的互相混溶有一定的规律。钠长石与钾长石在高温时可以形成连续固溶体，但在低温条件下，可混溶性降低，连续固溶体会分解，这种长石也称为微斜长石；钠长石与钙长石能以任何比例混溶，形成连续的类质同象系列，低温下也不分离，这就是常见的斜长石；钾长石与钙长石在任何温度下几乎都不混溶；钾长石与钡长石则可形成不同比例的固溶体，但在地壳中分布不广。

长石类矿物的化学组成与物理性质见表 1.13。

表 1.13 长石类矿物的化学组成与物理性质

项目		钾长石	钠长石	钙长石	钡长石
化学通式		K_2O・Al_2O_3・$6SiO_2$	Na_2O・Al_2O_3・$6SiO_2$	CaO・Al_2O_3・$2SiO_2$	BaO・Al_2O_3・$2SiO_2$
晶体结构式		K[$AlSi_3O_8$]	Na[$AlSi_3O_8$]	Ca[$Al_2Si_2O_8$]	Ba[$Al_2Si_2O_8$]
理论化学组成 /%	SiO_2	64.70	68.70	43.20	32.00
	Al_2O_3	18.40	19.50	36.70	27.12
	RO（R_2O）	K_2O 16.90	Na_2O 11.80	CaO 20.10	BaO 40.88
晶系		单斜	三斜	三斜	单斜
密度 /（g/cm^3）		2.56 ～ 2.59	2.60 ～ 2.65	2.74 ～ 2.76	3.37
莫氏硬度		6 ～ 6.5	6 ～ 6.5	6 ～ 6.5	6 ～ 6.5
颜色		白色、肉红色、浅黄色	白色、灰色	白色、灰色或无色	白色或无色
热膨胀系数 $\alpha/\times10^{-8}℃^{-1}$		7.5	7.4	—	—
熔点 /℃		1150	1100	1550	1715

注：碱性长石系列（$KAlSi_3O_8$-$NaAlSi_3O_8$）包括透长石、正长石、微斜长石、歪长石、条纹长石、反条纹长石及钠长石；斜长石系列（$KAlSi_3O_8$-$CaAl_2Si_2O_8$）包括钠长石、更长石、中长石、拉长石、培长石及钙长石。

1.3.2 长石的熔融特性

在陶瓷工业中，长石主要是作为熔剂使用的，在釉料中也是形成玻璃相的主要成分。一般要求长石具有较低的始熔温度、较宽的熔融范围、较高的熔融液相黏度和良好的熔解其他物质的能力，这样可使坯体便于烧结而又防止变形。因此，其熔融特性对于陶瓷生产具有重要的意义。

从理论上讲，各种纯的长石的熔融温度分别为：钾长石 1150℃，钠长石 1100℃，钙长石 1550℃，钡长石 1715℃。实际上，陶瓷生产中使用的长石经常是几种长石的互熔物，且又含有一些石英、云母、氧化铁等杂质，所以没有固定熔点，只能在一个不太严格的温度范围内逐渐软化熔融，变为玻璃态物质。煅烧实验证明，长石变为滴状玻璃体时的温度并不低，一般在 1200℃以上，并依其粉碎细度、升温速度、气氛性质等条件而异，其一般的熔融温度范围为：钾长石 1130 ～ 1450℃，钠长石 1120 ～ 1250℃，钙长石 1250 ～ 1550℃。

从上述可看出，钾长石的熔融温度不是太高，且其熔融温度范围宽。这与钾长石的熔融反应有关。钾长石从1130℃开始软化熔融，在1220℃时分解，生成白榴子石与SiO_2共熔体，成为玻璃态黏稠物，其反应式如下：

$$K_2O \cdot Al_2O_3 \cdot 6SiO_2 \longrightarrow K_2O \cdot Al_2O_3 \cdot 4SiO_2\text{（白榴子石）} + 2SiO_2 \qquad (1.15)$$

温度再升高，逐渐全部变成液相。由于钾长石的熔融物中存在白榴子石和硅氧熔体，故黏度大，气泡难以排出，熔融物呈稍带透明的乳白色，体积膨胀7%～8.65%。高温下钾长石熔体的黏度很大，且随着温度的增高其黏度降低较慢，在陶瓷生产中有利于烧成控制和防止变形。所以，在陶瓷坯料中以选用钾长石类的正长石、微斜长石为宜，它们Na_2O含量低，熔点也较低，液相黏度大，熔融温度范围也较宽。

钠长石的开始熔融温度比钾长石低，其熔化时没有新的晶相产生，液相的组成和未熔长石的组成相似，即液相很稳定，但形成的液相黏度较低。钠长石的熔融范围较窄，且其黏度随温度的升高而降低的速度较快，因而在烧成过程中易引起产品的变形。但钠长石在高温时对石英、黏土、莫来石的熔解却最快，熔解度也最大，非常适合配制釉料。也有人认为钠长石的熔融温度低、黏度小、助熔作用更为良好，有利于提高瓷坯的瓷化程度和半透明性，关键在于控制好烧成制度，根据具体要求制定出适宜的升温曲线。

由于长石类矿物经常相互混溶，钾长石中总会固溶部分钠长石。如果将长石原矿加热至熔融状态时，可得到白色乳浊状和透明玻璃状的层状熔体。白色层为钾长石，而透明层为钠长石。在钾钠长石中，若K_2O含量多，熔融温度较高，熔融后液相的黏度也大；若钠长石较多，则完全熔化成液相的温度就剧烈降低，即熔融温度范围变窄。另外，若加入氧化钙和氧化镁，则能显著地降低长石的熔化温度和黏度。

钙长石的熔化温度较高，高温下的熔液不透明、黏度也小，冷却时容易析晶，化学稳定性也差。而其与钠长石混溶形成的斜长石的化学组成波动范围较大，无固定熔点，熔融范围窄，熔液黏度较小，配制成瓷件的半透明性好，强度较大。

钡长石的熔点更高，其熔融温度范围不宽，普通陶瓷产品不采用它。但在电瓷中的钡长石瓷则以它为主要原料，使坯体形成钡长石为主晶相。这时钡长石就不是起熔剂的作用了。由于钡长石在自然界中的储量很少，多采用合成方法制成。

我国长石资源丰富，分布各地，其中一些地区所产的长石原料的化学组成见表1.14。

表1.14 我国长石原料的化学组成

产地	化学组成/%							
	SiO_2	Al_2O_3	Fe_2O_3	CaO	MgO	K_2O	Na_2O	I.L.
辽宁海城长石	65.52	18.59	0.40	0.58	—	11.80	2.49	0.21
湖北平江长石	63.41	19.18	0.17	0.76	—	13.97	2.36	0.46
山西祁县长石	65.66	18.38	0.17	—	—	13.37	2.64	0.33
内蒙古包头长石	65.02	19.30	0.09	—	—	12.22	1.47	—
广东揭阳长石	63.19	21.77	0.14	0.48	0.30	11.76	0.42	0.33
广西资源长石	65.74	13.79	0.43	0.87	1.70	6.25	4.33	0.29

日用陶瓷一般选用含钾长石较多的钾钠长石，一般要求K_2O与Na_2O总量不小于11%，其中K_2O与Na_2O的质量比大于3，CaO与MgO总量不大于1.5%，Fe_2O_3含量在0.5%以下为宜。在选用时，应对长石的熔融温度、熔融温度范围及熔体的黏度做熔烧实验。陶瓷生产中适用的长石要求共熔融温度低于1230℃，熔融范围应不小于30～50℃。

1.3.3 长石在陶瓷生产中的作用

长石在陶瓷原料中是作为熔剂使用的，因而长石在陶瓷生产中的作用主要表现为它的熔融和熔化其他物质的性质。

（1）长石在高温下熔融，形成黏稠的玻璃熔体，是坯料中碱金属氧化物（K_2O、Na_2O）的主要来源，能降低陶瓷坯体组分的熔化温度，有利于成瓷和降低烧成温度。

（2）熔融后的长石熔体能熔解部分黏土分解产物和石英颗粒（表1.15）。在液相中Al_2O_3和SiO_2互相作用，促进莫来石晶体的形成和长大，赋予了坯体的机械强度和化学稳定性。

表1.15 长石熔体对黏土分解产物和石英的熔解度

被熔解的物质	熔解度/%			
	1300℃的熔解度		1500℃的熔解度	
	钾长石	钠长石	钾长石	钠长石
黏土分解产物	15～20	25～33	40～50	60～70
石英	5～10	8～15	15～25	18～28

（3）长石熔体能填充于各结晶颗粒之间，有助于坯体致密和减少空隙。冷却后的长石熔体，构成了瓷的玻璃基质，增加了透明度，并有助于瓷坯的机械强度和电气性能的提高。

（4）在釉料中长石是主要熔剂。

（5）长石作为瘠性原料，在生坯中还可以缩短坯体干燥时间、减少坯体的干燥收缩变形等。

1.4 其他矿物原料

1.4.1 碳酸盐类

陶瓷的三大原料中的熔剂性原料主要以含碱金属氧化物的矿物原料为主，除此之外，一些含有碱土金属氧化物的矿物原料也可以作为熔剂原料使用，其中最常见的是含氧化钙和氧化镁的碳酸盐矿物，如方解石（$CaCO_3$）、菱镁矿（$MgCO_3$）和白云石

（$CaCO_3 \cdot MgCO_3$）。这些碳酸盐矿物原料在坯、釉料中，高温下起熔剂作用，在有的坯料中也可以生成主晶相。

1.4.1.1 方解石

（1）方解石的性质与晶型　方解石的主要成分为碳酸钙（$CaCO_3$），其理论组成为 CaO 56%，CO_2 44%。但常含混入物镁、铁、锰、锌等杂质，属于此组成的天然碳酸盐原料还包括冰洲石、石灰石、钟乳石、石笋、白垩、大理石等。

方解石属于三方晶系，晶体呈菱面体，有时呈粒状或板状。纯净的方解石呈无色，一般呈白色，含杂质的可呈灰、黄、红等色，玻璃光泽，性脆，莫氏硬度为 3，密度为 $2.72g/cm^3$，在高温下（850 ～ 950℃）分解生成 CaO 及 CO_2 气体。在冷的稀盐酸中能剧烈反应起泡。

（2）方解石的作用　在陶瓷的坯体或釉料中，常以方解石的形式引入 CaO，在它的坯料中于高温分解前起瘠化作用，分解后起熔剂作用。在较低温度下能和坯料中的黏土及石英发生反应，缩短烧成时间，并能增加产品的透明度，使坯釉结合牢固。在制造石灰质釉陶器时，方解石的用量可达 10% ～ 20%，制造软质瓷器时为 1% ～ 3%。

方解石在釉料中是一个重要原料，它能增大高温釉的折射率，因而提高光泽度。并能改善釉的透光性，但如果在釉料中配合不当，则易出现乳浊（析晶）现象，单独作为熔剂时，在煤窑或油窑中易引起阴黄、吸烟。

1.4.1.2 菱镁矿

（1）菱镁矿的性质与晶型　菱镁矿主要成分是碳酸镁（$MgCO_3$），其理论化学组成为 MgO 47.8%，CO_2 52.2%。常含铁、钙、锰等杂质。菱镁矿属于三方晶系，晶体呈菱面体，集合体呈粒状或致密块状。菱镁矿呈白色或灰白色，含铁者为褐色，玻璃光泽，性脆，密度为 2.9 ～ $3.1g/cm^3$，莫氏硬度为 3.4 ～ 5.0。与冷盐酸不起作用，与热盐酸则剧烈起泡。

菱镁矿在加热过程中，从 350℃开始分解成 CO_2 及 MgO，伴有很大的体积收缩，当温度达到 550 ～ 650℃时候，反应速率加剧，至 1000℃时分解完全。生成的轻烧 MgO，质地疏松，化学活性大。继续升温，MgO 体积收缩，化学活性减小，密度增加，同时菱镁矿中 CaO、SiO_2、Fe_2O_3 等杂质与 MgO 逐步生成低熔点化合物。至 1550 ～ 1650℃时，MgO 晶格缺陷得到校正，晶粒逐渐发育长大，组织结构致密，生成以方镁石为主要矿物的烧结镁石。

（2）菱镁矿的作用　菱镁矿是制造耐火材料的重要原料，也是新型陶瓷工业中用于合成尖晶石（$MgO \cdot Al_2O_3$）、钛酸镁（$2MgO \cdot TiO_2$）和镁橄榄石瓷（$2MgO \cdot SiO_2$）等的主要原料，同时作为辅助原料和添加剂被广泛应用。在釉料中加入菱镁矿可引入 MgO，可提高釉的白度、抗热震性，改善釉的弹性，降低釉的成熟温度。

1.4.1.3 白云石

（1）白云石的性质与晶型　白云石是 $CaCO_3$ 和 $MgCO_3$ 的复盐，化学式为 $CaCO_3 \cdot MgCO_3$，其理论化学组成为 CaO 30.4%、MgO 21.9%、CO_2 47.7%。常含铁、锰等杂质。白云石属于三方晶系，晶体呈菱面体，集合体呈粒状或致密块状。一般呈灰白色，有时为淡黄、褐、淡绿等色，具有玻璃光泽，密度为 2.8 ～ 2.9g/cm^3，莫氏硬度为 3.5 ～ 4.0，性脆，遇稀酸微微起泡。

白云石在高温下会分解生成 CaO、MgO 及 CO_2，约在 800℃开始，先是 $MgCO_3$ 分解出 MgO 及 CO_2，到 950℃时，$CaCO_3$ 再分解成 CaO 及 CO_2。

（2）白云石的作用　在陶瓷工业中，白云石的使用能同时引入 CaO 及 MgO，它们一般起熔剂作用，能降低烧成温度，促进石英的熔解和莫来石的生成。在釉中能提高透光性能，釉不易乳浊，但慢冷时釉中会析出少量针状莫来石，并能提高釉的热稳定性以及在一定程度上防止吸烟。

1.4.2　滑石、蛇纹石

滑石和蛇纹石均属于镁的含水层状硅酸盐矿物，是制造镁质瓷的主要原料，在普通陶瓷的坯料中也可加入少量以改善性能。

1.4.2.1　滑石

（1）滑石的性质与晶型　滑石是天然含水硅酸镁矿物，其化学式为 $3MgO \cdot 4SiO_2 \cdot H_2O$，晶体结构式为 $Mg_3[Si_4O_{10}](OH)_2$，其理论化学组成为 MgO 31.88%，SiO_2 63.37%，H_2O 4.75%，常含有铁、铝、锰、钙等杂质。滑石属于单斜晶系，晶体呈六方或菱形板状，常呈两种形态产出，一种为粗鳞片状，另一种为细鳞片致密块状集合体（称为块滑石）。纯净的滑石为白色，含有杂质时一般为淡绿色、浅黄色、浅灰色、浅褐色等，具有脂肪光泽，富滑腻感，莫氏硬度为 1，密度为 2.7 ～ 2.8g/cm^3。

滑石在加热过程中，于 600℃左右开始脱水，在 880 ～ 970℃下，结构水完全排出，滑石分解为偏硅酸镁和 SiO_2，反应式如下：

$$3MgO \cdot 4SiO_2 \cdot H_2O \longrightarrow 3(MgO \cdot SiO_2) + SiO_2 + H_2O \qquad (1.16)$$

偏硅酸镁有三种晶型，即原顽火辉石、顽火辉石及斜顽火辉石。滑石加热脱水后先转变为顽火辉石，顽火辉石可在 1260℃左右转变为原顽火辉石，原顽火辉石是高温稳定形态，在冷却时，原顽火辉石可转变为低温稳定的斜顽火辉石或顽火辉石。在原顽火辉石变为斜顽火辉石或顽火辉石时，伴随有较大的体积变化。斜顽火辉石为斜短柱状无色晶体，莫氏硬度为 6，密度为 3.19g/cm^3，熔融温度为 1557℃。

（2）滑石的作用　滑石在普通日用陶瓷生产中一般作为熔剂使用，在细陶瓷坯体中加入少量滑石，可降低烧成温度，在较低的温度下形成液相，加速莫来石晶体的生成，同时扩大烧结温度范围，提高白度、透明度、机械强度和热稳定性。在精陶坯体中如用滑石代替长石（即镁质精陶），则精陶制品的湿膨胀倾向将大为减少，釉的后期龟裂也可相应降低。在釉料中加入滑石可改善釉层的弹性，提高热稳定性、白度、透明度，降低烧成温度，使釉的流动性增加。

滑石是生产镁质瓷的主要原料。滑石在镁质瓷中不仅是瘠性原料，而且能在高温下与黏土反应生成镁质瓷的主晶相。根据滑石与黏土的使用比例不同（滑石用量可达 34% ～

90%），可制成堇青石（$3MgO \cdot 2Al_2O_3 \cdot 5SiO_2$）质耐热瓷、用于高频绝缘材料的原顽火辉石－堇青石质瓷和块滑石瓷（原顽火辉石瓷）以及日用滑石质瓷等。

由于滑石多是片状结构，破碎时易呈片状颗粒并较软，故不易粉碎。在陶瓷制品成型过程中极易趋于定向排列，导致干燥、烧成时产生各向异性收缩，往往引起制品开裂。因此，生产中常采用预烧的方法破坏原有的片状结构，预烧温度随各产地原料组织结构不同而变化，一般为 1200 ～ 1350℃。

我国具有丰富的优质滑石矿资源，且 Fe_2O_3 和碱金属氧化物含量都较低。辽宁海城和山东栖霞等地所产的滑石驰名海内外，此外，山西、广东、广西、湖南等地均有滑石矿床。我国各地滑石的化学、矿物组成列于表 1.16。

表 1.16 我国各地滑石的化学、矿物组成

产地	化学组成 /%									矿物组成
	SiO_2	Al_2O_3	Fe_2O_3	TiO_2	CaO	MgO	K_2O	Na_2O	I.L.	
辽宁海城	60.24	0.17	0.06	0.03	0.22	32.58	0.09	0.04	6.44	以滑石为主，还有菱镁矿、白云石、少量绿泥石
山东栖霞	59.56	1.51	0.38	0.11	0.4	32.37	0.02	0.05	5.99	—
山西太原	57.9	0.96	0.18	—	1.18	32.95	0.25		6.84	
广西陆川	61.75	0.65	0.57	—	0.77	30.44	2.3		2.46	
广东高州	62.12	0.36	0.63	—	0.8	31.74	0.04	0.07	4.08	以滑石为主，还有白云石、蛇纹石及绿泥石
湖南新化	61.3	0.27	6.13	—	1.02	31.16	1.46		5.18	—

1.4.2.2 蛇纹石

（1）蛇纹石的性质与晶型　蛇纹石与滑石同属镁的含水硅酸盐矿物，化学式为 $3MgO \cdot 2SiO_2 \cdot 2H_2O$，晶体结构式为 $Mg_3[SiO_2](OH)_4$，其理论化学组成为 MgO 43%，SiO_2 44.1%，H_2O 12.9%，常含铁、钛、镍等杂质，铁含量极高。蛇纹石属于单斜晶系，晶体发育不完全，呈微细的鳞片状和纤维状集合体，有的呈致密块状，有时夹杂极薄的石棉细脉。一般蛇纹石性质较柔软，外观呈绿色或暗绿色，叶片状蛇纹石呈灰色、浅黄色、淡棕色、淡蓝色等，具有玻璃光泽或脂肪光泽，莫氏硬度为 2.5 ～ 3，密度为 2.5 ～ $2.7g/cm^3$。

蛇纹石在加热过程中，500 ～ 700℃失去结构水，1000 ～ 1200℃分解为镁橄榄石与游离 SiO_2，在 1200℃以上，游离 SiO_2 与部分镁橄榄石结合生成顽火辉石，总反应式如下：

$$3MgO \cdot 2SiO_2 \cdot 2H_2O \longrightarrow 2MgO \cdot SiO_2 + MgO \cdot SiO_2 + 2H_2O \tag{1.17}$$

镁橄榄石是一种橄榄绿色、硬度很高（6.5 ～ 7）的架状硅酸镁，熔点为 1910℃。

（2）蛇纹石的作用　蛇纹石的成分与滑石有一定的相似之处，但由于其铁含量高（可达 7% ～ 8%），一般只用作碱性耐火材料，也可用以制造有色的瓷器、地砖、耐酸陶瓷等。与滑石一样，蛇纹石在使用时也需要预烧，以破坏其鳞片状和纤维状结构，预烧温度约为 1400℃。它也可以在陶瓷配料中代替滑石使用。

1.4.3 硅灰石、透辉石、透闪石

1.4.3.1 硅灰石

（1）硅灰石的性质与晶型　天然硅灰石是典型的高温变质矿物，通常产于石灰岩和酸性岩浆的接触带，由 CaO 与 SiO_2 反应而成。化学通式为 $CaO \cdot SiO_2$，晶体结构式为 $Ca[SiO_3]$，其理论化学组成为 CaO 48.25%，SiO_2 51.75%。天然硅灰石常与透辉石、石榴石、绿帘石、方解石、石英等矿物共生，故还含有 Fe_2O_3、Al_2O_3、MgO、MnO 及 K_2O、Na_2O 等杂质。

硅灰石矿物包括 $CaSiO_3$ 的两种同质多相变体。低温变体即 β-$CaSiO_3$，有三斜晶系、单斜晶系两种形态；高温变体即 α-$CaSiO_3$，属于三斜晶系或假六方晶系。硅灰石的低温变体在 1120℃左右可转变为高温变体，但转变非常缓慢（链状向环状转变），陶瓷生产中使用的硅灰石原料指的是 β-$CaSiO_3$（三斜晶系）。硅灰石单晶体呈板状或片状，集合体呈片状、纤维状、块状或柱状等。颜色通常呈白色、灰白色，玻璃光泽，莫氏硬度为 4.5 ～ 5，密度为 2.87 ～ 3.09g/cm^3，熔点为 1540℃。

（2）硅灰石的作用　硅灰石在陶瓷工业中的用途广泛，可用于制造釉面砖、日用陶瓷、低损耗无线电陶瓷等，也可用于生产卫生陶瓷、磨具、火花塞等。硅灰石作为碱土金属硅酸盐，在普通陶瓷坯体中可起助熔作用，降低坯体的烧结温度。由于硅灰石本身不含有机物和结构水，而且干燥收缩和烧成收缩都很小，仅为 $6.7 \times 10^{-6}℃^{-1}$（室温至 800℃），因此，利用硅灰石与黏土配成的硅灰石质坯料，很适宜快速烧成，特别适用于制备薄陶瓷制品。另外，在烧成后生成的硅灰石针状晶体，在坯体中交叉排列成网状，使产品的机械强度提高，同时所形成的含碱土金属氧化物较多的玻璃相，其吸湿膨胀也小。用硅灰石代替方解石和石英配釉时，釉面不会因析出气体而产生釉泡和针孔，但若用量过多会影响釉面的光泽。

硅灰石坯体存在的主要问题是烧成范围较小。加入 Al_2O_3、ZrO_2、SiO_2 或钡锆硅酸盐等，可提高坯体中液相的黏度，可以扩大硅灰石质瓷的烧结范围。

我国一些地区的硅灰石的化学组成见表 1.17。

表 1.17　硅灰石的化学组成

产地	化学组成/%								
	SiO_2	Al_2O_3	Fe_2O_3	CaO	MgO	K_2O	Na_2O	TiO_2	灼减
江西上饶	51.26	0.61	0.50	41.42	0.86	0.08	0.02	—	5.26
湖北大冶	50.23	0.46	0.82	44.90	1.00	—	—	0.01	2.47
福建漳州	48.47	0.81	0.15	45.86	1.66	0.09	0.10	—	2.87
吉林四平	44.31	1.41	0.14	45.94	0.91	—	—	—	7.25
江西新会	52.29	0.83	0.50	42.65	1.53	—	0.20	—	2.32
湖南常宁	51.32	5.29	1.41	38.91	1.24	0.87	0.32	—	0.63

1.4.3.2 透辉石

（1）透辉石的性质与晶型　透辉石的化学通式为 $CaO \cdot MgO \cdot 2SiO_2$，晶体结构式为 $CaMg[SiO_3]$，其理论化学组成为 CaO 25.9%，MgO 18.5%，SiO_2 55.6%。透辉石主要形成于接触交代过程，也可以是硅质白云岩热变质的产物，常与含铁的钙铁辉石系列矿物共生，故常含铁、锰、铬等成分。透辉石属于单斜晶系，晶体呈短柱状，集合体呈粒状、柱状、放射状。颜色呈浅绿色或淡灰色，玻璃光泽，莫氏硬度为 6 ～ 7，密度为 3.27 ～ 3.38g/cm^3，熔点为 1391℃。

（2）透辉石的作用　透辉石可用作陶瓷低温快速烧成的原料，尤其在釉面砖生产中得到了广泛应用。原因之一是它本身不具备多晶转变，没有多晶转变时所带来的体积效应；其二是透辉石本身不含有机物和结构水等挥发性组分，故可快速升温；其三是透辉石是瘠性物料，干燥收缩和烧成收缩都较小；其四是透辉石的膨胀系数不大（250 ～ 800℃时为 7.5×10^{-6}℃$^{-1}$），且随温度的升高而呈线性变化，也有利于快速烧成；其五是从透辉石中引入钙、镁组分，构成硅 - 铝 - 钙 - 镁为主要成分的低共熔体系，可明显降低烧成温度。另外，透辉石也可用于配制釉料，由于钙镁玻璃的高温黏度低，对釉面的光泽度和平整度都有改善。

我国一些地区透辉石的化学组成见表 1.18。

表 1.18　我国一些地区透辉石的化学组成

产地	化学组成 /%									
	SiO_2	CaO	MgO	K_2O	Na_2O	Al_2O_3	TiO_2	Fe_2O_3	FeO	灼减
江西新余	54.11	21.36	20.20	0.81	0.10	1.51	0.04	0.54	0.49	0.84
青海平安	50.28	22.52	13.67	0.59	0.59	4.28	—	6.78	—	0.44

由于透辉石中的 Mg^{2+} 可与 Fe^{2+} 进行完全类质同象置换，天然产出的透辉石中都含有一定量的 Fe，所以在生产白色陶瓷制品时，透辉石原料需要控制和选择。

1.4.3.3 透闪石

（1）透闪石的性质与晶型　透闪石的化学通式为 $2CaO \cdot 5MgO \cdot 8SiO_2 \cdot H_2O$，晶体结构式为 $Ca_2Mg_5[Si_4O_{11}]_2(OH)_2$，其理论化学组成为 CaO 13.8%，MgO 24.6%，SiO_2 58.8%，H_2O 2.8%，FeO 的含量有时可达 3%。还有少量钠、钾、锰等。透闪石属于单斜晶系。晶体呈长柱状、针状和毛发状，集合体呈柱状、放射状或纤维状。颜色呈白色或灰色，莫氏硬度为 5 ～ 6，密度为 3g/cm^3。

（2）透闪石的作用　透闪石在陶瓷中的应用与硅灰石、透辉石相似，常作为釉面砖的主要原料使用。由于透闪石晶体中含有少量结构水，需要在 1050℃的温度下才能排除，所以可能不适于一次低温快烧。另外，透闪石矿常有其他碳酸盐矿伴生，使坯料烧失量大，坯体气孔率难以控制，实现快烧有困难，在使用前应注意拣选。

我国一些地区透闪石的化学组成见表 1.19。

表 1.19 我国一些地区透闪石的化学组成

产地	化学组成 /%									
	SiO_2	CaO	MgO	K_2O	Na_2O	Al_2O_3	TiO_2	Fe_2O_3	FeO	灼减
湖北透闪石	56.61	15.24	23.53	0.17	0.16	1.65	—	0.15	—	2.51
吉林透闪石	50.62	12.10	25.50	0.12	0.13	0.56	—	0.01	0.01	9.10
陕西透闪石	53.36	13.10	23.74	0.49	0.53	3.40	0.02	0.74	—	4.09

1.4.4 骨灰和磷灰石

1.4.4.1 骨灰

骨灰的主要成分是羟基磷灰石，其晶体结构式为 $Ca_{10}(PO_4)_6(OH)_2$，另有少量的氟化钙、碳酸钙、碳酸镁等。生产中使用的骨灰是一些动物的骨骼首先在 900 ～ 1000℃温度下进行蒸煮脱脂，然后在 900 ～ 1300℃温度下进行煅烧，最后经过细磨、水洗、除铁、陈化和烘干工序后备用。

骨灰是骨灰瓷的主要原料，用量占到整个坯料的 50% 左右，是骨灰瓷中主晶相 β-$Ca_3(PO_4)_2$ 的主要来源。为了保证骨灰瓷坯料的可塑性，需要加入一定量的增塑黏土。另外，骨灰的用量对制品的色调、透明度、烧成温度和强度等都有较大的影响。

1.4.4.2 磷灰石

磷灰石的化学式为 $Ca_5(PO_4)_3(F,Cl,OH)$，按照成分中附加阴离子的不同，可分为氟磷灰石、氯磷灰石、羟基磷灰石和碳酸磷灰石等。磷灰石属于六方晶系，呈六方柱状或粒状集合体。颜色呈灰白、黄绿、浅蓝、紫等色，玻璃光泽，莫氏硬度为 5，密度为 3.18 ～ 3.21g/cm^3。

磷灰石与骨灰的化学成分相似，可部分代替骨灰用来生产骨灰瓷，得到的坯体具有很好的透明度，但形状的稳定性较差。其含有一定量的氟易导致针孔、气泡和发阴现象，选择原料时必须注意。

1.4.5 瓷石

在我国的传统细瓷生产中，特别是江西、湖南、福建等地的一些瓷区，均以瓷石作为主要原料。瓷石是一种由石英、绢云母组成，并含有若干高岭石、长石等的岩石状矿物集合体。由于其本身就含有构成瓷的各种成分，并具有制瓷工艺与烧成所需要的性质，在我国和日本很早就用来生产瓷器。如江西南港和三宝蓬瓷石、湖南马劲坳瓷石、安徽祁门瓷石以及山东大昆仑瓷石等。

瓷石的矿物组成大致为：石英 40% ～ 70%，绢云母 15% ～ 30%，长石 5% ～ 30%，高岭石 0 ～ 10%。瓷石中的云母质矿物集中在细粒部分，石英、长石及其他矿物呈大颗粒状态存在。均匀加热至 500 ～ 700℃有特征吸热效应，在 600 ～ 700℃急剧失重。

瓷石的可塑性不高，结合强度不大，但干燥速度快。玻璃化温度受绢云母及长石量的影响，一般玻璃化温度在 1150 ～ 1350℃之间，玻璃化温度范围较宽。烧成时绢云母兼有黏土及长石的作用，能生成莫来石及玻璃相，起促进成瓷及烧结作用。

瓷石类原料还可以用来配制釉料。这种适用于配釉的瓷石称为“釉果”或“釉石”，其化学与矿物组成和制坯的瓷石相近。

1.5 新型陶瓷原料

1.5.1 氧化物类原料

氧化物陶瓷是发展较早、应用广泛的高温结构陶瓷材料。制备氧化物陶瓷常用的原料有氧化铝（Al_2O_3）、氧化镁（MgO）、氧化铍（BeO）、氧化锆（ZrO_2）等。

1.5.1.1 氧化铝

（1）Al_2O_3 的主要晶型与性能　从晶体结构的角度来看，氧化铝存在许多结晶形态，大部分是由氢氧化铝脱水转变为稳定结构的 α-Al_2O_3 时所生成的中间相，这些中间相的结构不完整，且在高温下不稳定，最终都转变为 α-Al_2O_3。与陶瓷生产关系密切的变体有 3 种：α-Al_2O_3、β-Al_2O_3 和 γ-Al_2O_3。Al_2O_3 的结构不同，性质也各异，在 1300℃以上的高温下几乎完全转变为 α-Al_2O_3，具体的转化关系如图 1.5 所示。

① α-Al_2O_3 属于三方柱状晶体，单位晶胞是一个尖的菱面体（如以六方大晶胞表示，则晶格常数为 a = 0.475nm，b = 1.297nm），密度为 3.96 ～ 4.01g/cm^3，莫氏硬度为 9，熔点为 2050℃。α-Al_2O_3 结构最紧密，活性低，高温稳定。在自然界中以天然刚玉、红宝石、蓝宝石等矿物存在。由于 α-Al_2O_3 熔点高、硬度大、耐化学腐蚀、介电性能优良，是氧化铝各种晶型中最稳定的。所以用 α-Al_2O_3 为原料制造的陶瓷材料，其力学性能、高温性能、介电性能及耐化学腐蚀性能都是非常优越的。

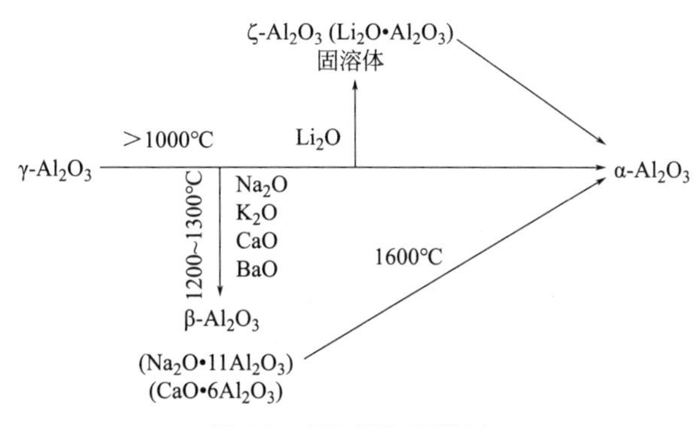

图 1.5　氧化铝的晶型转变

② β-Al_2O_3 是一种 Al_2O_3 含量很高的多铝酸盐矿物的总称。其化学通式为 $M_2O \cdot xAl_2O_3$，M 可为 Ag^+、Li^+、K^+、Na^+、Rb^+、Cs^+、NH_4^+ 等阳离子。其中钠 β-Al_2O_3 是最具有实用价

值的一种变体，它属于六方晶系，a = 0.56nm，c = 2.25nm，密度为 $3.25g/cm^3$，莫氏硬度为 5.5 ～ 6.0。由于 Na^+ 可在晶格内（在垂直于 c 轴的平面内）迁移、扩散和进行离子交换，所以 β-Al_2O_3 具有较高的离子导电能力和松弛极化现象，可作为钠硫电池的导电隔膜材料。

β-Al_2O_3 是一种不稳定的化合物，在加热时会分解出 Na_2O（或 RO）和 α-Al_2O_3，而 Na_2O 则挥发逸出。其分解温度取决于高温煅烧时的气氛和压力，在空气或氢气中，1200℃便开始分解，超过 1600℃则剧烈挥发；在真空或氩气中，1300℃开始分解，1650℃以上则更加剧烈；在煤气发生炉中，1600℃剧烈分解。因此制造 β-Al_2O_3 或烧结 β-Al_2O_3 材料时，必须有足够甚至过量的 Na_2O，以保证在 Na_2O 气氛下使 β-Al_2O_3 得以稳定。

③ γ-Al_2O_3 是氧化铝的一种低温晶型，等轴晶系（a = 0.791nm），尖晶石型结构，晶体结构中氧原子呈立方密堆积，铝原子填充在间隙中。由于晶格松散，堆积密度小，密度仅为 3.42 ～ $3.48g/cm^3$。

γ-Al_2O_3 是一种白色松散粉末状的晶体，是由许多小于 0.1μm 的微晶组成的多孔球状集合体，其平均粒径为 40 ～ 70μm，空隙率达 50%，故吸附能力强。

γ-Al_2O_3 不存在于自然界中，只能用人工方法制取，但它是低温形态的 Al_2O_3，在高温下不稳定，在 950 ～ 1500℃范围内不可逆地转化为稳定型的 α-Al_2O_3，同时发生体积收缩。因此，实际生产中常需要预烧，其目的主要是使 γ-Al_2O_3 全部转变为 α-Al_2O_3，从而减少陶瓷坯体的烧成收缩。此外，预烧还可以排除所含的 Na_2O 杂质，提高原料的纯度，保证产品的性能。从实践来看，预烧方法不同，添加剂不同，气氛不同，效果也不同，预烧质量也不一样。因此，预烧是 Al_2O_3 陶瓷生产中的重要环节之一。对于工业氧化铝，通常要加入适当的添加剂，如氟化物（NH_4F、CaF_2、AlF_3）或硼酸（H_3BO_3）等，加入量一般为 0.3% ～ 3%（质量分数）。预烧质量与预烧温度有关，预烧温度偏低，则不能完全转变成 α-Al_2O_3，且电性能降低；若预烧温度过高，粉料发生烧结，不易粉碎，且活性降低。

（2）Al_2O_3 原料的制备　制取氧化铝的方法是澳大利亚的化学家拜耳（Karl Joseph Bayer）于 1889 ～ 1892 年发明的。

制取工业 Al_2O_3 的原料为铝土矿，主要步骤为烧结、溶出、脱硅、分解和煅烧。铝土矿中的 Al_2O_3 成分以一水硬铝石（$Al_2O_3 \cdot H_2O$）、一水软铝石（$Al_2O_3 \cdot H_2O$）和三水铝石（$Al_2O_3 \cdot 3H_2O$）等氧化铝水化物的形式存在，它们可以溶解于氢氧化钠（NaOH）中。这时，铝土矿中的杂质、氧化铁和氧化钛等都不溶于 NaOH。虽然 SiO_2 能溶解，但与氧化钠（Na_2O）、氧化铝（Al_2O_3）结合生成钠长石（$3Na_2O \cdot 3Al_2O_3 \cdot 5SiO_2$），后者也不溶解于 NaOH 中。将得到的偏铝酸钠（$NaAlO_2$）溶液冷却至过饱和状态，加水分解，就会析出氢氧化铝［$Al(OH)_3$］的沉淀。再将它煅烧，即得到工业氧化铝。

工业氧化铝以 γ-Al_2O_3 为主，其次是 α-Al_2O_3 和少量的 β-Al_2O_3，所含杂质主要是 SiO_2、Fe_2O_3、Na_2O。

电熔刚玉是以工业氧化铝或富含铝的原料在电弧炉中熔融，缓慢冷却使晶体析出来的，它的 Al_2O_3 含量可达 99% 以上，Na_2O 含量可少于 0.1% ～ 0.3%。电熔刚玉的矿物组成主要是 α-Al_2O_3，纯正的电熔刚玉呈白色，称为白刚玉；熔制时加入氧化铬，可制成红色的铬刚玉，加入氧化锆时可制成锆刚玉；电熔刚玉中含有氧化钛则称为钛刚玉。由于各种电熔刚玉熔点高、硬度大，因此是制造高级耐火材料、磨料、磨具的好原料。

一般来讲，对于纯度要求不高的 Al_2O_3，可通过上述化学方法来制备。但是，对于制备超纯、超细 Al_2O_3，一般需要采取液相法制备。

1.5.1.2 氧化镁

MgO 属于立方晶系 NaCl 型结构，熔点为 2800℃，理论密度为 $3.58g/cm^3$。MgO 在高温下（高于 2300℃）易挥发，且易被碳还原成金属镁，因此一般在 2200℃以下使用。

MgO 在空气中容易吸潮，水化生成 $Mg(OH)_2$，在制造及使用过程中必须注意。为了减少吸潮，应适当提高煅烧温度，增大粒度，也可添加一些添加剂，如 TiO_2、Al_2O_3、V_2O_5 等。MgO 晶体的水化能力随粒度的减小而增大，当粒径由 0.3 ～ 0.5μm 减小到 0.05μm 时，水化能力由 6% ～ 23% 增大到 93% ～ 99%。另外，将 MgO 粉体在 1100 ～ 1300℃下煅烧能够降低活性，但煅烧温度超过 1300℃时，对 MgO 水化能力影响不大。

工业上要从菱镁矿、白云石、滑石等矿物中提取 MgO，近来已发展从海水中提取。一般先制出氢氧化镁或碳酸镁，然后经煅烧分解成 MgO，将这种 MgO 通过进一步化学处理或热处理可得到高纯 MgO。制取 MgO 的煅烧分解过程大体可分为三个阶段。

（1）第一阶段　200 ～ 300℃开始分解，放出气体。

（2）第二阶段　500 ～ 600℃分解剧烈，800℃时分解基本完成，这时得到很不完整的 MgO 结晶。

（3）第三阶段　800℃以上 MgO 的晶粒逐渐长大并完整。

如果要得到活性较大的 MgO，煅烧温度则在 1000℃以上，如果煅烧温度在 1700 ～ 1800℃之间，则得到死烧 MgO。一般的煅烧温度在 1400℃左右。不同方法制得的 MgO，其性能各异，见表 1.20。

表 1.20　不同方法制得的 MgO 的主要特性

项目	煅烧温度 /℃	线收缩 /%	体积密度 /(g/cm^3)	气孔率 /%	晶粒平均直径 /μm
由氢氧化镁制得的 MgO	1350	15.7	2.42	31.6	2.0
	1450	22.4	3.24	4.2	8.0
	1600	24.2	3.30	2.8	22.0
由硝酸镁制得的 MgO	1350	1.1	1.84	48.2	1.0
	1450	10.1	2.46	30.5	5.0
	1600	15.1	2.86	20.1	10.0
由碱式碳酸镁制得的 MgO	1350	12.6	1.72	50.8	1.5
	1450	10.1	2.29	35.8	6.0
	1600	15.2	2.45	31.8	7.5
由氯化镁制得的 MgO	1350	1.1	1.83	48.5	1.0
	1450	7.3	2.18	28.8	4.0
	1600	12.5	2.64	26.2	6.0

由表 1.20 可知，由氢氧化镁制取的 MgO，体积密度最大，因此，想要得到高纯度、高密度的制品，应采用由氢氧化镁制得的 MgO，在实际中，往往将 MgO 用蒸馏水充分水化成氢氧化镁，烘干，在 1050 ～ 1800℃温度下煅烧，再在刚玉球磨罐内磨细。

氧化镁属于弱碱性物质，几乎不被碱性物质侵蚀，对碱性金属熔渣有较强的抗侵蚀能力，Fe、Ni、U、Th、Zn、Al、Mo、Mg、Cu、Pt 等都不与 MgO 起作用，因此 MgO 陶瓷可用作熔炼金属的坩埚、浇注金属的模子、高温热电偶的保护套以及高温炉的炉衬材料。

1.5.1.3 氧化铍

BeO 晶体为无色，属于六方晶系，与纤锌矿晶体结构类型相同，Be^{2+} 与 O^{2-} 的距离很小，为 0.1645nm，说明 BeO 晶体很稳定，很致密，且无晶型转变。BeO 熔点高达（2570±30）℃，密度为 3.03g/cm^3，莫氏硬度为 9，高温蒸气压和高温蒸发速度较低。因此，在真空中 1800℃下可长期使用，在惰性气氛中 2000℃下可长期使用。在氧化气氛中，1800℃时有明显挥发，当有水蒸气存在时，1500℃即大量挥发，这是由于 BeO 与水蒸气作用形成 $Be(OH)_2$ 之故。

BeO 具有与金属相近的热导率，约为 309.34W/（m·K），是 α-Al_2O_3 的 15 ～ 20 倍。BeO 具有好的高温电绝缘性能，600 ～ 1000℃的电阻率为（0.1 ～ 4）×10^{12}Ω·cm。介电常数高，而且随着温度的升高略有提高，例如，20℃时为 5.6，500℃时为 5.8。介电损耗小，也随温度升高而略有升高。BeO 热膨胀系数不大，20 ～ 1000℃的平均热膨胀系数为（5.1 ～ 8.9）×$10^{-6}K^{-1}$，机械强度不高，约为 α-Al_2O_3 的 1/4，但在高温时下降不大，1000℃时为 248.5MPa。

BeO 制备的 BeO 陶瓷能抵抗碱性物质的侵蚀（苛性碱除外），可用来作熔炼稀有金属和高纯金属 Be、Pt、V 等的坩埚，磁流体发电通道的冷壁材料，高温体积电阻率高的绝缘材料。而且，BeO 陶瓷具有良好的核性能，对中子减速能力强，对 α 射线有很高的穿透力，可用来作原子反应堆中子减速剂和防辐射材料等。

但是，BeO 有剧毒，这是由粉尘和蒸气引起的，操作时必须注意防护，但经烧结的 BeO 陶瓷是无毒的，在生产中应有安全防护措施。

1.5.1.4 氧化锆

（1）ZrO_2 的性质与晶型转变　较纯的 ZrO_2 粉末呈黄色或灰色，高纯 ZrO_2 为白色粉末，但常含二氧化铪（HfO_2）杂质，两者化学性质相似，不易分离，但它们对材料的电性能影响也相似。

ZrO_2 有三种晶型，低温下为单斜晶系，密度为 5.65g/cm^3；高温下为四方晶系，密度为 6.10g/cm^3；更高温度下转变为立方晶系，密度为 6.27g/cm^3，其转化关系如图 1.6 所示。

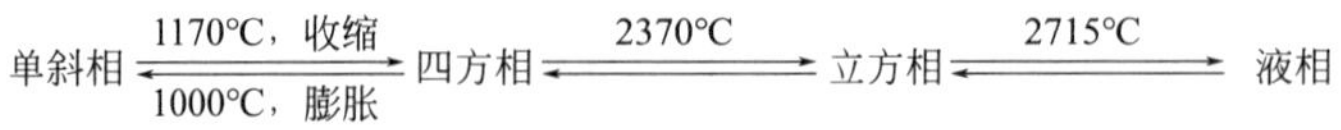

$$\text{单斜相} \underset{1000℃，膨胀}{\overset{1170℃，收缩}{\rightleftharpoons}} \text{四方相} \overset{2370℃}{\rightleftharpoons} \text{立方相} \overset{2715℃}{\rightleftharpoons} \text{液相}$$

图 1.6　ZrO_2 晶型转变

这种转变是可逆的，且单斜晶型与四方晶型之间的转变伴随有 7% 左右的体积变化。加热时由单斜 ZrO_2 转变为四方 ZrO_2，体积收缩，冷却时由四方 ZrO_2 转变为单斜 ZrO_2，体积膨胀，但这种收缩与膨胀并不发生在同一温度，前者约在 1200℃，后者约在 1000℃，伴随着晶型转变，有热效应产生。

在差热曲线上的吸热谷相当于单斜相转化为四方相，同时体积收缩。当加热到2300℃以上时，会转化为立方相晶体。

由于四方相和单斜相之间的可逆转化会带来体积效应，往往造成含 ZrO_2 的陶瓷制品烧成时出现裂纹，故很难用单纯的 ZrO_2 生产 ZrO_2 陶瓷。因此，需要加入某些适量的稳定剂（如 Y_2O_3、CaO、MgO、La_2O_3、CeO_2 等），这些稳定剂的阳离子半径与 Zr^{4+} 相近，可以和 ZrO_2 形成单斜、四方和立方等晶型的置换型固溶体，可使 ZrO_2 变成无异常膨胀、收缩的立方晶型的稳定 ZrO_2（stabilized zirconia，SZ），它在很宽的组成范围和温度范围内维持结构稳定，不再发生相变，无体积变化。如果将原来的稳定 ZrO_2 所需加入的稳定剂数量减少（约 50%），则得到部分稳定的四方相 ZrO_2（partially stabilized zirconia，PSZ）。利用稳定 ZrO_2 和部分稳定的 ZrO_2 备料，能获得性能良好的 ZrO_2 陶瓷。如 Y_2O_3-PSZ（Y_2O_3 部分稳定 ZrO_2）是将原来稳定 ZrO_2 所需的量从 8%（摩尔分数）以上降低到 2% ～ 4%（摩尔分数），据报道，Y_2O_3 含量为 3%（摩尔分数）的组成能明显提高 ZrO_2 陶瓷的强度。

全稳定的 ZrO_2 热膨胀系数大，其抗热震性不如部分稳定的 ZrO_2 好。此外，部分稳定 ZrO_2 还可用来增韧陶瓷材料。因为脆性材料的裂纹尖端存在应力场，它有利于未稳定的四方相向单斜相转变，相变区域的体积膨胀在材料中形成压力，抑制裂纹的扩展，达到增强韧性的目的。

（2）ZrO_2 粉末的制备　自然界中含元素锆的矿石主要有两种：斜锆石（ZrO_2）和锆英石（$ZrSiO_2$）。工业上使用的 ZrO_2 都是化工原料，一般是由锆英石精矿提炼出来的，方法有很多种，现介绍以下两种。

① 氯化、热分解法。反应式如下：

$$ZrO_2 \cdot SiO_2 + 4C + 4Cl_2 \longrightarrow ZrCl_4 + SiCl_4 + 4CO \tag{1.18}$$

其中 $ZrCl_4$ 和 $SiCl_4$ 以分馏法分离，再用水解法形成氧氯化锆（$ZrOCl_2$），将其煅烧后可得 ZrO_2 粉末。

② 碱金属氧化物分解法。其反应式如下：

$$ZrO_2 \cdot SiO_2 + 4NaOH \longrightarrow Na_2ZrO_3 + Na_2SiO_3 + 2H_2O \tag{1.19}$$

$$ZrO_2 \cdot SiO_2 + Na_2CO_3 \longrightarrow Na_2ZrSiO_5 + CO_2 \tag{1.20}$$

$$ZrO_2 \cdot SiO_2 + 2Na_2CO_3 \longrightarrow Na_2ZrO_3 + Na_2SiO_3 + 2CO_2 \tag{1.21}$$

反应后经水洗产出复杂的水合氢氧化物，再用硫酸类溶液洗涤并稀释，以氨水调整其 pH 值，则得 $Zr_5O_8(SO_4)_2 \cdot xH_2O$ 沉淀，将其煅烧可得 ZrO_2 粉末。

1.5.2 碳化物类原料

碳化物是以通式 Me_xC_y（Me 为金属元素或非金属元素等）表示的一类化合物，熔点、硬度非常高。在高温下，所有碳化物都会氧化，变成 CO_2 与金属氧化物，并受还原气氛的侵蚀。除少数外，均是电、热的导体。碳化物主要包括碳化硅（SiC）、碳化硼（B_4C）、碳化钛（TiC）等。

1.5.2.1 碳化硅

（1）SiC 的晶体性质　SiC 为共价化合物，属于金刚石型结构，有多种变体。Si 和 C 之间键力很强，从而决定了具有稳定的晶体结构和化学特性以及非常高的硬度等性能。

碳化硅晶体结构中的单位晶胞由相同的 SiC 四面体［SiC_4］构成，硅原子处于中心，周围为碳原子。所有结构均由 SiC 四面体堆积而成，所不同的只是平行结合或者反平行结合。

最常见的 SiC 晶体类型有 α-SiC、6H-SiC、4H-SiC、15R-SiC 和 β-SiC 型。H 和 R 代表六方或斜方六面型。H 和 R 之间的数字表示沿着 *c* 轴重复周期的层数。由于所含杂质不同，SiC 有绿色、灰色和墨绿色等几种。几种 SiC 晶型的晶格常数列于表 1.21。

表 1.21　几种 SiC 晶型的晶格常数

晶型	晶体结构	晶格常数 /$\times 10^{-10}$m	
		a	*c*
α-SiC	六方	3.0817	5.0394
6H-SiC	六方	3.073	15.1183
4H-SiC	六方	3.073	10.053
15R-SiC	菱方	12.69	37.7（角度 $\alpha = 13° 54.5'$ ）
β-SiC	面心立方	4.349	—

在各种 SiC 晶型中，最主要的是 α-SiC（高温稳定型）和 β-SiC（低温稳定型）。各类 SiC 变体的密度无明显差别。如 α-SiC 的密度为 $3.217g/cm^3$，而 β-SiC 的密度为 $3.215g/cm^3$。SiC 各变体与生成温度之间存在一定的关系，低于 2100℃，β-SiC 是稳定的，因此在 2000℃以下合成的 SiC，主要是 β-SiC。当温度超过 2100℃，β-SiC 开始向 α-SiC 转化，但转变速率很小，2300 ～ 2400℃时转变速率急剧增大，所以在 2200℃以上合成的 SiC 主要是 α-SiC，而且以 6H-SiC 为主。15R-SiC 变体在热力学上是不稳定的，是低温下发生 β-SiC 向 6H-SiC 转化时生成的中间相，高温下不存在。β-SiC 向 α-SiC 转化是单向的，不可逆的，只有在特定条件下（高温、高压）才发现 β-SiC 向 α-SiC 的转变。SiC 没有熔点，在 0.1MPa 下于（2760±20）℃分解。

SiC 的硬度很高，莫氏硬度为 9.2 ～ 9.5，显微硬度为 33.4GPa，仅次于金刚石、立方氮化硼、B_4C 等少数几种材料。

SiC 具有高的导热性和负的温度系数，500℃时热导率 λ 为 67W/（m·K），875℃时 λ 为 42W/（m·K）。SiC 的热膨胀系数介于 Al_2O_3 和 Si_3N_4 之间，约为 $4.7\times10^{-6}K^{-1}$，随着温度的升高，其热膨胀系数增大。高的热导率和较小的热膨胀系数使得它具有较好的抗热冲击性能。

（2）SiC 原料的合成　合成 SiC 的方法有二氧化硅碳热还原法、碳 - 硅直接合成法、气相沉积法、聚合物热分解法等，其中的几种方法简述如下。

① 二氧化硅碳热还原法。工业上碳化硅的主要生产方法是用石英砂（SiO_2）、焦炭、锯末等，在电弧炉里直接通电还原合成，通常 1900℃以上合成产物是 α-SiC 和 β-SiC 的混合物，其反应式为：

$$SiO_2 + 3C \longrightarrow SiC + 2CO \tag{1.22}$$

由于炉子各区温度不均匀，会经历下述的一些中间反应。

首先生成一氧化硅：

$$SiO_2 + C \longrightarrow SiO + CO \tag{1.23}$$

SiO 随后被碳还原为单质硅：

$$SiO + C \longrightarrow Si + CO \tag{1.24}$$

最后 Si 蒸气继续与 C 发生反应：

$$Si + C \longrightarrow SiC \tag{1.25}$$

同时 SiO 被碳还原，也可以直接生成 SiC：

$$SiO + 2C \longrightarrow SiC + CO \tag{1.26}$$

② 气相沉积法。为了制备高纯超细 SiC 粉末、薄膜及纤维等，可采用挥发性卤化物、氢气及碳氢化合物按气相合成法来制取，或用有机硅化合物在气体中受热分解的方法来制取，其反应通式如下：

$$x SiCl_4 + \frac{4x-y}{2} H_2 + C_x H_y \longrightarrow x SiC + 4x HCl \tag{1.27}$$

用气相沉积法制取 SiC 的方法主要用于：半导体用单晶的制备；在难熔金属化合物及石墨制品上制取致密的保护层；制取复合材料用高强度晶须及纤维。所得碳化硅制品的性能主要取决于制备条件（温度、组分比例、压力及混合气体进气速度）。

碳化硅陶瓷具有高抗氧化性、良好的化学稳定性、高机械强度和抗热震性。能够作为热电偶套管、轴承、密封和气化管道等材料使用。并且由于碳化硅的体积电阻率在 1000 ～ 1500℃范围内变化不大，可以制作成电阻发热元件。

1.5.2.2 碳化硼

（1）B_4C 的结构与性质　B_4C 属于六方晶系，其晶胞中碳原子构成的链位于立体对角线上，同时碳原子处于充分活动状态，这就使它有可能由硼原子代替，形成置换固溶体，并使其有可能脱离晶格形成有缺陷的碳化硼。因此，碳化硼的电位能受这些缺陷的影响很大。例如准确符合 B_4C 成分的碳化硼，其电阻率约为 $10^{-2}\Omega \cdot m$，而随着碳含量的改变，可降低到 $10^{-3}\Omega \cdot m$。

碳化硼晶体密度为 $2.52g/cm^3$，在 2350℃左右分解，其显著特点是：高熔点（约 2450℃）、低密度（理论密度为 $2.52g/cm^3$），其密度仅为钢的 1/3；高导热性［100℃时热导率为 0.29W/（cm·℃）］；高硬度和高耐磨性，其硬度仅次于金刚石和立方 BN，是金刚石的 60% ～ 70%，超过碳化硅的 50%，是刚玉耐磨能力的 1 ～ 2 倍。碳化硼的热膨胀系数很低（$4.5\times10^{-6}℃^{-1}$，20 ～ 1000℃），因此，它具有较好的热稳定性。

碳化硼在 1000℃时能抵抗空气的腐蚀，但在较高温度下的氧化气氛中是很容易氧化的。另外，碳化硼有高的抗酸性和抗碱性，能抗大多数金属的熔融侵蚀，和这些物质接触时具有比较高的稳定性。

根据 B_4C 的优良特性，B_4C 粉末可以直接用来研磨加工硬质陶瓷，B_4C 烧结体可作为切削工具、耐磨零件、喷嘴、轴承、车轴等。利用它的导热性好、热膨胀系数低、能吸收热中子的特性可以制作高温热交换器、核反应堆的控制剂。利用它耐酸碱性好的特性，可以制作化学器皿、熔融金属坩埚等。

（2）B_4C 粉末的合成　B_4C 原料的主要合成方法有硼碳元素直接合成法、硼酐碳热还原法、镁热还原法、BN+ 碳还原法、BCl_3 的固相碳化和气相沉淀。

① 硼碳元素直接合成法。将纯硼粉和石油焦（或活性炭粉）按严格化学计量比的 B_4C 配制，混合均匀，在真空或气氛的保护下，在 1700 ～ 2100℃反应生成 B_4C，其反应式为：

$$4B + C \longrightarrow B_4C \tag{1.28}$$

由于该固相反应的反应激活能大，必须在较高温度下才能使反应物发生活化并得到 B_4C。此方法合成碳化硼的 B/C 比可严格控制，但生产效率低，不适合工业化生产。

② 硼酐碳热还原法。工业上一般采用过量碳还原硼酐（或硼酸）的方法合成碳化硼。将硼酐（或硼酸）与石油焦或人造石墨混合均匀，在电弧炉或电阻炉中于 1700 ～ 2300℃反应合成，反应式如下：

$$2B_2O_3 + 7C \longrightarrow B_4C + 6CO \tag{1.29}$$

$$4H_3BO_3 + 7C \longrightarrow B_4C + 6CO + 6H_2O \tag{1.30}$$

将合成的碳化硼粗碎、磨粉、酸洗、水洗，再用沉降和串联水选法得到不同粒度的 B_4C 粉料。电弧熔炼法产量大，但由于电弧炉内温度分布不均匀，造成合成 B_4C 的成分波动较大，同时由于电弧熔炼法合成温度高（高于 2200℃），存在碳化硼的分解，所得到的碳化硼含有大量游离碳，甚至高达 20% ～ 30%。但在电阻炉中，可以控制在较低的温度下合成，以避免碳化硼的分解，所得到的碳化硼含有很少量的游离碳，但有时会存在 1% ～ 2% 的游离硼。

③ 镁热还原法。将炭粉、过量 50% 的 B_2O_3 和过量 20% 的 Mg 粉混合均匀，在 1000 ～ 1200℃下按式（1.31）进行反应：

$$2B_2O_3 + 6Mg + C \longrightarrow B_4C + 6MgO \tag{1.31}$$

此反应为强烈的放热反应，最终产物用硫酸或盐酸酸洗，然后用热水洗涤，可获得纯度较高且颗粒较细（0.1 ～ 5μm）的 B_4C 粉末。

1.5.3 氮化物类原料

氮化物的晶体结构大多属于立方晶系和六方晶系，密度在 2.5 ～ $16g/cm^3$ 之间。氮化物种类很多，主要包括氮化硅（Si_3N_4）、氮化硼（BN）、氮化钛（TiN）、氮化铝（AlN）和赛隆（Sialon）等，均为人工合成原料。

1.5.3.1 氮化硅

Si_3N_4 是共价键化合物，它有两种晶型，即 α-Si_3N_4（颗粒状晶体）和 β-Si_3N_4（长柱状或针状晶体），两者均属于六方晶系，都是由［SiN_4］四面体共用顶角构成的三维空间网络。β 相是由几乎完全对称的六个［SiN_4］四面体组成的六方环层在 *c* 轴方向重叠而成的，而 α 相是由两层不同的且有变形的非六方环层重叠而成的。α 相结构对称性低，内部应变比 β 相大，故自由能比 β 相高。表 1.22 列出了两种 Si_3N_4 晶型的晶格常数、密度和显微硬度。

表 1.22 两种 Si_3N_4 晶型的晶格常数、密度和显微硬度

晶型	晶格常数 /$\times10^{-10}$m		单位晶胞分子数	计算密度 /（g/cm^3）	显微硬度 /GPa	平均膨胀系数 /$\times10^{-6}K^{-1}$
	a	*c*				
α-Si_3N_4	7.748±0.001	5.617±0.001	4	3.184	10 ～ 16	3.0
β-Si_3N_4	7.608±0.001	2.910±0.001	2	3.187	29.5 ～ 32.64	3.6

将高纯 Si 在 1200 ～ 1300℃下氮化，可得到白色或灰白色的 α-Si_3N_4，而在 1450℃左右氮化时，可得到 β-Si_3N_4。

α-Si_3N_4 在 1400 ～ 1600℃下加热，会不可逆地转变成 β-Si_3N_4，因而人们曾认为，α 相和 β 相分别为低温和高温两种晶型。但随着深入的研究，发现在低于相变温度的反应烧结 Si_3N_4 中，α、β 两相几乎同时出现，且 α 相占 10% ～ 40%。在 $SiCl_4$-NH_3-H_2 系统中加入少量 $TiCl_4$，在 1350 ～ 1450℃可直接制备出 β-Si_3N_4，若该系统在 1150℃生成沉淀，然后于氩气中 1400℃热处理 6h，得到的仅是 α-Si_3N_4。因此，该系统中的 β-Si_3N_4 不是由 α-Si_3N_4 相转变过来的，而是直接生成的。

研究证明，α 相→ β 相是重建式转变，并认为 α 相和 β 相除了在结构上有对称性高低的差别外，并没有高低温之分，只不过 β 相在温度上是热力学稳定的。α 相对称性低，容易形成。在高温下，α 相发生重建式转变，转化为 β 相，而某些杂质的存在有利于 α 相→ β 相的转变。

在常压下，Si_3N_4 没有熔点，而是于 1870℃左右直接分解。氮化硅的热膨胀系数为 $2.35\times10^{-6}K^{-1}$，几乎是陶瓷材料中除 SiO_2（石英）外最低的，约为 Al_2O_3 的 1/3。热导率大，为 170W/（m·K），同时具有高强度，因此其抗热震性十分优良，仅次于石英和微晶玻璃，热疲劳性能也很好。室温电阻率为 $1.1\times10^{14}\Omega\cdot cm$，900℃时为 $5.7\times10^{6}\Omega\cdot cm$，介电常数为 8.3，介电损耗为 0.001 ～ 0.1。

Si_3N_4 的化学稳定性很好，除不耐氢氟酸和浓 NaOH 侵蚀外，能耐所有的无机酸和某些碱液、熔融碱和盐的腐蚀。在正常铸造温度下，Si_3N_4 对多数金属（如铝、铅、锡、锌黄铜、镍等）、所有轻合金熔体特别是非铁金属熔体是稳定的，不受浸润或腐蚀。对于铸铁和碳钢，只要被完全浸没在熔融金属中，抗腐蚀性能也非常好。

氮化硅具有优良的抗氧化性能，抗氧化温度可高达 1400℃，在 1400℃以下的干燥氧

化气氛中保持稳定，使用温度一般可达 1300℃，而在中性或还原气氛中甚至可成功地应用到 1800℃，在 200℃的潮湿空气中或 800℃的干燥空气中，氮化硅与氧反应形成 SiO_2 的表面保护膜，阻止 Si_3N_4 的继续氧化。

Si_3N_4 粉末的制备方法见表 1.23。

表 1.23　Si_3N_4 粉末的制备方法

序号	方法	化学方程式	工艺要点
1	硅的直接氮化法（固 - 气）	$3Si + 2N_2 \longrightarrow Si_3N_4$	要求硅粉中 Fe、O_2、Ca 等杂质 < 2%，加热温度 ≤ 1400℃，并注意硅粉的细度和氮气纯度；在 1200 ～ 1300℃时，α-Si_3N_4 含量高
2	二氧化硅还原法（固 - 气）	$3SiO_2 + 6C + 2N_2 \longrightarrow Si_3N_4 + 6CO$	工艺操作较易，α-Si_3N_4 含量较高，颗粒较细
3	热分解法（液相界面反应法）	$3Si(NH)_2 \longrightarrow Si_3N_4 + 2NH_3$ $3Si(NH_2)_4 \longrightarrow Si_3N_4 + 8NH_3$	亚氨基硅 $Si(NH)_2$ 和氨基硅 $Si(NH_2)_4$ 是利用 $SiCl_4$ 在 0℃干燥的乙烷中与过量的无水氨气反应而成的，NH_4Cl 可真空加热，并在 1200 ～ 1350℃下于氨气中分解，也可用液氨多次洗涤除去
4	气相合成法（气 - 气）	$3SiCl_4 + 16NH_3 \longrightarrow Si_3N_4 + 12NH_4Cl$ $3SiH_4 + 4NH_3 \longrightarrow Si_3N_4 + 12H_2$	1000 ～ 1200℃下生成非晶 Si_3N_4，再热处理而得高纯、超细 α-Si_3N_4 粉末，但含有害的 Cl^-

1.5.3.2　氮化铝

AlN 是共价键化合物，属于六方晶系，纤锌矿型结构，白色或灰白色，密度为 $3.26g/cm^3$，无熔点，在 2450℃下升华分解，是一种高温耐火材料，热硬度很高，即使在分解温度前也不软化变形。在 2000℃以内的非氧化气氛中具有良好的稳定性，其室温强度虽比 Al_2O_3 低，但高温强度比 Al_2O_3 高，且随温度继续升高，强度一般不发生变化。AlN 热膨胀系数为（4.0 ～ 6.0）$\times10^{-6}K^{-1}$，比 MgO（$14.0\times10^{-5}K^{-1}$）和 Al_2O_3（$8\times10^{-6}K^{-1}$）的小，但多晶 AlN 具有高达 260W/（m·K）的热导率，所以 AlN 具有优异的抗热震性和耐冲击性，能耐 2200℃的高温。AlN 对 Al 和其他熔融金属、砷化镓等具有良好的耐侵蚀性，尤其对熔融 Al 液具有极好的耐侵蚀性。此外，AlN 还具有优良的电绝缘性和介电性质，但 AlN 的高温（> 800℃）抗氧化性差，在大气中易吸潮、水解。

AlN 粉末主要是通过反应法合成的，目前采用的方法如下。

（1）铝和氮气（或氨）直接反应法　工业上常采用该法，一般首先进行预处理，以除去铝的氧化膜，将铝和氮气（或氨）直接反应制备 AlN 粉末，反应式如下：

$$2Al + N_2 \longrightarrow 2AlN \tag{1.32}$$

反应在 580 ～ 600℃之间进行，经常添加少量氟化钙或氟化钠等氟化物作为催化剂，防止反应过程中发生未反应铝粉的凝聚。

（2）碳热还原氮化法　Al_2O_3 与 C 的混合粉末在 N_2 或 NH_3 气氛中加热，反应式如下：

$$Al_2O_3 + 3C + N_2 \longrightarrow 2AlN + 3CO \tag{1.33}$$

（3）铝的卤化物（$AlCl_3$、$AlBr_3$）和氨反应法　其反应式如下：

$$AlCl_3 + NH_3 \longrightarrow AlN + 3HCl \tag{1.34}$$

（4）铝粉和有机氮化合物（双氰二胺或三聚氰酰胺）反应法 将铝粉和有机氮化合物按 1∶1（物质的量之比）充分混合后，在氮化炉内逐步升温氮化，最终在 1000℃保温 2h，可获得 90% 以上的 AlN 粉末。

不论以何种方法制备得到的 AlN 粉料都容易发生水解反应：

$$AlN + 3H_2O \longrightarrow Al(OH)_3 + NH_3 \tag{1.35}$$

因此，必须对制备好的 AlN 粉末进行处理，以降低粉料表面活性。通常将 AlN 粉末在氩气中加热到 1800 ～ 2000℃，以降低其活性。

1.6 陶瓷原料的加工与合成工艺

1.6.1 原料的精选

陶瓷工业使用的天然原料中，一般都或多或少地含有一些杂质。如黏土矿物中，常含有一些未风化完全的母岩、游离石英、云母类矿物、长石碎屑、铁和钛的氧化物及化合物，以及树皮、草根等一些有机杂质；长石、石英原料中，除原料表面的污泥、水锈等杂质外，还常含有一些云母类矿物。这些杂质的存在，降低了原料的品位，直接影响制品的性能及外观质量。故在使用之前，一般要进行精选处理。原料精选，主要是对原料进行分离、提纯，除去原料中的各种杂质（尤其是含铁的杂质），使之在化学组成、矿物组成、颗粒组成上更符合制品的质量要求。近年来，随着现代科学对材料性能要求的不断提高，原料的高纯度精制方法也得到迅速发展。这就可提高原料的品位，扩大可利用资源的范围。

1.6.1.1 物理方法

这类方法包括分级法（水簸、水力旋流、风选、筛选等）、磁选法、超声波法等。适用于除去与原料颗粒以分离状态存在的杂质。分级的目的主要是将原料中的粗粒杂质如沙砾、石英砂、长石、硫铁矿及树皮、草根等除去。同时，通过分级可以更好地控制原料的颗粒组成。

原料分级处理主要是利用矿物颗粒直径或密度差别来进行的。

一般湿法分级的精确度比较高。这是因为在空气中难以分散的集合颗粒在水中比较容易分散。尤其是对于黏着力较大的黏土类原料，湿法分级的效果比较好。干法分级的单位面积处理能力大、占地面积小，但噪声和粉尘比湿法大。

目前，国内外普遍采用的分级装置是水力旋流器。它具有结构简单、维修方便、投资少、占地面积小、分离精确度高等优点。物料浆在相当高的压力作用下，通过给浆管沿着圆筒的切线方向进入水力旋流器的短圆筒内，在离心力的作用下，粗和重的物料被抛向水力旋流器的器壁，沿着边壁向下滑行到圆锥底部的排砂管排出，而含细颗粒的泥浆则由溢流管排出。

磁选法和超声波法都是用来分离原料中的含铁矿物。

（1）磁选法　是利用矿物的磁性差别，根据被磁化物质在磁场中必将受到磁力作用这一物理效应，将铁及其氧化物从原料中分选出来。磁选法对除去粗颗粒的强磁性矿物效果较好，如磁铁矿、钛铁矿及加工运输过程中混入的铁屑。但对黄铁矿等弱磁性矿物及细粒含铁杂质效果不明显。表 1.24 列出以铁为标准各种含铁矿物的相对磁性。

表 1.24　以铁为标准各种含铁矿物的相对磁性

矿物	化学式	相对磁性
铁	Fe	100
磁铁矿	Fe_3O_4	40.18
钛铁矿	$FeTiO_3$	24.7
菱铁矿	$FeCO_3$	1.82
赤铁矿	Fe_2O_3	1.32
金红石	TiO_2	0.37
黄铁矿	FeS_2	0.23

（2）超声波法　是将料浆置于超声波作用下，使得原料颗粒和水溶液都产生高频振动，互相碰撞与摩擦，致使原料颗粒表面的氧化铁和氢氧化铁薄膜剥离脱出，从而达到除铁的目的。前苏联乌拉尔有用矿物机械处理科学研究设计院曾对石英进行超声波处理除铁实验。取特莱斯科夫原砂，用 Y35-10 型超声波发生器在 Y3F-6 型金属槽中进行超声波处理，5min 后 Fe_2O_3 含量由原来的 0.161% 降至 0.028%。

1.6.1.2　化学方法

基于化学反应原理的精选方法可以分为升华法和溶解法两大类。其目的主要是除去原料中难以以颗粒形式分离的细微含铁杂质，如硫化铁、氢氧化铁等细微含铁矿物。

（1）升华法　是在高温下使原料中的氧化铁和氯气等气体反应，使之生成挥发性或可溶性的物质（如氯化铁等）而除去。由于氯气有毒，这种方法用得较少。

（2）溶解法　是用酸或其他各种反应剂对原料进行处理，通过化学反应将原料中所含的铁变为可溶盐，然后用水冲洗将其除去的方法。对于以微粒状紧粘着或渗入原料颗粒上的铁粉等杂质，物理方法几乎无能为力，而采用化学方法处理则有较好的效果。例如经钢球磨细碎的氧化铝粉料中混入的铁质较多，而且对原料的纯度要求又高，一般都采用酸洗的方法将铁除去。表 1.25 列出了溶解法的主要反应类型。溶解法中用得较多的是酸洗。根据原料的情况，将几种方法混合使用，往往可以取得更好的效果。

表 1.25　溶解法主要反应类型

溶解类型	常用反应剂	主要作用	反应式列举	备注
酸处理	硫酸 盐酸	溶解黏土中的碳酸铁、铁缘泥石等，石英中的氧化铁等	$FeCO_3 + 2H^+ \longrightarrow Fe^{3+} + H_2O + CO_2$ $FeOOH + 3H^+ \longrightarrow Fe^{3+} + 2H_2O$	加热处理可提高溶出速度
碱处理	氢氧化钠 碳酸钠	溶解黏土中的二氧化硅、氧化铝胶体、明矾石等	$LAl_2O_3 \cdot MSiO_2 \cdot nH_2O + (2L + 4M)OH^-$ $\longrightarrow 2LAlO_2 + MSiO_4^{4-} + (L + 2M + n)H_2O$	反应强烈时生成沸石，适用于实验室

续表

溶解类型	常用反应剂	主要作用	反应式列举	备注
氧化处理	次氯酸钠 过氧化氢等	分解硫酸铁及原料中的有机物	$FeS_2 + 8NaOCl \longrightarrow Fe^{2+} + 8Na^+ + 2SO_4^{2-} + 8Cl^-$	在 pH = 2 ～ 3 酸度下处理
还原处理	二氧化硫 亚硫酸钠 连二亚硫酸盐	可吸去吸附在黏土颗粒表面的氧化铁	$Na_2S_2O_4 + 6FeOOH + 10H^+ \longrightarrow 6Fe^{2+} + 2Na^+ + 2SO_4^{2-} + 8H_2O$	pH ＞ 2.5 以防还原剂分解
综合处理	柠檬酸钠等	—	—	常与还原剂并用

1.6.1.3 物理化学方法

利用物理化学原理精选原料有电解法和浮选法两种方法。

（1）电解法　是基于电化学的原理除去混杂在原料颗粒中含铁杂质的一种方法。在电解过程中，黏土颗粒上的着色铁杂质被溶解除去。

（2）浮选法　是利用各种矿物对水的润湿性不同，从悬浮液中将憎水颗粒黏附在气泡上浮游分离的方法。为了提高浮选效果，浮选一般需使用捕集剂（浮选剂），使待除去的矿物悬浮。捕集剂由含单独极性基相当大的碳氢化合物的分子组成，它可以使物质的润湿性发生改变，从而达到精选的目的。常用的捕集剂有石油磺酸、铵盐、磺酸盐等。浮选法适用于精选含有铁、钛矿物和有机物的黏土，粒度在 10 ～ 100μm 范围内效果较好。浮选法不仅可以除铁，而且可以通过选取适当的捕集剂除去钛的氧化物及其杂质，是一种很有前途的原料精选方法。但应注意经过浮选的原料可能带入少量捕集剂，对原料性能有一定影响。

1.6.2 原料的预烧

陶瓷工业使用的原料中，有的具有多种结晶形态（如氧化铝、氧化钛、氧化锆等）；有的具有特殊的片状结构（如滑石）；有的硬度较大，不易粉碎（如石英）。有些高可塑性黏土，干燥收缩和烧成收缩都较大，容易引起制品开裂。对于这一类原料，一般需要进行预烧，改变其结晶形态和物理性能，使之更加符合工艺要求，提高制品的质量。所以预烧是生产过程中的一道重要工序。但原料预烧又会妨碍生产过程的连续化，对某些原料来说，会降低其可塑性，增大成型机械和模具的磨损。所以原料是否预烧，要根据制品及工艺过程的具体要求来决定。

1.6.2.1 稳定晶型

（1）原理　氧化铝、氧化钛、氧化锆等原料都有几种同质多晶体，加热过程中都有晶型转变，并伴有体积效应，对产品的质量有很大的影响。同时，各个结晶形态的性能也不一样。无论哪种原料，稳定的高温形态其性能最优良。对于这一类原料，在使用之前一般要进行预烧，使其发生晶型转变，得到所要求的晶型。

氧化钛原料是否预烧，要根据其用途而定。生产含钛电容器陶瓷时，希望 TiO_2 都是金红石相，原料要先预烧。但生产锆 - 钛 - 铅压电陶瓷时，由于 TiO_2 含量较少，而且在高温下和其他氧化物形成固溶体，不是以 TiO_2 晶型存在，所以一般不用预烧。氧化钛预烧必须注意它的还原性。一是温度不能太高，二是要在氧化气氛下加热，以免脱氧还原。一般预烧温度为 1250 ～ 1300℃。

（2）晶型转变　氧化锆有三个晶型，其中单斜晶型和四方晶型之间的转变为可逆转变，并伴有 7% ～ 9% 的体积收缩。在采用 ZrO_2 作高温耐火材料的原料时，要进行预烧稳定晶型，以防制品开裂。由于 2300℃的温度在生产上较难达到，故预烧时常加入少量添加剂（CaO、MgO、Y_2O_3 等），使其在 1500℃左右生成等轴型固溶体，从而使结构稳定。制作氧化锆增韧陶瓷时，则要利用部分稳定 ZrO_2 中单斜晶型与四方晶型之间可逆转变时产生的体积效应，使制品内部产生均匀分布的微细裂纹，使制品的抗冲击能力提高，达到增韧的目的。此时，希望制品中含有一定量的四方相 ZrO_2，一般是通过加入 CaO 或 Y_2O_3 并控制其添加量来控制四方相 ZrO_2 的含量。由此可见，ZrO_2 是否预烧取决于使用目的及产品性能的要求。

工业氧化铝的主晶相是 $\gamma-Al_2O_3$。要得到性能良好、高温稳定型的 $\alpha-Al_2O_3$，通常要预烧到 1300 ～ 1600℃。为了促进晶型转变，可以添加 H_3BO_3、NH_4F、AlF_3 等稳定剂。添加的数量为 0.3% ～ 3%。较常用的添加剂为 H_3BO_3。它不仅能促进氧化铝的晶型转变，而且可以使工业氧化铝中的 Na_2O 杂质形成挥发性盐类（$Na_2O \cdot B_2O_3$）逸出。此外，未加硼酸的氧化铝预烧后，其颗粒是细小微粒组成的多孔聚集体。粉碎后仍为细小的聚集体，而不是单个的晶体。这样的氧化铝原料容易破碎，但生坯密度低，烧成收缩大。加入硼酸预烧的氧化铝，颗粒较大，聚集程度不明显。虽粉碎较困难，但球磨后可得到单个颗粒。成型后生坯密度高，烧成收缩也小。可见，加入添加剂后，预烧不仅稳定晶型，也可提高原料的纯度。

1.6.2.2　改变物性

（1）原理　滑石具有片状结构，成型时容易造成泥料分层和颗粒定向排列，引起产品的变形开裂。大量使用时要先进行预烧，使其转变为偏硅酸镁（$MgO \cdot SiO_2$），破坏原有的片状结构。大块的石英岩质地坚硬，粉碎困难。利用石英 573℃晶型转变所发生的体积效应，将石英在粉碎前预烧，然后急冷，使之产生内应力，原料变脆，可大大提高粉碎效率。可塑性很强的黏土用量较多时，易使坯体在干燥和烧成过程中产生较大的收缩，导致制品开裂报废。为了减少这类损失，有时将一部分黏土预烧成熟料，以降低坯体的收缩。此外，釉中的氧化锌用量多时，容易造成釉缩，将 ZnO 预烧可以改善这一状况。诸如上述的几种情况，预烧可以改善原料的结构及物性，提高原料的纯度，使原料更符合工艺要求，减少制品的缺陷。

（2）预烧温度　原料预烧的温度与原料的产状、性能及使用要求都有关系。黏土预烧的目的在于减少收缩，提高纯度，一般预烧温度为 700 ～ 900℃。氧化锌预烧的温度一般在 1250℃左右。石英预烧的温度通常在 900℃左右，预烧后急冷，使之散裂成小块。预烧后的石英不仅容易破碎，而且石英中的杂质呈色明显，有利于选料。预烧滑石的温度与原料的产状有关。辽宁海城产的滑石具有较明显的片状结构，破坏这种结构需要较高的温度。山东莱州产的滑石呈细片状结构，且有一定杂质，结构破坏的温度比较低。根据电子显微镜观察，莱州滑石在 1350 ～ 1400℃之间其片状结构已破坏；而海城滑石要烧到 1400 ～ 1450℃才能破坏片状结构。

1.6.3 机械法制备粉体

1.6.3.1 机械冲击式粉碎

（1）颚式破碎机　颚式破碎机是无机非金属材料工业中广泛应用的粗、中碎机械。按照动颚的运动特性可分为简单摆动式、复杂摆动式和组合摆动式三种形式。工程上应用最广泛的是复摆颚式破碎机，国产的颚式破碎机数量最多的也是复摆颚式破碎机。

现以复摆颚式破碎机为例，介绍其工作原理（图 1.7）。复摆颚式破碎机的动颚是直接悬挂在偏心轴上的，是曲柄连杆机构，没有单独的连杆。由于动颚是由偏心轴的偏心直接带动，所以活动颚板可同时作垂直和水平的复杂摆动，颚板上各点的摆动轨迹是由顶部的接近圆形连续变化到下部的椭圆形，越到下部的椭圆形越扁，动颚的水平行程则由下往上越来越大地变化着，因此对石块不但能压碎、劈碎，还能起碾碎作用。由于偏心轴的转向是逆时针方向，动颚上各点的运动方向都有利于促进排料，因此破碎效果好，破碎率较高，产品粒度均匀且多呈立方体。

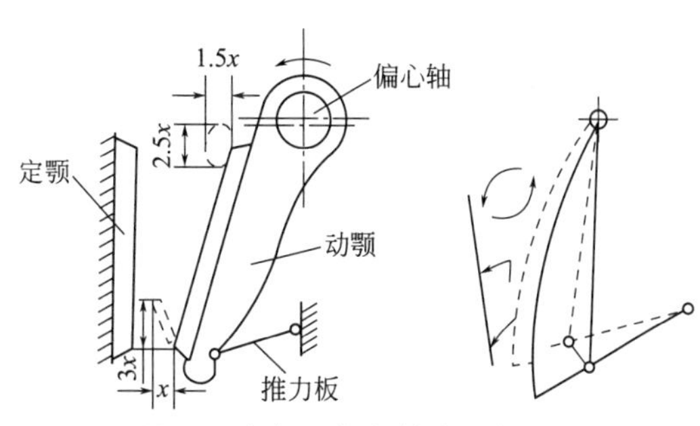

图 1.7　复摆颚式破碎机的工作原理

总体而言，颚式破碎机的优点是生产率高，结构简单可靠，破碎比较大（i 一般为 6 ～ 8），外形尺寸较小，零件检查和更换较容易，操作、维护简便，不用较高技术水平的工人就能够操作，应用范围广，与其他类型破碎机比较，不容易堵塞。因此工程中普遍采用它来破碎各种硬度在 92.5t/cm^2 以下的石料，常用作粗碎和中碎设备。一般用于破碎极限抗压强度不超过 2t/cm^2 的石料时效果较好。其缺点是不宜破碎片状石料，工作间歇，有空转冲程，需要很大的摆动体，增加非生产能量的消耗，破碎可塑性和潮湿的物料时，容易堵塞出料口。由于工作时产生很大的惯性力，机体摆动大，工作不平稳，冲击、振动及噪声较大。因此必须安装在比机器自重大 5 倍以上的混凝土基础上，并必须采取隔振措施。大型破碎机还应安装在埋设于基础上的刚梁上。

（2）圆锥式破碎机　圆锥式破碎机主要由机架、定锥总成、动锥总成、弹簧机构、碗形轴架部以及传动等部分组成。另外，圆锥式破碎机辅助部分由电气系统、稀油润滑系统以及液压清腔系统组成。

圆锥式破碎机工作时，电动机的旋转通过皮带轮或联轴器、圆锥式破碎机传动轴和圆锥式破碎机圆锥部在偏心套的迫动下绕一固定点作旋摆运动。从而使破碎圆锥的破碎壁时而靠近又时而离开固装在调整套上的轧臼壁表面，使矿石在破碎腔内不断受到冲击、挤压和弯曲作用而实现矿石的破碎。电动机通过伞齿轮驱动偏心套转动，使破碎锥作旋摆运动。破碎锥时而靠近又时而离开固定锥，完成破碎和排料。其工作原理如图 1.8 所示。

圆锥式破碎机按照用途可分为粗碎圆锥式破碎机（旋回式破碎机）和中细碎圆锥式破碎机（菌形圆锥式破碎机）；按照结构可分为悬挂式和托轴式。

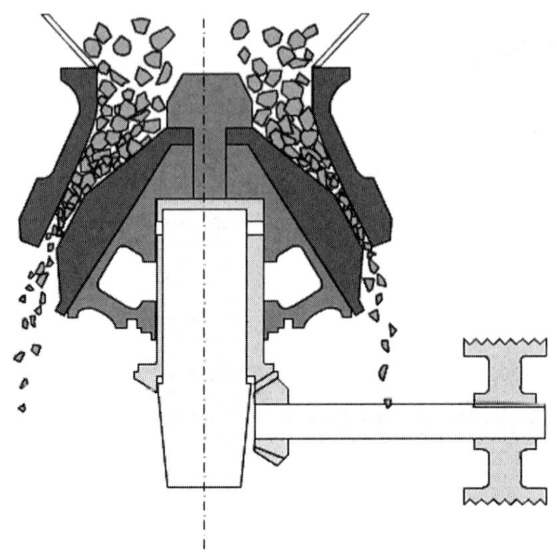

图 1.8　圆锥式破碎机的工作原理

旋回式破碎机示意图如图 1.9 所示。粗碎圆锥式破碎机和颚式破碎机都是可用作粗碎的破碎机械，两者相比较，粗碎圆锥式破碎机的优点是破碎过程是沿着圆环形的破碎腔连续进行的，因此，生产能力较大，单位电耗较低，工作较平稳，适于破碎片状物料，破碎产品粒度比较均匀。从产品粒度特性曲线可看出，产品粒度组成中超过出料口宽度的物料粒度比颚式破碎机小，数量也少些。同时，料块可以直接从运输工具倒入进料口，无须设置喂料机。缺点是结构复杂，价格较高，检修比较困难，修理费用较高，机身较高，使厂房、基础构筑物的费用增加。因此粗碎圆锥式破碎机宜在生产能力较大的工厂及采掘场中使用。

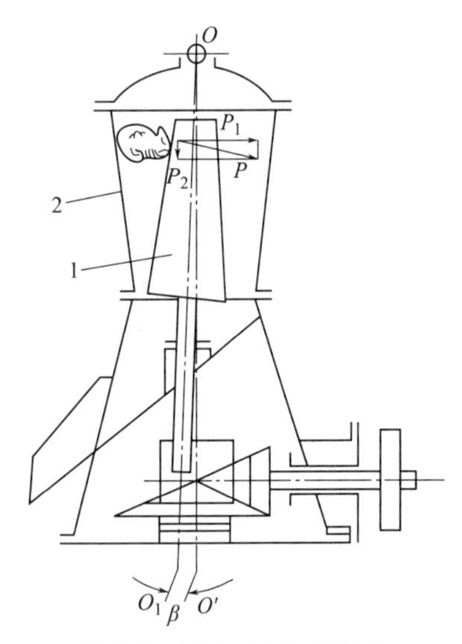

图 1.9　旋回式破碎机示意图

1—动锥；2—定锥

菌形圆锥式破碎机示意图如图 1.10 所示，动锥制成菌形，在卸料口附近，动、定锥之间有一段距离相等的平行带，以保证卸出物料的粒度均匀。菌形圆锥式破碎机的优点是生产能力大，粉碎度较大，单位电耗低，但缺点是结构复杂，投资费用高，检修维护比较困难。

（3）锤式破碎机　锤式破碎机是根据破碎机的锤头高速冲击作用生产破碎物料的，结构示意图如图 1.11 所示。其工作原理是锤式破碎机的电动机带动转子在破碎腔内高速旋转。物料自上部给料口给入机内，受高速运动的锤子的打击、冲击、剪切、研磨作用而粉碎。在转子下部设有筛板，粉碎物料中小于筛孔尺寸的粒级通过筛板排出，大于筛孔尺寸的粗粒级阻留在筛板上继续受到锤子的打击和研磨。

锤式破碎机的优点是：破碎比大，一般情况下为10～25，高者可达到50；生产能力高，产品均匀，过分现象少，单位产品能耗低，结构简单，设备质量小，操作维护容易等；破碎研磨效率高，电耗小，大大提高了生产效率，并且降低了物料的生产成本。缺点是：锤头和箅条筛磨损快，检修和找平衡时间长，当破碎硬物质物料，磨损更快；破碎粘湿物料时，易堵塞箅条筛缝，为此容易造成停机（物料的含水量不应超过10%）。在粉碎坚硬物料时，锤头和衬板磨损大，消耗金属材料多，经常更换易磨损件需占用较多检修时间；在破碎粘湿物料时，箅条筛易堵塞而导致生产能力降低。

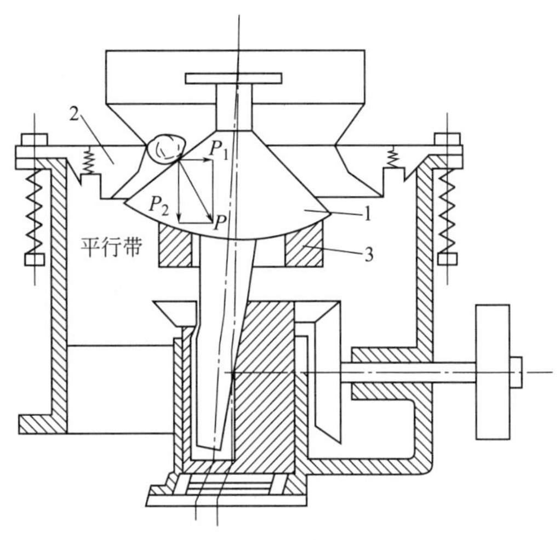

图 1.10 菌形圆锥式破碎机示意图

1—动锥；2—定锥；3—球面座

（4）反击式破碎机 反击式破碎机是在锤式破碎机的基础上发展起来的，同样是利用物料和板锤的冲击、反击装置的冲击破碎物料。其工作原理是利用高速旋转的转子上的板锤，对送入破碎腔内的物料产生高速冲击而破碎，且使已破碎的物料沿切线方向以高速抛向破碎腔另一端的反击板，再次被破碎，然后又从反击板反弹到板锤，继续重复上述过程。在往返途中，物料之间还有互相碰击作用。由于物料受到板锤的打击、与反击板的冲击以及物料相互之间的碰撞，物料不断产生裂缝，松散而导致粉碎。当物料粒度小于反击板与板锤之间的缝隙时，就被卸出。

图 1.12 是一种典型的反击式破碎机工作原理。反击式破碎机破碎物料时，物料悬空受到板锤的冲击。如果物料粒度较小，冲击力近似通过颗粒的重心，物料将沿切线方向抛

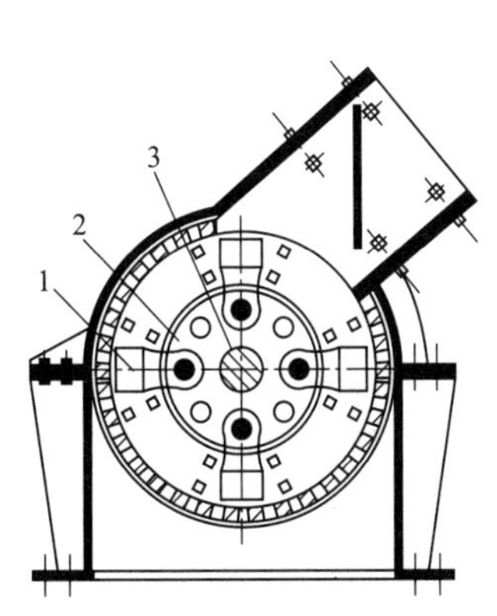

图 1.11 锤式破碎机示意图

1—锤头；2—锤盘；3—主轴

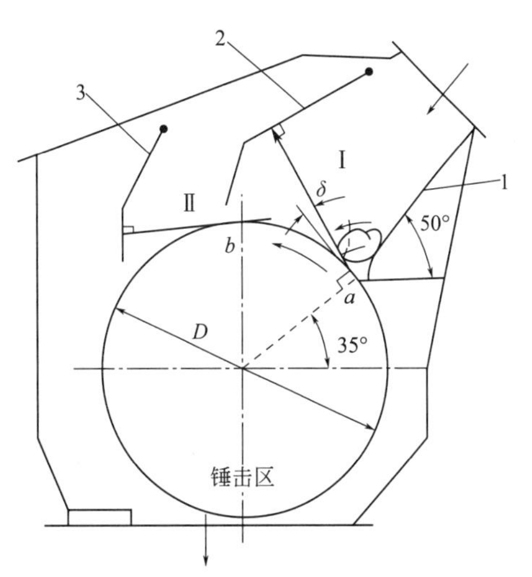

图 1.12 反击式破碎机的工作原理

1—给料板；2, 3—反击面

出。如果物料粒度较大，则物料抛出时产生旋转，抛出的方向与切线方向成δ角度，为了使料块能深入板锤作用圈D之内，减少旋转，给料滑板的下部向下弯曲。

物料的主要破碎过程是在转子的Ⅰ区中进行的。物料受到第一次冲击后，在机内反复地来回抛掷。此时，物料由于局部的破坏和扭转，已不再按预设轨迹作有规则的运动，而是在Ⅰ区内不同位置反复冲击，而后物料进入Ⅱ区，进一步冲击粉碎。

反击面2及3与转子之间构成的缝隙大小，对产品粒度组成具有一定的影响。破碎腔的增多对产品粒度均匀及减少大颗粒起作用，但电耗增加，生产能力下降。通常作为粗碎用的反击式破碎机，具有1～2个破碎腔；用于细碎的反击式破碎机，具有2～3个甚至更多一些的破碎腔。

由以上所述反击式破碎机的破碎作用，主要以三种形式对物料进行破碎，在Ⅰ区内是自由破碎和反弹破碎，而在Ⅱ区主要是铣削破碎。反击式破碎机对物料的破碎过程如图1.13所示。

(a) 单转子的破碎作用

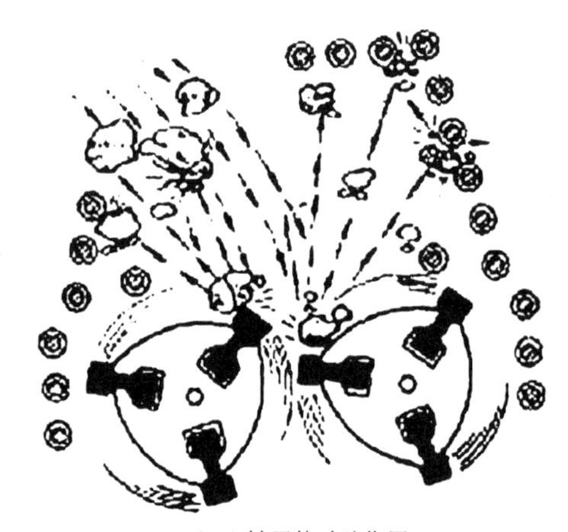

(b) 双转子的破碎作用

图1.13 物料在反击式破碎机中的破碎过程

反击式破碎机的优点主要包括以下几点。

① 一般矿石抗冲击强度比抗压强度小得多，且矿石受到打击板的高速作用和多次冲击之后，会沿着节理分界面和组织脆弱的地方首先击裂，因此，这类破碎机效率高，电耗小。

② 产品粒度均匀，每块矿石所具有的动能大小与矿石质量成正比。

③ 破碎比大，一般为30～40，最大为150。

④ 具有选择性破碎的特点，有用矿物和脉石首先沿着节理面破裂，以利于有用矿物分离。

⑤ 适应性强，可以破解脆性、纤维性和中硬以下的矿石，特别适合于石灰石等脆性材料。

⑥ 常用于二次破碎、三次破碎，用于细碎及粗磨作业。

⑦ 产量高，设备体积小，操作简便，安装、维修方便。

缺点是：板锤和反击板磨损较严重，更换频繁；运转噪声大，粉尘也大，对含水、含泥的物料适应性差。

（5）轮碾机　轮碾机是陶瓷工业生产所常采用的一种粉碎设备。轮碾机的主要工作部件是碾轮及碾盘。利用碾轮与碾盘之间的相对运动，以挤压兼施磨剥方式将物料粉碎，它用于中硬质和软质物料的细碎和粗磨作业。粉碎的同时还起着物料的混合作用。

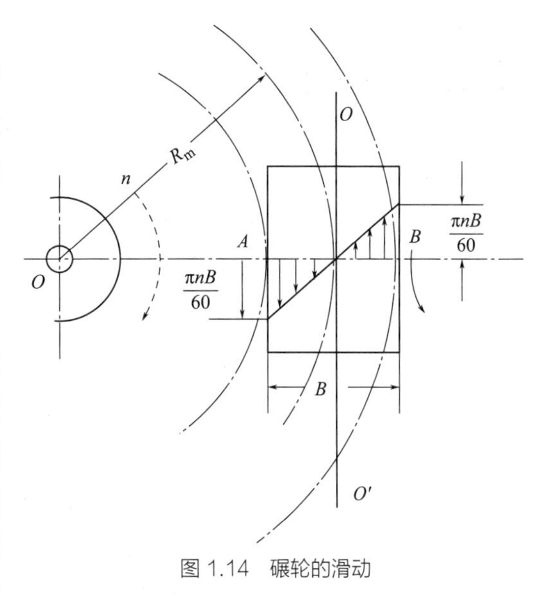

图 1.14　碾轮的滑动

当碾轮对碾盘作相对转动时，由于圆柱形碾轮不管距离主轴远近，均以同一线速度转动，这样除了在轮宽的中心线附近是纯滚动外，碾轮中心线附近的内外侧均有滑动（图 1.14）。轮宽越大，相对滑动越大，磨剥作用越大。根据工艺要求，当需要获得较大磨剥作用进行破碎时，轮宽宜选取大些；若主要靠挤压作用粉碎物料时，轮宽宜选取小些，还可节省动力消耗。

轮碾机按结构特点可分为盘转式和轮转式两类（图 1.15）。

盘转式轮碾机的碾盘由驱动装置带动作等速回转，碾轮受到盘面的摩擦带动，只绕本身的水平轴自转。优点是工作平稳，转速可高些，产量高，动力较省。缺点是结构较复杂，碾盘中物料会受到惯性离心力作用，容易散开。

轮转式轮碾机的碾轮既绕主轴公转，又绕水平轴自转，碾盘则固定不动。优点是结构简单，主轴轴承负荷较小，物料不易散开。缺点是工作时有很大的惯性离心力产生，有时碾轮有甩脱的倾向，当惯性离心力不平衡时，主轴很易损坏。

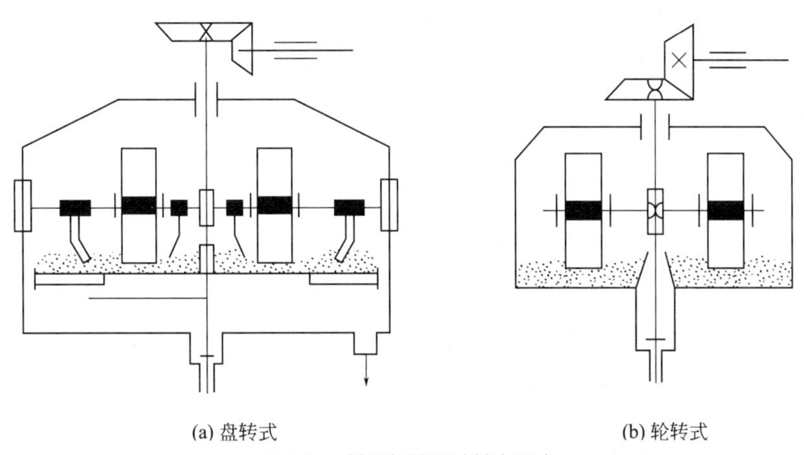
(a) 盘转式　　(b) 轮转式

图 1.15　轮碾机的两种基本形式

轮碾机的优点是构造简单，操作可靠，粉碎适应性强，特别是它具有混炼作用的工艺特点，控制产品细度方便，以及可以采用石质材料，能避免铁质掺入物料。缺点是作为古老、低效率的粉磨机械，单位时间内碾轮对物料作用次数较少，因此单位电耗较高，而且生产能力低。

1.6.3.2 球磨粉碎

陶瓷工业生产中普遍采用的间歇式球磨机是一种内装一定研磨体的旋转筒体，如图 1.16 所示。球磨粉碎是依靠筒体内装有衬板，用以保护并将筒内研磨体提升到一定高度，赋予其位能及抛射动能。然后，具有一定初始速度的研磨体按照抛物线轨迹降落，冲击和研磨从球磨机进料端喂入的物料。如此周而复始，使处于研磨介质之间的物料受冲击作用而被粉碎。所以，球磨机对粉料的作用可分为两个部分：一是研磨体之间和研磨体与筒壁之间的研磨作用；二是研磨体下落时的冲击作用。提高球磨机的粉碎效率就要从提高这两方面的作用入手。主要的影响因素有以下几点：

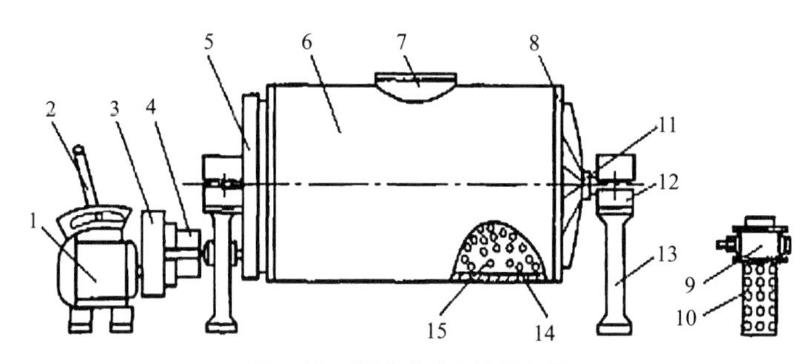

图 1.16 间歇式球磨机示意图

1—电动机；2—离合器操纵杆；3—减速器；4—摩擦离合器；5—大齿圈；6—筒身；
7—加料口；8—端盖；9—旋塞阀；10—卸料管；11—主轴头；12—轴承座；13—机座；14—衬板；15—研磨体

（1）球磨机转速 球磨机的转速直接影响研磨体在球磨机内的运动状态。当转速太慢时，离心力太小，研磨体上升不高就滑落下来，没有冲击能力，粉碎作用很小［图 1.17（a）］。当转速太快时，离心力也大，研磨体附在筒壁上与筒体同步旋转，物料的研磨停止［图 1.17（c）］。只有当转速适当时，研磨体能带着物料沿筒壁上升到一定高度，当其重力的分力等于离心力时，研磨介质沿着抛物线的轨道下落碰击到下面的物料或研磨体上，这时球磨机才具有最大的研磨和冲击作用，产生最大的粉碎效果［图 1.17（b）］。这一速度与球磨机内径有关。通常采用下列公式作为球磨机的理论临界转速：

$$n=\frac{42.4}{\sqrt{D}} \tag{1.36}$$

式中 n——球磨机的临界转速，r/min；

D——球磨机的内径，m。

在实际生产中，考虑到研磨体的装填系数和研磨体与筒体的相对滑动等因素，常用下列公式作为计算球磨机实际转速的依据。

当球磨机内径 $D<1.25$m 时，工作转速为：$n=\frac{40}{\sqrt{D}}$

当球磨机内径 $D=1.25\sim1.7$m 时，工作转速为：$n=\frac{35}{\sqrt{D}}$

当球磨机内径 $D>1.7$m 时，工作转速为：$n=\frac{32}{\sqrt{D}}$

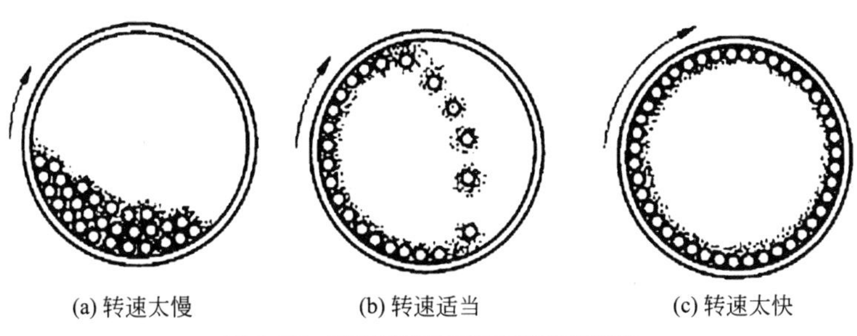

图 1.17 球磨机转速对研磨效率的影响

（2）研磨体的密度、大小及形状 增大研磨体密度，可以加强它的冲击作用，同时可以减小研磨体所占体积，提高装料量，故大密度的研磨体可以提高研磨效率。

大的研磨体冲击力较大，而小的研磨体因其与粉料的接触面积较大，故研磨作用较大。应根据粉料的性质确定研磨体的大小配比。当脆性料较多时，研磨体应稍大；当黏性料较多时，研磨体可稍小。研磨体直径通常为筒体直径的 1/20，而应大、中、小搭配，以增加研磨接触面积。

圆柱状和扁平状研磨体因其接触面积较大，研磨作用较强。圆球状研磨体的冲击力比较强。

在选择研磨体的材料、形状、大小时，应根据粉料的性质及粒度要求全面考虑。

（3）球磨方式 球磨方式有湿法和干法两种。湿法是在球磨机中加入一定比例的研磨介质（一般是水，有时也加有机溶剂）。干法则不加研磨介质。湿法球磨主要靠研磨作用进行粉碎，得到的颗粒较细，单位容积产量大，粉尘小，出料时可用管道输送。生产中用得较多。干法球磨主要靠研磨体的冲击与磨削作用进行粉碎。干磨后期，由于粉料之间的吸附作用，容易黏结成块，降低粉碎效果。干法得到的颗粒较湿法粗。湿磨的效率较干磨高得多，这是液体介质所起的作用。液体的作用主要表现在以下两方面。

① 通过毛细管和其他分子间力的作用，液体渗入颗粒的缝隙之中，使颗粒胀大、变软，有利于粉碎。

② 水分子沿毛细管壁或微裂纹扩散至颗粒的内部，对裂纹四壁产生约 1MPa 的压力，促使物料破裂，这就是液体介质的劈裂作用。液体介质对粉料的润湿能力越强，则越易渗入颗粒之中，劈裂作用越大。

（4）料、球、水的比例 球磨机中加入的研磨体越多，单位时间内物料被研磨的次数就越多，研磨效率也越高。但磨球过多，会占用球磨机的有效空间，降低物料的装载量。一般料球比为 1∶(1.5 ～ 2.0)。密度大的可取下限，密度小的可取上限。对难磨的粉料及细度要求较高的粉料，可以适当提高研磨体的比例。有资料报道，当料球比为 1∶(4 ～ 8) 时，粉料细度可以大大提高。

采用湿法球磨时，若加水过少，浆料太浓，磨球与粉料粘在一起，降低研磨和冲击作用；若加水过多，浆料太稀，磨球与粉料易打滑，同样降低研磨效果。软质原料（如黏土、二氧化钛）吸水性强，可多加水；硬质原料（如长石、石英、方解石等）吸水性差，应少加水。在一般情况下，用不同大小的瓷球研磨普通陶瓷坯料时，料、球、水的比例为1∶（1.5～2.0）∶（0.8～1.2）。目前生产中趋向于增多磨球，减少水分，从而提高研磨效率。如有的工厂研磨坯料时，料∶球∶水=1∶（2.0～2.5）∶（0.5～0.8）；研磨釉料时，料∶球∶水=1∶（2.3～2.7）∶（0.4～0.6）。表1.26列出料、球、水的比例和磨球种类对研磨效率的影响。

表1.26 料、球、水的比例和磨球种类对研磨效率的影响

磨球种类	料、球、水的比例	球磨机中磨球填充系数/%	研磨时间（万孔筛筛余4%）/h		
			伟晶岩	瓷坯废料	石英
燧石质	1∶1.5∶1	28.8	6.1	10.0	14.6
	1∶1.75∶1	33.7	5.5	8.2	11.3
	1∶2.0∶1	38.8	4.8	6.9	8.9
高铝质	1∶1.5∶1	23.7	4.7	6.4	8.5
	1∶1.75∶1	28.7	3.9	5.3	7.0
	1∶2∶1	32.5	3.1	4.4	5.4

（5）装料方式　球磨时装料的方式有一次加料和二次加料之分。一次加料就是将硬质原料、软质原料一次加足，这样比较简便，但是动力消耗较多，研磨效率太差。二次加料是先将硬质原料或难磨的原料如长石、石英、锆英石等先磨一段时间后（一般为5～8h，为使硬质原料在研磨时不沉淀，可加入少量黏土），再加入黏土原料。一方面，这样因为第一阶段没有多余的黏土的缓冲作用，研磨体落下时，速度增大，而动能的增大与速度的平方成正比，因而增大了研磨体对物料的冲击能力。另一方面，由于黏土尚未加入，实际上等于增大了研磨体与物料的比例，使物料与研磨体有更多的接触机会，因而提高研磨效率。球磨釉料时，应先将着色剂加入，以提高釉面呈色的均匀性。

（6）球磨机直径　从研磨效率看，筒体大则效率高，这是因为如果筒体大，研磨体也可相应增大，研磨和冲击作用都会提高，进料粒度也可增大。所以，大筒径的球磨机可大大提高球磨细度（可达几十微米）。而且产量大、成本低，可以制备性能一致、组分均匀的粉料。目前，普通陶瓷用的球磨机向大型化、自动化方向发展。国外已采用装载量为14～18t的球磨机。国内目前大量生产与使用的大型球磨机是QM3000×500型球磨机，一次装料量为15t。

大直径的球磨机，冲击作用大于研磨作用，破碎力大，所得颗粒呈多角形；而小直径球磨机的研磨作用大于冲击作用，所得颗粒较圆滑。

（7）球磨机内衬的材质　球磨机的内衬通常由燧石或瓷砖等材料镶砌而成。近年来，国内外很多工厂采用橡胶作为球磨机内衬。它的主要优点为衬里磨损小，使用寿命长（比燧石内衬长1～2倍，甚至更多），而且易于维修。球磨机有效容积增大，台时产量可提高40%左右，单位产量的电耗降低20%以上，噪声也较燧石内衬小得多（表1.27）。

表 1.27 球磨机采用不同内衬的效果比较

操作参数	球磨机规格 ϕ2.3m×2.3m		球磨机规格 ϕ1.8m×2.1m	
	燧石内衬	橡胶内衬	燧石内衬	橡胶内衬
转速 /（r/min）	20.9	20.9	23	23
填充量 /t	5.925	8.625	3.24	4.23
磨球 /t	3.75	5	1.44	1.92
坯料 /t	1.5	2.5	0.6	0.8
水 /t	0.675	1.125	1.2	1.6
研磨时间 /h	12	14	20	20
细度（万孔筛筛余）/%	0.24 ～ 0.4	0.25 ～ 0.4	0.02 ～ 0.04	0.005 ～ 0.009
生产能力 /［t/（台・h）］	0.125	0.178	0.03	0.04
生产能力对比 /%	100	141.4	100	133
单产电耗 /（kW・h/t）	168.5	132.7	140	85
单产电耗对比 /%	100	78.8	100	61
实耗功率 /kW	21.06	23.7	4.2	3.4

另外，橡胶内衬还有一个最大的优点，即不会给浆料带入杂质。对一些组分要求严格的粉料，可采用橡胶内衬和本料瓷球进行研磨，从而避免球磨过程中的杂质混入。

但也有研究表明，在相同的条件下，橡胶内衬球磨机的研磨效率不如燧石内衬球磨机。所磨浆料的颗粒较粗，颗粒分布的范围窄。橡胶内衬磨出的注浆成型用泥浆，其性质有些变异。具体地说，泥浆有增稠现象，黏度、触变性和吸浆速度都有所增加；注浆所得的生坯强度略有降低，脱模时间稍有延长。橡胶内衬对注浆用泥浆性能的影响，有待于进一步研究。其对干压粉料和可塑料的工艺性能没有多大影响。

以上影响因素彼此之间互相制约、互相影响，生产中应根据产品种类、原料性能、设备情况等综合考虑，制定合理的工艺参数。

1.6.3.3 振动粉碎

振动粉碎是一种利用振动磨进行超细粉碎的方法，其结构示意图如图 1.18 所示。其工作过程是圆柱形筒体内装有粉磨介质及物料，筒体支承在弹簧上。在筒体中心管内装有滚动轴承，轴承内安装着激振器。激振器由偏心轴及安装在其上的偏心重物组成。当激振器由电动机通过弹性联轴器带动旋转时，由于惯性离心力的作用，使得支承在弹簧上的筒体发生振动，磨内的介质也跟着振动。当振动频率较大时，引起介质自转、抛动及互相冲击。夹在介质中间的物料受到冲击和磨剥作用而粉碎。它的入料粒度一般在 2mm 以下，出料粒度小于 60μm（干磨最细粒度可达 5μm，湿磨可达 1μm，甚至可达 0.1μm）。

在单位时间内，对物料的冲击及磨剥次数多，而冲击力却不大。这时虽然每次对物料的作用都不足以使物料粉碎，但在频繁的外力作用下，会使物料表面上原有的裂纹扩大，产生新的裂纹。待裂纹贯穿颗粒的整个截面时，或等到颗粒的表面上生成纵横交错的裂纹，表皮剥落时，都能使物料粉碎。

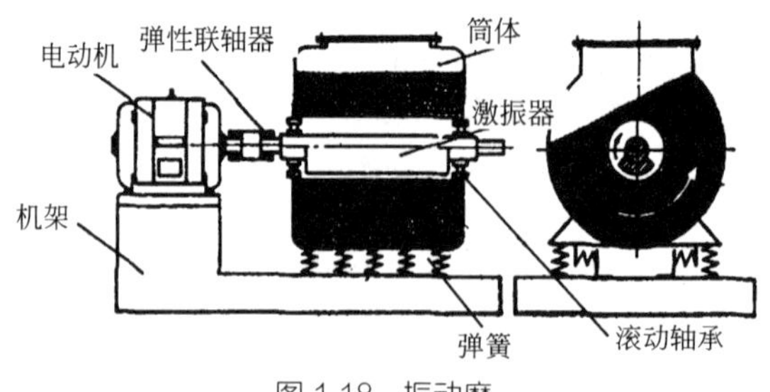

图 1.18 振动磨

振动粉碎实质上是使物料发生疲劳损坏的粉碎方法。每次作用力都直接用在扩大物料的表面积上，是一种效率较高的粉碎方法，也是进行超细磨的有效方法。

影响振动粉碎效率的主要因素有以下几点。

（1）频率和振幅　振动磨的振动频率和振幅是影响其粉碎效率的主要因素。频率越高，冲击次数越多，同时加强了滚动摩擦；振幅越大，磨球的上抛高度加大，也加强了磨球下落的冲击力。适当提高频率和振幅，可以提高粉碎效率。图 1.19 是振动频率、振幅与粉料比表面积的关系。

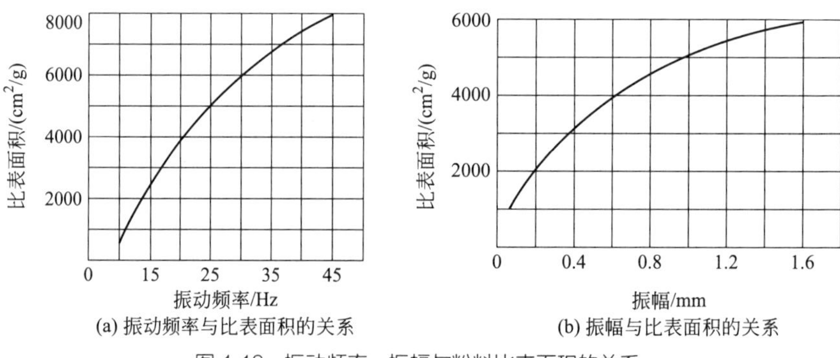

图 1.19 振动频率、振幅与粉料比表面积的关系

可以看出，频率和振幅增大到一定数值后，继续增大并不能明显提高粉碎效率。这主要是因为振磨过程除冲击作用外，还有一定的研磨作用。在实际生产中，由于电机的转速所限，频率不可能无限制地增大。而振幅则取决于传动轮的偏心度，所以也不能随意调整。新型的振动磨可以自动变频，粉碎初期，物料颗粒较粗，粉碎以冲击作用为主。此时频率可稍低，振幅应较大，以使研磨体有较大的冲击力。随物料变细，应以研磨作用为主，可将频率增大，振幅减小，此时冲击次数增加，研磨作用增强，有利于物料的细磨。一般振动初期的频率为 750 ～ 1440r/min，振幅为 5 ～ 10cm；振动后期频率可提高到 3000 ～ 6000r/min，振幅为 1.5 ～ 3mm。

（2）研磨体的密度、大小、数量　研磨体的密度、大小、数量对粉碎效果的影响机理与球磨粉碎基本一样。由于振动粉碎以冲击粉碎为主，故要求采用硬度大、密度大的研磨体。常用的有刚玉球、锆英石球、淬火钢球及玛瑙球等。采用瓷球时入料粒度应小于 0.5 ～ 1mm，采用钢球时可大到 1 ～ 2mm。

为充分发挥研磨体的冲击和研磨作用，生产中采用大、中、小磨球混合使用，大、小磨球直径比在$\sqrt{2}$∶1 ～ 2∶1 之间。其数量各占 1/3 左右。

物料与磨球体积之比一般为 1∶2.5，湿法振磨时，料、水比约 1∶0.8。

（3）添加剂　加入适量的液体介质和助磨剂可大大提高粉碎效率。其原理与球磨粉碎基本相同。加水湿振和助磨剂的作用是明显的。当条件不变时，振磨到一定时间后，颗粒会黏结、聚结不再变细。

与球磨粉碎相比较，振动粉碎的最大特点是粉碎的时间短，物料细度大。振磨 1h 后，物料粒度几乎全部小于 2μm，而球磨 72h 后，小于 2μm 的颗粒仅占 40%。由此可见，振动粉碎是一种快速超细粉碎方法，但振动粉碎颗粒形状不规则，呈棱角状，混合效果及均匀度较球磨粉碎差。同时振动磨的噪声较大、机械磨损快、寿命短，且由于单机容量小，故在大生产中使用得不如球磨机普遍，尤其在日用瓷厂，一般较少使用。

1.6.3.4 气流粉碎

气流粉碎是一种最常用的超细粉碎设备之一。它的工作原理是将无油的压缩空气通过拉瓦尔喷管加速成亚声速或超声速气流，喷出的射流带动物料作高速运动，使物料碰撞、摩擦剪切而粉碎。被粉碎的物料随气流至分级区进行分级，达到粒度要求的物料由收集器收集下来，未达到粒度要求的物料再返回粉碎室继续粉碎，直至达到要求的粒度并被捕集。

气流粉碎的最大特点是不需要任何固体研磨介质。粉碎室的内衬一般采用橡胶及耐磨塑料如尼龙等，故可以保证物料的纯度。在粉碎过程中，颗粒能自动分级，粒度较均匀，且能够连续操作，有利于生产自动化。气流粉碎的进料粒度在 0.1 ～ 1mm 之间，出料细度可达 1μm 左右，粉碎比通常为 1∶40。可以粉碎莫氏硬度为 1 ～ 10 的材料。加工温度低（低于气流温度），材料破碎时的应变率高，可粉碎低熔点、热敏性和生物材料等材料。缺点是能耗大，生产成本高，附属设备多。干磨时，噪声和粉尘都较大，对环境有污染。由于粉碎过程中物料与气流充分接触，粉碎后物料吸附的气体很多，且表面十分发达，所以粉末使用前要排除吸附的气体。

气流粉碎的设备称为气流粉碎机，又称为流能磨或无介质磨。根据结构及作用机理，可以分成很多种类型。国内较多采用的有扁平式气流粉碎机（图 1.20）和管道式气流粉碎机（图 1.21）。

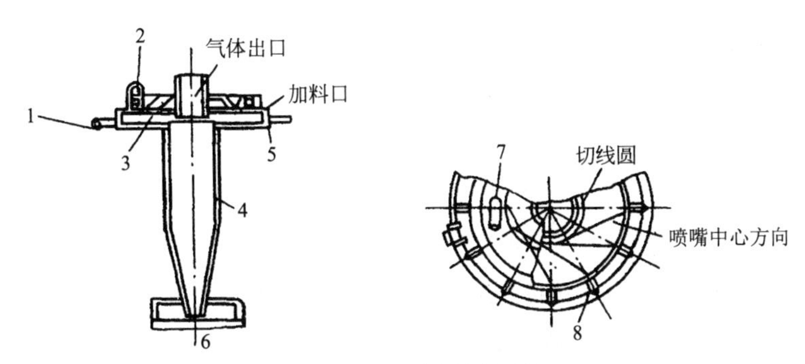

图 1.20　扁平式气流粉碎机

1—高压气体管；2—加料球管；3—粉碎室；4—收集室；5—喷射嘴；6—成品袋；7—加料吹嘴；8—喷嘴

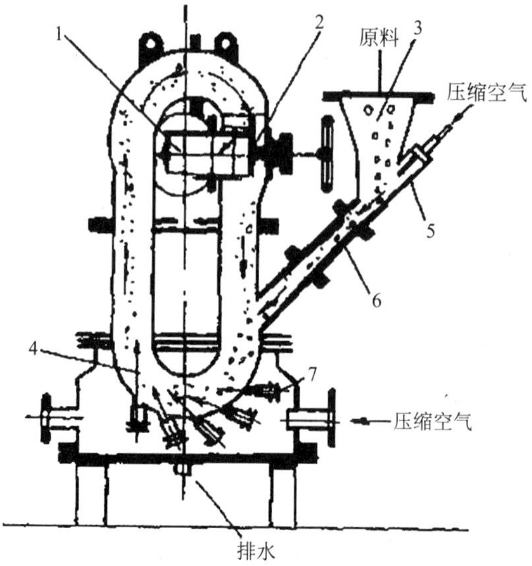

图 1.21　管道式气流粉碎机

1—出口；2—导叶（分级区）；3—进料管；4—粉碎腔；5—推料喷嘴；6—文丘里喷嘴；7—研磨喷嘴

影响气流粉碎的因素主要是粉料的物性和粉碎时的工艺参数。物料的硬度、脆性及进料粒度都直接影响粉碎的细度和产量。硬度很大的物料不易磨细，软而黏的物料容易堵塞加料喷管和粉碎室，也不易粉碎。进料粒度直接关系到出料的细度及产量。进气压力恒定时，提高加料速度会使产量提高，细度减小；反之，则会使产量降低，细度增大。表 1.28 是不同操作条件下颗粒的组成和比表面积（扁平式气流粉碎机）。

表 1.28　不同操作条件下颗粒的组成和比表面积（扁平式气流粉碎机）

物料名称	编号	操作条件		颗粒分布 /%								比表面积 /(m²/g)	从比表面积计算平均粒度 /μm
		气压 /MPa	加料速度 /(kg/h)	<1 μm	1～3 μm	3～6 μm	6～9 μm	9～15 μm	15～21 μm	总量	<6 μm		
煅烧氧化铝	1	0.54	3	30.5	50.9	13.2	2.8	1.6	1.0	100	94.6	6.3	0.24
	2	0.54	6	44.0	44.6	8.3	1.8	1.2	—	99.9	96.9	7.2	0.21
	3	0.54	9	47.0	47.0	11.2	1.4	0.6	0.4	100	97.6	5.2	0.29
	4	0.54	6	30.0	30.0	14.9	3.8	2.4	0.6	100.5	93.7	—	—

1.6.3.5 搅拌磨粉碎

搅拌磨又称为砂磨，研磨筒是用水冷却的固定筒，内装研磨球。作圆周运动的搅拌器对研磨介质和浆料做功，使球产生相当大的加速度冲击物料，物料既受到撞击力又受到剪切力的双重作用，因而研磨作用很强。

搅拌磨主要有间歇式、循环式和连续式三类（图 1.22）。

（1）间歇式搅拌磨　主要由带冷却套的研磨筒、搅拌装置和循环卸料装置等组成。冷却套内可通入不同温度的冷却介质，以控制研磨物料时的温度；研磨筒内壁及搅拌装置的外壁可根据应用场合的具体情况镶上不同的材料；循环卸料装置既可保证物料在研磨过程中不断循环，又可保证最终磨碎产物及时排出。

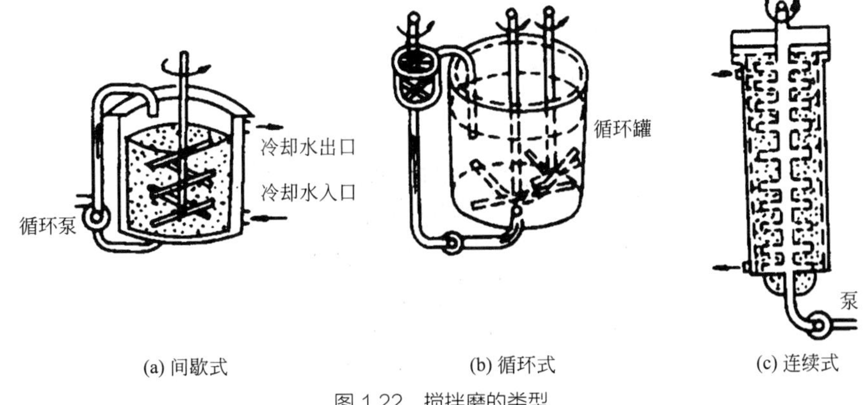

(a) 间歇式　　(b) 循环式　　(c) 连续式

图 1.22　搅拌磨的类型

（2）循环式搅拌磨　是由一台搅拌磨和一个大容积的循环罐组成，循环罐的容积为磨机研磨筒容积的 10 倍左右。这种搅拌磨的优点是可以用小规格的研磨设备，一次生产出质量均匀、粒度较窄的大批量的最终磨碎产品。

（3）连续式搅拌磨　研磨筒的上下两端装有格栅，磨碎产物的粒度通过调节给料速度而控制物料在研磨筒内的停留时间来保证。

搅拌磨主要以剪切、滚碾摩擦为主，故中轴转速、磨体直径（指球形）及数量对球磨效率有重要影响。磨球直径一般为 2 ～ 5mm，以 2 ～ 3mm 为佳。磨球数量比球磨、振磨要多。转速一般为 1000r/min。

搅拌磨的特点是：研磨时间短，效率高，是滚筒式的 10 倍；物料的分散性好，微米级的颗粒粒度非常均匀；能耗低，为滚筒式的 1/4；生产中易于监控，温控极好；对于研磨铁氧体磁性材料，可直接用金属研磨筒及钢球介质进行研磨。

1.6.3.6　胶体磨粉碎

胶体磨又称为分散磨，是利用固定磨子（定子）和高速旋转磨子（转子）的相对运动产生强烈的剪切、摩擦和冲击，使通过两磨体之间微小间隙的浆料被有效地粉碎、分散、混合、乳化、微粒化。

胶体磨由磨头部件、底座传动部件、电机三部分组成。同物料接触的部件全部采用优质不锈钢制成，动、静磨片是本机关键部件，根据被处理物料的性质不同，磨片的齿形有所区别，但材质均选用不锈工具钢制造。电机按胶体磨的需要特殊设计，并在电机凸缘端盖加装挡水盘，防止渗漏，其结构如图 1.23 所示。

相对于压力式均质机，胶体磨首先是一种离心式设备，优点是结构简单，设备保养、维护方便，适用于较高黏度物料以及较大的颗粒物料。其主要缺点也是由其结构决定的。首先，由于作离心运动，其流量是不恒定的，对于不同黏性的物料，其流量变化很大，例如处理黏稠的物料和稀薄的流体时，流量可相差 10 倍以上；其次，由于转子、定子和物料高速摩擦，故易产生较大的热量，使被处理物料变性；再次，表面容易磨损，而磨损后细化效果会显著下降。

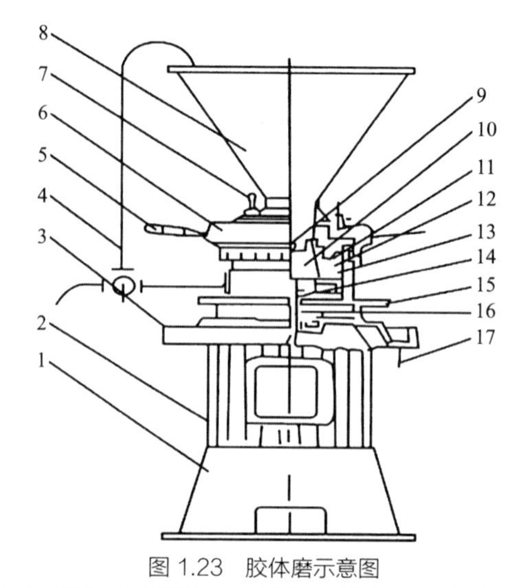

图 1.23　胶体磨示意图

1—底座；2—电机；3—端盖；4—循环管；5—手柄；6—调节环；7—接头；8—料斗；9—旋刀；
10—动磨片；11—静磨片；12—静磨片座；13—O 形圈；14—机械密封；15—壳体；16—组合密封；17—排漏管接头

1.6.3.7　高能球磨粉碎

高能球磨粉碎是通过球磨机的转动或振动使硬球对原料进行强烈的撞击、研磨和搅拌，能明显降低反应活化能、细化晶粒、增强粉体活性、提高烧结能力、诱发低温化学反应，最终把粉末粉碎为纳米级微粒。

（1）主要原理　其主要原理分为以下几个步骤。

① 晶粒细化。通过球磨过程以及反复碰撞和碾碎，使得放入的原始粉末逐渐变小直到纳米级别，随后粉末原子中表面产生一系列的键断裂，晶格产生缺陷，然后缺陷不断扩大化，在球磨罐中形成了一系列随时间增多的无序。这种对原有化学态的破坏使得系统本身为了寻求新的平衡而相互交换离子，从而搭配键能。表面或者蔓延到内部的运动会促进放入的不同原料相互侵入对方形成新稳定状态，随即发生化学反应，形成新化合物。

② 局部碰撞点升温。碰撞的瞬间会在碰撞处产生很大能量，这种瞬间的温度升高也会促进在该点产生化学作用，球磨罐中的总体温度一般不会超过 70℃，但是局部碰撞点的温度却要远高于 70℃。个别碰撞点的超高温度会帮助产生的缺陷进行扩散；帮助不同成分侵入对方；帮助原子之间重新组合；帮助键能重新组织。

③ 晶格松弛与结构裂解。机械力的持续作用会让原料中本身存在的晶格松弛，晶格内部原子的部分电子开始活跃，随后激发出高能量电子以及等离子区域，原有的完整结构被打破而裂解。对于球磨机激发出 10eV 的高能量是可行的，但是该能量在通常条件下加热到 1000℃以上都很难达到。所以说通过机械力作用有可能进行通常情况热化学所不能进行的反应。

（2）影响因素　高能球磨法所需设备少，工艺简单，但影响最终产品组成和性能的因素很多。

① 料球比。料球比是指球磨机内物料与研磨体质量之比，是影响球磨过程的重要参数。球的数量太少，撞击和研磨的次数都少，效率低；如果太多，影响了球与球之间的撞

击，不能充分发挥击碎作用。

球磨中球的大小直接影响球磨的效率，重量大的球，下落时，具有较大的撞击力，能够击碎大的颗粒。但是，球大则个数少，接触面积小，对粉料的研磨效率低；球小则个数多，接触面积大，对粉料的研磨效率高。因此，在实验中可以综合这两个因素，加入大小不同的球，找到最佳的配比，达到较好的球磨效果。

② 分散剂添加量。在快速球磨的过程中，粉体、小球和罐壁之间相互高速碰撞而产生的静电摩擦作用使得一些粉体粘在管壁和小球上，进而形成大的颗粒；加入的分散剂可以吸附在粉体的表面，起到降低表面活性的作用，削弱粉体聚集成团的能力。

③ 转速。球磨机转速越高，就会有越多的能量传递给研磨物料。但是并不是转速越高越好。这是因为，一方面，球磨机转速提高的同时，球磨介质的转速一定会提高，当达到某一临界值或以上时，磨球的离心力大于重力，球磨介质就紧贴于球磨容器内壁，磨球、粉料、磨筒处于相对静止的状态，此时球磨作用停止，球磨物料不产生任何冲击作用，不利于塑性变形和合金化进程；另一方面，转速过高会使球磨系统温度升高过快，有时是不利的，例如较高温度可能会导致球磨过程中需要形成的过饱和固溶体、非晶相或其他亚稳态的分解。

④ 研磨介质。高能球磨中一般采用不锈钢为球磨介质，为了避免球磨介质对样品的污染，在球磨一些易磨性较好的物料时，也采用瓷球。球磨介质要有适当的密度和尺寸，以便对物料产生足够的冲击，这些对球磨后的最终产物都有直接影响。

⑤ 球磨时间。球磨时间的长短直接影响着产物组分和纯度，球磨时间对粒度的影响也较明显。在开始阶段，随着时间的延长，粒度下降较快，但到一定时间以后，即使继续延长球磨时间，产品的粒度值下降幅度也很小。因此，在一定条件下，随着球磨的进程，颗粒尺寸也会逐渐减小，最终达到一个稳定的平衡状态，此时颗粒的尺寸不会再发生变化。但另一方面，球磨时间越长，造成的污染也就越严重，影响产物的纯度。

⑥ 球磨容器。球磨容器的材质及形状对球磨的结果有重要影响。在球磨过程中，球磨介质对球磨容器内壁的撞击和摩擦作用会使球磨容器内壁的部分材料脱落而进入球磨物料中造成污染。此外，球磨容器的形状也很重要，特别是内壁的形状设计，例如，异形腔，就是在磨腔内安装滑板和凸块，使得磨腔断面由圆形成为异形，从而提高介质的滑动速度并产生了向心加速度，增强介质间的摩擦作用，有利于合金化进程。

影响高能球磨法的因素还有球磨温度、球磨气氛、过程控制剂等。一般认为，温度影响晶体扩散速度，最终影响纳米材料的性能；球磨过程一般在真空或惰性气体的保护下进行，目的是为了防止气体环境产生的污染；过程控制剂的作用是防止粉末团聚，加快球磨进程，提高出粉率。常用的过程添加剂有硬脂酸、固体石蜡、液体乙醇和四氯化碳等。

1.6.3.8 助磨剂

助磨剂是指可以提高粉碎效率的物质。在相同的工艺条件下，添加少量助磨剂往往可使细碎效率成倍提高。球磨、振动、气流粉碎及其他机械细碎工艺都可以采用助磨剂。

助磨剂是具有表面活性的物质。它由亲水的极性基团（如羧基—COOH、羟基—OH

等）和憎水的非极性基团（如烃链）组成。由于这种结构使它们定向地吸附在颗粒界面上。通过湿润和吸附作用，使颗粒的表面能降低。而助磨剂进入粒子的微裂缝中，积蓄破坏应力，产生劈裂作用，从而提高研磨效率。根据红外光谱的测定结果说明，表面活性物质不仅吸附在黏土粒子的表面，而且部分深入到晶层之间的空间里。例如，加入 0.1% 表面活性物质的黏土，不同频率下红外吸收带的强度有不同程度的降低，表示相应高岭石晶格中的 O—H 键、氢键强度均减弱，因而容易磨碎。

应用助磨剂不仅能提高粉碎细度，提高磨机产量，还可以改善粉料的工艺性能。如提高粉料在水中或非极性介质中分散性，增大粉料的流动性和填充性。

广泛采用的是液体助磨剂，如醇类（甲醇、丙三醇）、胺类（三乙醇胺、二异丙醇胺）、油酸及有机酸的无机盐类（可溶性木质素磺酸钙、环烷酸钙）。一些气体（丙酮气体、惰性气体）及固体物质（六偏磷酸钠、硬脂酸钠或硬脂酸钙、硬脂酸、滑石粉）也可用作助磨剂。

选择助磨剂时，要考虑待粉碎物料的化学性质。一般来说，助磨剂与物料的润湿性越好，则助磨作用越大。当细碎酸性物料（如二氧化硅、二氧化钛、二氧化钴等）时，可选用碱性表面活性物质，如羧甲基纤维素、三羟乙基胺磷脂等；当细碎碱性物料（如钡、钙、镁的钛酸盐及镁酸盐、铝酸盐等）时，可选用酸性表面活性物质，如环烷基、脂肪酸及石蜡等。

1.6.4 化学法合成粉体

1.6.4.1 固相法

固相法就是以固态物质为出发原料，通过一定的物理与化学过程来制备陶瓷粉体的方法。作为固相反应，事实上包含有很多内容，如化合反应、分解反应、固溶反应、氧化还原反应、溶出反应以及相变等。实际工作中往往几种反应同时发生，并且反应生成物需要粉碎。本节仅侧重介绍如下几种反应。

（1）热分解反应法　热分解反应不仅仅限于固相，气体和液体也可以发生热分解反应，本节主要介绍固相热分解生成新固相的反应。分解反应基本形式（S 代表固相，G 代表气相）如下：

$$S_1 \longrightarrow S_2 + G_1 \tag{1.37}$$

很多金属的硫酸盐、硝酸盐等，都可以通过热分解反应法而获得氧化物粉末。如将硫酸铝铵［$Al_2(NH_4)_2(SO_4)_4 \cdot 24H_2O$］在空气中进行热分解，即可制备出 Al_2O_3 粉末。其反应式如下：

$$Al_2(NH_4)_2(SO_4)_4 \cdot 24H_2O \xrightarrow{约200℃} Al_2(SO_4)_3 \cdot (NH_4)_2SO_4 \cdot H_2O + 23H_2O\uparrow \tag{1.38}$$

$$Al_2(SO_4)_3 \cdot (NH_4)_2SO_4 \cdot H_2O \xrightarrow{500\sim600℃} Al_2(SO_4)_3 + 2NH_3\uparrow + SO_3\uparrow + 2H_2O\uparrow \tag{1.39}$$

$$Al_2(SO_4)_3 \xrightarrow{800\sim900℃} \gamma\text{-}Al_2O_3 + 3SO_3\uparrow \tag{1.40}$$

$$\gamma\text{-}Al_2O_3 \xrightarrow{1300℃} \alpha\text{-}Al_2O_3 \tag{1.41}$$

还有，某些氢氧化物通过热分解也可以获得氧化物粉末。如氢氧化锆是锆化学制品的重要中间产品，其热分解产物二氧化锆微粉是现代工业和技术领域中的一种重要原材料，广泛地应用于电子陶瓷制品、日用陶瓷、玻璃以及耐火材料等。其反应式如下：

$$Zr(OH)_4 \longrightarrow ZrO_2 + 2H_2O \tag{1.42}$$

日用陶瓷在烧成过程中坯料含有的碳酸盐在一定的温度和气氛下发生热分解反应。其分解温度范围取决于碳酸盐矿物的结晶完整程度、气氛以及升温速度。其反应式如下：

$$CaCO_3 \longrightarrow CaO + CO_2\uparrow \tag{1.43}$$

$$MgCO_3 \longrightarrow MgO + CO_2\uparrow \tag{1.44}$$

（2）化合反应法　化合反应法是指两种或者两种以上的粉末，经混合后在一定的热力学条件和气氛下反应而成为复合物粉末，有时也伴有一些气体逸出。化合反应法一般具有以下反应式：

$$A(s) + B(s) \longrightarrow C(s) + D(g) \tag{1.45}$$

钛酸钡粉末的合成就是典型的固相化合反应。等物质的量的钡盐 $BaCO_3$ 和二氧化钛混合物粉末在一定条件下发生如下反应：

$$BaCO_3(s) + TiO_2(s) \longrightarrow BaTiO_3(s) + CO_2(g) \tag{1.46}$$

该固相化学反应在空气中加热进行，生成用于制作 PTC 的钛酸钡盐，放出二氧化碳。但是，该固相化合反应的温度控制必须得当，否则得不到理想的粉末状钛酸钡。

采用这种方法还可以生产诸如尖晶石粉末和莫来石粉末，其反应式如下：

$$Al_2O_3 + MgO \longrightarrow MgAl_2O_4 \tag{1.47}$$

$$3Al_2O_3 + 2SiO_2 \longrightarrow 3Al_2O_3 \cdot 2SiO_2 \tag{1.48}$$

（3）氧化物还原法　非氧化物特种陶瓷的原料粉末多采用氧化物还原法制备。或者还原碳化，或者还原氮化。如 SiC、Si_3N_4 等粉末的制备。例如 SiC 粉末的制备，将 SiO_2 与炭粉混合，在 1460 ～ 1600℃的加热条件下，逐步还原碳化。又如 Si_3N_4 粉末的制备，在 N_2 条件下，通过 SiO_2 与 C 的还原氮化。反应温度在 1600℃附近。将氧化铝与活性炭按一定比例混合，以蒸馏水为混合介质，以玛瑙球为研磨体，在高性能行星磨中混合。将得到的浆料放入约 100℃的烘箱中烘干成块，置于多孔石墨坩埚中。放入真空电阻炉，控制一定的氮气流量，维持炉内流动氮气气氛，以约 15℃/min 的升温速度升至 1600 ～ 1750℃进行合成反应，保温 2 ～ 6h。反应时炉内保持微正压，反应结束后产物随炉体冷却。反应产物在 600 ～ 700℃的空气中进行氧化除碳 2h。化学反应过程见 1.5.2 和 1.5.3。

（4）自蔓延高温合成法　自蔓延高温合成技术（SHS），是指依靠反应自身化学能放热来合成材料的新技术，即对放热反应的反应物来说，经外加热源的点火而启动反应，从而放出热量可维持反应自动进行，形成燃烧波向下或向前传播，经燃烧波通过后，反应物就形成产物。SHS具有反应温度高、反应迅速、不需要外界提供能源等优点，是一种经济、高效的无机难熔材料的合成方法。

SHS过程的本质是伴有剧烈放热（$\Delta H \ll 0$）的物理化学反应过程，而且一旦点火就再不要外部能量而使反应自持。考虑到合成反应是高放热反应，并且反应在极短时间内（如2～3s）达到非常高的温度，热量向四周空间传播的时间很短，可将系统看作绝热系统。可以认为，此时反应体系没有能量和质量损失，反应放出的热全部用来使这一绝热体系升温，而达到最高温度——绝热温度T_d。

SHS技术制备粉末可概括为以下两大类。

① 单质合成。如果反应中既无气相反应物也无气相产物，则称为无气相燃烧。如果反应在固相和气相混杂系统中进行，则称为气相渗透燃烧，主要用来制造氮化物和氢化物，例如以下反应就属于这类合成方法：

$$2Ti + N_2 \longrightarrow 2TiN \tag{1.49}$$

$$3Si + 2N_2 \longrightarrow Si_3N_4 \tag{1.50}$$

如果金属粉末与S、Se、Te、P、液化气体（如液氮）的混合物进行燃烧，由于系统中含有高挥发组分，气体从坯块中逸出，从而称为气体逸出合成。

② 化合物合成。用金属或非金属氧化物为氧化剂、活性金属为还原剂（如Al、Mg等）的反应即为两例。

复杂氧化物的合成是SHS技术的重要成就之一。例如，高T_c超导化合物的合成可写为：

$$3Cu + 2BaO_2 + \frac{1}{2}Y_2O_3 + \frac{3-2x}{2}O_2 \longrightarrow YBa_2Cu_3O_{7-x} \tag{1.51}$$

（5）爆炸法　爆炸法是利用瞬间的高温高压反应制备微粉的方法，是一种连续粉体制备工艺。爆炸法所合成的材料既包括尺寸巨大的金属复合板，也包括各种微细至纳米尺寸的材料。

例如采用爆炸法合成金刚石，其炸药爆炸是在一个密闭的爆炸容器中进行，如图1.24所示。容器中需要加入适当的冷却剂和保护剂，以加速爆炸产物的冷却和防止金刚石被空气氧化。用水为冷却剂和保护剂，效果比较好。将炸药和雷管放入爆炸容器中，关闭容器盖后引爆炸药。爆炸结束后，将生成的黑色固体产物取出，即可得到作为半成品的黑色粉末。

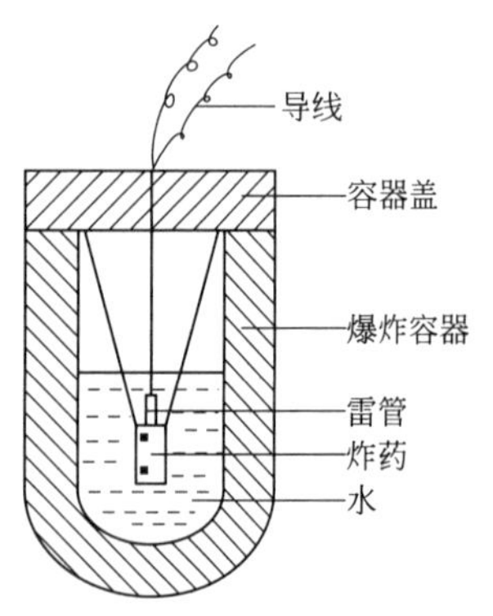

图1.24　合成金刚石的爆炸容器示意图

这种黑色粉末中含有金刚石（含量为20%～50%），另外还含有非金刚石碳和一些杂质，人们习惯地称之为“黑粉”。用适当的氧化性酸处理这种黑粉，除去非金刚石碳和各种杂质，即可得到纯度约为95%、浅灰色的纳米金刚石粉。

1.6.4.2 液相法

液相法也称为湿化学法或溶液法。液相法是指参与反应的初始成分（包括各种无机盐类及相关的溶剂、溶液）以液相的方式存在，在一定实验条件下，各种液相反应物间相互作用，最终获得所需无机非金属材料的一种方法。液相法的特点是原料中各组分以高度分散的原子、分子级状态混合，故合成产物成分均匀，结构一致，细度大，合成温度低，粉料活性高。此外，在液相反应中，原料纯度和配比容易控制，可以得到化学计量的高纯度粉料。

液相法制备超细粉料的工艺过程如图 1.25 所示。

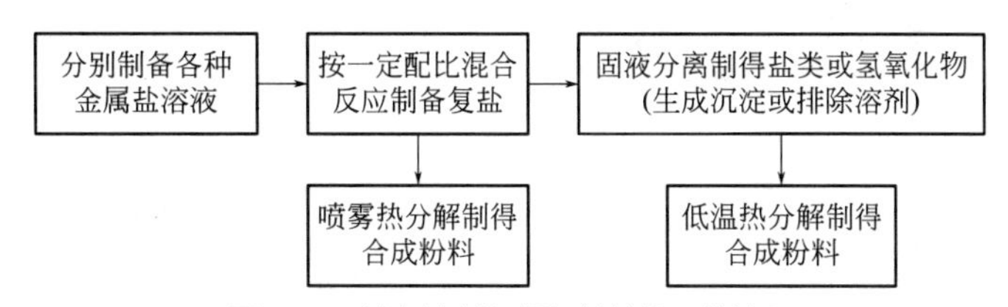

图 1.25 液相法制备超细粉料的工艺过程

（1）沉淀法 沉淀法能很好地控制组成，合成多元复合氧化物粉末，很方便地添加微量成分，得到很好的均匀混合。主要分为直接沉淀法、均匀沉淀法和共沉淀法。

① 直接沉淀法。通常的沉淀法是在溶液中加入沉淀剂，反应后所得到的沉淀物经洗涤、干燥、热分解而获得所需的氧化物微粉。例如以分析纯硝酸锌和硫酸锌为锌源，以分析纯碳酸钠、碳酸铵、氨水和氢氧化钠为沉淀剂。先将锌盐和沉淀剂分别用蒸馏水配制成一定浓度的溶液，然后进行滴定。将滴定后得到的沉淀物多次用水洗涤、过滤、烘干得到前驱体。将前驱体在 300℃煅烧 2h，得到不同形貌和尺寸的纳米氧化锌，其透射电镜照片如图 1.26 所示。

当然，也可仅通过沉淀操作就直接获得所需要的氧化物。如将 $Ba(OC_3H_7)_2$ 和 $Ti(OC_5H_{11})_4$ 溶解在异丙醇或苯中，加水分解（水解），就能得到颗粒直径为 5 ～ 15nm（凝聚体的大小小于 1μm）、结晶性较好、化学计量的 $BaTiO_3$ 微粉。或者在 $Ba(OH)_2$ 水溶液中滴入 $Ti(OR)_4$（R 为丙基）后也能得到高纯度、平均颗粒直径在 10nm 左右、化学计量的 $BaTiO_3$ 微粉。

② 均匀沉淀法。为了克服直接沉淀法的缺点，可以改变沉淀剂的加入方式，不是从外部加入，而是在溶液内部缓慢均匀生成，从而消除沉淀剂的不均匀性，这种沉淀方法就是均匀沉淀法。其特点是不外加沉淀剂，而是使溶液内生成沉淀剂。

在金属盐溶液中加入沉淀剂溶液时，即使沉淀剂的含量很低，不断搅拌，沉淀剂的浓度在局部溶液中也会变得很高。相比较而言，均匀沉淀法是使沉淀剂在溶液内缓慢地生成，消除了沉淀剂的局部不均匀性。

例如将尿素水溶液加热到 70℃左右，就发生水解反应：

$$(NH_2)_2CO + 3H_2O \longrightarrow 2NH_4OH + CO_2 \uparrow \quad (1.52)$$

在内部生成沉淀剂 NH_4OH，并立即将生成的沉淀剂消耗掉，由此生成的沉淀剂在金属盐的溶液中分布均匀，所以其浓度经常保持在很低的状态。

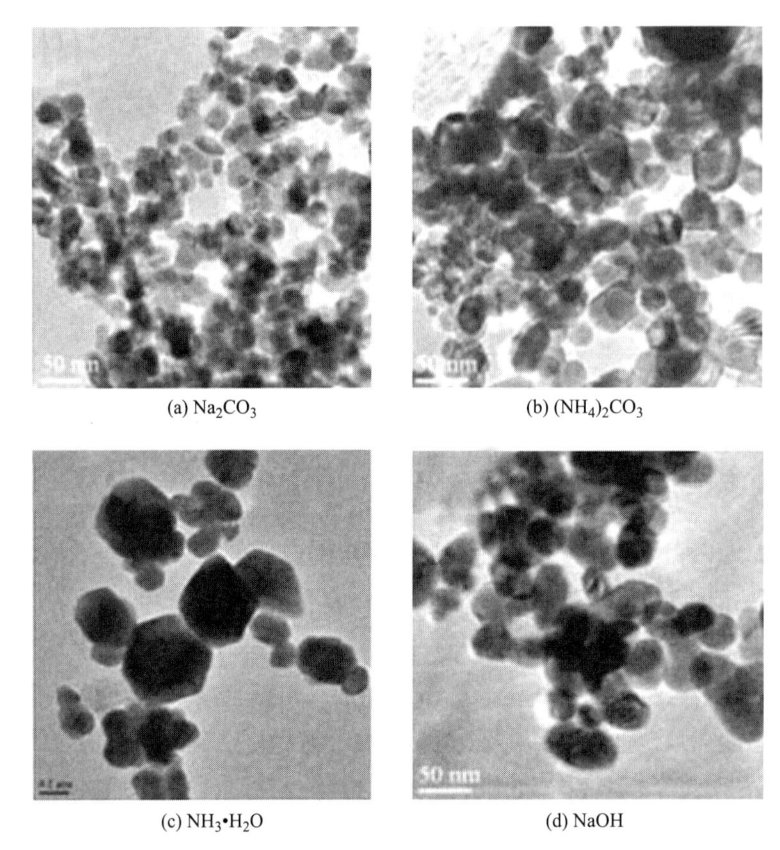

(a) Na_2CO_3　(b) $(NH_4)_2CO_3$

(c) $NH_3{\cdot}H_2O$　(d) NaOH

图 1.26　不同沉淀剂制备的纳米氧化锌 TEM 照片

除尿素水解后能与 Fe、Al、Sn、Ga、Th、Zr 等生成氢氧化物或碱式盐沉淀外，利用这种方法还能制备磷酸盐、草酸盐、硫酸盐、碳酸盐的均匀沉淀。

③ 共沉淀法。共沉淀法是在混合的金属盐溶液中添加沉淀剂，即得到各种成分混合均匀的沉淀，然后进行热分解的方法。含多种阳离子的溶液中加入沉淀剂后，所有离子完全沉淀的方法称为共沉淀法。它又可分为单相共沉淀和混合物共沉淀。

a. 单相共沉淀。沉淀物为单一化合物或单相固溶体时，称为单相共沉淀，又称为化合物沉淀法。例如，在 $BaCl_2$ 和 $TiCl_4$ 的混合水溶液中，采用滴入草酸的方法沉淀出以原子尺度混合的 $BaTiO(C_2O_4)_2 \cdot 4H_2O$（Ba 与 Ti 之比为 1）。$BaTiO(C_2O_4)_2 \cdot 4H_2O$ 经热分解后，就得到具有化学计量组成且烧结性良好的 $BaTiO_3$ 粉体。采用类似的方法，能制得固溶体的前驱体 $(Ba,Sr)TiO(C_2O_4)_2 \cdot 4H_2O$ 及各种铁氧体和钛酸盐。

b. 混合物共沉淀。共沉淀法是在混合的金属盐溶液（含有两种或两种以上的金属离子）中加入合适的沉淀剂，反应生成组成均匀的沉淀，沉淀热分解得到高纯超微粉体材料。

共沉淀法的关键在于保证沉淀物在原子或分子尺度上均匀混合。

例如四方氧化锆或全稳定立方氧化锆的共沉淀制备。以 $ZrOCl_2{\cdot}8H_2O$ 和 Y_2O_3（化学纯）为原料来制备 ZrO_2-Y_2O_3 的纳米粉体的过程如下：Y_2O_3 用盐酸溶解得到 YCl_3，然后将

$ZrOCl_2 \cdot 8H_2O$ 和 YCl_3 配制成一定浓度的混合溶液，在其中加入 NH_4OH 后便有 $Zr(OH)_4$ 和 $Y(OH)_3$ 的沉淀粒子缓慢形成。反应式如下：

$$ZrOCl_2 + 2NH_4OH + H_2O \longrightarrow Zr(OH)_4\downarrow + 2NH_4Cl \tag{1.53}$$

$$YCl_3 + 3NH_4OH \longrightarrow Y(OH)_3\downarrow + 3NH_4Cl \tag{1.54}$$

得到的氢氧化物共沉淀物经洗涤、脱水、煅烧可得到具有很好烧结活性的 $ZrO_2(Y_2O_3)$ 微粒。

混合物共沉淀过程是非常复杂的，溶液中不同种类的阳离子不能同时沉淀，各种离子沉淀的先后顺序与溶液的 pH 值密切相关。

（2）溶胶－凝胶法　溶胶－凝胶法是指用金属的有机或无机化合物，经过溶液、溶胶、凝胶过程，接着在溶胶或凝胶状态下成型，再经干燥和热处理等工艺流程制成纳米级粉体。

同传统的固相反应合成及固相烧结法比较，该方法具有下列几个显著的优点及独特的技术特点。

① 高度化学均匀性。通过各种反应物溶液的混合，很容易获得需要的均相多组分体系（0.5nm 尺寸内达到化学均匀），同传统使用的 5 ～ 50μm 粉末的混合物的均匀度比较，提高 10^4 ～ 10^5 倍。

② 较低合成及烧结温度。溶胶－凝胶粉末合成以及烧结温度比传统粉末一般低 50 ～ 500℃。同时也正因为材料制备所需温度大幅度降低，从而能在较温和的条件下合成出陶瓷、玻璃、纳米复合材料等功能材料。

③ 高化学纯度。由于溶胶－凝胶一般采用可溶性金属化合物作为溶胶的前驱体，可通过蒸发及再结晶等方法纯化原料，而且溶胶－凝胶过程能在低温下可控制地进行，可避免在高温下对反应容器的污染等问题，因此，能保证产品纯度。

当然，溶胶－凝胶法也存在一些不足之处：原料成本较高，特别是有机醇盐，成本更高；处理过程的时间长，常需几天或几周；制品对环境质量（如结晶度）要求高；制品易产生开裂；若烧结不完善，制品中会残留细孔及 C，使制品发黑。

按照溶胶制备的途径不同可分为金属有机醇盐的溶胶－凝胶法和无机盐为原料的溶胶－凝胶法。

金属有机醇盐溶胶－凝胶原理是通过水解与一定程度的缩聚反应形成溶胶，再经进一步缩聚而得到凝胶。其反应步骤如下。

水解反应：

$$M(OR)_n + xH_2O \longrightarrow M(OH)_x + nROH \tag{1.55}$$

$$M(OR)_n + xH_2O \longrightarrow M(OH)_x(OR)_{n-x} + xROH \tag{1.56}$$

缩聚反应：

$$—M—OH + HO—M \longrightarrow —M—O—M— + H_2O \tag{1.57}$$

$$—M—OR + HO—M \longrightarrow —M—O—M— + ROH \quad (1.58)$$

总反应：

$$M(OR)_n + xH_2O \longrightarrow M(OH)_x(OR)_{n-x} + xROH \quad (1.59)$$

以无机盐为原料的溶胶－凝胶法是首先获得溶胶的前驱体溶液，再经水解来制得。其水解反应式如下：

$$M^{n+} + nH_2O \longrightarrow M(OH)_n + nH^+ \quad (1.60)$$

通过向溶液中加入碱液，可使水解反应不断向正方向进行，逐渐形成 $M(OH)_n$ 沉淀，然后将沉淀物充分水洗、过滤，再将其分散于强酸溶液，进而制备成溶胶前驱体溶液，并添加相应的稳定剂可得到溶胶，最后再经脱水处理制备凝胶。

（3）溶剂蒸发法　沉淀法存在下列几个问题：生成的沉淀呈凝胶状，很难进行水洗和过滤；沉淀剂（NaOH、KOH）作为杂质混入粉料中，如采用可以分解、消除的 NH_4OH、$(NH_4)_2CO_3$ 作沉淀剂，Cu^{2+}、Ni^{2+} 会形成可溶性络离子；沉淀过程中各成分可能分离；在水洗时一部分沉淀物再溶解。

为解决这些问题，研究了不用沉淀剂的溶剂蒸发法，其具体过程如图 1.27 所示。

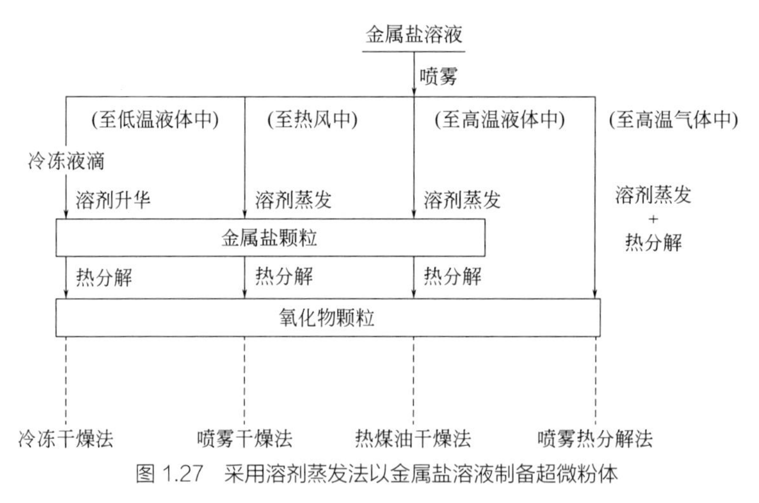

图 1.27　采用溶剂蒸发法以金属盐溶液制备超微粉体

① 冷冻干燥法。冷冻干燥法就是将金属盐的溶液雾化成微小液滴，并快速冻结成固体。然后低温减压使冻结液体中的水升华，形成溶质的无水盐，经焙烧合成超微粒子粉体。主要包括冻结、干燥、焙烧三个过程。

冷冻干燥法具有一系列突出的优点：生产批量大，操作简单，特别有利于高纯陶瓷材料的制备；能在溶液状态下获得组分的均匀混合，适合于微量元素的添加；制得的超细粉体粒径一般在 1 ～ 50μm 范围内，表面活性好，比表面积高。

② 喷雾干燥法。喷雾干燥法就是将溶液分散成小液滴喷入热风中，使之迅速干燥的方法。在干燥室内，用喷雾器把混合的盐（如硫酸盐）水溶液雾化成 10 ～ 20μm 或更细的球状液滴，这些液滴在经过燃料燃烧产生的热气体时被快速干燥，得到类似中空球的圆粒粉料，并且成分保持不变。其工艺流程简图如图 1.28 所示。

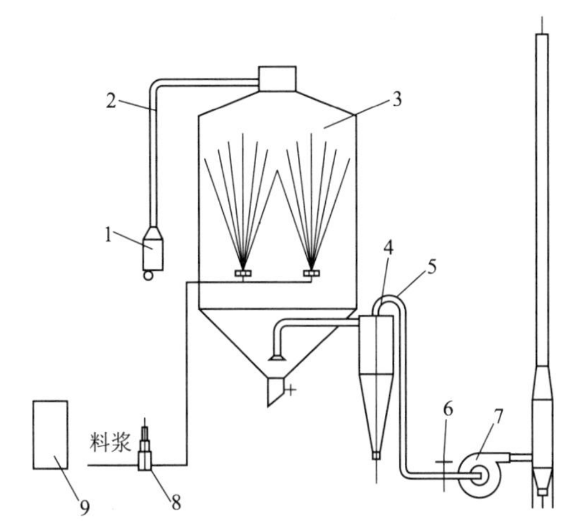

图 1.28 喷雾干燥工艺流程简图

1—热风炉；2—热风管道；3—喷雾塔；4—除尘系统；
5—排风管道；6—排风阀；7—排风机；8—增压泵；9—控制系统

与固相反应法相比，用这种方法制得的 Al_2O_3 和铁氧体粉料等，经成型、烧结后所得的烧结体的晶粒较细。

③ 喷雾热分解法。喷雾热分解法是一种将金属盐溶液喷入高温气氛中，立即引起溶剂的蒸发和金属盐的热分解，从而直接合成氧化物粉料的方法。表 1.29 列出采用喷雾热分解法合成复合氧化物的典型例子。喷雾热分解法和上述喷雾干燥法适合于连续操作，所以生产能力很强。

表 1.29 采用喷雾热分解法合成复合氧化物的典型例子

氧化物	原料（盐类）	颗粒形状	颗粒直径 /μm	
			平均	范围
$CoAl_2O_4$	硫酸盐	片状	最大为 9	最大为 9
$Cu_2Cr_2O_4$	硝酸盐	球状	0.07	0.015 ～ 0.12
$PbCrO_4$	硝酸盐	球状	0.22	0.15 ～ 0.4
$MgFe_2O_4$	氯化物	球状	0.07	0.015 ～ 0.18
$(Mg,Mn)Fe_2O_4$	氯化物	球状	0.09	0.02 ～ 0.25
$MnFe_2O_4$	氯化物	球状	0.05	0.02 ～ 0.16
$(Mn,Zn)Fe_2O_4$	氯化物	球状	0.05	0.02 ～ 0.2
$(Ni,Zn)Fe_2O_4$	氯化物	六角形	0.05	0.02 ～ 0.15
$ZnFe_2O_4$	氯化物	六角形	0.12	0.015 ～ 0.18
$BaO \cdot 6Fe_2O_4$	氯化物	六角形	0.075	0.02 ～ 0.18
$BaTiO_3$	乙酸盐	球状	0.4	0.2 ～ 1.3
	乳酸盐	球状、立方体	1.2	0.07 ～ 3.5

（4）水（溶剂）热法　水热法是指在高压釜里的高温、高压反应环境中，采用水作为反应介质，使得通常难溶或不溶的物质溶解，反应还可进行重结晶。水热技术具有两个特点：一是其相对较低的温度；二是在密闭容器中进行，避免了组分挥发。

水热条件下晶体生长主要有以下步骤。

① 反应物在水热介质里溶解，以离子和分子团的形式进入溶液。

② 利用强烈对流（因釜内上下部分的温度差而在釜内溶液产生）将这些离子、分子或离子团输运到放有籽晶的生长区即低温区形成过饱和溶液。

③ 离子、分子或离子团在生长界面上的吸附、分解与脱附。

④ 物质在界面上的运动。

⑤ 溶解物质的结晶。

水热法最明显的缺陷就是该法往往只适用于氧化物功能材料或少数一些对水不敏感的硫属化合物的制备与处理，而对其他一些对水敏感（与水反应、水解、分解或不稳定）的化合物如Ⅲ－Ⅴ族半导体、碳化物、新型磷（砷）酸盐分子筛三维骨架结构材料的制备与处理就不太适用。对反应容器要求很高，除耐高温、高压外，还必须不与水和系统介质发生化学作用。

溶剂热法是在水热法的基础上发展起来的一种新的材料制备方法，将水热法中的水换成有机溶剂或非水溶媒（例如有机胺、醇、氨、四氯化碳或苯等），采用类似于水热法的原理，以制备在水溶液中无法长成，易氧化、易水解或对水敏感的材料。

同时非水溶剂本身的一些特性，如极性或非极性、配位性、热稳定性等，为从反应热力学、动力学的角度去认识化学反应的实质与晶体生长的特性，提供了研究线索，并有可能实现其他手段难以获取的某些物相（如亚稳相）。

水热法和溶剂热法的特点如下。

① 由于在水热与溶剂热条件下反应物反应性能的改变、活性的提高，水热与溶剂热合成方法有可能代替固相反应以及难以进行的合成反应，并产生一系列新的合成方法。

② 由于在水热与溶剂热条件下中间态、介稳态以及特殊物相易于生成，因此能合成与开发一系列特种介稳结构、特种凝聚态的新合成产物。

③ 水热与溶剂热的低温、等压、溶液条件，有利于生长极少缺陷、取向好、完美的晶体，且合成产物结晶度高以及易于控制产物晶体的粒度。

④ 由于易于调节水热与溶剂热条件下的环境气氛，因而有利于低价态、中间价态与特殊价态化合物的生成，并能均匀地进行掺杂。

1.6.4.3 气相法

气相法是直接利用气体或者通过各种手段将原料变成气体，使之在气体状态下发生各种物理化学反应，最后在冷却过程中凝聚长大形成陶瓷粉体。气相法又大致可分为气体冷凝法、化学气相沉积法和溅射法等。

（1）气体冷凝法　气体冷凝法是采用物理方法制备微粉的典型方法，是在低压的氩气、氮气等惰性气体中加热金属，使其蒸发后形成超微粒子或者纳米粒子。加热源一般采用电阻加热法、等离子体喷射法、高频感应法、电子束法、激光法等。特别适合于制备由固相法和液相法难以合成的非氧化物微粉，粉体纯度高，结晶组织好，粒度可控，分散性好。其制备纳米微粒模型图如图 1.29 所示。

气体冷凝法的整个过程一般是在高真空室内进行，其步骤如下。

① 抽真空（0.1Pa 以上），充入低压的惰性气体（He 或 Ar）。

② 加热欲蒸发的物质，产生原物质烟雾。

③ 原物质的原子与惰性气体原子碰撞而冷却，在原物质蒸气中造成很高的局域过饱和，导致均匀的成核过程。

④ 成核后首先形成原子簇，最终形成纳米微粒。

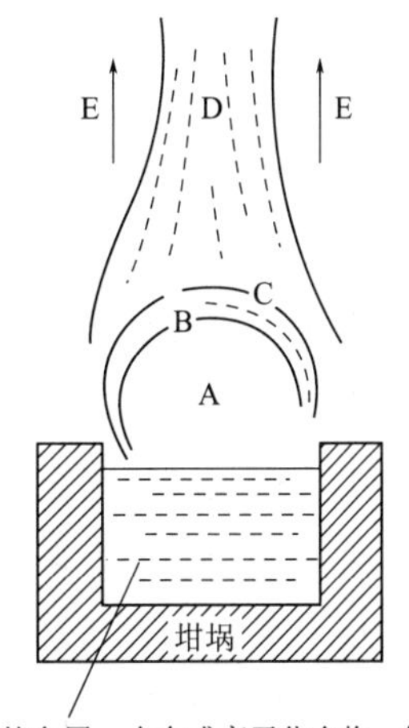

图 1.29 气体冷凝法制备纳米微粒模型图

A—蒸气；B—刚诞生的超微粒子；C—成长的超微粒子；D—连成链状的超微粒子；E—惰性气体（He、Ar 等）

气体冷凝法所制备的纳米粒子表面清洁、粒度分布窄、粒度容易控制，可通过调节加热温度、压力和气氛等参数进行调控，但是结晶形状难以控制，生产效率低。

（2）化学气相沉积法　化学气相沉积法是指在远高于临界反应温度的条件下，通过化学反应，使反应产物蒸气形成很高的过饱和蒸气压，自动凝聚形成大量的晶核，这些晶核不断长大，聚集成颗粒，随着气流进入低温区，最终在收集室内得到纳米粉体。

化学气相沉积制粉主要包括以下几个步骤。

① 化学反应。通过物质之间的化学反应，得到粉末产品的前驱体，并使之达到后续成核过程所需的过饱和度。

② 粉末颗粒的形核。高温蒸发、低温冷凝有助于形成单分散粉体材料。

③ 晶核生长。通过表面反应与扩散机制使晶核长大。

④ 颗粒凝并与聚结。气相中形成的单体核、分子簇和初级粒子在布朗运动作用下发生碰撞，凝并与聚结为最终颗粒。

化学气相沉积法制备得到的颗粒均匀，纯度高，粒度小，分散性好，化学反应活性高，工艺尺寸可控和过程连续。可通过对浓度、流速、温度、组成配比和工艺条件的控制，实现对粉体组成、形貌、尺寸、晶相的控制。

（3）溅射法　溅射法是通过两电极间的辉光放电使氩气电离成离子，在电场的作用下氩离子冲击阴极靶材表面，使靶材原子从其表面蒸发出来形成超微粒子，并在附着面上沉积下来，最后用刀刮的办法来收集超微粒子的方法。粒子的大小及尺寸分布主要取决于两电极间的电压、电流和气体压力。靶材的表面积越大，原子的蒸发速度越高，超细微粒的获得量就越多。

溅射法制备纳米微粒的优点是可制备多种纳米金属，包括高熔点和低熔点的金属，而常规的热蒸发只能适用于低熔点金属。溅射法还能制备多组元的化合物纳米微粒，如 $Al_{52}Ti_{48}$、$Cu_{91}Mn_9$ 及 ZrO_2 等。通过加大被溅射的阴极表面可提高纳米微粒的获得量。

思考题

1-1 按照工艺特性的不同，陶瓷原料一般分为哪三类？并举例说明。
1-2 简述黏土的种类及在陶瓷生产中的作用。
1-3 黏土化学组成如何？可能有哪些矿物种类？
1-4 一次黏土（原生黏土）和二次黏土（沉积黏土）各有什么特点？
1-5 黏土的可塑性与哪些因素有关？为什么生产中常用不同的黏土原料进行配料？
1-6 石英有哪些晶型？晶型转化在陶瓷生产中有什么指导意义？
1-7 简述石英在陶瓷生产中的作用。
1-8 长石的熔融特性对于陶瓷生产有什么意义？
1-9 为什么长石矿物没有一定的熔点？而是在一个温度范围内熔融？
1-10 简述长石在陶瓷生产中的作用。
1-11 水的性质对坯料性能及制品性能都有哪些影响？
1-12 原料的精选通常有哪几种方法？生产中如何选择？
1-13 氧化铝、氧化锆、石英、滑石原料预烧的目的各是什么？
1-14 陶瓷原料为什么要进行除铁处理？
1-15 原料粉碎有哪些工艺过程？
1-16 影响球磨机、搅拌磨、高能球磨（行星磨）研磨效率的因素有哪些？
1-17 助磨剂在研磨过程中作用机理是什么？
1-18 化学合成超细粉体有哪几种方法？
1-19 如何控制液相法合成超细粉体的形貌？
1-20 如何控制纳米粉体的团聚？
1-21 如何控制共沉淀复合粉体的均匀性？
1-22 化学气相沉积法如何实现粉体颗粒尺寸的控制？

坯料及其制备

陶瓷的种类繁多，它们的组成各不相同。普通陶瓷是指以黏土等天然矿物原料配制的烧结体，是典型的硅酸盐材料之一。根据其使用的要求，各类普通陶瓷坯体的组成又各有其特点。新型陶瓷材料与产品，其组成已离开硅酸盐的范畴，多数用化工原料配制，并采用一些新技术、新工艺对坯料进行加工。这类特种陶瓷产品分别利用材料某方面的物理与化学特性，因而其组成类型更多，差异更大。

下面介绍一些主要的陶瓷品种，扼要说明其组成特点，为确定坯体的组成提供基础。

2.1 坯料的类型

2.1.1 瓷器坯料

2.1.1.1 长石质瓷

长石质瓷是目前国内外陶瓷工业所普遍采用的一种瓷质。它是以长石作为助熔剂的“长石－高岭土－石英”三组分系统瓷。这种瓷利用长石在较低的温度下熔融形成高黏度的液相的特性，以长石、石英、高岭土为主要原料，按一定比例配合成坯料，再在一定的温度范围内烧结成瓷。长石瓷的组成位于 K_2O-Al_2O_3-SiO_2 相图的右上角莫来石稳定区域（图 2.1），并在莫来石（*M* 点）与低共熔点（*E* 点）的连线两侧。当烧成温度在 1450℃以下时，该区域内的相成分是：莫来石 10% ～ 20%, 残余石英 8% ～ 12%，半安定方石英 6% ～ 10%，玻璃相 50% ～ 60%。

我国生产的长石质日用瓷化学组成范围为：SiO_2 65% ～ 75%，$Al_2O_3$19% ～ 25%，R_2O + RO 6.5%（K_2O + Na_2O 一般不低于 2.5%）。但是瓷的化学组成不是固定不变的，它与烧成温度有着密切的关系，二者相互制约。烧成温度高的瓷，组成中铝含量高，硅含量相应少一些，如欧美瓷；而烧成温度低的瓷则铝含量少，而硅含量多一些，如我国及日本瓷。

各种氧化物在陶瓷中的作用如下。

（1）SiO_2　是陶瓷中的主要成分，以残余石英、半安定方石英或熔融石英存在，对陶瓷的强度和其他性能有直接影响，但如果含量过高则使其抗热震稳定性恶化。

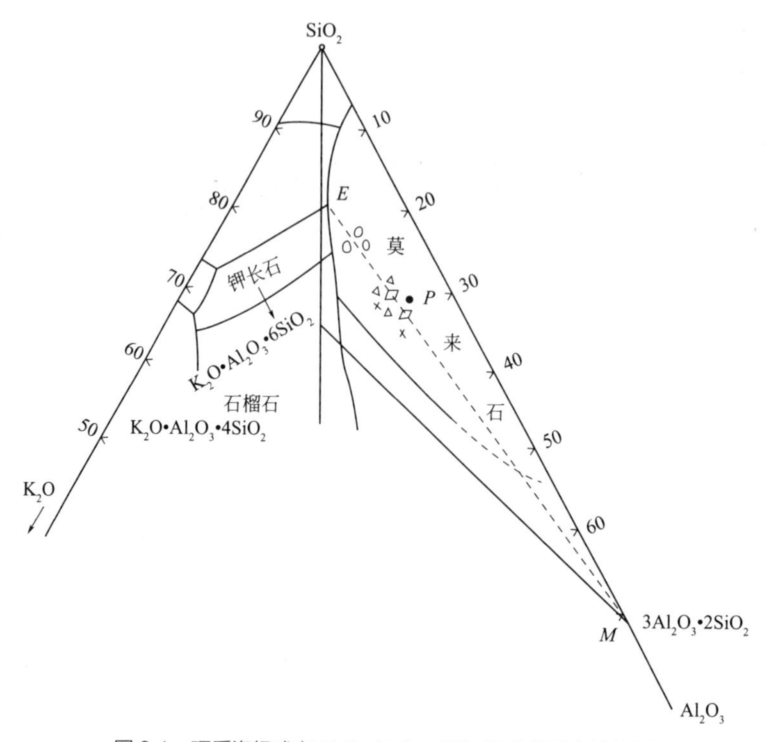

图 2.1 硬质瓷组成在 K_2O-Al_2O_3-SiO_2 系统相图中的位置

P—传统瓷器（50∶25∶25）成分点；∘—我国北方日用瓷；△—我国南方日用瓷；▱—德国长石瓷；×—日本长石瓷

（2）Al_2O_3　是陶瓷中的主要成分，以莫来石和玻璃相存在，可提高陶瓷的热稳定性和化学稳定性，提高陶瓷的力学性能和白度，但含量高会提高烧结温度，含量低时则瓷坯易熔和易变形。

（3）碱土金属和碱金属　是陶瓷中的主要熔剂，但碱土金属多时可相对地提高瓷的热稳定性和力学性能，提高瓷的白度和透明度，改进瓷的色调，减弱着色氧化物的不良影响。

（4）Fe_2O_3 和 TiO_2　是瓷中的着色氧化物，使瓷呈色不良而影响其外观品质。

2.1.1.2 绢云母质瓷

绢云母质瓷是我国传统瓷质之一。它是以绢云母为熔剂的“绢云母－石英－高岭土”系统瓷。在我国南方一些省区，尤其江西景德镇地区，广为生产，是中国瓷的典型代表。这种瓷利用瓷石中所含绢云母的特性及其熔融后形成高黏度玻璃的性质，并利用其本身已经含有石英的特点，另外加入高岭土按一定比例组合成坯料，在一定温度范围内烧结成瓷。它的相成分为莫来石、石英、方石英及玻璃相。和长石瓷比较，绢云母瓷的 Al_2O_3 含量稍高（22%～30%），SiO_2 含量较低（60%～70%），碱性氧化物相近。

我国传统的绢云母瓷开始是以单一的水云母、绢云母质黏土作为原料的，后来逐渐增加高岭土的用量来提高瓷的质地，渐渐演变成了瓷石和高岭土的二组分配料。通常以一种高岭土和一种瓷石或以几种高岭土和几种瓷石配合组成，其中绢云母起助熔作用，长石与石英的作用与在长石质瓷中的作用相同。应通过实验来确定其配料比例。

2.1.1.3 磷酸盐质瓷

磷酸盐质瓷是以磷酸钙为熔剂的“磷酸盐－高岭土－石英－长石”系统瓷。其中磷酸盐可由骨胶生产的副产品骨磷或骨灰引入，所以这类瓷又称为骨质瓷。就其化学成分而言，当瓷坯中的 Al_2O_3 摩尔数为 1 时，SiO_2 摩尔数为 3 ～ 4.5，CaO 为 1.8 ～ 3.0，P_2O_5 为 0.6 ～ 1.0。骨质瓷一般采用二次烧成工艺，第一次为素烧，温度为 850 ～ 900℃，第二次为釉烧，温度为 1200 ～ 1280℃。烧后瓷质主要由钙长石、β-$Ca_3(PO_4)_2$、方石英、莫来石和玻璃相所构成。

目前国内骨质瓷的原料组成范围为：骨粉 40% ～ 60%，黏土 25% ～ 45%，石英 8% ～ 20%，长石 8% ～ 15%。也可以通过加入少量的瓷粉来降低骨质瓷的生产成本。骨质瓷在施低温釉时可进行釉下彩装饰，色泽美丽、牢固；但施高温釉时则不宜施釉下彩。

2.1.1.4 镁质瓷

镁质瓷是以含 MgO 的铝硅酸盐为主晶相的瓷，属于"MgO-Al_2O_3-SiO_2"三元系统，而滑石瓷是一种以滑石为主体成分的镁质瓷。镁质瓷烧成温度范围很窄，在生产中不易控制。但瓷质洁白、透明度高、色泽光润，是高级日用瓷和工艺美术瓷的首选。为改进其烧成温度范围窄的缺点，生产中加入长石、高岭土，既有高强度、白度和半透明度，又解决了其生产工艺中泥浆稠化、可塑性差和烧成温度范围窄的问题。

我国生产的滑石质日用瓷滑石用量为 70% ～ 75%，加入含游离石英少的黏土约 15%，采用长石作熔剂以扩大烧成范围、获得良好的抗热震性能。坯体的化学组成大致为 SiO_2 在 65% 左右，Al_2O_3 在 7% 左右，MgO 约 24%，K_2O+Na_2O 1.5% ～ 2.0%。

生产中一般日用瓷坯料的化学组成控制在下列范围内：SiO_2 60% ～ 75%，Al_2O_3 18% ～ 26%，Fe_2O_3+TiO_2 ＜ 1%，K_2O+Na_2O 7% ～ 8%，烧失量＜ 8%。

2.1.1.5 电瓷

普通的高压电瓷也属由长石、石英、黏土配成的长石瓷。为了制造高强度电瓷，一种途径是增多石英用量。当瓷坯中 SiO_2 含量达到 72% ～ 75%，产品中含 30% ～ 40% 细粒石英，这类电瓷称为高石英瓷。若瓷坯中石英以方石英晶体形式存在，则又称为方石英瓷。另一种途径是采用高铝原料（如工业 Al_2O_3 或高铝矾土）代替普通电瓷中的石英。当瓷坯中 Al_2O_3 含量高达 40%，则称为铝质电瓷。各类电瓷坯料的化学与矿物组成范围列于表 2.1 中。

表 2.1 电瓷坯料的化学与矿物组成

组成		长石质电瓷	高硅电瓷	铝质电瓷
化学组成 /%	SiO_2	68 ～ 72	72 ～ 75	40 ～ 55
	Al_2O_3	20 ～ 24	20 ～ 23	40 ～ 55
	K_2O+Na_2O	3.5 ～ 5.0	2.5 ～ 3.0	3.5 ～ 4.5
	Fe_2O_3	＜ 1.0	＜ 1.0	＜ 1.0
	CaO+MgO	＜ 1.2	＜ 1.2	＜ 1.5
配料的矿物组成 /%	黏土	45 ～ 60	45 ～ 55	45 ～ 55
	石英	20 ～ 30	30 ～ 40	—
	长石	25 ～ 35	18 ～ 22	25 ～ 30
	工业 Al_2O_3 或矾土	—	—	20 ～ 40

2.1.1.6 特种陶瓷

特种陶瓷的组成中最重要的是构成主晶相的材料，它在很大程度上决定产品的性能。此外，组成中往往还加入添加剂来调整产品性能、控制显微结构及改善工艺条件。

（1）Al_2O_3 瓷 以 α-Al_2O_3 为主晶相的氧化铝陶瓷具有很高的机械强度，良好的导热性，耐电强度和绝缘电阻高，介电损耗小，电性能随温度和频率的变化较稳定等优良性能。在 95 瓷中普遍采用 CaO、MgO、SiO_2 以及过渡金属和稀土金属氧化物为添加剂，它能在较低温度下烧成，在瓷体显微结构中一般含有 10% 的玻璃相和次晶相。如添加氧化钙与二氧化硅作为 95 瓷的添加剂，其最低共熔相温度为 1495℃。当氧化镁代替氧化钙作为 95 瓷的添加剂时，MgO-Al_2O_3-SiO_2 系的优点是耐酸性好，结构中晶粒细小，但烧结温度要比 CaO-Al_2O_3-SiO_2 系偏高几十摄氏度；部分代替时，CaO-MgO-Al_2O_3-SiO_2 系兼具烧成温度低和晶粒细小、组织结构致密、耐酸碱腐蚀能力较强的特点。另外，在上述系统中引入稀土氧化物 Y_2O_3、La_2O_3 与之复合，可进一步降低烧成温度。同时，Y_2O_3 对细化晶粒有重要影响，La_2O_3 可提高抗折强度。95 瓷添加 BaO 可生产出性能优良的莫来石瓷、刚玉 - 莫来石瓷和钡长石瓷。另外，BaO-Al_2O_3-SiO_2 系具有瓷体表面光洁度好、耐酸碱腐蚀性好、体积电阻率高等特征。

（2）TiO_2 瓷 TiO_2 有金红石型、锐钛矿型和板钛矿型。通常要求 TiO_2 主要是金红石相，其加入数量、晶型、粒度等均会影响瓷体性能。TiO_2 原料常含有部分锐钛矿型 TiO_2，因此需在 1100 ～ 1300℃下预烧，以减少晶型转变和收缩。但预烧后 TiO_2 的塑性降低、活性下降，烧结温度提高，因此，常采用未预烧和预烧的 TiO_2 以适当比例配合使用。

TiO_2 可塑性低，加入高岭土可以增加瓷料的可塑性和改善烧结性能。其掺量应在 5% 以下，掺量过多会生成较多的玻璃相，使介电性能下降。由于引入高岭土或膨润土，带入碱金属离子，使电性能恶化，因此，需要引入碱土金属离子产生压抑效应，提高电性能，如萤石、氧化锌、碳酸钡等。这些化合物也与黏土类成分形成低共熔点，从而降低体系的烧成温度。

金红石的高温结晶能力强，易形成针状粗晶结构，难以烧结致密。并且在烧结温度稍高或保温时间稍长时，烧结体中的细晶体可能再结晶形成针状粗晶体，导致烧结体孔隙率进一步上升，表观密度下降。因此，必须通过增加烧结体中玻璃相的黏度或异相晶粒抑制主晶相长大。氧化锆即具有上述作用。同时，氧化锆还有抑制钛还原的作用，Zr^{4+} 等价置换 Ti^{4+}，置换区阻止电子迁移，因而降低材料的电导和损耗。此外，氧化锆引入氧化钛中还使晶格中氧离子的束缚能增加，这样就防止了氧化钛的失氧还原，可改善其介电性能。氧化锆以易分解的盐或碱的形式引入为宜。除氧化锆外，Nb_2O_5、WO_3 等也常作为金红石瓷的添加剂，主要是利用高价离子抑制 Ti^{4+} 的还原作用。由于 Ti^{3+} 出现，使弱束缚电子的浓度增加，造成了材料的电导增加。因此，必须加入低价离子进行电价平衡，如加入适量 Al_2O_3 与之配合抑制 Ti^{3+} 的出现。通常专用金红石瓷料中有适量碳酸镁，与引入高价离子配合后，具有良好的抗还原性。

2.1.2 精陶坯料

精陶是一种细陶器制品，胎体颗粒细而均匀，颜色呈白色或浅色，多施熔块釉，烧结程度较差，吸水率一般为 8% ～ 22%。

2.1.2.1 日用精陶

精陶制品常用于日用制品，称为日用精陶。常见的主要有石灰质精陶和长石质精陶两种。

（1）石灰质精陶　是用可塑黏土、高岭土、石英和石灰石配制而成。石灰石是主要熔剂成分，也可以是方解石、白云石。其烧成温度范围狭窄，强度不高，吸水率较大，热稳定性较差，因此在日用精陶中很少采用。

（2）长石质精陶　是用可塑黏土、高岭土、石英和长石配制而成。其烧成温度较高，力学性能较高，吸水率较小，热稳定性较好，因而是生产日用精陶制品的主要材质。

我国生产的日用精陶属于传统的以黏土为主、长石作熔剂的体系。采用多种黏土配合，用量在 60% 左右；以结晶态原料引入石英；以瓷石或含碱金属氧化物较高的黏土补充长石的熔剂作用。

日用精陶中 K_2O、Na_2O 较少，一般控制在 1.5% ～ 2.5% 范围内；CaO、MgO 等碱土金属氧化物含量一般在 1% 左右。若加入石灰石、白云石或滑石，使 CaO+MgO 增至 1.5% ～ 2.5%，可改变产品中玻璃相的成分、降低吸湿膨胀、改善坯釉结合性能。

2.1.2.2 建筑精陶

建筑精陶是指用于装饰或装备建筑物的墙面、地面等的各类精陶制品。长石质面砖的机械强度较高、烧成范围较宽，但烧成收缩较大（1.5% ～ 3.5%）、吸湿膨胀稍大，烧成温度也较高（一般为 1200 ～ 1250℃）。石灰质面砖烧成范围较窄。若以白云石或滑石代替部分石灰石，可扩大烧成范围、增大机械强度和坯体的热膨胀系数。和长石质面砖相比较，这类面砖的烧成温度较低、收缩及吸湿膨胀均较小。同时引入石灰石及长石的混合精陶面砖烧成范围增宽、烧成温度会降低（1200℃以下）。

我国的精陶配方基本上可分为两大类，即 SiO_2 含量在 70% 以上的高硅系统和 Al_2O_3 接近 30% 的高铝系统。

2.2 坯料配方设计依据与配料计算

2.2.1 坯料配方设计的依据

陶瓷的配方设计是一个非常复杂的问题。在进行配方计算和配方实验之前，必须对所使用的原料化学组成、矿物组成、物理性质以及工艺性能进行全面了解，同时对产品的质量要求和性能要求也要全面了解，才能做出科学配方，保证配方最大限度地获得预期效果。制定陶瓷坯体配方时，应以下列几点为依据。

（1）充分考虑产品的物理化学性质和使用的要求　确定配方，包括选择原料种类和决定其用量，这些都和产品性能有直接的关系。如日用瓷要求坯体要有一定的白度和透明度，釉面无缺陷，铅溶出量不能超过国家（或国际）标准；电瓷要有较高的机械强度（包括抗折强度、机电负荷强度等）和电气绝缘性能（如工频击穿电压、工频火花电压等）；电容器陶瓷材料希望介电常数高，介电损耗低，有优良的温度、湿度与频率稳定性。各类陶瓷产品的性能指标分别列在有关的国家标准、部颁标准及企业标准中，考虑配方时必须熟悉相应的内容。

（2）参考相图和前人的经验　相图是一些陶瓷配比设计的科学总结，相图能够提供初步的配料范围，能够少走弯路，避免盲目设计，是设计陶瓷配方的重要依据。同时，各类陶瓷一般都有其经验的组成范围，前人还总结了原料组成与坯料性质的某些对应关系，均值得参考。

但是由于原料性质的差异和生产条件的不同，不应机械地照搬。对于新产品的配方，可以原有的经验和相近的规律为基础进行实验创新。

（3）了解各种原料对产品性质的影响　陶瓷是多组分的材料。不同原料在生产过程和产品结构中起着不同的作用。有的原料构成产品的主晶相，有的是玻璃相的主要来源，还有少量添加物可以调节产品的性质。在陶瓷产品的性质中，有些能相互吻合和促进，有些则是相互制约。采用多种原料的配方有利于控制和稳定产品的性能。

（4）应满足生产工艺的要求　陶瓷产品是通过许多工序制成的。坯料的可塑性、流变性、生坯强度、干燥与烧成收缩、烧成范围、烧成温度等都要与成型方法、工艺设备、烧成条件相适应。对于施釉的产品来说，釉的组成应结合坯体的性质一道考虑。釉和坯的化学性质不宜相差过大；釉层的膨胀系数应略小于坯体的；釉的熔融温度宜和坯体的烧结温度相近。

（5）了解原料的品位、来源和价格　采用的原料希望来源丰富、质量稳定、运输方便、价格低廉，还应强调就地取材、量才使用、物尽其用。这些都是生产优质、低成本产品的基本条件。

2.2.2　坯料配方的计算

2.2.2.1　坯料组成的表示方法

陶瓷坯料的表示方法主要有四种：示性矿物组成表示法、实验式表示法、化学组成表示法和配料量表示法。我们在企业看到的主要是配料量表示法；在许多参考书中看到的是化学组成表示法和实验式表示法；示性矿物组成表示法一般只在说明坯体的性质时才使用，没有实际意义。

（1）示性矿物组成表示法　如某瓷器的组成是：长石 25%，石英 35%，黏土 40%，属于长石瓷。

（2）化学组成表示法　邯郸陶瓷研究所研制的瓷器配方是：SiO_2 72.4%，TiO_2 0.11%，Al_2O_3 21.5%，Fe_2O_3 0.11%，Na_2O 0.69%，K_2O 3.24%，CaO 1.3%，MgO 1.3%，其他氧化

物 6.53%。

（3）实验式表示法　坯式则是以中性氧化物摩尔数总和为 1，再计算碱性氧化物和酸性氧化物的数值，写出坯式。

如瓷器坯体的实验式表示法如下（我国康熙瓷的实验式）：

$$(0.86\ K_2O + 0.12\ Na_2O + 0.082\ CaO + 0.030\ MgO) \cdot (0.978\ Al_2O_3 + 0.022\ Fe_2O_3) \cdot 4.15\ SiO_2$$

（4）配料量表示法　是陶瓷配方中用原料的质量分数（或质量）来表示配方组成的方法。例如：鲁青瓷配方，煅烧滑石 75%，长石 12%，新汶高岭土 10%，莱阳土 3%，碱粉 0.3%；某厂坯料配料量，石英 29%，长石 21%，大同砂石 32%，界牌土 15%，滑石 3%。现在许多工厂都以某种矿物的产地来命名及计算添加量。

这四种表示方法除了示性矿物组成表示法太粗外，其他三种方法之间是可以相互转化的，转化的方法就是化学百分比和摩尔数百分比之间的转化。

2.2.2.2 配料计算

（1）从化学组成计算实验式　若知道坯料的化学组成，可按下列步骤计算得到实验式。

① 若坯料的化学组成包含有灼烧减量成分，首先应将其换算成不含灼烧减量的化学组成。

② 以各氧化物的摩尔质量，分别除各该项氧化物的质量分数，得到各氧化物的量 n（mol）。

③ 以碱性氧化物或中性氧化物总和，分别除各氧化物的量，即得到一套以碱性氧化物或中性氧化物为 1mol 的各氧化物的数值。

④ 将上述各氧化物的量按 RO、R_2O_3 和 RO_2 的顺序排列为实验式。

【例 2.1】 某瓷坯的化学组成见表 2.2，试计算其实验式。

表 2.2　瓷坯的化学组成

组成	SiO_2	Al_2O_3	Fe_2O_3	CaO	MgO	K_2O	Na_2O	灼减	合计
含量 /%	63.37	24.87	0.81	1.15	0.32	2.05	1.89	5.54	100

解：

1）先将该瓷坯的化学组成换算成不含有灼烧减量的化学组成：

$$w(SiO_2) = 63.37/(100-5.54) \times 100\% = 67.09\%$$

$$w(Al_2O_3) = 24.87/(100-5.54) \times 100\% = 26.33\%$$

$$w(Fe_2O_3) = 0.81/(100-5.54) \times 100\% = 0.8575\%$$

$$w(CaO) = 1.15/(100-5.54) \times 100\% = 1.217\%$$

$$w(MgO) = 0.32/(100-5.54) \times 100\% = 0.3388\%$$

$$w(K_2O) = 2.05/(100-5.54) \times 100\% = 2.170\%$$

$$w(Na_2O) = 1.89/(100-5.54) \times 100\% = 2.001\%$$

$$\Sigma = 100.00\%$$

2）将各氧化物质量分数除以各氧化物的摩尔质量，得到各种氧化物的量（mol）：

$$n(SiO_2) = 67.09/60.1 = 1.116(mol)$$

$$n(Al_2O_3) = 26.33/101.9 = 0.2583\,(mol)$$
$$n(Fe_2O_3) = 0.8575/159.7 = 0.0054\,(mol)$$
$$n(CaO) = 1.217/56.1 = 0.0217\,(mol)$$
$$n(MgO) = 0.3388/40.3 = 0.0084\,(mol)$$
$$n(K_2O) = 2.17/94.2 = 0.0230\,(mol)$$
$$n(Na_2O) = 2.001/62 = 0.0323\,(mol)$$

3）将中性氧化物的总量算出：

$$n(Al_2O_3) + n(Fe_2O_3) = 0.2583 + 0.0054 = 0.2637\,(mol)$$

4）用中性氧化物的总量除各氧化物的量，得到一套以 R_2O_3 系数为 1 的各氧化物系数：

$$SiO_2 = 1.116/0.2637 = 4.232$$
$$Al_2O_3 = 0.2583/0.2637 = 0.9795$$
$$Fe_2O_3 = 0.0054/0.2637 = 0.0205$$
$$CaO = 0.0217/0.2637 = 0.0823$$
$$MgO = 0.0084/0.2637 = 0.0319$$
$$K_2O = 0.0230/0.2637 = 0.0872$$
$$Na_2O = 0.0323/0.2637 = 0.1224$$

5）将各氧化物按照规定的顺序排列，得到瓷坯的坯式：

$$\left.\begin{matrix}0.0872K_2O\\0.1224Na_2O\\0.0823CaO\\0.0319MgO\end{matrix}\right\}\left.\begin{matrix}0.9795Al_2O_3\\0.0205Fe_2O_3\end{matrix}\right\}4.232SiO_2$$

（2）由实验式计算坯体的化学组成　若已知道坯料的实验式，可通过下列步骤的计算，得到坯料的化学组成。

① 用实验式中各氧化物的量分别乘以该氧化物的摩尔质量，得到该氧化物的质量。

② 算出各氧化物质量之总和。

③ 分别用各氧化物的质量除以氧化物质量之总和，可获得各氧化物所占质量分数。

【例 2.2】 我国雍正薄胎粉彩碟的瓷胎实验式为：

$$\left.\begin{matrix}0.088CaO\\0.010MgO\\0.077Na_2O\\0.120K_2O\end{matrix}\right\}\left.\begin{matrix}0.982Al_2O_3\\0.018Fe_2O_3\end{matrix}\right\}4.033SiO_2$$

试计算该瓷胎的化学组成。

解：

1）计算出各氧化物的质量：

$$m(CaO) = 0.088 \times 56.1 = 4.937\,(g)$$
$$m(MgO) = 0.010 \times 40.3 = 0.403\,(g)$$

$$m(Na_2O)=0.077\times62.0=4.774(g)$$
$$m(K_2O)=0.120\times94.2=11.30(g)$$
$$m(Al_2O_3)=0.982\times101.9=100.1(g)$$
$$m(Fe_2O_3)=0.018\times159.7=2.875(g)$$
$$m(SiO_2)=4.033\times60.1=242.4(g)$$

2）计算出各氧化物质量总和为366.8g。

3）计算出各氧化物所占的质量分数：

$$w(CaO)=4.937/366.8\times100\%=1.346\%$$
$$w(MgO)=0.403/366.8\times100\%=0.1099\%$$
$$w(Na_2O)=4.774/366.8\times100\%=1.301\%$$
$$w(K_2O)=11.30/366.8\times100\%=3.081\%$$
$$w(Al_2O_3)=100.1/366.8\times100\%=27.29\%$$
$$w(Fe_2O_3)=2.875/366.8\times100\%=0.78\%$$
$$w(SiO_2)=242.4/366.8\times100\%=66.09\%$$

其瓷胎的化学组成见表2.3。

表2.3 雍正薄胎粉彩碟瓷胎的化学组成

组成	SiO_2	Al_2O_3	Fe_2O_3	CaO	MgO	K_2O	Na_2O	合计
含量/%	66.09	27.29	0.78	1.346	0.1099	3.081	1.301	100

（3）由配料量计算实验式　由坯料的实际配料量计算实验式，按下列步骤进行计算。

① 首先要知道所使用的各种原料的化学组成，即各种原料所含每种氧化物的质量分数，并把各种原料的化学组成换算成不含灼烧减量的化学组成。

② 将每种原料的配料量（质量），乘以各氧化物的质量分数，即可得到各种氧化物质量。

③ 将各种原料中共同氧化物的质量加在一起，得到坯料中各氧化物的总质量。

④ 以各氧化物的摩尔质量分别去除它的质量，得到各氧化物的量（mol）。

⑤ 以中性氧化物摩尔数去除各氧化物的量，即得到一系列以中性氧化物（R_2O_3）系数为1的各氧化物的摩尔数。

⑥ 按规定的顺序排列各种氧化物，可得到实验式。

【例2.3】 某厂的坯料配料量如下：石英13%，长石22%，宽城土65%，滑石1%。各种原料的化学组成见表2.4，试求该坯料的实验式。

表2.4 某厂原料的化学组成

原料名称	化学组成/%								
	SiO_2	Al_2O_3	Fe_2O_3	CaO	MgO	K_2O	Na_2O	灼减	合计
石英	98.54	0.72	0.27	0.37	0.25				100.15
长石	65.62	19.42	0.71	0.20		8.97	4.85	0.41	100.18
滑石	60.44	1.19	0.14	3.10	29.02			5.32	99.21
宽城土	58.43	30.00	0.31	0.47	0.42	0.48	0.12	9.64	99.87

解：

1）将各种原料的化学组成换算成不含灼烧减量的化学组成，见表 2.5。

表 2.5 灼烧基原料的化学组成

原料名称	化学组成 /%								
	SiO_2	Al_2O_3	Fe_2O_3	CaO	MgO	K_2O	Na_2O	灼减	合计
石英	98.54	0.72	0.27	0.37	0.25				100.15
长石	65.77	19.47	0.71	0.20		8.99	4.86		100.00
滑石	64.37	1.27	0.15	3.30	30.91				100.00
宽城土	64.76	33.25	0.34	0.52	0.47	0.53	0.13		100.00

2）计算原料中每种氧化物的质量：

长石：

$$m(SiO_2) = 22\times65.77\% = 14.47\ (g)$$
$$m(Al_2O_3) = 22\times19.47\% = 4.28\ (g)$$
$$m(Fe_2O_3) = 22\times0.71\% = 0.16\ (g)$$
$$m(CaO) = 22\times0.20\% = 0.04\ (g)$$
$$m(K_2O) = 22\times8.99\% = 1.98\ (g)$$
$$m(Na_2O) = 22\times4.86\% = 1.07\ (g)$$

石英：

$$m(SiO_2) = 13\times98.54\% = 12.81\ (g)$$
$$m(Al_2O_3) = 13\times0.72\% = 0.094\ (g)$$
$$m(Fe_2O_3) = 13\times0.27\% = 0.035\ (g)$$
$$m(CaO) = 13\times0.37\% = 0.048\ (g)$$
$$m(MgO) = 13\times0.25\% = 0.033\ (g)$$

宽城土：

$$m(SiO_2) = 65\times64.76\% = 42.09\ (g)$$
$$m(Al_2O_3) = 65\times33.25\% = 21.61\ (g)$$
$$m(Fe_2O_3) = 65\times0.34\% = 0.22\ (g)$$
$$m(CaO) = 65\times0.52\% = 0.34\ (g)$$
$$m(MgO) = 65\times0.47\% = 0.31\ (g)$$
$$m(K_2O) = 65\times0.53\% = 0.34\ (g)$$
$$m(Na_2O) = 65\times0.13\% = 0.085\ (g)$$

滑石：

$$m(SiO_2) = 1\times64.37\% = 0.64\ (g)$$
$$m(Al_2O_3) = 1\times1.27\% = 0.013\ (g)$$
$$m(Fe_2O_3) = 1\times0.15\% = 0.0015\ (g)$$
$$m(CaO) = 1\times3.3\% = 0.033\ (g)$$
$$m(MgO) = 1\times30.91\% = 0.31\ (g)$$

3）将各原料中的各种氧化物加和，求出坯料中每种氧化物的总质量：

$$m(SiO_2) = 14.47 + 12.81 + 42.09 + 0.64 = 70.01\,(g)$$

$$m(Al_2O_3) = 4.28 + 0.094 + 21.61 + 0.013 = 25.997\,(g)$$

$$m(Fe_2O_3) = 0.16 + 0.035 + 0.22 + 0.0015 = 0.4165\,(g)$$

$$m(CaO) = 0.04 + 0.048 + 0.34 + 0.033 = 0.461\,(g)$$

$$m(MgO) = 0 + 0.033 + 0.31 + 0.31 = 0.653\,(g)$$

$$m(K_2O) = 1.98 + 0 + 0.34 + 0 = 2.32\,(g)$$

$$m(Na_2O) = 1.07 + 0 + 0.085 + 0 = 1.155\,(g)$$

4）用每种氧化物的摩尔质量分别去除每种氧化物的质量，得到每种氧化物的量（mol）：

$$n(SiO_2) = 70.01/60.1 = 1.1649\,(mol)$$

$$n(A1_2O_3) = 25.997/101.9 = 0.2551\,(mol)$$

$$n(Fe_2O_3) = 0.4165/159.7 = 0.0026\,(mol)$$

$$n(CaO) = 0.461/56.1 = 0.0082\,(mol)$$

$$n(MgO) = 0.653/40.3 = 0.0162\,(mol)$$

$$n(K_2O) = 2.32/94.2 = 0.0246\,(mol)$$

$$n(Na_2O) = 1.155/62 = 0.0186\,(mol)$$

5）计算出中性氧化物（R_2O_3）的总量：

$$0.2551 + 0.0026 = 0.2577\,(mol)$$

6）以中性氧化物（R_2O_3）的总量分别除每种氧化物的量：

$$SiO_2 = 1.1649/0.2577 = 4.5204$$

$$A1_2O_3 = 0.2551/0.2577 = 0.9899$$

$$Fe_2O_3 = 0.0026/0.2577 = 0.0101$$

$$CaO = 0.0082/0.2577 = 0.0318$$

$$MgO = 0.0162/0.2577 = 0.0629$$

$$K_2O = 0.0246/0.2577 = 0.0955$$

$$Na_2O = 0.0186/0.2577 = 0.0722$$

7）将各氧化物按规定的顺序排列，得到该坯料的实验式：

$$\left.\begin{matrix}0.0955K_2O\\0.0722Na_2O\\0.0318CaO\\0.0629MgO\end{matrix}\right\}\left.\begin{matrix}0.9899A1_2O_3\\0.0101Fe_2O_3\end{matrix}\right\}4.5204SiO_2$$

（4）由实验式计算配料量　由坯料的实验式计算其配料量时，首先必须知道所用原料的化学组成，其计算方法如下。

① 将原料的化学组成计算成为示性矿物组成所要求的形式，即计算出各种原料的矿物组成。

② 将坯料的实验式计算成为黏土、长石及石英矿物的质量分数。在计算中，要把坯料实验式中的 K_2O、Na_2O、MgO 都粗略地归并为 K_2O，则坯料的实验式可写成如下形式：$aR_2O \cdot bAl_2O_3 \cdot cSiO_2$。

③ 用满足法来计算坯料的配料量，分别以黏土原料和长石原料满足实验式中所需要的各种矿物的数量，最后再用石英原料来满足实验式中石英矿物所需要的数量。

【例 2.4】 某厂坯料的实验式如下：

$$\left.\begin{matrix} 0.031Na_2O \\ 0.078K_2O \\ 0.047CaO \end{matrix}\right\} \cdot 1.0Al_2O_3 \cdot 3.05SiO_2$$

使用原料的化学组成见表 2.6，试计算该坯料的配料量。

表 2.6　原料的化学组成

原料名称	化学组成 /%							
	SiO_2	Al_2O_3	Fe_2O_3	TiO_2	CaO	MgO	K_2O	Na_2O
石英	99.40	0.11	0.08					
长石	65.34	18.53	0.12		0.34	0.08	14.19	1.43
高岭土	49.04	38.05	0.20	0.04	0.05	0.01	0.19	0.03

解：

1）将各种原料的化学组成换算成示性矿物组成。为简化计算过程可将原料中的 K_2O、Na_2O、CaO、MgO、Fe_2O_3、TiO_2 均作为熔剂部分，即作为长石来计算。例如高岭土原料可简化为 SiO_2 49.04%，Al_2O_3 38.05%，K_2O 0.28%，再另行换算。计算结果见表 2.7。

表 2.7　配料量计算过程（一）

项目	化学组成 /%		
	SiO_2	Al_2O_3	K_2O、Na_2O、CaO、MgO
高岭土成分	49.04	38.05	0.28
用摩尔质量除，得到摩尔数 高岭土中含长石矿物 0.003mol	0.817 0.018	0.373 0.003	0.003 0.003
剩余量 高岭土中含黏土矿物 0.370mol	0.799 0.740	0.370 0.370	0
剩余量 高岭土中含石英矿物 0.059mol	0.059 0.059	0	

所以，高岭土原料的矿物组成为：

$$\text{黏土矿物 } 0.37 \times 258.2 = 95.53$$

$$\text{长石矿物 } 0.003 \times 556.8 = 1.67$$

$$\text{石英矿物 } 0.059 \times 60.1 = 3.54$$

$$\Sigma = 100.74$$

各矿物的质量分数为：

长石矿物 1.67/100.74×100% = 1.66%

黏土矿物 95.53/100.74×100% = 94.83%

石英矿物 3.54/100.74×100% = 3.51%

用相同方法计算得到：长石原料中含长石矿物 96.33%、石英 3.67%；石英原料中含石英矿物 99.4%。

2）计算坯料实验式中所需要的各种矿物组成的百分数，在计算过程中同样把 K_2O、Na_2O、CaO 作为 K_2O 的量来计算。计算结果见表 2.8。

表 2.8 配料量计算过程（二）

项目	0.156 R_2O	1.0 Al_2O_3	3.05 SiO_2
配入 0.156mol 的长石	0.156	0.156	0.936
剩余 配入 0.844mol 的长石	0	0.844 0.844	2.114 1.688
剩余 配入 0.426mol 的石英		0	0.426 0.426
剩余量			0

坯料中含各种矿物组成为：

长石矿物 0.156×556.8 = 86.86

黏土矿物 0.844×258.2 = 217.92

石英矿物 0.426×60.0 = 25.56

Σ= 330.34

其质量分数为：

长石矿物 86.86/330.34×100% = 26.3%

黏土矿物 217.92/330.34×100% = 66%

石英矿物 25.56/330.34×100% = 7.7%

3）用满足法计算原料的配料量，见表 2.9。

表 2.9 配料量计算过程（三）

项目	黏土矿物	长石矿物	石英矿物
坯料组成	66%	26.3%	7.7%
高岭土配料量 100×66%/94.83=69.60%	66%	1.16%	2.44%
长石配料量 100×25.14%/96.33%=26.10%		25.14% 25.14%	5.26% 0.96%
石英配料量 100×4.3%/99.4%=4.3%			4.3% 4.3%

（5）由示性矿物组成计算配料量　已知坯料的矿物组成及原料的化学组成时，必须先将原料的化学组成换算成原料的矿物组成，然后再进行配料计算。若已知坯料及原料的矿物组成，则可直接计算其配方。配方的计算，首先以黏土原料中的黏土矿物部分来满足坯料中所需要的矿物成分，然后将随黏土原料带入的长石矿物和石英矿物部分分别从所需求的百分数中减去，再分别以长石原料和石英原料来满足坯料中所需要的长石矿物及石英矿物。

【例 2.5】 已知所使用原料的化学组成见表 2.10。试用这几种原料计算出坯料中含黏土矿物 63.08%、长石矿物 28.62%、石英矿物 8.3% 的配料量。

表 2.10　原料的化学组成

原料名称	化学组成 /%								
	SiO_2	Al_2O_3	Fe_2O_3	CaO	MgO	K_2O	Na_2O	灼减	合计
石英	96.60	0.11	0.12	3.02					99.85
长石	64.93	18.04	0.12	0.38	0.21	14.45	1.54	0.33	100.00
黏土	49.09	36.71	0.40	0.11	0.20	0.52	0.11	12.81	99.98
高岭土	48.30	39.07	0.15	0.05	0.02	0.18	0.03	12.09	99.89

解：

1）首先按上一例的方法将各种原料的化学组成换算成各种原料的矿物组成，计算结果见表 2.11。

表 2.11　原料的矿物组成

原料名称	矿物组成 /%		
	黏土矿物	长石矿物	石英矿物
石英		4.40	95.60
长石		100.00	
黏土	89.72	7.66	2.62
高岭土	96.78	1.96	1.26

2）计算配料量，先用黏土原料满足坯料中所需要的黏土矿物，现坯料中的黏土矿物由高岭土和黏土两种原料来供给，因此计算前应确定高岭土及黏土的用量，从这两种原料的可塑性、收缩率、烧后颜色等各项工艺性能来考虑，假定坯料中的黏土矿物一半由高岭土供给，则另一半应由黏土原料来供给。

高岭土用量为：

$$1/2 \times 63.08\% \times 100/96.78 = 32.59\%$$

黏土用量为：

$$1/2 \times 63.08\% \times 100/89.72 = 35.15\%$$

由 32.59% 的高岭土原料引入的长石矿物为：

$$32.59 \times 0.0196 = 0.64\%$$

由 32.59% 的高岭土原料引入的石英矿物为：

$$32.59\times0.0126 = 0.41\%$$

由 35.15% 的黏土原料引入的长石矿物为：

$$35.15\times0.0766 = 2.69\%$$

由 35.15% 的黏土原料引入的石英矿物为：

$$35.15\times0.0262 = 0.92\%$$

高岭土和黏土原料共引入的石英矿物为；

$$0.41\%+0.92\%= 1.33\%$$

坯料所需石英矿物 8.3%，扣除由高岭土与黏土两种原料引入的石英矿物 1.33% 外，其余数量可全由石英原料来供给，故石英原料用量为：

$$(8.3 - 1.33)\times100/95.6 = 7.29\%$$

由于石英原料中含有 4.4% 的长石矿物，则 7.29% 的石英原料引入长石矿物为：

$$7.29\times0.044 = 0.32\%$$

由高岭土、黏土、石英三种原料引入的长石矿物为：

$$0.64\% + 2.69\% + 0.32\% = 3.65\%$$

故长石原料用量为：

$$28.62\% - 3.65\% = 24.97\%$$

由上述计算得到坯料的配料量为：高岭土 32.59%，黏土 35.15%，石英 7.29%，长石 24.97%。

（6）由化学组成计算配料量　当陶瓷产品的化学组成和采用的原料的化学组成均为已知，且采用的原料的化学组成又比较纯净，采用上述两种计算方法虽可行，但有时遇到所用原料比较复杂时仍嫌不够准确。因为上述方法的计算中或以 CaO、MgO、Na_2O 均作为 K_2O 并入一道计算，或采用黏土、长石、石英原料的示性矿物组成作为计算基础，使之计算产生较大的偏差。若以原料化学组成的质量分数直接来计算，则可以得到较准确的结果。

在计算的过程中，可根据原料性质和成型的要求，参照生产经验先确定一两种原料的用量（如黏土、膨润土），再按满足坯料化学组成的要求逐个计算每种原料的用量。在计算过程中要明确每种氧化物主要由哪种原料来提供。

【例 2.6】 某厂的耐热瓷坯料及原料的化学组成见表 2.12，试计算此耐热瓷坯料的配料量。

表 2.12　耐热瓷坯料及原料的化学组成

原料名称	化学组成 /%						
	SiO_2	Al_2O_3	Fe_2O_3	CaO	MgO	K_2O+Na_2O	灼减
耐热瓷坯料	68.51	21.20	2.75	0.82	4.35	1.86	
膨润土	72.32	14.11	0.78	2.10	3.13	2.70	4.65
黏土	58.48	28.40	0.80	0.33	0.51	0.31	11.16

续表

原料名称	化学组成 /%						
	SiO_2	Al_2O_3	Fe_2O_3	CaO	MgO	K_2O+Na_2O	灼减
镁质黏土	66.91	2.84	0.83		22.36	1.20	6.35
长石	63.26	21.19	0.58	0.13	0.13	14.41	
石英	99.45	0.24	0.31				
碳酸钙				56			44
氧化铁			93				

解：

1）将原料化学组成中带有灼烧减量者换算成为不含灼烧减量的各氧化物的质量分数。如所给定的坯料组成中有灼烧减量也应同样换算成为不含灼烧减量的各氧化物质量分数组成。

上述原料经换算后，原料化学组成的质量分数组成见表 2.13。

表 2.13　换算后原料化学组成

原料名称	化学组成 /%						
	SiO_2	Al_2O_3	Fe_2O_3	CaO	MgO	K_2O+Na_2O	合计
膨润土	76.01	14.83	0.82	2.21	3.29	2.84	100
黏土	65.83	31.97	0.90	0.37	0.57	0.35	99.99
镁质黏土	71.07	3.01	0.88		23.75	1.27	99.98
碳酸钙				100			100

2）用化学组成满足法进行配料计算，其坯料中膨润土用量规定不超过 5%，暂定为 4%，计算过程见表 2.14。

表 2.14　配料计算过程

类别	化学组成 / %					
	SiO_2	Al_2O_3	Fe_2O_3	CaO	MgO	K_2O+Na_2O
耐热瓷坯料	68.51	21.20	2.75	0.82	4.35	1.86
膨润土 4%	3.04	0.59	0.03	0.09	0.13	0.11
余量	65.47	20.61	2.72	0.73	4.22	1.75
镁质黏土 100×4.22/23.75=17.77%	12.62	0.53	0.16		4.22	0.23
余量	52.78	20.07	2.56	0.73	0	1.52
长石 100×1.52/14.41=10.55%	6.67	2.24	0.06	0.01		1.52
余量	46.18	17.84	2.50	0.72	0	0
黏土 100×17.84/31.9=55.8%	36.73	17.84	0.50	0.21		
余量	9.45	0	2.00	0.51	0	0
石英 100×9.45/99.45=9.50%	9.45	0	0.03			

续表

类别	化学组成 / %					
	SiO_2	Al_2O_3	Fe_2O_3	CaO	MgO	K_2O+Na_2O
余量	0	0	1.97	0.51	0	0
氧化铁 100×1.97/93=2.1%			1.97			
余量	0	0	0	0.51	0	0
氧化钙 0.51%				0.51		

3）将计算所得到的配料百分比换算成含有灼烧减量者的原料组成，然后全部原料按100% 折算成一次配料量。计算结果见表 2.15。

表 2.15 耐热瓷坯料的原料配料量

原料名称	计算值 /%	换算值 /%	配料比 /%
膨润土	4.00	4.19	3.84
镁质黏土	17.77	18.99	17.41
长石	10.55	10.55	9.67
黏土	55.80	62.81	57.60
石英	9.50	9.50	8.71
氧化铁	2.11	2.11	1.93
氧化钙	0.51	0.91	0.84
合计	100.24	109.06	100

该计算结果是灼烧基，应换算为包含灼烧减量、水分等在内的干基或湿基；遇到雨季物料被雨水淋湿，应测定物料水分并换算配料比例。

一般而言，黏土所带入的 K_2O、Na_2O、MgO 等含量很少，可以不用考虑。有些配料还需要考虑试样的工艺性能，几种黏土配合使用，可把黏土分别计算。

2.3 坯料的制备

2.3.1 坯料的种类和质量要求

2.3.1.1 坯料的种类

将陶瓷原料经过配料和加工后，得到的具有成型性能的多组分混合物称为坯料。

根据成型方法的不同，坯料通常可以分成三类：注浆坯料、可塑坯料和压制坯料。不同类型的坯料具有不同的特征。注浆坯料含水量在 28% ～ 35% 之间；可塑坯料含水量为18% ～ 25%；压制坯料中含水量在 8% ～ 15% 之间的称为半干压坯料，含水量在 3% ～ 7%之间的称为干压坯料。非黏土质的瘠性坯料，往往需加入一些悬浮剂、有机塑化剂后才能成型。对这类坯料，单纯用含水量或塑化剂的数量来进行区分是不科学的，但为了方便叙述仍把它们归属于上述三类。

2.3.1.2 坯料的质量要求

为了保证产品质量和满足成型的工艺要求，坯料应具备下述基本条件：配方准确，为了保证产品的性能，坯料的组成必须满足配方的要求，这需要从两个方面来控制，一是准确称料（应除去原料中水分，按绝干料计），二是加工过程中避免杂质混入；组分均匀，坯料中的各种组分，包括主要原料、水分、添加剂等都应均匀分布，否则会使坯体或制品出现缺陷，降低产品性能；细度合理，各组分的颗粒应达到一定细度，并具有合理的粒度分布，以保证产品的性能和后续工序的进行；空气含量少，各种坯料中或多或少都含有一定量的空气，这些空气的存在对产品质量和成型都有不利的影响，应尽量减少其含量。

由于不同的成型方法对坯料的要求不尽相同，各种坯料除应满足上述基本条件外，各自还有一些特殊的要求，下面分别论述。

（1）注浆坯料　供注浆成型使用的坯料是陶瓷和添加剂在水中悬浮的分散体系。在输送、储存与浇注过程中，浆料应能满足下列要求。

① 流动性好。浇注时浆料容易充满模型的各部位，从而保证产品的造型完整和浇注速度。检验时，将浆料从小孔中流出应能连成不断的细丝。

② 悬浮性好。浆料久置，固体颗粒能长期悬浮不致分层、沉淀，否则会引起制品成分不均匀及影响浆料的运输。

③ 触变性适当。泥浆触变性过大时，容易堵塞泥浆管道，影响浆料的运输，且脱模后的坯体容易塌落变形；泥浆触变性过小时，生坯强度不够，影响脱模与修坯的质量。泥浆的触变性可通过泥浆的厚化系数来表征。厚化系数为100mL泥浆在恩氏黏度计中静置30min和30s后二者流出时间的比值。普通浆料的厚化系数接近1.2。空心注浆为1.1～1.4，实心注浆为1.5～2.2。

④ 过滤性好。浇注时，要求浆料中的水分在石膏模的吸力下容易扩散、迁移，在较短的时间内成坯。

⑤ 泥浆含水量少。在保证流动性的同时，应尽量减少泥浆的含水量，以缩短注浆时间，减少坯体干燥收缩。适当加入稀释剂可减少泥浆的加水量。

（2）可塑坯料　可塑坯料是由固相、液相、气相组成的塑性－黏性系统。具有弹性－塑性流动性质，可塑成型的方法很多，其原理都是基于坯料的可塑性。此类坯料有下列基本要求。

① 具有良好的可塑性，满足成型操作的要求。通常用“塑性指标”来表明坯料的可塑性大小，塑性指标要求在2以上。

② 具有一定的形状稳定性，在成型的过程中不致由于坯体本身的重量而下塌变形。大件制品尤其应注意。可通过强可塑性原料的用量及含水量的调节来控制。

③ 含水量适当。塑性坯料的含水量在18%～25%之间。不同类型的原料、不同的成型方法和不同的产品，其含水量的大小是有差别的。一般强可塑性原料成分多时，含水量

较高；小件制品比大件制品的含水量略高；手工成型用的坯料含水量较高，旋坯成型坯料次之，滚压成型坯料含水量则较低。

④ 坯体的干燥强度和收缩率适当。坯体的干燥强度直接影响成型后坯体的脱模、修坯、上釉、输送等工程的顺利进行。生产上常以干坯的抗折强度来衡量它的干燥强度大小。干燥强度一般应不低于 1MPa，大件制品应适当提高。但干燥强度大时，坯体的收缩率也会相应增大，影响坯体的造型和尺寸的准确性。严重时会造成制品开裂，故应全面考虑。影响坯体干燥强度和干燥收缩率的主要因素是坯料中强可塑性原料的用量和水分的含量。在生产中，要综合考虑坯料的各种性能，控制其用量。

（3）压制坯料　压制坯料除应满足坯料的基本要求外，还应符合下列要求。

① 流动性好。粉料应具有好的流动性，能在较短的时间内填满模型的各个角落，以保证坯体的致密度和压坯速度。

② 堆积密度大。粉料的堆积密度常用单位容积的粉料重即体积密度来表示。制备压制粉料时，希望其容量大，以减少堆积时的气孔率，降低成型的压缩比，从而使压制后的生坯密度大而均匀。通常轮碾造粒的粉料体积密度较高，为 0.90 ～ 1.10g/cm^3，喷雾干燥制备的粉料体积密度为 0.75 ～ 0.90g/cm^3。

③ 含水率适当及水分均匀。粉料的含水率直接影响成型的操作及坯体的密度，要求有一适当值。成型压力较大时，要求粉料含水率较低；成型压力较小时，粉料含水率应稍高。但不论成型压力大小，均要求粉料的水分均匀。局部过干或过湿都会导致成型困难，甚至引起产品开裂、变形。

在制备压制粉料时，造粒后假颗粒的形状、粒度大小、粒度分布都是很重要的工艺参数，它直接影响粉料的流动性和堆积密度。体积密度较大、粒度分布合理的圆形颗粒能够制成优质的压制粉料。而当颗粒形状不规则，且细颗粒较多时，容易造成拱桥效应，降低粉料的容重和流动性。喷雾干燥制备的材料，形状规则，粒度分布较合理，轮碾造粒的粉料体积密度较大，但形状不规则，颗粒配比比较难控制。

2.3.2 泥浆的脱水

采用湿法粉碎得到的泥浆，其含水量约为 60%，不能直接用于成型，需要进行脱水处理。生产中，泥浆的脱水方法主要有两种：一种是机械脱水；另一种是热风脱水。前者一般可得到含水量 20% ～ 25% 的坯料，后者可得到含水量 8% 以下的坯料。

2.3.2.1 机械脱水（压滤法）

机械脱水常用的设备为间歇式室内压滤机，又称为榨泥机。脱水时，将泥浆用泵送入压滤机。压滤的初期，将泥浆用低压（0.3 ～ 0.4MPa）疏松，以防压力过高形成致密泥层，降低压滤速率。随压滤进行，压力逐渐升高，最高压力一般为 0.8 ～ 1.5MPa。压滤周期为 1 ～ 2h，泥饼水分为 20% ～ 25%。目前，国内电瓷行业及国外已有采用高压压滤机，压力高达 7.5MPa。压滤周期为 15 ～ 40min，泥饼水分可减到 15.5%。

压滤时，水通过泥层和滤布滤出，设其厚度为 L，毛细管半径为 r，泥浆的黏度为 η，料层两端的压力为 ΔP，则时间 t 内滤出的水量 V 与下列因素有关：

$$V=\frac{\pi r^4\Delta Pt}{8\eta L} \tag{2.1}$$

根据此式，对影响压滤效率的因素进行讨论。

（1）压力大小　根据公式，送浆压力与压滤速率成正比，但这只适用于压滤初期。随压滤的进行，泥层增厚，颗粒紧密靠拢，毛细管孔道变小，阻力增大，此时，增大压力会使颗粒进一步聚集，毛细管进一步变小，反而降低了压滤速率。此外，压力过大会使压滤设备及滤布的寿命缩短。

（2）加压方式　压滤时，真正的过滤介质不是滤布而是黏附在滤布上的泥层，这是因为滤层颗粒之间的孔隙尺寸比滤布的孔隙小得多。可见最初一层泥饼的形成对整个压滤速率的影响是至关重要的。过滤开始时，应采用较低的压力，这样可以防止在滤布上形成一层致密的泥饼。随泥层加厚逐渐升到最高压力。这样的压力制度，有利于提高压滤速率。

（3）泥浆温度和相对密度　液体的黏度是随温度升高而降低的。将泥浆加热至一定温度，可使其黏度降低，提高压滤速率。生产中常将蒸汽通入浆池，一方面可以将泥浆加热，同时也起到了搅拌的作用。泥浆的温度在 40 ～ 60℃之间较好。

过稀的泥浆水分大，延长了过滤时间。泥浆相对密度一般控制在 1.45 ～ 1.55，含水量以 50% ～ 60% 为宜。

（4）泥浆的性质　泥浆的颗粒越细，可塑性越强，其压滤速率越小。生产中常在泥浆中加絮凝剂（如 $CaCl_2$、乙酸等），改善其渗水性能，提高压滤效率。

2.3.2.2　热风脱水（喷雾干燥）

泥浆的热风脱水即喷雾干燥。其工艺过程如下所述：泥浆经一定的雾化装置分散成雾化的细滴，然后在干燥塔内进行热交换，将雾状细滴中的水分蒸发，最后得到含水量在 8% 以下、具有一定粒度的球形粉料。可见，喷雾干燥既是一个脱水的过程，又是一个造粒的过程，在陶瓷生产中应用很广，例如干燥原料（如高岭土、二氧化钛、氧化铝等），制备各种干压、半干压坯料，甚至可塑成型的坯料也可以用喷雾干燥的粉料加水调制而成。

（1）喷雾干燥雾化方式的类型　泥浆的雾化干燥过程主要由以下几个工序组成：泥浆的制备与输送，热源的发生与热气流的供给，雾化与干燥，干粉的收集与废气分离等。其中最主要的是雾化与干燥过程。根据雾化方式的不同，喷雾干燥设备可以分为三种：气流式雾化、离心式雾化和压力式喷嘴雾化。其中后两种在陶瓷工业中用得比较普遍。

① 离心式雾化。它是将待雾化的泥浆送到一个高速转动的离心盘上，由于离心力的作用，泥浆被强制通过均匀分布在离心盘周边的槽式喷孔撕裂成微滴，并以极高的线速度离开离心盘成为雾状。

离心喷雾的特点是可喷高黏度（0.90Pa・s）、带有大颗粒悬浮物的浆料，不易堵塞喷孔，能均匀喷雾，所得雾滴较细，干燥后的粉料粒径一般在 100μm 左右。但这种设备的机械加工要求较高，制造费用高，旋转轴用材料的韧性要求较高，且由于喷距较大，故要求干燥塔的直径也相应较大，与压力喷雾相比，所得粉料粒度较细，容重较低，粒度分布范围较宽。

② 压力式喷嘴雾化。它是利用浆泵的压力将泥浆送到一个特殊的喷嘴中，使之在喷嘴中迅速旋转，一直至喷嘴孔口，泥浆在离开孔口时，被离心力撕裂成雾滴，这些雾滴由喷孔中均匀喷出，以锥体状散开，形成喷泉状雾焰。

压力式喷嘴雾化适合于低黏度、不含大颗粒泥浆的雾化，所得粉料粒径较离心式的粗，但容重较大，流动性好，有良好的成型性能。此外，它的设备结构简单紧凑、造价低、维修方便、占地面积小、能量消耗小、噪声低等。但需要高压浆泵，由于喷嘴直径小易被堵塞，浆料最好预先过筛。由于喷射速度高，喷嘴磨损大，需定时更换喷嘴，否则会引起进料波动，造成雾化不均匀。

喷雾干燥的热源通常为油、煤气、煤炭等。特种陶瓷工业也有采用电作热源的。

（2）主要影响因素　在喷雾干燥工艺中，影响粉料性能和干燥效率的主要因素是泥浆浓度、进塔热风温度、排风温度、离心盘转速和喷雾压力等。这些因素不但直接影响粉料的性能和干燥效率，而且彼此之间也有相互影响。

① 泥浆的浓度。泥浆的浓度大小对所得粉料的容量、颗粒组成及产量、能量消耗等都有直接影响。对喷雾干燥来说，希望泥浆的浓度尽可能大，这样可以提高粉料的体积密度，提高产量，降低油耗。同时可使粉料的粗颗粒增多，有利于压制成型。表 2.16 列出了泥浆浓度与喷雾干燥效果的关系。可见提高泥浆浓度是发挥干燥塔的生产能力、提高产量、降低能耗和成本的有效途径。目前国内外已普遍采用减水剂来制取浓泥浆。国外可制取固相含量为 60% ～ 65%，甚至 70% 的高浓度泥浆。国内也可达 60% ～ 62%。常用的减水剂列于表 2.17。

表 2.16　泥浆浓度与喷雾干燥效果的关系

干燥方式	泥浆性质			热风进塔温度/℃	干粉性质		颗粒组成/%			油耗量/(kg/t)	塔生产量/(t/h)
	水分/%	相对密度	进浆量/(m^3/h)		水分/%	容量/(g/cm^3)	0.14 ～ 0.4mm	0.097 ～ 0.15mm	＜ 0.097mm		
压力雾化	53.4	1.385	1.041	500	7.62	0.803	64.84	2.7	10.46	109.5	0.725
	46.94	1.473	1.041	490	7.82	0.821	66.11	23.67	10.22		0.854
	42.1	1.541	1.1	470	7.42	0.846	74.11	19.08	6.81	68.4	1.04
离心雾化	59.3	1.33		450	7.8	0.78	29.2	45.8	25	117 ～ 138	1.25
	55.4	1.38		450	8.7	0.78	39	37.6	23.4	77.5	1.49
	49.7	1.45		450	8.8	0.78	46	34.4	29.6	63.5 ～ 68.7	1.53

表 2.17　常用的减水剂

减水剂种类	主要成分
水玻璃	$Na_2O \cdot nSiO_2$
纯碱	Na_2CO_3

续表

减水剂种类	主要成分
AST 减水剂	橡碗单宁和木质素磺酸盐的混合物
腐殖酸钠	腐殖酸钠
SN- Ⅱ型水泥减水剂	β- 萘磺酸钠－甲醛缩合物（阴离子表面活性剂）
802 水泥减水剂	多环芳烃钠盐
聚丙烯酸钠	羧酸类聚合物
六偏磷酸钠	$(NaPO_3)_6$（工业纯）

② 进塔热气温度和排出废气温度。进塔热气温度主要影响粉料的含水量和体积密度。当其他条件不变时，进塔温度提高，则粉料的含水量减少。且由于雾滴与高温热气接触时表面生成一层硬壳，阻碍了雾滴的收缩，故使粉料的体积密度下降（表 2.18），所以热气进塔的温度不宜过高，一般在 450 ～ 480℃之间。

表 2.18　进气温度与粉料性能的关系

操作条件	热气温度 /℃	粉料水分 /%	粉料体积密度 /（g/cm^3）	粉料流动性
泥浆相对密度 1.33，泥浆流量 28L/min，离心机转速 3200r/min，塔下侧壁负压 265 ～ 275Pa	400	7.7	0.772	无变化
	430	4	0.766	
	450	3.6	0.78	
	465	2.9	0.78	
	480	2.3	0.77	

废气排出的温度主要影响粉料的含水量，同时也反映喷雾塔的热效率，在其他工艺参数不变的情况下，排气温度提高则粉料水分减少（表 2.19）。

表 2.19　离心雾化时排气温度与粉料性质的关系

操作条件	进浆量 /（L/min）	排气温度 /℃	粉料水分 /%	粉料体积密度 /（g/cm^3）	粉料流动性
进气温度 470 ～ 480℃，塔下侧壁压力 245Pa，离心盘转速 3300 ～ 3500r/min	37	73	10.2	0.766	无变化
	2.1	75	9.8	0.75	
	1.92	78	9.1	0.772	
	1.83	82	8.9	0.75	
	1.77	83	8.8	0.783	
	1.8	85	6.4	0.722	
	1.71	88	5.6	0.77	

此外，在其他条件不变时，进浆量减少可使排气温度提高。故调节泥浆流量可以灵敏地改变排气温度，从而改变粉料的含水量。

③ 离心盘转速和喷雾压力。在离心喷雾中，离心盘转速加大时可使粗颗粒减少而细颗粒增加（表 2.20），同时粉料的体积密度降低，导致成型时容易分层和粘模，压缩比增大。

表 2.20 离心盘转速与粉料性能的关系

离心盘转速 /（r/min）	粉料性能		颗粒组成 /%		
	水分 /%	体积密度 /（g/cm^3）	0.12 ～ 0.4mm	0.076 ～ 0.105mm	＜ 0.076mm
3600	7.1	0.79	68.4	19	12.6
4000	8.7	0.78	56	24.2	17.8
4500	4.8	0.76	50	29.6	21.4
4900	8.3	0.72	48.4	28.2	23.4

对压力喷嘴雾化来说，喷雾压力主要影响喷射高度，同时也影响了干燥塔的高度。不同孔径喷嘴的喷射高度和流量，均随压力增大而增大（表 2.21）。此外，喷雾压力对粉料粒度也有直接影响，压力越大，所得粉料越细。

表 2.21 工作压力与喷射高度及流量的关系

喷嘴孔径 /mm	不同喷射高度或流量下的工作压力 /MPa							
	喷射高度				流量			
	18m	20m	22m	25m	$18m^3/h$	$20m^3/h$	$22m^3/h$	$25m^3/h$
1.4	0.54	0.59	0.598	0.607	0.018	0.022	0.022	0.023
1.8	0.59	0.61	0.617	0.637	0.029	0.029	0.03	0.031

（3）喷雾干燥工艺的特点　喷雾干燥工艺的优点主要有以下几方面。

① 工艺简单，并可连续化自动生产，周期短，产量大，劳动条件好，生产率高。

② 粉料性能（如水分、粒度）稳定，并可随时调节。由于颗粒呈球状，流动性好，成型后坯体强度高。

③ 由泥浆至粒状粉料只经过一个工序即可完成。

喷雾干燥工艺的主要缺点是一次性投资大，能量消耗较大。

2.3.3 造粒

造粒是将细碎后的陶瓷粉料制备成具有一定粒度（假颗粒）的坯料，使之适用于干压和半干压成型的工艺。上述介绍的喷雾干燥工艺是陶瓷生产中普遍采用的一种脱水和造粒的方法。除此之外，还有一些传统的造粒方法，如轮碾造粒、锤式打粉和辊筒式造粒等。这些方法自动化程度低，劳动条件较差。但由于设备简单，经济实用，且能够用于干法制粉中，故在我国的中小企业中仍被广泛应用。

轮碾造粒的特点是产量大，能够连续操作，所得粉料的体积密度大。但形状不规则，流动性较差，颗粒分布难以控制。

锤式打粉机和辊筒打粉机这两种造粒机设备比较简单，可以制备粒度较大的坯料。辊筒式的造粒机常用来制作锦砖斑点料。

目前国外逐渐采用干法制粉工艺，即干粉细碎，再适当加水造粒的方法。避免了坯料制备过程中水的循环，降低了能量消耗。在干法制粉工艺中，采用的造粒设备是连续式造粒机细碎后的粉料在混料桶内进行湿混造粒。混料桶里装置带有销钉和叶片的旋转轴，同时装有喷水用的喷雾喷嘴。造粒时，粉料可以连续不断地送入混料桶里，在轴的高速旋转下，粉料与水和黏合剂充分混合，润湿，聚集成球。粉料在混料桶里停留时间约为 0.5min。然后被送往流化干燥床，使其进一步干燥，直至符合成型要求。这种造粒机制备的粉料，体积密度大，形状规则，成型性能好。与喷雾干燥工艺相比，采用这种方法造粒的特点是：粉料密度高，堆积密度大，成型压缩比小；能量消耗小，约为喷雾干燥的 37%；自动化程度高，占地面积小，不需要高大的厂房。

2.3.4 坯料的陈腐和真空处理

2.3.4.1 坯料的陈腐

球磨后的注浆料放置一段时间后，黏度降低，流动性增加，空浆性能也得到改善。经压滤得到的泥饼，其水分和固体颗粒的分布很不均匀，同时含有大量空气，不能用于可塑成型。经过一段时间的陈放，可使泥料组分趋于均匀，可塑性提高。同样，造粒后的压制坯料在密闭的仓库里陈放一段时间，可使坯料的水分更加均匀。上述情况，生产中称为陈腐。它的作用主要体现在以下几个方面。

（1）通过毛细管的作用，使坯料中水分更加均匀。

（2）在水和电解质的作用下，黏土颗粒充分水化和离子交换，一些非可塑性的硅酸盐矿物（如白云母、绿泥石、长石等），长期与水接触发生水解变为黏土物质，从而使可塑性提高。

（3）黏土中的有机物，在陈腐过程中发酵或腐烂，变成腐殖酸类物质，使坯料的可塑性提高。

（4）陈腐过程中，还会发生一些氧化还原反应，例如，FeS_2 分解为 H_2S，$CaSO_4$ 还原为 CaS，并与 H_2O 及 CO_2 作用生成 $CaSO_3$ 和 H_2S，产生的气体扩散、流动，使泥料松散均匀。

陈腐一般在密封的仓或池中进行，要求保持一定的温度和湿度。陈腐的效果取决于陈腐的条件和时间。在一定的温度和湿度下，时间越长，效果越好，但陈腐一定时间后，继续延长时间效果不明显。

陈腐对提高坯料的成型性能和坯料强度有重要的作用。但陈腐需要占用较大的空间，同时延长了坯料的周转期，使生产过程不能连续化，因而，现代化的生产不希望通过延长陈腐时间来提高坯料的成型性能，可通过对坯料的真空处理来达到这一目的。

2.3.4.2 坯料的真空处理

（1）真空练泥　经压滤得到的泥饼，水分和固体颗粒的分布都很不均匀。泥料本身存在定向结构，导致坯体收缩不均匀，引起干燥和烧成开裂。此外，泥饼中还含有大量空气，其量占泥料总体积的 7% ～ 10%。这些空气的存在，阻碍固体颗粒与水的润湿，降低泥料的可塑性，增大成型时泥料的弹性变形，造成制品缺陷。经真空练泥后，泥料空气的体积可降至 0.5% ～ 1%，而且由于螺旋对泥料的揉练和挤压作用，泥料的定向结构得到改善，组分更加均匀。坯料收缩减少，干燥强度也可成倍增加。产品的性能如介电性能、化学稳定性和透光性等得到明显改善。

泥料在练泥时的运动过程是非常复杂的。从矿物学的研究可知，黏土矿物具有片状结构，长石也有类似的长柱状结构，这两种结构往往趋于在受力面的垂直方向上排列。练泥时，螺旋桨叶的机械作用使泥料连接薄弱的部位出现滑动面，加之水分子的移动，泥料的单面受压，使得泥段本身存在着应力，因而出现泥料的颗粒定向排列情况。这种结构使得泥段在不同方向上的收缩不一致，而且由于滑动面上聚集黏土颗粒和黏土带入的可溶性盐类，几乎没有石英和其他矿物。故使泥段在不同方向上的化学组成和物理力学性能均有差别。泥料中塑性成分越多，定向排列的情况越严重。通过测定泥料对电磁波反射的情况可以判断泥段中不同部分定向排列的程度和方向。一般来说，挤制小直径泥段（120 ～ 140mm）时，泥段表面定向平面平行于泥段的中心轴，泥段中心则垂直于中心轴，定向平面绕着泥段轴线 *C* 形成空间螺旋线。挤制大直径泥段（220 ～ 260mm）时，结构较复杂。外部表面上的定向平面平行于中心轴，而点 *A* 与 *B* 部分的定向平面垂直于轴，与泥段中心相距 70 ～ 80mm 处定向平面和轴相交成 12° ～ 15°，中心部位又有独立的定向曲线。图 2.2 为挤制泥坯的颗粒取向及泥片横切面结构示意图。*C* 为泥段中心。小直径泥段中最大收缩方向可以认为接近于径向。在中心部位各向异性的收缩作用最小，结构最好。大直径泥段内部处于复杂的应力状态，定向平面呈 S 形，因此容易开裂。

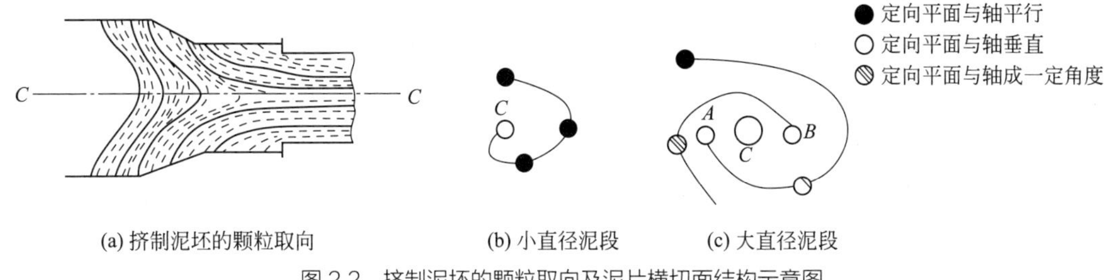

图 2.2 挤制泥坯的颗粒取向及泥片横切面结构示意图

影响泥料质量的因素很多，主要有以下几个方面。

① 加入泥饼的水分高低及均匀性。压滤后的泥饼，水分分布很不均匀，尤其是泥饼中部的水分含量很高，因而泥饼的软硬程度不一。这会增加练泥后的泥料的水分不均匀性，同时会给真空练泥操作带来困难。过软的泥饼会使真空室发生堵塞，降低真空度；过硬的泥饼不易切碎，增大挤出阻力。生产中，常将压滤后的泥饼用塑料布盖好陈腐一段时间，也可将泥饼中部的过软部分去掉。

② 泥饼的温度和练泥机室内温度。这两个温度对泥段的质量有很大影响。泥饼温度过低时（特别是冬天），容易造成挤出泥段的开裂；但温度过高也不合适，因水在低压下的沸点降低（表 2.22），如泥段温度过高，则水大量汽化，导致真空度明显降低。一般冬天练泥机室温应在 15℃以上，泥饼温度在 30℃以上，夏天应用冷泥。

表 2.22 水在不同真空度下的沸点

沸点温度 /℃	真空度 /MPa
100	0
80	0.054
60	0.081
40	0.093
35	0.095
30	0.097

③ 加料速度。加料速度应根据练泥机容量的大小及泥料的性质等条件而定。如加料过快，真空室容易堵塞，影响真空度；如加料过慢，泥料会产生脱节现象，导致泥段出现层裂和断裂等缺陷。加料速度应适当、均匀。

④ 真空度。真空度即大气压与真空室的残压之差。控制真空度就是控制真空室内的残压。生产上真空度一般控制在 0.095 ～ 0.097MPa。大气压的大小并不是固定不变的。一般夏天的大气压比冬天低，阴天比晴天低，故在夏天，真空度会比冬天稍低，应根据各地情况适当掌握。影响真空度的因素有：润滑油的温度，润滑油过热则产生乳化现象，失去润滑作用，会导致真空度下降，故应勤更换；真空泵堵塞或漏气；真空泵外壳温度升高，真空泵活塞磨损过大等。

⑤ 练泥机的结构。练泥机的结构（主要是螺旋叶，挤制截面比及机头的直径和长度）对泥段的质量有直接影响。螺旋叶磨损严重时，距离筒壁之间出现较大的间隙，会导致泥段产生层裂等缺陷。挤制截面比是指练泥机螺旋在垂直平面上的投影面积与出口截面积之比。如截面比太小，可能出现螺旋形开裂、S 形开裂和断裂等；如截面比太大，将引起泥段发热、断裂、功率消耗增大、产量下降等。截面比的确定应根据坯料特性、机头及挤制泥段种类（空心或实心）来决定。根据生产经验，挤制实心泥段时，截面比为 3 ～ 5；挤制空心泥段时，截面比为 0.5 ～ 2.6。

机头是练泥机挤出螺旋与出口之间的机壳，其作用是使螺旋输送过来的泥料挤压紧密，并均匀送出出口。机头的直径和形状决定了泥段的直径和形状。机头的直径不能比螺旋叶大得太多，否则当泥料向前推进时，将会使每层泥料的速度相差较大（中间最大，渐次向外层减少），从而使挤出泥段出现像树干年轮状的层裂。机头的长度应与直径相适应，一般直径大于 250mm 时，长度应在 1200mm 左右，直径小于 250mm 时，长度应在 820mm 左右。

（2）泥浆的真空脱气　泥浆中的微小气泡直接影响制品的强度、表面光洁度及各种浇注性能，应设法除去。生产中采用泥浆真空脱气装置，对泥浆进行真空处理。

真空处理时，先将密封罐里抽真空至 0.095MPa 以上，然后打开阀门，泥浆就由储料桶里经过喷头吸入密封罐内。此时，真空泵需继续工作，以排除泥浆中的空气。处理后的泥浆经蛇形管送入注浆成型。

利用真空脱气装置，将 50L 泥浆经真空处理 10 ～ 15min，可使干坯及制品强度提高 15% ～ 20%。

思考题

2-1 长石质瓷、绢云母质瓷、磷酸盐质瓷、镁质瓷配方组成有何特点？

2-2 电绝缘瓷配料时对原料有何要求？

2-3 欲配制 50g 的 $(Ba_{1-\alpha}Sr_{\alpha})Sm_2Ti_4O_{12}$，其中 $\alpha = 0.01$，0.03，0.05，0.07，所用的原料是 $SrCO_3$、$BaCO_3$、Sm_2O_3 和 TiO_2，各需多少克？

2-4 欲配制 50g 的 $Mg_2Al_4[Si_5O_{18}]$，所用的原料是碱式碳酸镁 $3MgCO_3 \cdot Mg(OH)_2 \cdot 3H_2O$、$Al(OH)_3$、$SiO_2$，各需多少克？

2-5 欲配制 100g 的 $Li_2ZnTi_3O_8$，所用的原料是 Li_2CO_3、$Zn(NO_3)_2$、TiO_2，各需多少克？

2-6 如表 2.23 所列，已知坯料的化学组成，改写成实验式。

表 2.23 坯料的化学组成

组成	SiO_2	Al_2O_3	Fe_2O_3	CaO	MgO	K_2O	Na_2O	灼减	合计
含量 /%	70.51	19.31	0.88	1.17	0.04	2.75	0.44	4.90	100

2-7 我国清朝雍正薄胎粉彩碟的瓷胎实验式为：

$$\left.\begin{matrix}0.088\ CaO\\0.010\ MgO\\0.077\ Na_2O\\0.120\ K_2O\end{matrix}\right\}\left.\begin{matrix}0.982\ Al_2O_3\\0.018\ Fe_2O_3\end{matrix}\right\}4.033SiO_2$$

试计算该瓷胎的化学组成。

2-8 某厂坯料的实验式如下：

$$\left.\begin{matrix}0.031\ Na_2O\\0.078\ K_2O\\0.047\ CaO\end{matrix}\right\}\cdot 1.0\ Al_2O_3 \cdot 3.05SiO_2$$

使用原料的化学组成见表 2.24。

表 2.24 使用原料的化学组成

原料名称	化学组成 /%							
	SiO_2	Al_2O_3	Fe_2O_3	TiO_2	CaO	MgO	K_2O	Na_2O
石英	99.40	0.11	0.08					
长石	65.34	18.53	0.12		0.34	0.08	14.19	1.43
高岭土	49.04	38.05	0.20	0.04	0.05	0.01	0.19	0.03

用满足法计算原料的配入量。

2-9 如图 2.3 所示，$Ba_2Ti_9O_{20}$ 具有优异的微波介电性能，请选择合适的原料，计算需要的量，并提出合适的烧结温度。

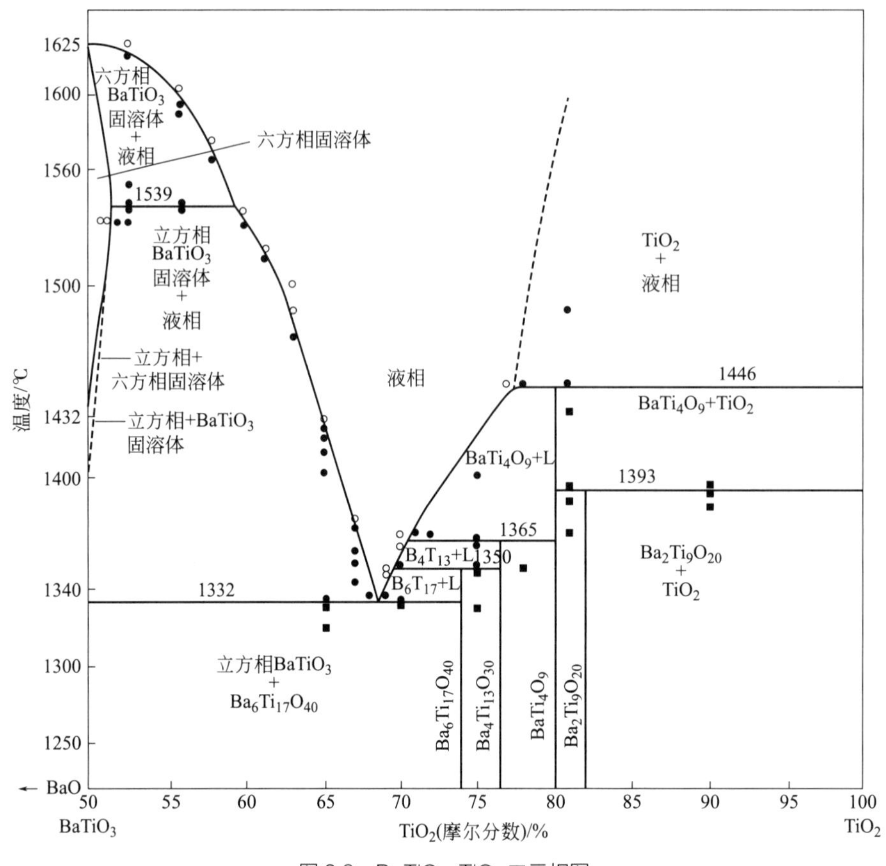

图 2.3 $BaTiO_3$-TiO_2 二元相图

2-10 根据成型方法的不同，坯料通常可以分成哪三类？

2-11 注浆坯料制备时，要注意哪些因素？

2-12 在输送、储存与浇注过程中，浆料应满足哪些要求？

2-13 可塑性坯料制备时，为什么要控制水分？

2-14 可塑性坯料为什么要进行陈腐和真空处理？

2-15 制备压制坯料的粉体为什么要造粒？

2-16 为了保证产品质量和满足成型的工艺要求，坯料应具备哪些基本条件？请说明原因。

釉料及其制备

“釉”指的是覆盖在陶瓷坯体表面上的玻璃状薄层。通常，为了改善陶瓷产品的外观质量（如光泽度、颜色、画面等）或者提高产品的性能（如机械强度、化学稳定性、电绝缘性、防污性、渗水透气性、散热能力等），将调制好的釉浆涂覆在坯体的外表，经过高温煅烧后熔融、铺展，冷却后形成玻璃状薄层，并与坯体紧密结合在一起。

3.1 釉层的特点与作用

通常，釉层为一种硅酸盐玻璃，所以它的性能和玻璃有许多相似之处。但由于釉是黏附在坯体上的外衣，会和坯体发生一定程度的反应，它的组成较一般的玻璃更为复杂，其性能还需与坯体相适应。因此，认识釉层时，可沿用玻璃的规律进行分析与对比，同时更要掌握它的个性与特征，以便更符合于陶瓷领域的实际情况。

3.1.1 玻璃通性

釉层为玻璃态物质，有如下特征：原子排列为各向同性，如折射率、弹性系数、硬度等在不同方向上具有同样数值；无固定熔点，由熔融的液态变为固态时，其过程是连续的，有一个熔融过程，而且是可逆的；与晶态物质相比较，在化学组成相同时，具有较大内能，在一定条件下可以析出晶体，玻璃态物质结晶时，总是伴随着放热现象。

3.1.2 釉层结构

沿制品的垂直方向切片观察釉层，其厚度为 80 ～ 260μm，为夹杂有晶相和少量的贯穿气泡的纯玻璃相层。沿釉层厚度中的化学组成也有一定的波动。可从釉的折射率看出，即釉 - 空气和釉 - 瓷坯界面处的折射率不相同。

釉中的晶相是配合料的晶体残留物和新生晶体的生成物。在瓷釉中大多是前一种类型。通常，这些残留物是在熔体中未溶解和未完全反应的残余石英，占 1% ～ 3%，大小为 20 ～ 40μm，与瓷坯中的石英颗粒相类似，颗粒周围也有熔蚀圈。作为瓷釉中新生晶体，大多数是长达 3μm 的莫来石晶体，也有少量的钙长石、方石英晶体。

釉中的气相为形状规整的圆形气泡，它们是釉本身及瓷坯深处析出的气体造成的。釉中气泡的大小为 10 ～ 80μm，极细小的气泡和 60μm 以上的大气泡占气泡量的 7% ～ 9%，气泡分布在坯釉接触处附近，在釉层整个厚度中的分布是比较稀疏的，有时是相互连通的。

3.1.3 釉的特点

釉是与坯体结合在一起的，它的性质往往受坯体的影响，同时，由于陶瓷坯体受烧成工艺的限制，釉的熔融不能充分进行。因此，成熟的釉料具有与玻璃近似的某些物理化学性质：各向同性；由固体到液体或相反的变化是一种渐变的过程，没有明显的熔点；具有光泽，硬度大；能抵抗酸和碱侵蚀（氢氟酸和热碱除外）；质地致密，对液体和气体都是不渗透性质。

釉和玻璃不同之处是：它不单纯是硅酸盐，有时还含有硼酸盐和磷酸盐。大多数釉含有较多的 Al_2O_3，且 Al_2O_3 在釉中是重要的成分，既能够增加坯釉的附着性，又可防止失透。釉的均匀程度与玻璃也有所区别，玻璃可认为是一种均质体，而釉的熔化受坯体烧成制度及制品成分限制，使釉难以达到像玻璃一样为均匀组织，可能含有或多或少的气体包裹物、未起反应的石英结晶和新形成的矿物结晶。有的釉熔融温度很低（比硼砂的熔点还低），而有的釉熔融温度很高，如硬质瓷釉，故釉的熔融温度范围比玻璃略大。

3.1.4 釉的作用

可遮盖陶瓷制品表面的瑕疵，使陶瓷制品具有平滑而呈现光泽的表面，增加了陶瓷的美观，尤其是颜色釉与艺术釉（如结晶釉、砂金釉、无光釉、裂纹釉等），更提高了陶瓷制品的艺术价值。由于表面光滑，故比未施釉的粗糙的陶瓷表面易于保持清洁和清洗，同时表面上的致密釉层可阻止液体、气体等渗入。细陶瓷上的釉保护它下面的彩绘避免磨损，在许多情况下釉本身就具有良好的装饰效果，如色釉、结晶釉等。与坯体相适应的釉层可以提高陶瓷制品的强度、表面硬度及热稳定性。

3.2 釉层的性质

3.2.1 釉层的物理性质

3.2.1.1 釉的熔融温度范围

釉和玻璃一样无固定熔点，又在一定温度范围内逐渐熔化，因而熔融温度有上限和下限之分。熔融温度的下限是指釉的软化变形点，习惯上称为釉的始熔温度；熔融温度的上限是指釉的完全熔融温度（流动温度）；由始熔温度至完全熔融温度之间的温度范围称为熔融温度范围。当釉料充分熔融并平铺在坯体表面而形成光滑的釉面时，可认为这时达到了釉的成熟温度，这就是生产中的烧釉温度（釉的烧成温度）。釉的烧成温度一般位于熔融温度范围的上限。

釉的烧成温度可以通过实验方法，也可以通过酸度系数、熔融温度系数定性地进行推测，从而获得近似于实际的数值。

通常，将待测釉料制成 ϕ3mm×3mm 圆柱作为标准试样，观察其加热过程形状发生变化的情况，确定釉料的始熔温度、完全熔融温度与熔融温度范围（图 3.1）。

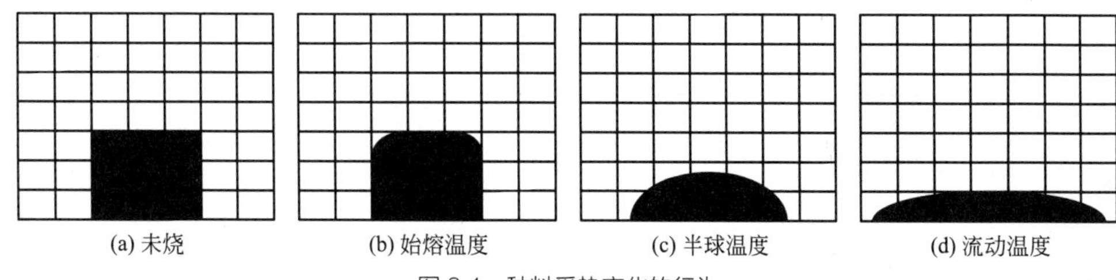

图 3.1 釉料受热变化的行为

（1）酸度系数 酸度系数是指釉中酸性氧化物与碱性氧化物的摩尔数之比，一般以 C.A 表示：

$$\mathrm{C.A}=\frac{\mathrm{RO_2}}{(\mathrm{RO+R_2O})+3\mathrm{R_2O_3}} \tag{3.1}$$

釉的酸度系数增加，釉的烧成温度提高。

（2）熔融温度系数 首先计算釉的熔融温度系数 k：

$$k=\frac{a_1n_1+a_2n_2+\cdots+a_in_i}{b_1m_1+b_2m_2+\cdots+b_im_i} \tag{3.2}$$

式中 a_1，a_2，…，a_i——易熔氧化物熔融温度系数；

b_1，b_2，…，b_i——难熔氧化物熔融温度系数；

n_1，n_2，…，n_i——易熔氧化物质量分数；

m_1，m_2，…，m_i——难熔氧化物质量分数。

易熔氧化物熔融温度系数和难熔氧化物熔融温度系数见表 3.1。

表 3.1 釉组成的熔融温度系数

氧化物种类		系数 a 或 b	氧化物种类		系数 a 或 b
易熔氧化物	NaF	1.3	易熔氧化物	AlF_3	0.8
	B_2O_3	1.25		$NaSiF_6$	0.8
	K_2O	1.0		FeO	0.8
	Na_2O	1.0		Fe_2O_3	0.8
	CaF	1.0		CoO	0.8
	ZnO	1.0	易熔氧化物	NiO	0.8
	BaO	1.0		MnO_2、MnO	0.8
	PbO	0.8		Na_3SbO_3	0.65

续表

氧化物种类		系数 a 或 b	氧化物种类		系数 a 或 b
易熔氧化物	MgO	0.6	易熔氧化物	Al_2O_3（< 0.3%）	0.3
	Sb_2O_5	0.6	难熔氧化物	SiO_2	1.0
	Cr_2O_3	0.6		Al_2O_3（> 3%）	1.2
	Sb_2O_3	0.5		SnO_2	1.67
	CaO	0.5		P_2O_5	1.9

注：易熔氧化物的系数是 a，难熔氧化物的系数是 b。

根据计算得到的 k 值，由表 3.2 查出釉的相应熔融温度 t。

表 3.2 k 与 t 的对照

k	2	1.9	1.8	1.7	1.6	1.5	1.4	1.3	1.2	1.1
t/℃	750	751	753	754	755	756	758	759	765	771
k	1.0	0.9	0.8	0.7	0.6	0.5	0.4	0.3	0.2	0.1
t/℃	778	800	829	861	905	1025	1100	1200	1300	1450

釉的熔融性能直接影响陶瓷产品的质量。若始熔温度低、熔融温度范围过窄，则釉面易出现气泡、针孔等缺陷，尤其是采用快速烧成制度时更会出现这种现象。

釉料的熔融性能首先取决于其化学组成，如 RO_2 与 RO 的比值、R_2O_3 与 RO_2 的比值、RO 的种类及各自的数量。此外，还与釉料细度及烧釉制度有关。

对于釉的熔融来说，碱金属与碱土金属氧化物都起着降低其软化温度与熔融温度的助熔作用。Li_2O、Na_2O、K_2O、PbO、B_2O_3 都是强助熔剂，它们在受热升温时，与 SiO_2 发生反应，割断硅氧连续网络，并把它分成较小的基团，因而使釉趋于易熔，碱土金属氧化物主要在较高的温度下发挥熔剂作用。

3.2.1.2 釉的黏度与表面张力

釉面的平坦及光滑程度取决于釉料熔化后的流动性和润湿坯体的能力，它们受釉料的高温黏度与表面张力的直接影响。在成熟温度下，若釉的黏度过小，则容易出现流釉、堆釉或干釉这类缺陷；如果黏度过大，则釉面出现波纹、橘釉、针孔等毛病。

一般釉熔融时的黏度为 $10^2 \sim 10^3$Pa·s，表面张力为（3 ～ 5）×10^3N/m。当黏度稍大于 2×10^2Pa·s 时，才能形成平滑的釉面。布列蒙（Bremond）认为，在成熟温度下，釉黏度的对数值 $\lg\eta = 2.5 \sim 4.3$。当 $\lg\eta = 5$ 时，釉未烧好；$\lg\eta = 4$ 时，釉面无光；$\lg\eta = 2.6$ 时，釉的流动性大，易起泡。

釉的这两种性能取决于其组成与结构。低碱硅酸盐釉料的黏度首先取决于硅氧四面体网络连接的程度。其黏度随着 O/Si 比值的增大而降低。在熔融 SiO_2 中，O/Si = 2 具有最大黏度，它呈架状连接。氧硅比增大（熔体中碱含量增大）时，会使大型四面体群分解为小型四面体群。四面体间连接减少，空隙随之增大，导致熔体黏度下降。离子间相互极化对釉料黏度也有显著的影响。极化能力强的离子，会使硅氧键中阳离子极化、变形，减弱硅氧间的作用力，降低黏度。尤其是非惰性气体型阳离子如 Pb^{2+}、Cd^{2+}、

Zn^{2+}、Fe^{2+}、Cu^{2+}、Co^{2+}、Mn^{2+} 等极化力较强，减弱 Si—O 键作用力大，在高于玻璃态转变温度下，易形成缺陷和不对称中心，因而使熔体黏度低。另外，含 B_2O_3 釉料的黏度比高硅釉料的黏度低的原因之一也是由于不对称程度大的原因。但应该注意到硼的反常现象，当钠-硅酸釉料中加入少量 B_2O_3 时，由于硼处于四面体中，呈三维空间连接使结构网络紧密，黏度上升。若硼含量增加至 $Na_2O/B_2O_3<1$ 时，增加的硼处于 $[BO_3]$ 三角体中，结构松散，黏度下降。由此可见，釉料组成对黏度的影响还与阳离子的配位状态有关。一般情况下，Al_2O_3 难以形成玻璃质，是位于网络以外，多半以 $[AlO_6]^{9-}$ 八面体的形式处于硅氧结构网络的空穴之中。而当 Al_2O_3 和键强较大的碱性氧化物加入硅酸盐釉料中，后者提供足够的单键氧，则有可能形成 $[AlO_4]^{5-}$ 四面体，并与 $[SiO_4]^{4-}$ 构成网络，使釉的结构紧密，黏度增大，热膨胀系数也增高。

综上所述，三价及高价氧化物如 Al_2O_3、SiO_2、ZrO_2、ThO_2 等都会提高釉的黏度；碱金属氧化物会降低釉的黏度。当釉中 O/Si 比值很高时，黏度按 $Li_2O \rightarrow Na_2O \rightarrow K_2O$ 的顺序递减，这是由于 R_2O 含量较多，硅氧四面体连接较少，四面体之间主要靠 R—O 键力相连，而 Li—O 键力最大。当釉中 O/Si 比值很小时，SiO_2 含量较多，硅氧四面体之间键力起主要作用，Li^+ 的极化力最大，减弱 Si—O—Si 键的作用最大，故黏度按 $Li_2O \rightarrow Na_2O \rightarrow K_2O$ 的顺序递增；碱土金属氧化物对黏度的影响较复杂。在无硼或无铅釉中，一方面由于 RO 极化能力强，使氧离子变形，它们能使大型四面体群解聚，降低黏度，这个效果主要呈现在高温下；另一方面由于碱金属阳离子为二价，离子半径不大，键力较碱金属离子大，有可能将小型四面体群的阳离子吸引到周围，使黏度增大，这一效果主要在低温下呈现。显然，不同温度下极化能力与离子半径对黏度的影响是不同的。一般认为，CaO、MgO、ZnO、PbO、BeO 在高温下会减小釉的黏度，在低温下却增大其黏度，只是 ZnO、BeO、PbO 对釉料冷却时黏度的增加速度影响较小。

各种氧化物对釉料表面张力的影响也各不相同。根据氧化物对硅酸盐玻璃态熔体表面张力的影响将其分为三类。

（1）表面非活性氧化物　如 Al_2O_3、V_2O_3、Li_2O、CaO 等，以及一些稀土元素，它们会提高釉料的表面张力。

（2）中间态氧化物　如 B_2O_3、K_2O、Bi_2O_3、PbO、Sb_2O_5 等，若引入量较多，往往会降低硅酸盐熔体的表面张力。

（3）表面活性氧化物　如 MoO_3、CrO_3、WO_3、V_2O_5 等，引入量不多也会降低表面张力。

3.2.1.3 热膨胀性

釉层受热膨胀主要是由于温度升高时，构成釉层网络质点热振动的振幅增大，导致它们的间距增大所致。这种由于热振动而引起的膨胀，其大小取决于离子间的键力，键力越大则热膨胀越小，反之也是如此。

釉的膨胀系数和其组成关系密切。SiO_2 是釉的网络生成体，Si—O 键强大，若其含量高，则釉的结构紧密，因此热膨胀小。含碱的硅酸盐釉料中，引入的碱金属与碱土金属离子削弱了 Si—O 键或打断了 Si—O 键，使釉的热膨胀增大。一般来说，碱金属离子增加釉膨胀系数的程度还超过碱土金属离子。

3.2.1.4 釉的弹性

弹性表征着材料的应力与应变的关系。弹性大的材料抵抗变形的能力强。对于釉来说，它是能否消除釉层因出现应力而引起缺陷的重要因素。通常用弹性模量来表示材料的弹性。釉层的弹性和其内部组成单元之间的键强直接有关，主要受下列四方面影响。

（1）釉料的组成　当釉中引入离子半径较大、电荷较低的金属氧化物（如 Na_2O、K_2O、BaO、SrO 等），往往会降低釉的弹性模量；若引入离子半径小、极化能力强的金属氧化物（如 MgO、Al_2O_3、TiO_2、ZrO_2 等），则会提高釉的弹性模量。在碱－硼－硅系统釉料中，若碱金属氧化物含量固定，以 B_2O_3 代替 SiO_2 后，形成的［BO_4］和［SiO_4］四面体组成紧密的网络，使釉的弹性模量升高。但［BO_4］增加至一定数量（15%～17%）后，增加的 B_2O_3 会形成［BO_3］三角体，结构松散，受力后易变形，弹性模量也就降低。这就是硼酸反常现象。在铝－硼－硅酸盐釉料中，若摩尔比 $\varphi[(Na_2O-Al_2O_3)/B_2O_3]>0$ 时，B^{3+} 及 Al^{3+} 均能构成四面体，处于网络结构中，结构紧密，弹性模量增加。若分子比 $1>\varphi>0$ 时，因 Na_2O 不足，虽然 Al^{3+} 可以成为四面体进入玻璃网络中，而［BO_4］四面体转变为［BO_3］三角体，降低弹性模量；若分子比 $\varphi<0$，即 Na_2O 更少时，B^{3+} 全部呈［BO_3］三角体，而 Al^{3+} 以六配位状态处于网络外的空隙中，网络连接坚固，弹性模量又升高。所以弹性模量的变化实质上反映釉内部结构的变化。

许多学者将各种氧化物对玻璃及釉的弹性模量的影响按照作用力的强弱列出顺序，但结果并不一致，说明组成与弹性模量的关系是复杂的。

（2）釉料的析晶　冷却时析出晶体的釉，其弹性模量的变化取决于晶体的尺寸与分布的均匀程度。若晶体尺寸小于 0.25μm，而且分布均匀，则会提高釉的弹性；反之，若晶体尺寸大，而且大小相差悬殊，则会显著降低釉的弹性。

（3）温度的影响　一般来说，釉的弹性会随温度升高而降低。主要是由于釉中离子间距因受热膨胀而增大，使离子间相互作用力减弱，弹性便相应降低。

（4）釉层厚度　实际测定弹性模量的结果表明，釉层越薄，弹性越大。

3.2.1.5 釉面的硬度

硬度是一种材料抵抗另一种材料压入、划痕或磨损的能力。它表征材料表层的强度，可看成是表面产生塑性形变或破坏所需要的能量。对于玻璃相为主要成分的釉层来说，网络生成体离子会使其硬度增大，而网络外离子则会减小其硬度。组成类型相同的釉，其硬度随网络外离子半径的减少、电价的升高及配位数的增加而提高。因为这时釉层结合能大，抵抗外力压入、刻划与摩擦的能力强。

釉面的硬度主要取决于釉层化学组成、矿物组成及其显微结构。由于组成玻璃网络的 SiO_2、B_2O_3 会显著提高玻璃的硬度，所以高硅釉层及含硼的硅酸盐釉层硬度都大。硼反常现象和硼铝反常现象都会影响釉的硬度，如用 B_2O_3 代替釉中的 SiO_2，若 $B_2O_3<15\%$，随着 B_2O_3 的增加，釉的硬度不断增大；若 $B_2O_3>15\%$，釉的硬度会明显降低。显然这

是由于较多的 B_2O_3 会使部分［BO_4］四面体转变为［BO_3］三角体，引起釉层结构松散所致。在一般情况下，Al_2O_3 虽能增大釉的硬度，但不显著。在含硼的铝硅酸盐釉料中，若 $Na_2O/B_2O_3 > 3$，$Al_2O_3/B_2O_3 \leqslant 1$ 时，以 Al_2O_3 取代 SiO_2 会降低釉的硬度，这也和硼离子的配位数的改变有关。

若釉层析出硬度大的微晶，而且高度分散在整个釉面上，则釉的硬度（特别是研磨硬度）会明显地增加，尤其是析出针状晶体时，效果更为显著。一些研究的结果表明，有助于提高釉面研磨硬度的晶体是锆英石、锌尖晶石、镁铝尖晶石、金红石、莫来石、硅锌矿。从这个角度来说，乳浊釉及无光釉的耐磨性比透明釉要高。

3.2.1.6 釉的光泽度

当光线投射到物体上时，它既会按照反射定律向一定方向反射，又会散射。若表面光滑平整，则光线在镜面反射方向上的强度比其他方向要大，因而光亮得多。若表面粗糙不平，则光线向各方向漫反射，表面半无光或无光。由此可见物体的光泽主要是该物体镜面反射光线所引起的，它反映着表面平整光滑的程度。光泽度就是镜面反射方向光线的强度占全部反射光线强度的比例系数。

釉面的光泽度与其折射率有直接的关系。折射率越大，釉面的光泽越强，因为高折射率使产生光泽感的镜面方向的分量增多。而折射率与釉层的密度成正比，因此，在其他条件相同的情况下，精陶釉和彩陶釉中因含有 Pb、Ba、Sr、Sn 及其他重金属元素氧化物，所以它们的折射率比瓷釉大，光泽也强，TiO_2 能强烈地提高釉的光泽度。

不少学者指出，凡能剧烈降低熔体表面张力、增加熔体的高温流动性的成分，有助于形成平滑的镜面，从而提高其光泽度；表面活性较大且具有变价阳离子的晶体也能改善釉面的平滑度与光泽度。

实践经验表明，急冷会使釉面光泽度增大。并不是由于折射率的影响，因为急冷的玻璃比慢冷玻璃的折射率小；而是由于急冷时釉层不会失透和析晶的缘故。

3.2.1.7 釉层的介电性质

使用于高压及高频条件下的陶瓷器件如电瓷、装置瓷及薄膜电路基片等表面上都施有釉层，所以釉层的电气性能有一定的要求。

釉的电气性能主要取决于釉的表面状态、化学组成和显微结构等因素，另外也和使用时的外在条件（如温度、湿度、大气中的盐类）密切相关。

常温下釉中的硅氧网络或硼氧网络在电流作用下没有什么迁移能力，因而釉层一般是绝缘的。但这种连续的［SiO_4］和［BO_4］或［BO_3］网络被 Na^+、K^+ 所打断则电阻下降。也就是说在含碱硅酸盐及含碱硼硅酸盐系统釉料中，碱金属离子的迁移能力大，是电流的传递者，降低电阻的成分。一些学者们列出釉中常用金属氧化物阳离子迁移能力递减的顺序如下：

$$Li^+ > Na^+ > K^+ > Rb^+ > Cs^+$$

$$Be^{2+} > Zn^{2+} > Mg^{2+} > Ca^{2+} > Sr^{2+} > Pb^{2+} > Ba^{2+}$$

$$Al^{3+} > Fe^{3+} > Cr^{3+} > B^{3+}$$

$Sn^{4+} > Zr^{4+} > Ti^{4+} > Si^{4+}$

玻璃中一价离子迁移、导电能力受网络断裂程度、阳离子半径及其他阳离子的压制作用所制约。网络断开越多，阳离子半径越小，一价离子越易移动。

按照玻璃的规律，含两种碱金属离子的玻璃，它们可以互相阻塞移动的通道，所以其电阻率比只含一种碱金属氧化物时要大几十倍，这就是所谓混合碱效应。因此为了增加釉的电阻常引入两种甚至更多的碱金属氧化物。

二价及高价离子一般会阻碍一价离子的移动，从而提高玻璃的电阻，但随着阳离子半径及网络空隙大小的不同，影响效果是有差异的。如硼和铝在玻璃中形成带负电的四面体会牵制 Na^+、K^+ 的移动。它们同时又参与形成网络，改变网络大小。B^{3+} 的离子半径小于 Si^{4+}，$[BO_4]^{5-}$ 小于 $[SiO_4]^{4-}$，所以网络较紧密，而 $[AlO_4]^{5-}$ 大于 $[SiO_4]^{4-}$，网络较松散。在外电场作用下，Na^+ 虽能脱离 $[BO_4]$ 或 $[AlO_4]$ 的束缚，但难以通过紧密的网络，而易通过松散的网络，导致玻璃中引入 B_2O_3 会增加其电阻，而引入 Al_2O_3 却会降低电阻。

普通电瓷釉的表面电阻率为 $10^{10} \sim 10^{13}\Omega \cdot cm$ 甚至更高。为了改善高压绝缘子表面电场的分布，避免产生局部电弧，提高防污秽闪络特性及防止无线电干扰的能力，常在绝缘子表面局部或全部涂施半导体釉，其表面电阻率在 $10^6 \sim 10^8\Omega \cdot cm$ 之间。在这类釉料中加入一种或多种导电性的金属氧化物如 Fe_2O_3、TiO_2、Cr_2O_3、SnO_2、Sb_2O_5 等，还可采用非氧化物（如 SiC、$MoSi_2$）混合到釉料中配成电阻温度系数极小的半导体釉。

3.2.2 釉层的化学稳定性

在使用过程中，施釉陶瓷制品和水、酸液或碱液接触。釉的表面不同程度地和这些介质发生离子交换、溶解或吸附效应，结果降低釉面光泽度，形成薄层干涉色，甚至表面下凹，溶出釉中的一些阳离子。因此化学稳定性是釉层的一个重要的性质。

玻璃受到液体的侵蚀经历一个复杂的过程。它不仅涉及溶解，也涉及某些离子对玻璃结构的渗透与作用。侵蚀反应开始时是在网络结点上的离子与溶液中水化的质点之间进行，接着会从釉结构中萃取出一价或二价阳离子。

低温釉含碱量较多，碱金属离子溶出的速度随着碱含量及其离子半径的增大而增加。若低温釉中含有一种或多种二价及多价元素，则金属离子溶出的速度会降低。

许多餐具釉中含有铅，它对釉的耐碱性影响不大，但会降低釉的耐酸性。多年来大家都在注意铅离子从釉表面溶出的问题。为了使釉中的铅不致影响人体健康，要求铅以不溶解状态（硅酸铅玻璃）存在于釉中。

在一些耐化学腐蚀的釉中常用硼酸配制无铅熔块，但 B_2O_3 含量要合理。若熔块中加入 B_2O_3，B^{3+} 呈四配位的形式成为玻璃网络形成体进入玻璃结构中，使玻璃的耐酸性增强。若 B_2O_3 增加至一定数量（取决于釉的组成）时，硼呈三配位的形式，会溶解于酸液中，使玻璃结构减弱，甚至使网络断裂，而易受侵蚀。因此，要找到稳定性最大时釉中 B_2O_3 含量的最高值。

如果以二氧化硅为基准来设计一个耐水侵蚀的釉料组成，可控制二氧化硅的含量大于50%。户外用的电瓷长期和雨水及潮湿空气接触，釉料中的二氧化硅含量要多些，碱含量要少些。耐酸的釉料需要高二氧化硅含量。例如，长期和碱性或酸性洗涤剂接触的一次烧成卫生陶瓷釉料含二氧化硅通常为60%，一些化工生产中用的陶瓷釉料中二氧化硅含量达75%。

氧化铝、氧化锌会提高硅酸盐玻璃的耐碱性，氧化钙、氧化镁、氧化钡能有效地提高玻璃相的化学稳定性。含高价离子玻璃表面能阻碍液体的侵蚀。含大量锆的玻璃特别耐碱和耐酸。

制备釉料时添加的乳浊液或颜料也会影响釉层化学稳定性。如乳浊相中添加锆离子是改善釉表面性质的关键成分，也提高其化学稳定性。铜离子对各类釉料的化学稳定性均不利，会提高铅的溶出量。那普黄颜料中的铅与锑离子在短时间釉烧过程中不会进入釉的结构中，因而易被酸、碱液萃取出来。

3.3 坯釉适应性

坯釉适应性是指陶瓷坯体与釉层有互相适应的物理性质，釉面不致龟裂或剥脱的性能。陶瓷产品釉面的裂纹与脱落是由于釉层中存在不恰当的应力所致。所以提高坯釉适应性应从控制釉层应力的性质与大小着手。

3.3.1 坯、釉膨胀系数

釉是附着在坯体表面的物质。若二者的膨胀系数不匹配，则在烧釉或使用过程中，由于温度急剧变化，釉层出现应力，若此应力超过釉强度将导致开裂或脱落。坯、釉热膨胀系数匹配示意图如图3.2所示。

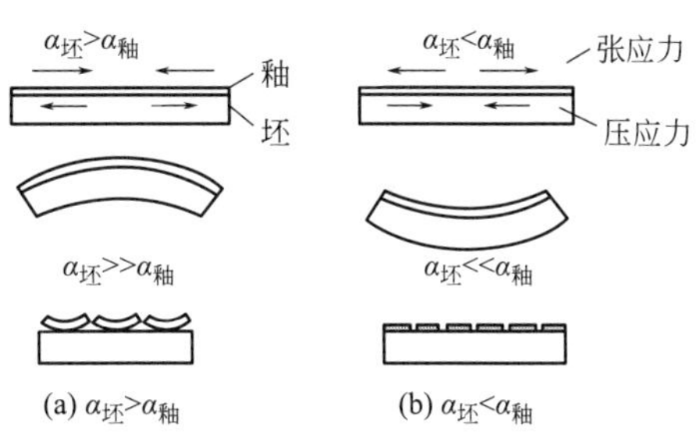

图3.2 坯、釉热膨胀系数匹配示意图

当釉的膨胀系数小于坯体的膨胀系数时，冷却过程中釉的收缩比坯体小，釉层受到压缩应力，甚至会出现圆圈状裂纹或脱落，单面施釉的产品会因而上凸；当釉的膨胀系数大于坯体的膨胀系数时，冷却过程中釉的收缩比坯体大，它受到坯体的拉伸应力，使釉层出现交错的网状裂纹，单面施釉的产品会因而下凹；只有当坯、釉的膨胀系数相等或非常接近时，这时釉中无应力或极小应力。

一般来说，脆性材料的耐压强度总是高于抗张强度，釉层也是如此。所以开裂的情况较剥落更为容易出现。受到压应力的釉层除了不易剥釉外，还能抵消产品受到的部分张力，从而提高产品的机械强度和抗热震性。因此釉料组成选择时其膨胀系数接近于坯体而略低于坯体。

3.3.2 坯釉中间层的形成

简单地比较坯、釉的膨胀系数并不能确切判断坯釉适应性的好坏。因为陶瓷产品烧成时，釉层的组成会发生变化，一方面是熔剂成分的挥发，更重要的是坯体和釉料发生反应，从而使坯、釉的膨胀系数及由此产生的应力也在变化。

烧釉时釉的某些成分渗透到坯体的表层中，坯体某些成分也会扩散或熔解到釉中。通过扩散与熔解的作用，使接触带的化学组成和物理性质介于坯体与釉层之间，结果形成中间层。具体来说，该层既吸收了坯体中的 Al_2O_3、SiO_2 等成分，又吸收了釉料中的碱性氧化物及 B_2O_3 等。它对调整坯、釉之间的差别，缓和釉层中应力的作用，改善坯釉的结合性能起一定的作用。

坯、釉之间的反应及中间层的形成对坯釉适应性的影响主要表现为以下几方面。

（1）降低釉的膨胀系数，消除釉裂。烧釉后釉中的 Na_2O、B_2O_3、PbO 会因挥发和向坯体扩散而减少，但 Al_2O_3、SiO_2 则相应增多，结果使釉的膨胀系数降低，甚至可由 $\alpha_{釉} > \alpha_{坯}$ 变为 $\alpha_{釉} < \alpha_{坯}$，即釉由承受张应力而转变为压应力，从而消除釉裂。

（2）若中间层中生成与坯体性质相近的晶体，则有利于坯釉的结合。如瓷器的中间层中生成渗入釉层的莫来石，后者起着楔子的作用，加强坯釉的结合。

但也有人认为，含有晶体的中间层均匀性差，不利于坯釉的结合，若中间层生成的晶体发育过大，其膨胀系数又比坯、釉大或小得多，反而会使釉层剥落或龟裂，降低产品机械强度。实际上，中间层对坯、釉结合能力的影响如何与坯、釉的种类及中间层的厚度有关。瓷器的坯、釉的组成较为接近，二者易于结合；施碱釉的精陶或炻器也是如此。这种情况下膨胀系数差别对坯釉结合性能的影响远超过中间层的影响。而精陶坯体上采用铅硼低温釉时，中间层的作用就显得更为重要。

（3）釉料熔解坯体的表面，使接触面粗糙，增加釉料的黏附能力。

3.3.3 釉层的弹性

抵抗和缓和釉层应力的另一个因素是釉的弹性。不仅能消除坯、釉之间的膨胀系数差异所引起的缺陷，还能补偿受到机械力作用而产生的危害。若釉的弹性小，则坯、釉之间的应力虽小也难免釉层不裂。一般来说，陶器釉的弹性模量大于坯体的弹性模量，而瓷器釉的弹性模量和坯体的弹性模量接近。吸水率大的陶器其釉层弹性模量与因吸湿膨胀而开裂的关系更为密切。实际上，釉的弹性模量对釉面开裂的影响往往和其抗张强度交织在一起。当坯、釉的膨胀系数一定，釉受到的应力也一定时，究竟弹性模量还是抗张强度对坯釉适应性更为有利，还难以做出明确的推断。

虽然不少学者测定过不同组成釉的弹性模量，但得到的数值并不相同，有的数值范围较小，有的却很大。若釉的弹性模量大于坯体，即弹性小于坯体，或釉抵抗变形的能力小于坯体，对坯釉的适应性总是不利的。

3.3.4 釉层厚度

薄釉层在煅烧时组分的改变比厚釉层相对较大，釉的膨胀系数降低也多，使坯、釉的膨胀系数相接近，同时中间层相对厚度增加，故有利于提高釉的压应力，使坯釉结合良好。釉层厚度越小，釉内压应力越大，而坯体中张应力越小，有利于坯釉结合。应力在釉层厚度中分布是不均匀的，靠近坯体的釉层压应力大些，釉层表面上的压应力小些，釉层过厚甚至会由压应力转为张应力。

3.4 釉的分类及其组成

3.4.1 釉的分类

釉的用途广泛，对其外观质量及内在性能的要求各不相同，因此实际使用的釉料的品种繁多，可按不同的依据将釉归纳为许多种类（表 3.3）。

表 3.3 釉的种类

分类的依据		种类名称
坯体的种类		瓷器釉、炻器釉、陶器釉
制造工艺	釉料制备方法	生料釉、熔块釉、挥发釉（食盐釉）
	烧成温度	低温釉（< 1120℃）、中温釉（1120 ～ 1300℃）、高温釉（> 1300℃）、易熔釉、难熔釉
	烧釉速度	慢速烧成釉、快速烧成釉
	烧成方法	一次烧成釉、二次烧成釉
组成	主要熔剂	长石釉、石灰釉（石灰 - 碱釉、石灰 - 碱土釉）、锂釉、镁釉、锌釉、铅釉（纯铅釉、铅硼釉、铅碱釉、铅碱土釉）、无铅釉（碱釉、碱土釉、碱硼釉、碱土硼釉）
	主要着色剂	铁红釉、铜红釉、铁青釉
性质	外观特征	透明釉、乳浊釉、虹彩釉、半无光釉、无光釉、单色釉、多色釉、结晶釉、碎纹釉、纹理釉
	物理性质	低膨胀釉、半导体釉、耐磨釉
显微结构		玻璃态釉、析晶釉、多相釉（熔析釉）
用途		装饰釉、粘接釉、商标釉、餐具釉、电瓷釉、化学瓷釉

同一种釉按不同依据分类时，可有几种名称，如以长石作熔剂的瓷釉可称长石釉，也属高温釉、生料釉、碱釉和透明釉。陶釉可以是铅釉，也可以是无铅釉；可以是透明釉，也可以是乳浊釉；可以是生料釉，也可以是熔块釉。

目前国际上并无统一的釉料分类方法。从材料学的角度来说，釉料的组成（主要是熔剂的种类和数量）应该是分类的重要依据，因为它能反映釉的性能，初步估计其烧制温度。

在我国生产中，习惯于以主要熔剂的名称命名釉料，如铅釉、石灰釉、长石釉等。

（1）铅釉　包括 $PbO-SiO_2$、$PbO-SiO_2-Al_2O_3$、$PbO-R_2O-RO-SiO_2-Al_2O_3$ 及 $PbO-B_2O_3-SiO_2$ 系统的釉料。铅釉的成熟温度一般较低，熔融温度范围较宽。通常釉面的光泽强、表面平整光滑、弹性好、釉层清澈透明。这些特点主要是由于铅釉的折射率高、高温黏度及表面张力比较小、流动性比较大的缘故。铅釉表面不易析晶或失透，但釉面硬度较低，化学稳定性差，易受水分和大气中二氧化碳的侵蚀。加上铅的化合物在酸中溶解度较大，会影响人体健康，所以釉中铅含量日益减少，或者先制成铅熔块再行配釉。

所谓无铅釉并不是完全不含铅的化合物，英国规定，PbO 含量小于 1%（质量分数）的釉，称为无铅釉。

（2）石灰釉　主要熔剂为氧化钙，不含或少含其他碱性化合物。我国古代瓷釉，无论清釉、黑釉或白釉，最初都是石灰釉。唐、宋以后的熔剂转变为以钙及钾、钠的氧化物为主，因而转变为石灰－碱釉。我国陶瓷界并未严格划分石灰釉与石灰－碱釉的界限。传统的看法是，釉的碱性氧化物中，CaO 含量在 10% ～ 13%（质量分数）以上属于石灰釉，若 CaO 含量小于 10%（质量分数）、R_2O 含量大于 3%（质量分数）则属于石灰－碱釉。

石灰釉的高温黏度比较小，主要由玻璃相组成，而气泡和未熔石英颗粒很少，釉层相当透明，光泽比较强。石灰－碱釉高温黏度较大，釉层较厚，器皿的外观显得饱满。这种釉层中含有大量小气泡和未熔石英颗粒，使光线产生折射和散射，形成凝重深沉的质感。在还原焰中烧成时，呈现白里泛青的色泽，有利于釉下彩的显色。

石灰釉的缺点是熔融温度范围较窄，以煤炭作为燃料时，若气氛控制不当，易引起烟熏、阴黄。为了克服这个缺点，可通过加入白云石或滑石以增加釉中氧化镁的含量，或为石灰－碱土釉（但其釉浆不稳定，易沉淀，与坯体的黏附性差，烧后易出现针孔）。

（3）长石釉　该釉由长石向釉中引入 K_2O 及 Na_2O。在釉式中 K_2O+Na_2O 的摩尔数经常等于或稍大于其他 RO 摩尔数的总和，若 K_2O+Na_2O 过多，会因釉的膨胀系数大而导致分裂。长石釉的光泽强，略显乳白色，硬度大，熔融温度范围宽。它和硅含量高的坯体结合良好。

3.4.2 釉料的组成

按照各成分在釉中所起的作用，可归纳为以下几类。

3.4.2.1 玻璃形成剂

玻璃相是釉层中的主要物相。釉的结构和玻璃结构是相似的。形成玻璃的主要氧化物（如 SiO_2、B_2O_3 等）在釉层中以多面体的形式相互结合为连续网络，所以它又称为网络形成剂。

3.4.2.2 助熔剂

在釉料熔化过程中，这类成分能促进高温化学反应，加速高熔点晶体结构键的断裂和生成低共熔点化合物。助熔剂还起着调整釉层物理化学性质（如力学性能、膨胀系数、黏度、化学稳定性等）的作用。它不能单独形成玻璃，一般处于玻璃网络之外，所以又称为网络外体或网络修饰剂、网络调整剂。常用的助熔剂化合物为Li_2O、Na_2O、K_2O、CaF_2等。

3.4.2.3 乳浊剂

它是保证釉层有足够覆盖的能力的成分，也就是保证烧成时熔体析出的晶体、气体或分散粒子出现折射率的差别，引起光线散射产生乳浊的化合物。常用的乳浊剂有以下三种。

（1）悬浮乳浊剂 这类乳浊剂不溶于或难溶于釉中，以细粒状态悬浮于釉层中，如SnO_2、CeO_2、ZrO_2、Sb_2O_3。

（2）析出式乳浊剂 冷却时釉熔体析出微晶而引起乳浊，如ZrO_2、SiO_2、TiO_2。当釉中含有过量的Al_2O_3、MgO、ZnO及BaO时，它们在冷却过程中会析出晶体化合物，呈现乳浊剂作用。

（3）胶体乳浊剂 碳、硫、磷、氟均以胶体状态存在，促使釉层乳浊。

3.4.2.4 着色剂

它促使釉层吸收可见光波（波长400～700nm），从而呈现出不同的颜色。着色剂一般有三种类型。

（1）有色离子着色剂 如过渡元素及稀土元素的有色离子化合物，如Cr^{3+}、Mn^{3+}、Mn^{4+}、Fe^{2+}、Co^{3+}、Co^{2+}、Ni^{2+}、Ni^{3+}、La、Nd、Rh等的化合物。

（2）胶体粒子着色剂 呈色的金属与非金属单质和化合物，如Cu、Au、Ag、$CuCl_2$、$AuCl_3$、CdS+CdSe、Cr_2O_3。

（3）晶体着色剂 指的是经高温合成的尖晶石型、钙钛矿型氧化物及柘榴石型、锆英石型硅酸盐。

3.4.2.5 其他辅助剂

为了提高釉面质量、改善釉层物化性能、控制釉浆性能等，常加入一些添加剂。例如，提高色釉的新鲜程度可加入稀土元素化合物及硼酸，加入BaO可提高釉面光泽，加入MgO或ZnO可增加釉面白度与乳浊度，引入黏土或羧甲基纤维素可改善釉浆悬浮性，有的釉料加入瓷粉可提高釉的始熔温度。

3.5 釉料配方设计依据及配料计算

3.5.1 确定釉料配方的依据

为了确定釉料的配方，首先要考虑釉层性能的要求，如釉面为透明或乳浊、光泽或无光、釉层的硬度、热稳定性、化学稳定性及电气绝缘性等。还要掌握坯体的类型、组成和烧成工艺，如一次烧成或二次烧成、烧成温度与范围、烧成气氛与周期等。这样才能初步拟定制釉、施釉、烧釉的工艺条件。

3.5.1.1 釉料组成要能适应坯体性能及烧成工艺要求

（1）根据坯体性质调节釉的熔融性质。釉料应在坯体烧结范围内成熟。对于一次烧成的陶瓷产品来说，釉的成熟温度应稍低于坯体烧结范围的上限，而且高温下能平坦流散在坯体表面。施在多孔坯体上的釉料希望釉浆稍浓，开始熔融时黏度稍大，以防出现干釉的缺陷。施在致密坯体上的釉料希望与坯体的黏附性强、生釉层干燥收缩小，以免开裂与缩釉。釉料的开始熔融温度应高于坯体中碳酸盐、硫酸盐、有机物的分解温度，熔化范围较宽，从而减少釉面形成气泡或针孔。对于二次烧成的制品，釉烧温度低于素烧温度60 ～ 120℃。

（2）釉的膨胀系数与坯体膨胀系数相适应。一般应稍低于坯体的膨胀系数，使釉层稍受压应力，从而提高产品的抗折强度与抗热震性能。但坯与釉膨胀系数的差别不能过大，以免釉裂或剥釉。经验认为，陶坯膨胀系数最好大于釉膨胀系数（1.5 ～ 3）$\times 10^{-6}$℃$^{-1}$，瓷器坯釉膨胀系数之差在（0.45 ～ 3.5）$\times 10^{-6}$℃$^{-1}$ 范围内较为适当。

（3）釉料与坯料组成要相适应。组成有一定差别，但也不宜过大，经过高温煅烧后，通过反应形成中间层，使二者结合紧密。一般要求碱性坯配用酸性釉，酸性坯配用碱性釉。通常用酸度系数 C.A 来反映坯釉的酸性程度，即坯与釉中酸性氧化物与碱性氧化物的摩尔比：

$$C.A=\frac{2RO_2}{2(RO_2+RO)+6R_2O_3}=\frac{RO_2}{RO_2+RO+3R_2O_3} \tag{3.3}$$

瓷坯的酸度系数 C.A = 1 ～ 2；瓷釉的 C.A = 1.8 ～ 2.5；陶坯的 C.A = 1.2 ～ 1.3；陶釉的 C.A = 1.5 ～ 2.5。

此外，长石釉宜用于硅含量高的坯体，石灰釉宜用于铝含量较高的坯体。

3.5.1.2 釉料性质应符合工艺要求

釉料对釉下彩或釉中彩不致溶解或使其变色。

3.5.1.3 正确选用原料

选择配釉的原料时，应全面考虑其对制釉过程、釉浆性能、釉层性能的作用和影响。配釉用原料既有天然矿物，又有化工原料。为了引入同一种氧化物可选用多种原料，而且某一种氧化物往往对釉层的几个性能发生影响，有时甚至是互相矛盾的。若未做综合考虑，则虽然釉料的化学组成符合要求，而烧后釉面质量不一定能获得预期的效果。

例如，生料釉中的碱金属氧化物只能用天然原料（如长石）引入，而不能用化工原料。因为后者大多是水溶性化合物，会影响釉浆流变性和釉层成分的均匀性及釉面质量。配制熔块时，可采用苏打、硝酸钠或硼砂引入 Na_2O。苏打的化学活性强，易与二氧化硅化合生成硅酸钠，并且使硅氧玻璃网络断开，降低玻璃相形成温度。由苏打分解而得的 Na_2O，呈 NaOH 形式出现时，可使釉浆稀释。用硝酸钠配釉时，在熔块熔制过程中排出氧化氮和氧气使熔块均匀，而且分解出来的 NO 和 O_2 能减弱或防止釉中金属氧化物（如 PbO）还原，使釉层清澈透明，呈色鲜艳。硼砂易溶解金属氧化物利于呈色、增大釉的流动性。升温时硼砂排出大量水汽，促使熔块熔制均匀。但硼砂若用量过多，易使釉面出现针孔或气泡。

$$2NaNO_3 \xrightarrow{800℃} Na_2O + 2NO + \frac{3}{2} O_2 \qquad (3.4)$$

含铅的原料有红丹（Pb_3O_4）、密陀僧（PbO）、铅白［$2PbCO_3 \cdot Pb(OH)_2$］。虽然铅白的纯度高、密度小、粒度细、易在釉浆中悬浮，但因铅的碳酸盐及氢氧化物易分解，易使釉面引起针孔，而且铅白的氧化物性能低于红丹、毒性大、价格高，因此不如红丹常用。而红丹受热放出氧气可防止自身还原，而且熔点低（596℃），因而是常用的配釉原料。

$$Pb_3O_4 \xrightarrow{510℃} 3PbO + \frac{1}{2} O_2 \qquad (3.5)$$

为了使釉浆悬浮性好便于施釉，增加釉浆与坯体的黏附能力以及控制釉中氧化铝与二氧化硅的比例，釉浆中总含一定数量的高岭土。若用量过多，则生釉层干后易开裂，导致缩釉。因此，生产中往往采用少量烧过的高岭土或瓷粉以克服这种缺陷，同时又能调整釉浆黏度、提高釉的始熔温度。

3.5.1.4 釉料配方应参照的经验

配制熔块釉时，除应按照上述配釉的共同原则外，还需参照下列经验规律使制得的熔块达到不溶于水、熔制温度不致太高、高温黏度不致太大的要求。

（1）熔块中的 RO_2、R_2O_3 摩尔数之和与 R_2O、RO 摩尔数之和二者的比值需在 1∶1～1∶3 之间。这样不致使熔块熔制温度太高而引起 PbO、B_2O_3 及碱性成分大量挥发。

（2）引入 Na_2O、K_2O、含硼化合物的化工原料均应配于熔块内。

（3）熔块中 Na_2O 与 K_2O 摩尔数之和应小于其他碱性氧化物摩尔数之和，这时熔块才不会溶于水中。

（4）含硼熔块中 SiO_2/B_2O_3 应在 2∶1 以上，以降低熔块的溶解度。

（5）熔块中 Al_2O_3 的摩尔数应小于 0.2mol，以防熔体黏度大，熔化不透。

3.5.2 釉料配方计算

釉料的配方表示方法与坯料类似，但是釉式是以碱性氧化物（摩尔数）总和为 1mol，再计算中性氧化物和酸性氧化物的数值，写出釉式。如康熙年间的斗彩青花釉实验式：

$$(0.185\ K_2O+0.151\ Na_2O+0.548\ CaO+0.116\ MgO)\cdot(0.664\ Al_2O_3+0.034\ Fe_2O_3)\cdot 0.4879\ SiO_2$$

3.5.2.1 从原料配方计算釉式

当已知釉的配方及各种原料的化学组成时，可按下列步骤计算出釉式。

（1）首先求得釉料中氧化物质量分数，再计算不含灼减的氧化物质量分数。

（2）以氧化物的摩尔质量除相应氧化物质量分数，求得各氧化物的摩尔数。

（3）以 R_2O 及 RO 摩尔数之和去除各氧化物的摩尔数，得到釉式中氧化物所含的摩尔数。

（4）按碱性、中性、酸性氧化物的顺序列出釉式。

【例 3.1】 某锆质釉的配方为：

长石	25.6%	石灰石	18.4%
石英	32.2%	氧化锌	2%
黏土	10%	锆英石	11.8%

各原料的化学组成列于表 3.4 中，试计算其釉式。

表 3.4 配釉原料的化学组成

原料	化学组成 /%										
	SiO_2	Al_2O_3	Fe_2O_3	CaO	MgO	Na_2O	K_2O	ZnO	ZrO_2	灼减	总计
长石	65.04	20.4	0.24	0.8	0.18	3.74	9.38	—	—	0.11	99.89
黏土	49.82	35.74	1.06	0.65	0.6	0.82	0.95	—	—	10	99.64
石英	98.54	0.28	0.72	0.25	0.35	—	—	—	—	0.2	100.34
石灰石	1	0.24	—	54.66	0.22	—	—	—	—	43.04	99.16
氧化锌	—	—	—	—	—	—	—	100	—	—	100
锆英石	38.81	5.34	—	0.4	0.2	—	—	—	55.1	—	99.85

解：按照上述步骤（1）的方法计算出釉中各种氧化物的含量。釉中氧化物的含量见表 3.5，釉式的计算见表 3.6。

表 3.5 釉中氧化物的含量

原料	釉料配比 /%	釉料的化学组成 /%									
		SiO_2	Al_2O_3	Fe_2O_3	CaO	MgO	Na_2O	K_2O	ZnO	ZrO_2	灼减
长石	25.6	16.65	5.22	0.06	0.2	0.05	0.96	2.4	—	—	0.02
黏土	10	4.98	3.57	0.11	0.06	0.06	0.08	0.1	—	—	1.05
石英	32.2	31.76	0.09	0.23	0.03	0.14	—	—	2	—	0.06
石灰石	18.4	0.18	0.04	—	10.06	0.04	—	—	—	—	7.99
氧化锌	2	—	—	—	—	—	—	—	2	—	—
锆英石	11.8	4.58	0.63	—	0.05	0.03	—	2.5	2.2	6.5	—
总计	100	53.15	9.55	0.4	10.45	0.29	1.03	2.75	—	6.5	9.12
除去灼减	—	64	10.51	0.44	11.5	0.32	1.13	—	—	7.15	—

表 3.6 釉式的计算

项目	SiO_2	Al_2O_3	Fe_2O_3	CaO	MgO	Na_2O	K_2O	ZnO	ZrO_2
质量分数 /%	64	10.51	0.44	11.5	0.32	1.13	2.75	2.2	7.15
分子量	60.1	102	160	56.1	40.3	62	94.2	81.2	123.2
摩尔数 /mol	1.065	0.103	0.0027	0.205	0.008	0.018	0.029	0.027	0.058
R_2O+RO=0.287 令其为 1mol 釉式中的摩尔数 /mol	1.065 0.287 3.781	0.103 0.287 0.359	0.0027 0.287 0.009	0.205 0.287 0.714	0.008 0.287 0.028	0.018 0.287 0.063	0.029 0.287 0.101	0.027 0.287 0.094	0.058 0.287 0.202

计算所得的釉式为：

$$\left.\begin{matrix}0.063\ Na_2O\\0.101\ K_2O\\0.714\ CaO\\0.028\ MgO\\0.094\ ZnO\end{matrix}\right\}\cdot\left.\begin{matrix}0.359\ Al_2O_3\\ \\0.009\ Fe_2O_3\end{matrix}\right\}\cdot\begin{matrix}3.781\ SiO_2\\0.202\ ZrO_2\end{matrix}$$

3.5.2.2 釉料配方的计算

计算釉料配方的传统方法是以满足其化学组成为准，而烧后釉层的性能则通过实验和调整配方来达到。这种方法没有把釉层性质与其组成的关系直接引用到计算配方的过程中，显然满足不了生产的要求。近些年来，一些科学工作者运用数理统计方法进行釉料配方的计算。由于釉层不能脱离坯体而存在，而且工艺条件（尤其是烧成工艺）对陶瓷釉层性能的影响颇为复杂，所以尚难以评价此项工艺的成熟程度。下面仅介绍传统的釉料配方计算实例。

（1）生料釉配方的计算

① 由釉式计算釉料配方。必须知道原料的化学组成，并将有杂质的原料换算成其实验式，再进行配方计算。

【例 3.2】 试用钾长石、方解石、碳酸镁、高岭土和石英五种原料计算满足下列釉式的配料比例：

$$\left.\begin{matrix}0.107\ K_2O\\0.672\ CaO\\0.221\ MgO\end{matrix}\right\}\cdot 1.0\ Al_2O_3\cdot 10.0\ SiO_2$$

已知钾长石的实验式为：

$$\left.\begin{matrix}0.98\ K_2O\\0.02\ CaO\end{matrix}\right\}\cdot 0.98\ Al_2O_3\cdot 6.42\ SiO_2$$

高岭土的实验式为：

$$Al_2O_3\cdot 1.9SiO_2\cdot 1.82H_2O$$

其余原料均按 100% 纯度计算。

解：可先由化学组成计算出釉式和原料公式，再按上例方法计算配料百分比；也可由化学组成直接计算配料百分比。配釉原料摩尔数的计算见表 3.7。

表 3.7 配釉原料摩尔数的计算

配方中各原料的摩尔数 /mol	釉式 /mol				
	K_2O	CaO	MgO	Al_2O_3	SiO_2
	0.107	0.672	0.221	1.0	10.0
钾长石 0.107/0.98 = 0.109	0.107	0.002		0.107	0.70
剩余	0	0.670	0.221	0.893	9.30
方解石 0.67		0.670			
剩余		0	0.221	0.893	9.30

续表

配方中各原料的摩尔数 /mol	釉式 /mol				
	K_2O	CaO	MgO	Al_2O_3	SiO_2
	0.107	0.672	0.221	1.0	10.0
碳酸镁 0.221 剩余			0.221 0	 0.893	 9.30
高岭土 0.893 剩余				0.893 0	1.69 7.61
石英 7.34 剩余					7.61

② 配料质量百分比的计算。计算方法如下：

	摩尔数		摩尔质量		配料量	质量分数
钾长石	0.109	×	578.2	=	63.12	7.47
方解石	0.670	×	100.1	=	67.07	7.95
碳酸镁	0.221	×	84.3	=	18.63	2.20
高岭土	0.893	×	284.4	=	238.61	28.3
石英	7.61	×	60.0	=	456.6	54.09
	氧化物公式量			=	844.03	100%

（2）熔块釉配方的计算　根据熔块组成的要求先初步确定熔块的组成及配方，再计算釉料配方。

【例 3.3】　试求下列釉式的熔块及釉料的配方：

$$\left.\begin{array}{l} 0.120\ K_2O \\ 0.230\ Na_2O \\ 0.300\ CaO \\ 0.350\ PbO \end{array}\right\} 0.24\ Al_2O_3 \left\{\begin{array}{l} 2.55\ SiO_2 \\ 0.49\ B_2O_3 \end{array}\right.$$

解：按照熔块配制原则，含硼及水溶性原料均配入熔块中，先用硼砂引入部分 B_2O_3，不足之量用硼酸引入。Na_2O 由硼砂引入，K_2O 由长石引入，部分 PbO 以铅白形式引入釉料中，以保证釉浆的悬浮性能。

由表 3.8 可知，配入熔块中的氧化物摩尔数为 $0.12K_2O$、$0.23Na_2O$、0.30CaO、0.15PbO、$0.12Al_2O_3$、$0.46B_2O_3$ 和 $1.72SiO_2$，换算成熔块的实验式见表 3.8。

表 3.8　熔块组成的初步分配

配入原料	釉式 /mol						
	K_2O	Na_2O	CaO	PbO	Al_2O_3	B_2O_3	SiO_2
引入 0.23mol 硼砂	0.12	0.23 0.23	0.30	0.35	0.24	0.49 0.46	2.55
剩余 引入 0.03mol 硼酸	0.12		0.30	0.35	0.24	0.03 0.03	2.55

续表

配入原料	釉式 /mol						
	K_2O	Na_2O	CaO	PbO	Al_2O_3	B_2O_3	SiO_2
剩余 引入 0.12mol 长石	0.12 0.12		0.30	0.35	0.24 0.12	0.03	2.55 0.72
剩余 引入 0.30mol$CaCO_3$			0.30 0.30	0.35	0.12	0.03	1.83
剩余 引入 0.15molPbO				0.35 0.15	0.12	0.03	1.83
剩余 引入 1mol 石英				0.20	0.12	0.03	1.83 1.00
剩余				0.20	0.12	0.03	0.83

$$\left.\begin{array}{l}0.150\ K_2O\\ 0.288\ Na_2O\\ 0.375\ CaO\\ 0.187\ PbO\end{array}\right\}0.159\ Al_2O_3\left\{\begin{array}{l}2.15\ SiO_2\\ 0.614\ B_2O_3\end{array}\right.$$

按照熔块配制原则，验算熔块的化学组成见表 3.9。

表 3.9 熔块配料的计算

配入原料	熔块组成 /mol						
	K_2O	Na_2O	CaO	PbO	Al_2O_3	B_2O_3	SiO_2
	0.150	0.288	0.375	0.187	0.150	0.614	2.150
引入 0.15mol 长石	0.150				0.150		0.900
剩余 引入 0.288mol 硼砂	0	0.288 0.288	0.375	0.187	0	0.614 0.576	1.250
剩余 引入 0.375mol $CaCO_3$		0	0.375 0.375	0.187		0.038	1.250
剩余 引入 1/3×0.187mol Pb_3O_4			0	0.187 0.187		0.038 0.038	1.250
剩余 引入 2×0.038mol 硼酸				0		0.038 0.038	1.250
剩余 引入 1.25mol 石英						0	1.250 1.250

①（$SiO_2+B_2O_3$）/（R_2O+RO）应为 1∶1～3∶1，实际为（2.150＋0.614）/1＝2.764∶1。

②（Na_2O+K_2O）/（CaO＋PbO）＜1，实际为（0.288＋0.150）/（0.375＋0.187）＝0.78。

③ $SiO_2/B_2O_3\geqslant 2∶1$，实际为 2.15/0.614＝3.5∶1。

④ Al_2O_3 配比应小于 0.2mol，实际 Al_2O_3 配比为 0.15mol，由此可见，初步分配的熔块符合配制原则。

熔块生料的配合比见表 3.10。

表 3.10　熔块生料的配合比

熔块配料比（原料）					熔块氧化物配比				
原料	摩尔数 /mol	摩尔质量 /（g/mol）	质量 /g	质量分数 /%	氧化物	摩尔数 /mol	摩尔质量 /（g/mol）	质量分数 /%	备注
钾长石	0.150	557	83.6	23.66	K_2O	0.150	94.2	5.0	1mol 红丹相当于 3mol PbO，2mol 硼酸相当于 1mol B_2O_3
硼砂	0.288	382	110.0	31.14	Na_2O	0.288	62.0	6.4	
碳酸钙	0.375	100	37.5	10.61	CaO	0.375	56.0	7.5	
红丹	0.062	685.6	42.5	12.03	PbO	0.187	223.0	14.8	
石英	1.200	60	75.0	21.23	Al_2O_3	0.150	102.0	5.4	
硼酸	0.076	62	4.7	1.33	SiO_2	2.150	60	45.8	
					B_2O_3	0.614	69.5	15.1	
合计			353.3	100	合计			100	

熔块实验式中 K_2O 为 0.15mol，釉式中 K_2O 为 0.12mol，因而釉料中需配入熔块 0.12/0.15 = 0.8mol。釉料中生料的配合比见表 3.11。

表 3.11　釉料中生料的配合比

配入原料	釉式 /mol						
	K_2O	Na_2O	CaO	PbO	Al_2O_3	SiO_2	B_2O_3
	0.12	0.23	0.30	0.35	0.24	2.55	0.49
0.8mol 熔块 剩余	0.12 0	0.23 0	0.30 0	0.15 0.20	0.12 0.12	1.72 0.83	0.49
1/3×0.2mol 铅白 剩余				0.20 0	0.12	0.83	
0.12mol 高岭土 剩余					0.12	0.24 0.59	
0.59mol 石英						0.59	

釉料的实际配料量见表 3.12。

表 3.12　釉料的实际配料量

原料	摩尔数 /mol	摩尔质量 /（g/mol）	质量 /g	质量分数 /%
熔块	0.8	281.7	225.4	65.62
铅白［$2PbCO_3 \cdot Pb(OH)_2$］	1/3×0.2	775.6	51.7	15.05
高岭土（$Al_2O_3 \cdot 2SiO_2 \cdot 2H_2O$）	0.12	258	31.0	9.02
石英	0.59	60	35.4	10.31
合计			343.5	100.00

3.6 釉浆的制备

3.6.1 制备釉浆的工艺

釉用原料要求比坯用原料更加纯净。储放时应特别注意避免污染。使用前要求分别进行挑选。对长石和石英等瘠性原料还需洗涤或预烧。对软质黏土必要时应进行淘洗。

釉用原料的种类多，它们的用量及各自的比密度差别大。尤其是乳浊剂、着色剂等辅助原料的用量虽远较主体原料少，但它对釉面性能的影响极为敏感。因此除注意原料的纯度外，还必须重视称料的准确性。

生料釉的制备与坯料类似，可直接配料磨成釉浆。研磨时应先将瘠性的硬质原料磨至一定细度后，再加入软质黏土。为防止沉淀可在瘠性的硬质原料研磨时加入 3% ～ 5% 的黏土。

熔块釉的制备包括熔制熔块和制备釉浆两部分。熔制熔块的目的主要是降低某些釉用原料的毒性和可溶性。同时也可使釉料的熔融温度降低。熔块的熔制视产量大小及生产条件在坩埚炉、池炉或回转炉中进行。熔制熔块时应注意以下几个问题。

（1）原料的颗粒度及水分应控制在一定范围内，以保证混料均匀及高温下反应完全。一般天然原料过 40 ～ 60 目筛。

（2）熔制温度要恰当。温度过高，高温挥发严重，影响熔块的化学组成，对含着色剂的熔块，会影响熔块的色泽；温度过低，原料熔制不透，则配釉时容易水解。

（3）控制熔制气氛。某些组分的熔块对气氛有特定要求。如含铅熔块，若熔制时出现还原气氛，则会生成金属铅。

熔制后的熔块应为透明的玻璃体。如有结瘤则表明熔制不良，配釉时仍会发生水解。熔好的熔块经水冷、漂洗、烘干、研磨后与生料混合配成釉浆。

3.6.2 釉浆的质量要求及控制

为保证顺利施釉并使烧后釉面具有预期的性能，对釉浆性能具有一定要求。一般从以下几个方面予以控制。

（1）细度　釉浆细度直接影响釉浆稠度和悬浮性，也影响釉浆与坯的黏附能力、釉的熔化温度以及烧后制品的釉面质量。一般来说，釉浆细，则浆体的悬浮性好，釉的熔化温度相应降低，釉坯黏附紧密且两者反应充分。但釉浆过细时，会使浆体稠度增大，施釉时容易形成过厚釉层，从而降低制品的机械强度和抗热震性。即使釉层厚度适中，因釉料过细，高温反应过急，釉层中的气体难以排除，容易产生釉面棕眼、开裂、缩釉和干釉缺陷。此外，随釉浆细度增加，含铅熔块的铅溶出量增加。长石中的碱和熔块中钠、硼等离子的溶解度也有所增加，致使浆体的 pH 值提高，浆体容易凝聚。一般透明釉浆的细度以万孔筛筛余量 0.1% ～ 0.2% 较好。乳浊釉的细度应小于 0.1%。

（2）釉浆相对密度　釉浆相对密度直接影响施釉时间和釉层厚度。釉浆相对密度较大时，短时间上釉也容易获得较厚釉层。但过浓的釉浆会使釉层厚度不均匀，易开裂、缩釉。釉浆相对密度较小时，要达到一定厚度的釉层需多次施釉或长时间施釉。釉浆相对密度的确定取决于坯体的种类、大小及采用的施釉方法。颜色釉的相对密度往往比透明釉大些。生坯浸釉时，釉浆相对密度为 1.4 ～ 1.45；素坯浸釉时的相对密度为 1.5 ～ 1.7；烧结坯体所施釉浆更浓，要求 1.7 ～ 1.9；机械喷釉的釉浆相对密度范围可大些，一般为 1.4 ～ 1.8。

冬季气温低，釉浆黏度大，釉浆相对密度应适当调小；夏季气温高，釉浆黏度小，相对密度应适当调大。

（3）流动性与悬浮性　釉浆的流动性和悬浮性是釉浆的两个重要性能指标，它们直接影响施釉工艺的进行及烧后制品的釉面质量。釉料的细度和釉浆中水分的含量是影响釉浆流动性的重要因素，细度增加，可使悬浮性变好，但太细时釉浆变稠，流动性变差；增加水量可稀释釉浆，增大流动性，但却使浆体相对密度降低，釉浆与生坯的黏附性也变差。有效地改善釉浆性能的方法是加入添加剂。单宁酸及其盐类、偏硅酸钠、碳酸钾、阿拉伯树胶及鞣质减水剂等为常用的解胶剂，适量加入可增大釉浆流动性。石膏、氧化镁、石灰、硼酸钙等为絮凝剂，少量加入可使釉浆不同程度地凝聚。另外，陈腐对含黏土的釉浆性能影响显著，它可以改变釉浆的屈服值、流动度和吸附量，并使釉浆性能稳定。

3.7 施釉

施釉通常在生坯干燥或半干燥后进行，也可在坯体素烧后进行。施釉时要保证施釉面的清洁，同时使其具有一定吸水性。所以生坯需经过干燥、吹灰、抹水等工序处理，对素烧坯体则需加热至一定温度方可施釉。

3.7.1 基本施釉方法

基本的施釉方法有浸釉、浇釉、喷釉、荡釉和刷釉等方法。

（1）浸釉法　是将坯体浸入釉浆，利用坯体的吸水性或热坯对釉的黏附而使釉料附着在坯体上。釉层厚度与坯体的吸水性、釉浆浓度和浸釉时间有关。这种施釉法所用釉浆浓度较喷釉法大。多孔素烧瓷坯用的釉浆其相对密度一般为 1.28 ～ 1.5，炻质餐具用釉浆相对密度为 1.74，卫生瓷器为 1.63。具体数值还需取决于坯体的形状与大小。除薄胎瓷坯外，浸釉法适用于大、中、小型各类产品。对大型产品可用机械浸釉代替人工操作。

（2）浇釉法　是将釉浆浇于坯体上以形成釉层的方法。可将圆形日用陶瓷坯体放在旋转的机轮上，釉浆浇在坯体中央，借离心力使釉浆均匀散开。也可将坯体置于运动的传动带上，釉浆则通过半球或鸭嘴形浇釉器形成釉幕流向坯体。这种方法适用于圆盘、单面上釉的扁平砖类及坯体强度较差的产品施釉。

（3）喷釉法　是利用压缩空气将釉浆通过喷枪或喷釉机喷成雾状，使之黏附于坯体上。釉层厚度取决于坯与喷口的距离、喷釉压力和釉浆相对密度等。此法适用于大型、薄壁及形状复杂的生坯。特点是釉层厚度均匀，与其他方法相比更容易实现机械化和自动化。

（4）荡釉法　荡釉即“荡内釉”，把釉浆注入坯体内部，然后将坯体上下左右施荡，使釉浆布满坯体，再倾倒出多余的釉浆，随后坯体继续回转，使器口不留残釉，倒余浆的速度要快，沿全圆周均匀流动。有一次荡釉的，也有两次的，但不能多过两次，否则容易产生气泡。荡釉法适用于小而腹深的制品如壶、瓶等内部上釉。

（5）刷釉法　适用于一种坯体上施多种釉料的艺术陶瓷，一般用毛笔或毛刷。

3.7.2 静电施釉

静电施釉是将釉浆喷至一个不均匀的电场中，使原为中性离子的釉料带有负电荷，随同压缩空气向带有正电荷的坯体移动，从而达到施釉的目的。

施釉时，静电发生器将220V的交流电经工频倍压整流为100～150kV的高压直流电，由高频电缆输送到电网上，使之产生带正电荷的静电场。由于载坯车接地，正好与电网分别形成正负极。在高压作用下，两极间的空气发生电离作用，使气体的分子电离为带正电荷与负电荷的离子，分别向相反的电极移动而开始导电。当釉料在压缩空气的作用下经过喷嘴雾化后，其中性分子在移动的带电离子的作用下也带负电荷，从而向载坯车（正极）移动，使雾滴吸附在坯体上形成釉层。

静电施釉喷出的雾滴较细，速度也较慢，绝大部分釉雾落在坯体的施釉面上，小部分由于静电的吸引落在坯体的周边和背面，釉层分布均匀。与一般施釉方法相比，静电施釉的效率高、产量大、釉层质量好、釉浆浪费少。静电施釉的缺点是设备维修困难，同时因电压较高，需有安全保护措施。

3.7.3 流化床施釉

当压缩空气以一定的流速从底部通过釉料层时，粉料悬浮形成流化状态。流化床施釉就是使加有少量有机树脂的干釉粉形成流化床。将预热到100～200℃的坯体浸入流化床中，与釉粉保持一段时间的接触，使树脂软化，从而在坯体表面黏附上一层均匀的釉料。这种施釉方法不存在釉浆悬浮体的流变性问题，釉层厚度与坯体的气孔无关，尤其适用于熔块釉及烧结坯体的施釉。

流化床施釉对釉料的颗粒度要求较高。颗粒过小时容易喷出，还会凝聚成团；大颗粒则会使流化床不稳定和波动。总的说来，釉料粒度比一般釉浆粒度稍大，通常控制在100～200μm。气流速度通常为0.15～0.3m/s。釉料中加入的有机树脂可以是环氧树脂和硅树脂，加入量一般在5%左右。实验证明，采用硅树脂较环氧树脂的效果好。

流化床施釉的主要问题是，在烧成过程中，当升温至450～500℃时，树脂受热挥发，釉尚未软化，此时，釉料与坯的附着力减弱，导致制品下部脱釉。解决的办法是，加入低熔点的“附着助熔剂”来增加坯和釉之间的黏附力，如双硅酸铅（软化点为500℃）或铅-硅-钠-硼系统配成的助熔剂（软化点为415℃）。

3.7.4 干压施釉

干压施釉法主要用于建筑陶瓷内外墙砖的施釉。这种方法借助于压制成型机，将成型、上釉一次完成。釉料和坯料均通过喷雾干燥制备。釉料含水量为1%～3%，坯料含水量为5%～7%。成型时，先将坯料装入模具加压一次，然后撒上少许有机黏合剂，再撒釉粉加压，釉层厚度在0.3～0.7mm之间。采用干压施釉法，由于釉层上也施加了一定压力，故制品的耐磨性和硬度都有所提高。同时减少了施釉工序，节省了人力和能耗，生产周期也大大缩短。但干压施釉对釉层厚度的均匀性不易掌握。

3.7.5 釉纸施釉

将表面含有大量羟基的黏土矿物（如含水镁硅酸盐的海泡石、含水镁铝硅酸盐的坡缕石等）制备成浓度为0.1%～10%的悬浮液，把釉料均匀分散到悬浮液中，然后把这种分散液捞取成纸状得到釉纸。制备分散液时需加入分散剂（如双氧水、多磷酸铵、醇类、酮类、酯类物质）或黏结剂（如氧化铝或二氧化硅溶胶、聚乙烯醇、羧甲基纤维素等）。也可不用海泡石、坡缕石，而用其他无机纤维（针叶树浆料、木或棉麻纤维）与釉粉调制成釉纸。用釉纸施釉的方法有以下几种。

（1）成型和上釉同时进行。如在注浆成型时，可先将釉纸附在石膏模中。脱水后，釉纸附在坯体上。

（2）可在成型后的湿坯上黏附釉纸。

（3）可在干燥或烧成后的坯体上黏附釉纸。

施釉时可用水将釉纸贴在坯体上，也可使用黏结剂。如将各种不同颜色的釉纸采用重叠、剪纸、折叠的方式黏附在坯体上，可以获得丰富多彩的装饰效果。此外，如在釉中适量引入金属，则因烧成时需氧，在氧化气氛下也可呈现还原色彩。

这种施釉方法的特点是：不需要特别的施釉装置；制作釉纸及施釉过程中，粉尘或釉不挥发，减少环境污染。此外，可将成型和施釉同时进行。

3.8 釉层的形成

3.8.1 釉层加热过程中的物理化学变化

由配釉的成分转变为釉层其经历是颇为复杂的，难以扼要地综述其规律性。一方面，因釉料种类繁多，组成差别大，烧釉时的反应各不相同；另一方面，它是在多种原料共同参与而又互相制约的条件下发生的，一些反应之间的联系尚未研究清楚。但是归纳起来，釉层形成的反应为原料的分解、化合、熔融及凝固（包括析晶）。这些变化往往重叠交叉出现或重复出现。

（1）分解反应　这类反应包括碳酸盐、硝酸盐、硫酸盐及氧化物的分解和原料中吸附水、结晶水的排除。杂质的存在会改变一些化合物的分解温度，如 5% 的 Na_2CO_3 或 K_2CO_3 会使白云石分解温度降至 630℃，1% 的 NaCl 或 NaF 会使白云石分解温度降低 100℃。

硫酸盐一般不易完全分解，如 $CaSO_4$ 长期在 800℃下加热才缓慢放出 SO_3。硫酸根析出的 SO_3 往往会和釉中其他成分化合成为更为稳定的硫酸盐。但还原气氛促使硫酸盐分解温度降低。先转变为不太稳定的亚硫酸盐或硫化物，在空气中受热再变为 RO 及 SO_2 或 SO_3。

（2）化合反应　在釉料中出现液相之前，已有许多生成新化合物的反应在进行。如碱金属和碱土金属碳酸盐与石英形成硅酸盐：Na_2CO_3 与 SiO_2 在 500℃以下生成 Na_2SiO_3；$CaCO_3$ 与 SiO_2 生成 $CaSiO_3$；$CaCO_3$ 与高岭土在 800℃以下形成 $CaO \cdot Al_2O_3$，在 800℃以上形成 $CaSiO_3$。PbO 与 SiO_2 在 600 ～ 700℃生成 $PbSiO_3$。此外，ZnO 和 SiO_2 会通过固相反应生成 $2ZnO \cdot SiO_2$。当一些原料熔融或出现低共熔体时，更能促进上述反应的进行。

（3）熔融　釉料中形成液相有两方面原因：一是原料本身熔融（如长石、碳酸盐、硝酸盐的熔化）；二是形成各种组成的低共熔物（如碳酸盐与长石、石英，铅丹与石英、黏土，硼砂、硼酸与石英及碳酸盐，氟化物与长石、碳酸盐，乳浊剂与含硼原料、铅丹等形成低共熔物）。由于温度的升高，最初出现的液相使粉料由固相反应逐渐转变为有液相参与，不断溶解釉料成分，最终使液相量急剧增加，绝大部分成分变成溶液（冷却后成为玻璃相）的体系。事实上，烧釉后仍存在残留的石英或半安定方石英以及未熔的乳浊剂、着色剂颗粒，同时还有少量气相。

釉料及熔块熔融的均匀及彻底的程度直接影响着釉面的质量。影响釉料及熔块熔化速度及均匀程度的因素为：烧釉或熔制时逸出的气体的搅拌作用，高温下溶液黏度减小时作用增强；配料中存在的吸附水分在一定程度上会促进釉料的熔化；釉粉细度高、混合均匀会降低熔化温度、缩短熔化时间、增强均匀程度及成熟温度下溶液的流动性。

烧釉过程中随着煅烧温度、窑炉气氛及原料本身蒸气压的不同，釉料中的成分会有不同程度的挥发。一个明显的证明是，在高温下长期煅烧时，釉熔体的折射率会部分由于组成的碱性氧化物、氧化硼、氧化铅的挥发而降低。此外，烧后呈白色的锡釉制品若和氧化铬的釉料在同一匣钵或临近的窑位上烧成时，锡釉会变成粉红色，这也表明釉中成分会挥发。

烧釉时易挥发的成分为铅、硼及碱性氧化物。莱特指出，玻璃熔体中氧化铝的挥发量为 0.5% ～ 5%，氧化硼的挥发量为 1% ～ 5%，氧化钾与氧化钠的挥发量可达 5%。釉中的着色剂在高温下会挥发，如硒镉红釉超过 1020℃的显色效果不佳，就是由于硒化物挥发的缘故。

釉中成分挥发的温度与数量和釉的组成、制备方法及所用原料的种类有密切的关系。生料釉中铅、硼的挥发量较熔块釉中大些。釉中 SiO_2 含量多则会降低成分的挥发量或提高氧化物挥发的温度。

（4）凝固　熔融的釉料冷却时经历的变化和玻璃一样。首先，由低黏度的高温流动状态转变至黏稠状态，黏度随温度的降低而增加。再继续冷却则釉熔体变成凝固状态，呈脆性。在黏稠状态的温度范围内釉熔体尚可移动，使呈现的应力消除。在釉冷却凝固过程中坯与釉的体积都在变化，而且变化的速度不会相同。希望二者能相互适应，以减少应力造成的危害。

3.8.2 釉层中气泡的产生

釉层中普遍存在着气泡，即使是表面平滑、光泽良好的釉层，利用显微镜也总是能见到断面上存在着气泡，只是气泡的大小、数量与分布的情况不同而已。一般来说，气泡的存在会影响釉面外观质量（如降低透明性与光泽度、出现波纹、引起釉面出现疙瘩与坑洼等）和理化性能（不耐磨、易腐蚀、降低表面电场的不均匀性等）。但靠近坯体的少量小气泡并不致造成缺陷。

引起釉层出现气泡的气体来源是多方面的。一些陶瓷工作者提出不同的说法，归纳起来有以下几个方面。

（1）由坯体和釉料中释放出气体　坯、釉料粉末释出表面吸附及空隙间留存的气体。熔块中溶入的水分在高温下成为气体放出。釉浆释出所溶解的气体，这类气体或者由于剧烈搅拌而带入，或者由于加入湿润剂而引入。坯、釉料成分在高温下分解放出气体，如碳酸盐、硫酸盐、氟化物、三氧化二铁及坯体中的可溶性盐高温分解。釉料熔融时放出气体，埃尔斯特纳尔及舒尔兹认为长石熔融时会放出吸附的新生态 N_2。

（2）烧釉时，由燃烧产物中吸收的气体及沉积的碳素脱碳、氧化而逸出气体　陶切尔特等认为，吸附在釉中方石英颗粒表面上的CO在高温下会裂解产生沉积的碳，然后气化：

$$2CO \longrightarrow CO_2 + C \tag{3.6}$$

还原气氛过浓时，沉积的碳素高温氧化成气体也可能引起釉中出现气泡。

（3）工艺因素带来的气体　干燥后的釉层若透气性差，则生坯空隙中的气体不易排出，易引起潜在的气泡，喷釉时釉浆中会溶入气体。烧制熔块及烧釉时，窑炉中燃烧产物会夹带进入釉层中。快速烧成时，坯、釉料中的气体推迟排出，若釉已经软化，则气体可能封闭在釉层中。

气泡的克服方法包括以下几个方面：一方面是配方控制，提高釉的始熔温度，增加釉中熔剂含量，降低釉的高温黏度，选择不产生气体的原料或熔块釉或有利于气体排除的原料（排气温度低的原料）；另一方面是烧成过程控制，低温阶段注意加强通风，中火保温，高温阶段注意均匀升温，高火保温。

思考题

3-1 在陶瓷制品中釉料有何作用？陶瓷釉料分为哪些种类？

3-2 釉与玻璃有何异同？

3-3 影响熔融温度的因素主要有哪些？

3-4 确定釉料配方的原则是什么？

3-5 坯釉适应性受哪些因素影响？各种因素是如何影响坯釉适应性的？

3-6 简述碱金属氧化物和碱土金属氧化物对釉的黏度和表面张力的影响。

3-7 生料釉与熔块釉制备工艺有何差别？各自的特点是什么？

3-8 熔块釉制备过程中应注意哪些问题？

3-9 如何控制釉的质量及工艺性能？

3-10 日用瓷中为什么要限制釉中铅的含量？

3-11 简述施釉的方法及工艺要点。

3-12 已知某厂釉的化学组成，见表3.13，试计算釉式。

表3.13 釉的化学组成

组成	SiO_2	Al_2O_3	Fe_2O_3	CaO	MgO	K_2O	Na_2O
含量/%	67.49	11.62	—	7.90	0.05	11.03	1.46

4 成型

4.1 概述

成型是将制备好的坯料，用各种不同的方法制成具有一定形状和尺寸的坯体（生坯）的过程。成型是陶瓷生产过程的一个重要步骤。在成型过程中形成的某些缺陷（如不均匀性等）仅靠烧结工艺的改进是难以克服的。成型工艺对提高陶瓷材料的均匀性、重复性和成品率以及降低陶瓷制造成本具有十分重要的意义。

陶瓷的成型应该满足如下要求：坯体应符合产品所要求的生坯形状和尺寸（应考虑收缩）；坯体应具有相当的机械强度，以便于后续工序的操作；坯体结构均匀，具有一定的致密度；成型过程适合于多、快、好、省地组织生产。

4.1.1 成型方法分类

陶瓷制品种类的多样化决定了成型方法的多样化。从工艺上讲，除手工成型外，根据坯料的性能和含水量的不同，传统陶瓷的成型方法可分为三类：注浆成型、可塑成型和压制成型。新型陶瓷成型方法还有热压铸成型、注凝成型、注塑成型和流延成型等多种。

4.1.2 成型方法的分类与选择

以图纸或样品为依据，确定工艺路线，选择合适的成型方法。选择成型方法时，要从下列几个方面来考虑。

（1）制品的形状、大小和厚薄等　一般形状复杂或较大、尺寸精度要求不高、薄胎、厚壁产品可采用注浆法成型，而具有简单回转体的产品可采用可塑法中的旋压成型或滚压成型，具有规则几何形状的产品可采用压制法成型。

（2）坯料的性能　可塑性好的坯料适用于可塑法成型，可塑性较差的坯料可用注浆法或干压法成型。

（3）产品的产量和质量要求　产量高的产品可采用可塑法中的机械成型，产量低的产品可采用注浆法成型。产量小而质量要求不高时可采用可塑法中的手工成型，质量要求高的产品可采用干压法中的等静压成型。

（4）其他方面　选择成型方法还应考虑经济效益、设备条件、工人操作水平及劳动强度等。

总之，在保证产品产量和质量的前提下，应选用工艺可行、设备简单、操作方便、生产周期最短和经济效益最好的成型方法。

4.2 可塑成型

可塑成型是在外力作用下，使具有可塑性的坯料发生塑性成型而制成坯体的方法。由于外力和操作方法不同，日用陶瓷的可塑成型可分为手工成型和机械成型两大类。

雕塑、印坯、拉坯、手捏等属于手工成型，这些成型方法较为古老，多用于艺术陶瓷的制造。而旋压、滚压成型，则是目前工厂广为采用的机械成型方法，可用于盘、碗、杯、碟等制品的生产。另外，在其他陶瓷工业中还采用了挤制、车坯、压制、轧膜等可塑成型方法。

4.2.1 可塑泥料的流变特性

可塑泥料是由固相、液相及少量气相组成的弹性－塑性系统。当泥料受到外力作用而发生变形时，既有弹性性质，又有假塑性性质。这就涉及其流变特性的研究。图 4.1 是黏土泥料应力－应变曲线。

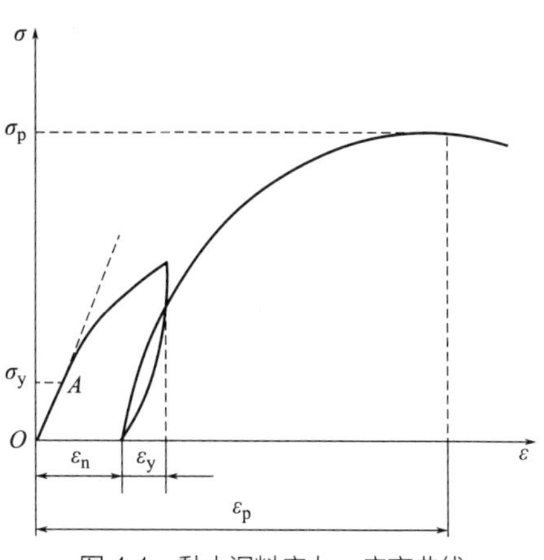

图 4.1　黏土泥料应力－应变曲线

可塑泥料受应力作用而产生变形时，既有短暂的弹性变形阶段（*OA* 段），又有塑性变形阶段。但当应力超过弹性变形的极限应力值 σ_y 之后，泥料即产生不可逆的假塑性变形，且变形量随应力的增大而增大。若撤除外加应力，则发生假塑性变形的泥料只能部分地恢复原状态（ε_y），剩下的不可逆变形部分（ε_n）称为假塑性变形。ε_n 部分是由于泥料中的矿物颗粒产生了相对位移所致。其中 σ_p 和 ε_p 分别为泥料受力出现裂纹（破坏）时的极限应力值和变形量。其大小取决于所加应力的速度和应力在泥料中扩散的速度。

可塑泥料当其受外力作用产生变形后，若维持其变形量不变，则泥料中的应力会逐渐减小直至消失。泥料中的应力降到一定值时所需的时间称为应力松弛期。

成型性能好的泥料应该具有较高的屈服值 σ_y 和足够大的 ε_p 值。前者可以防止刚刚成型好的坯体因偶然的外力作用产生变形；后者可以保证泥料在成型过程中变形虽大，但又不易产生开裂。屈服值 σ_y 和最大变形量 ε_p 是相互关联的，且往往相互矛盾。改变泥料的

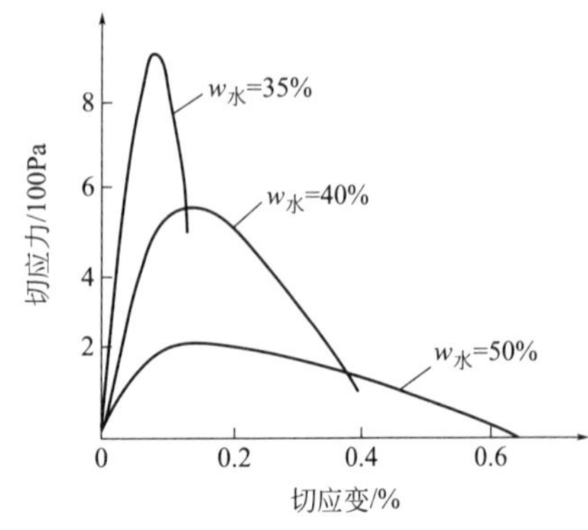

图 4.2 黏土含水率与其应力 - 应变曲线

含水量，可以改变其中一个流变参数，但同时也会降低另一个特性参数。如图 4.2 所示，随着含水量增加，σ_y 减小而 ε_p 却增大。

因此，一般可以近似地用 $\sigma_y \times \varepsilon_p$ 来评价泥料的成型性能，也就是所谓的“可塑性指标”。对于一定组成的泥料而言，在合适的含水量条件下，这个乘积达到最大值时，也就意味着它具有最好的成型性能。

4.2.2 影响泥料可塑性的因素

影响泥料可塑性的因素主要包括泥料的矿物组成、颗粒形状和大小、吸附的阳离子种类以及液相的性质和含量。

可塑性良好的黏土泥料一般颗粒细小；矿物解理明显或完全，尤其呈片状结构最好，容易形成面 - 面接触；颗粒表面的水化膜较厚。

黏土胶团之间的排斥力（吸引力）影响着泥料的可塑性，黏土吸附不同阳离子时，其可塑性变化的顺序与阳离子交换顺序相同。

液相的性质主要涉及液相的黏度及表面张力。一般来说，高黏度和高表面张力的液体介质能够提高泥料的可塑性。液相含量对泥料可塑性的影响如图 4.3 所示，随着含水量增加，泥料的屈服值降低，最大变形量增大。而最大可塑性指标则对应于一个最佳含水量。

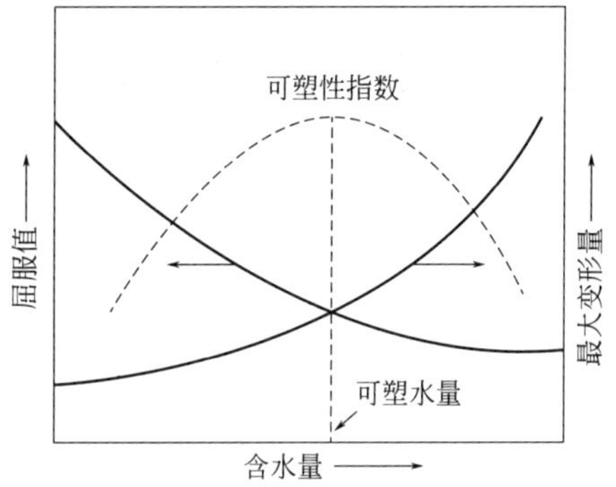

可塑性指数

屈服值

最大变形量

可塑水量

含水量

图 4.3 可塑泥团含水量与可塑性的关系

4.2.3 滚压成型

滚压成型是指盛放着泥料的石膏模型和滚头分别绕自己的轴线以一定的速度同方向旋转，滚头在旋转的同时逐渐靠近石膏模型，对泥料进行成型的方法。石膏模型和滚头之间既有滚动又有滑动，泥料主要承受压延力的作用。滚压成型主要包括阳模滚压成型和阴模滚压成型两类（图 4.4）。

4.2.3.1 滚压成型的阶段

滚压成型主要包括三个阶段。

（1）布泥阶段　滚头从开始接触泥料至定压前。泥料在模型工作面上展布，要求滚头的动作要轻，压泥速度要适当，一般以 6 ～ 7mm/s 为宜。如动作太重或速度过快则会压坏模型或引起“鼓气”。若下压太慢，泥料容易粘住滚头。

（2）定压阶段　泥料已压制成所要求的厚度，为使坯体表面光滑，要求滚头的动作重而平稳，泥料受压时间要适当，一般以 2 ～ 3s 为宜。

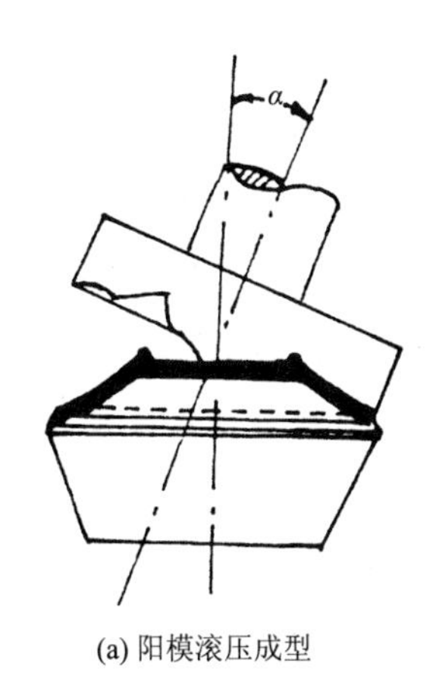

(a) 阳模滚压成型

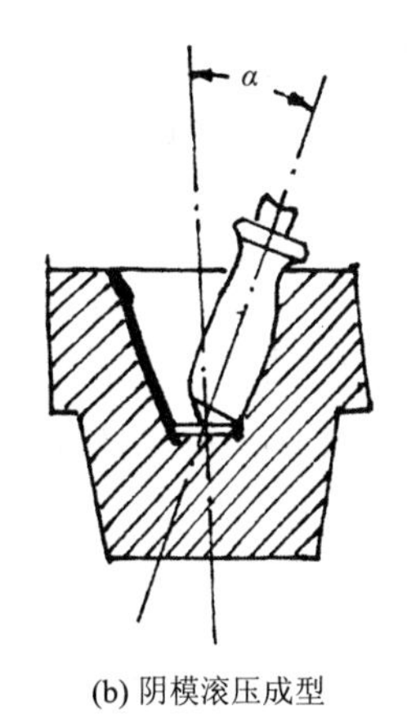

(b) 阴模滚压成型

图 4.4 滚压成型
（α 为滚头倾斜角）

（3）抬滚阶段　滚头抬离坯体直至完全脱离的一瞬间。要求缓慢地减轻泥料所受的压力，以消除残余应力。

4.2.3.2 滚压成型的影响因素

滚压成型的主要影响因素有以下几方面。

（1）泥料的要求　泥料主要受压延力的作用。要求有一定的可塑性和较大的延伸量。可塑性低，易开裂；可塑性高，水分多易粘滚头。阳模滚压和阴模滚压对泥料的要求有差别。阴模滚压受模型的承托和限制，可塑性可稍低，水分可稍多。

（2）滚压过程控制　分为压下（轻）、压延（稳）、抬起（慢）阶段。

（3）主轴转速和滚头转速　控制制品产量和质量；滚头和泥料相对运动状况控制坯体的密度和表面光滑程度。

（4）滚头的温度　热滚压一般为 100 ～ 130℃，在泥料表面产生一层气膜，防止粘滚头，坯体表面光滑。冷滚压可用塑料滚头，如聚四氟乙烯。

4.2.3.3 滚压成型的缺陷

滚压成型常见缺陷有以下几个。

（1）粘滚头　泥料可塑性太强或水分过多；滚头转速太快；滚头过于光滑及下降速度慢；滚头倾角过大。

（2）开裂　坯料可塑性差；水分太少，水分不均匀；滚头温度太高，坯体表面水分蒸发过快，引起坯体内应力增大。

（3）鱼尾　坯体表面呈现鱼尾状微凸起。原因是滚头摆动；滚头抬离坯体太快。

（4）底部上凸　滚头设计不当或滚头顶部磨损；滚头安装角度不当；泥料水分过低。

（5）花底　坯体中心呈菊花状开裂。原因是模具过干过热；泥料水分少；转速太快；滚头中心温度高；滚头下压过猛；新模具表面有油污。

4.2.4 旋压成型

旋压成型又称为刀压成型，是利用型刀和石膏模进行成型的一种可塑成型方法。成型时，将定量的坯泥投入石膏模中，将石膏模置于模座上，使之旋转，然后将型刀慢慢置于泥料上，由于型刀和模型之间的相对运转，使泥料在型刀的挤压和刮削作用下沿着模型的工作面均匀延展成坯件。多余的泥料贴附于型刀的排泥板上，用手清除，同时刮去模型口处多余泥料。显然，型刀的工作弧线形状与模型工作面的形状构成了坯件的内外表面，而型刀口与模型工作面之间的距离决定了坯件的厚度，图 4.5 为旋压成型示意图。旋压成型可分为阳模成型和阴模成型，前者适用于生产扁平制品，后者适用于生产深腔空心制品。

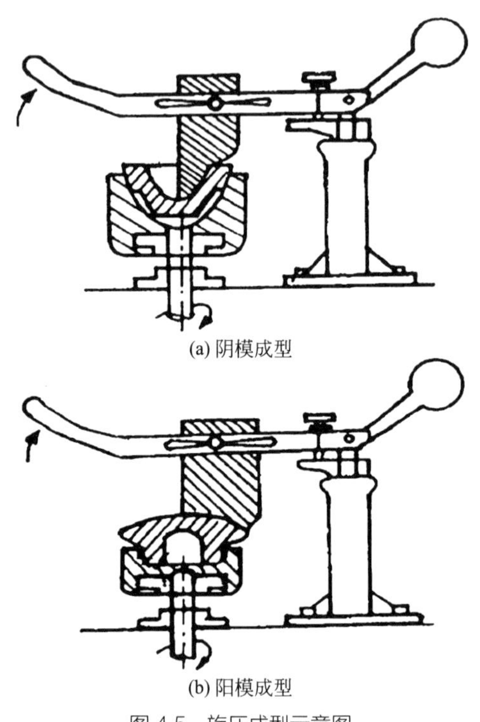
(a) 阴模成型

(b) 阳模成型

图 4.5　旋压成型示意图

4.2.4.1　旋压成型的工艺要求

（1）对泥料的要求　旋压成型对泥料的一般要求是泥料水分均匀、结构一致、可塑性好。由于是通过型刀的挤压和刮削来成型，型刀对于坯料的作用力相对较小，故泥料屈服值不宜太高，所以坯泥的含水率稍高些，通常为 21% ～ 26%。另外，在“刮泥”成型时，为提高坯体表面的光滑程度，可在坯面滴少量水，以达到“赶光”表面的目的。

（2）对型刀的要求　型刀是旋压成型的主要工具。刀刃形状除根据制品形状决定外，也与成型方法有关。型刀工作端的刀口应稍钝，并具有一定角度，通常为 15° ～ 45°。角度过大，将增加成型阻力，易产生“跳刀”，使制品表面不光滑，且易变形；角度过小，则刀刃对泥料压力不足，坯件致密度不够。刀刃宽度一般取 1 ～ 2mm。刀具可采用普通碳素钢、合金制成，厚度通常为 5 ～ 10mm，在型刀背面固定了一个排泥板，以便排出余泥。适当增加型刀厚度，排泥板的使用，以及在操作时增加坯泥量等措施，都可以改善坯体致密度不足。在使用过程中，刀刃的磨损将影响成型质量，因此应定期修磨刀刃。

（3）对模型的要求　石膏模型应外形圆整，厚薄均匀，干湿一致。工作表面应光润，无空洞，无外来杂质。模型含水率为4%～14%，并根据模型质量和使用情况进行定期更换。

（4）主轴转速　主轴转速是旋压成型过程中的重要工艺参数，它与制品的形状、尺寸及坯料的性能有关。一般来说，在成型直径小的制品及阴模成型时主轴转速可稍高一些；反之，则转速应相应减小。主轴转速高，有利于坯体表面光滑，但过高时易引起“跳刀”“飞坯”等毛病。一般控制在320～600 r/min。

另外，旋坯机在安装使用时，应确保机架稳固，以及主轴、模型和型刀三者“同心”，避免因设备摇晃、偏心，引起坯体的厚薄不均匀、变形及开裂。

旋压成型的特点是：设备简单，适应性强，可以旋制大型深腔制品，但其成型时坯泥含水率高，正压力小，致密度差，坯体不够均匀，易变形；另外，劳动强度大，生产效率低，并需要一定的劳动技能。为了提高产品质量和生产效率，日用瓷生产中已广泛采用滚压成型代替旋压成型。

4.2.4.2　旋压成型缺陷

（1）夹层开裂

缺陷特征：坯体内夹有空隙，泥料有分层现象。

产生原因：型刀上下过快；成型时，初次装料不够，当成型到一定程度再添泥，则前后泥料不能紧密结合而形成夹层；成型时，坯泥在装模前未处理好，本身已存在夹层。

（2）外表开裂

缺陷特征：多存在于形状比较复杂、厚度急剧改变的部位。

产生原因：旋坯时加水过多，使坯体局部凹下部位积水，干后即产生开裂。旋制大型坯体时，由于旋坯刀上积泥太厚或旋坯刀震动，易在坯体的某部位造成开裂。

4.2.5　塑压成型

塑压成型就是将可塑泥料放在模型中在常温下压制成型的方法。工业陶瓷生产中早已应用，如生产悬式和针式瓷绝缘子。20世纪70年代以来，用于生产鱼盘等广口异形产品。采用的模型一般是蒸压型的α-半水石膏，内部盘绕多孔性纤维管，用以送压缩空气或抽真空。其成型工艺过程如图4.6所示。

塑压成型对泥料的要求是泥料屈服值应低些，即含水率要稍高些，以便于泥料在挤压力下迅速延展而填充于模腔。但是，水分也不宜太多，否则将加重模型的吸水与排水负担及提高成型坯体的致密度。一般含水率控制在23%～25%为宜。

塑压成型的特点是设备结构简单，操作方便，劳动强度低，生产效率较高，适用于成型鱼盘等异形产品。不足之处是模具制作较为麻烦，且模型使用次数偏低。如果在成型时施以一定的压力，坯体的致密度较旋坯法、滚压法都高。因此，为了提高模型强度，多采用多孔树脂模或多孔金属模。

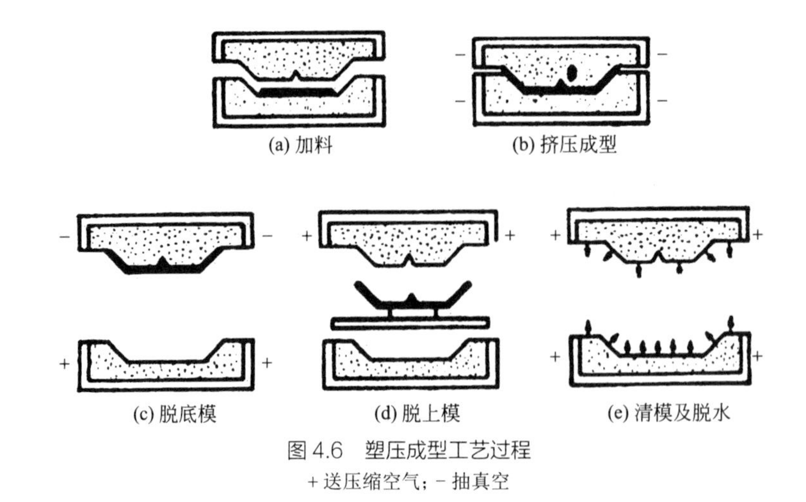

图 4.6　塑压成型工艺过程
+ 送压缩空气；- 抽真空

4.2.6　挤压成型

挤压成型一般是将真空练制的泥料放入挤制机内，这种挤制机一头可以对泥料施加压力，另一头装有挤嘴即成型模具，通过更换挤嘴，能挤出各种形状的坯体。也有将挤嘴直接安装在真空练泥机上，成为真空练泥挤压机，挤出的制品性能更好。挤压机有立式和卧式两类，依产品的大小等加以选择。挤压机适合挤制棒状、管状（外形可以是圆形或多角形，但上下尺寸大小一致）的坯体，然后待晾干后，可以再切割成所需长度的制品。一般常用于挤制直径 1 ～ 30mm 的管、棒等细管，壁厚可小至 0.2mm 左右。随着粉料质量和泥料可塑性的提高，也用来挤制长 100 ～ 200mm、厚 0.2 ～ 3mm 的片状坯膜，半干后再冲制成不同形状的片状制品，或用来挤制 100 ～ 200 孔 /cm^2 的蜂窝状或筛格式穿孔瓷制品。立式挤制机结构示意图如图 4.7 所示。

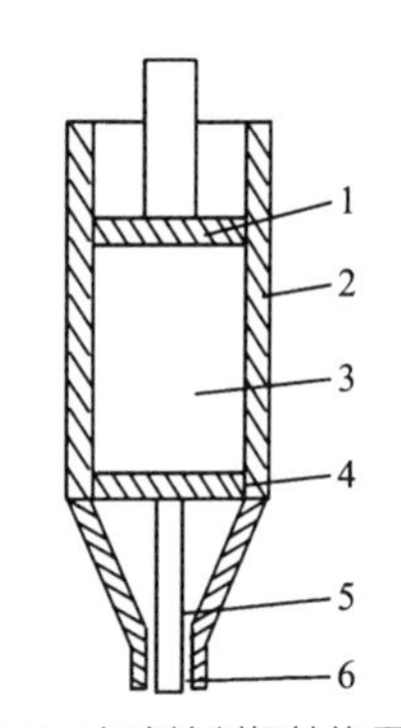

图 4.7　立式挤制机结构示意图
1—活塞；2—挤压筒；3—瓷料；4—型环；5—型芯；6—挤嘴

挤压成型对泥料的要求较高。粉料细度要求较细，外形圆润，以长时间小磨球球磨的粉料为好；溶剂、增塑剂、黏结剂等用量要适当，同时必须使泥料高度均匀，否则挤压的坯体质量不好。

挤压法的优点是污染小，操作易于自动化，可连续生产，效率高。适合管状、棒状产品的生产。但挤嘴结构复杂，加工精度要求高。由于溶剂和结合剂较多，因此坯体在干燥和烧成时收缩较大，性能受到影响。

挤压成型常见的缺陷如下。

（1）气孔　由于练泥时真空度不够，或者手工揉料不均匀，经过挤泥机出口后坯体断面上出现裂纹。

（2）弯曲变形　坯料太湿，组成不均匀，承接坯体的托板不光滑，均会出现这种缺陷。

（3）管壁厚度不一致　型芯和挤嘴的中心不同心。

（4）表面不光滑　挤坯时压力不稳定，坯料塑性不好或颗粒呈定向排列都可能产生这种缺陷。挤制大型泥段时，机头锥度过大，挤嘴润滑不良，也会使坯体表面粗糙或呈波浪形。

4.2.7 轧膜成型

轧膜成型在特种陶瓷生产中较为普遍，适宜生产 1mm 以下的薄片状制品。

轧膜成型是将准备好的坯料，拌以一定量的有机黏结剂（一般采用聚乙烯醇）置于两辊轴之间进行辊轧，通过调节轧辊间距，经过多次辊轧，最后达到所要求的厚度，如图 4.8 所示。轧好的坯片，需经冲切工序制成所需要的坯件。但不宜过早地把轧辊调近，急于得到薄片坯体。因为这样会使坯料和结合剂混合不均匀，坯件质量不好。

轧膜成型时，坯料只是在厚度和前进方向受到碾压，在宽度方向受力较小，因此，坯料和黏结剂不可避免地会出现定向排列。干燥和烧结时，横向收缩大，易出现变形和开裂，坯体性能上也会出现各向异性。解决办法就是轧膜时不断将膜片作 90° 倒向、折叠。

轧膜成型具有工艺简单、生产效率高、膜片厚度均匀、生产设备简单、粉尘污染小、能成型厚度很薄的膜片等优点。但用该法成型的产品干燥收缩和烧成收缩较干压制品的大。

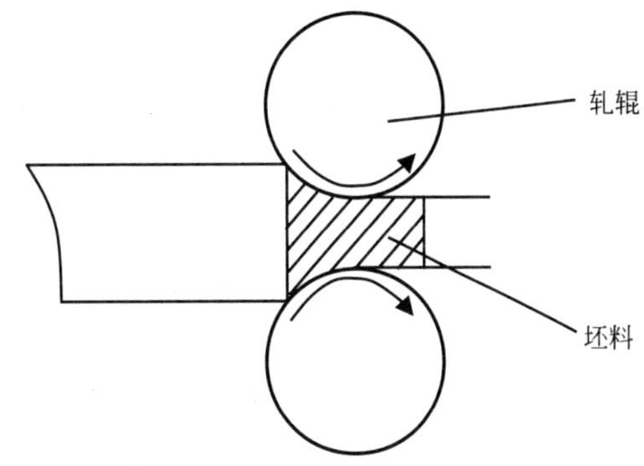

图 4.8　轧膜示意图

4.3 注浆成型

注浆成型是利用多孔模型的吸水性，将泥浆注入其中而成型的方法，这种成型方法适应性强，凡是形状复杂、不规则、薄壁、厚胎、体积较大且尺寸要求不严的制品都可用注浆成型。如日用陶瓷中的花瓶、汤碗、椭圆形盘、茶壶手柄等都可采用注浆成型。

注浆成型后的坯体结构均匀，但其含水率大，且不均匀，干燥收缩和烧成收缩较大。

另外，从生产过程来说，其生产周期长，手工操作多，劳动强度大，占地面积大，模型消耗多。随着生产工艺的不断进步和注浆成型机械的不断发展，这些问题将会得到改善和解决，从而使注浆成型更适合于现代化的陶瓷生产。

4.3.1 注浆成型的特点及其影响因素

4.3.1.1 陶瓷泥浆的流变特性

陶瓷泥浆就其固相颗粒大小来说，是介于溶胶－悬浮体－粗分散体系之间的一种特殊系统。它既有溶胶的稳定性，又会聚集沉降。这种复杂的性质使得我们既要从固相颗粒本性出发，又要考虑外在条件（浓度、粒度分布，电解质的种类与数量，泥浆制备方法等）的影响，这样才能全面掌握泥浆的流变性质。

影响泥浆流变性能的因素有泥浆的浓度、固相颗粒的大小、电解质加入的种类与数量、陈腐、有机物质的种类与含量、可溶性盐类等。

（1）泥浆浓度的影响　图 4.9 是泥浆浓度对流变性能的影响。当泥浆的浓度增加时，曲线的形状基本不变，只是曲线位置沿横轴方向向右移动，也就是获得同一剪切速率所需施加的应力增大。

（2）固相的颗粒大小及其分布　就固相颗粒的细度而言，陶瓷泥浆是介于溶胶－悬浮体－粗分散体系之间的一种特殊固液系统，其粒度分布范围在 0.2 ～ 200μm 之间。其中胶体颗粒（＜ 0.2μm）很少，但小颗粒（主要由黏土矿物引入）是悬浮体中大颗粒的分散剂，以及大中颗粒移动时的润滑剂。因此，泥浆体系中大小颗粒之比和颗粒的分布范围均对泥浆流变性质起着决定性作用，影响情况复杂。图 4.10 为高岭土颗粒对泥浆流动性的影响。

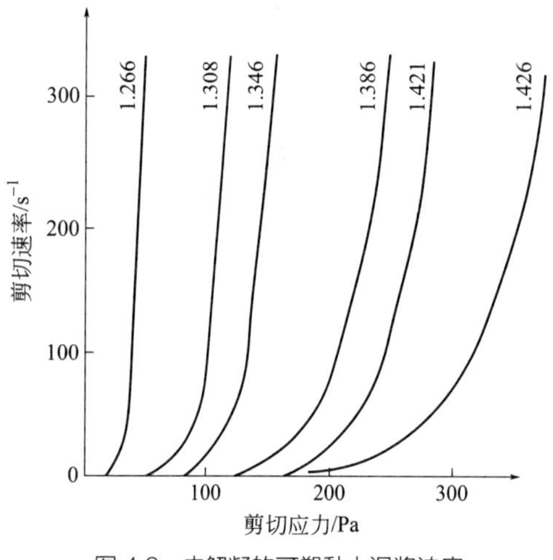

图 4.9　未解凝的可塑黏土泥浆浓度与流动曲线的关系

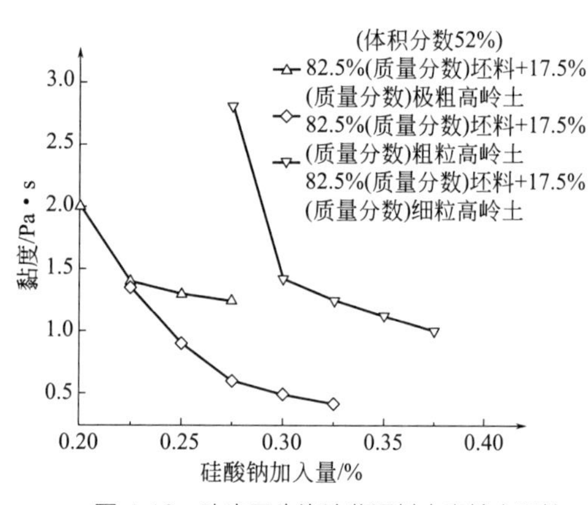

图 4.10　改变卫生瓷注浆泥料中高岭土颗粒对泥浆流动性的影响

（3）电解质的加入　向泥浆中加入电解质是控制其流动性和稳定性的有效方法，电解质的种类和数量对泥浆的流变性能都有影响。含电解质的泥浆都会出现触变滞后环，随着泥浆解凝程度的不同，泥浆的屈服值和滞后环的面积都会变化。

当高岭土泥浆加入碳酸钠时，加入量在一定数量以内并不会降低泥浆的屈服值；当电解质过多引起过分解凝时，滞后环的方向并不改变（图 4.11）。

若高岭土泥浆中加入硅酸钠和碳酸钠的混合物（1∶1），泥浆流动曲线的斜率基本未变而屈服值则随电解质加入量增加而降低。加入 2% 电解质时泥浆的解凝程度最大，屈服值几乎为零，滞后环较窄，为逆时针方向，适于浇注成型使用。泥浆解凝程度不大时，滞后环为顺时针，属于负触变；过分解凝时，滞后环的宽度增加（图 4.12）。

（4）陈腐　新鲜调制的及解凝程度不够的泥浆，其流动性不稳定。在陈放过程中黏度和屈服值逐渐加大，需要存放几天甚至几周才会稳定。这是因为在陈放过程中聚集的粒子

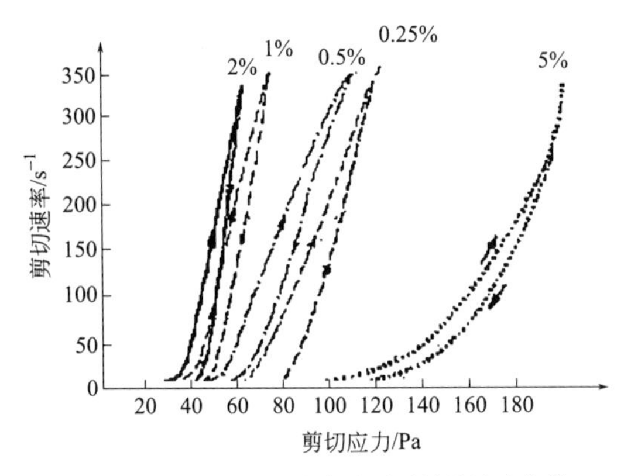

图 4.11 高岭土泥浆加入碳酸钠的流动曲线

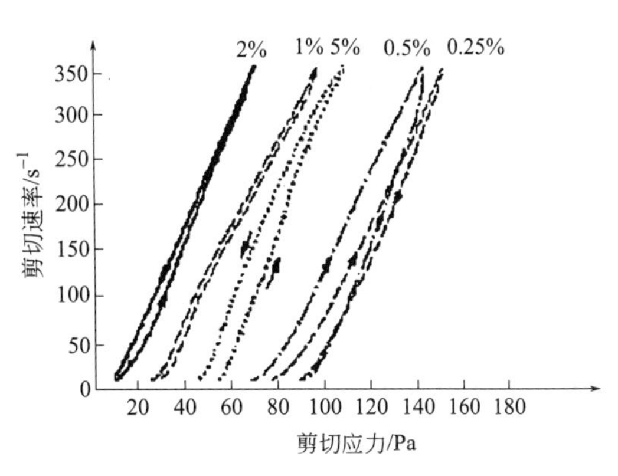

图 4.12 高岭土加入硅酸钠与碳酸钠（1∶1）的流动曲线

不可逆地逐渐分散开来，长期放置也不会变化。对于解凝充分的泥浆，陈放时间的影响不大。因为解凝剂起着分散颗粒的作用，促使泥浆达到动力平衡状态。图4.13为未解凝的可塑黏土泥浆（相对密度为1.25）陈放不同时间下流动曲线的变化。

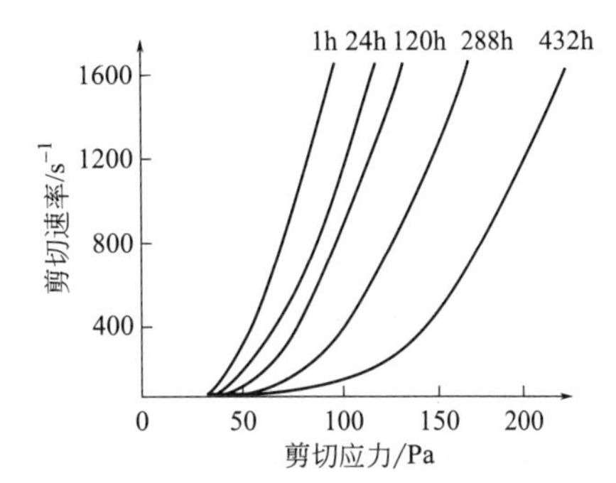

图 4.13 陈放时间对可塑黏土泥浆流动曲线的影响

（5）有机物质 可塑黏土及一些夹杂在煤层中的黏土常含有天然有机物质，难以用机械方法将其从黏土中分离出来，这就是腐殖质。这是一系列酸性的高分子聚合物，其官能团主要是羧基、酚式羟基及少量烯醇式羟基。

不含有机物的黏土调成泥浆时，颗粒平面带负电荷、边缘带正电荷形成面—边结合的片架结构，呈絮凝状态。若黏土中含有机物，边缘吸附有机物负离子，使整个颗粒的平面与边缘呈现中性，面—面缔合成较厚或较大的薄片平行聚集而分散不开。加入碱离子与羧基离子使其 pH 值增至 7 ～ 8 时，则被黏土颗粒吸附有机物的羧基会变成可溶性钠盐，导致颗粒表面带负电荷，相互排斥增加其悬浮性（图 4.14）。

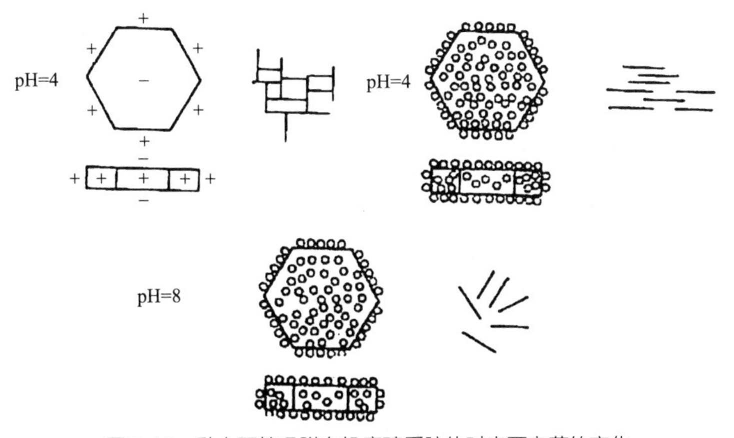

图 4.14 黏土颗粒吸附有机腐殖质胶体时表面电荷的变化

（6）可溶性盐类　黏土中的可溶性盐类通常为碱金属与碱土金属的氯化物、硫酸盐等。这些盐类一般都会提高泥浆的黏度，图 4.15 表示在用碱解凝的泥浆中添加可溶性盐类（无机电解质）时黏度的变化，微量 Ca^{2+}、Mg^{2+} 等多价离子取代被黏土颗粒吸附的 Na^{+} 使 ζ- 电位变小导致黏度增大。泥浆中可溶性盐类增多时，即使添加解凝剂，黏度也难以下降。

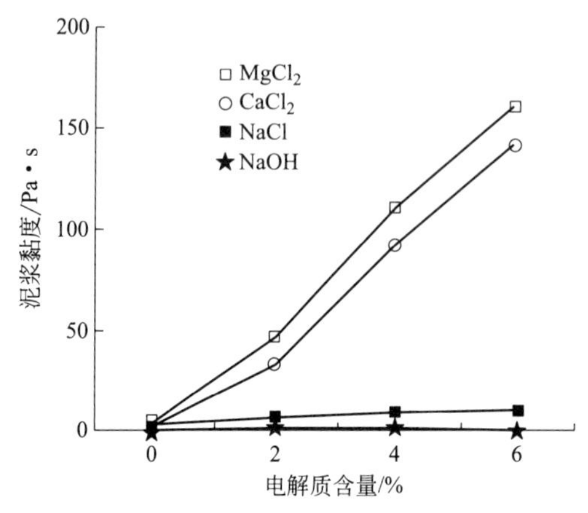

图 4.15　电解质含量与泥浆黏度的关系

4.3.1.2　影响泥浆浇注性能的因素

（1）流动性　高浓度泥浆具有良好的流动性是浇注成型的首要条件。影响流动性的因素为：固相含量、颗粒大小和形状；泥浆的温度；水化膜的厚度；泥浆的 pH 值；电解质的作用。

泥浆流动的阻力来自三个方面：水分子本身的相互吸引力；固相颗粒与水分子之间的吸引力；固相颗粒相对移动时的碰撞阻力。

（2）固相含量、颗粒大小和形状　低浓度泥浆中固相颗粒少，泥浆黏度由液体的黏度决定。高浓度泥浆中颗粒多，泥浆黏度主要取决于固相颗粒移动时的碰撞阻力，降低泥浆的流动性；若增多泥浆中的水分，流动性固然改善，但收缩增加，强度降低，吸浆速度减慢，这些对生产是不利的。

一定浓度的泥浆中，固相颗粒越细，颗粒间平均距离越小，吸引力增大，位移时所需克服的阻力增大，流动性降低。由于水有偶极性、胶体粒子带有电荷，每个颗粒周围都形成水化膜，固相颗粒呈现的体积比真实体积大得多，因而阻碍泥浆的流动。

泥浆流动时，固相颗粒既有平移又有旋转运动。当颗粒形状不同时，对运动所产生的阻力必然不同。在相同的固相体积情况下，非球形颗粒阻力大，球形或等轴颗粒产生的阻力最小。也即颗粒越不规则，泥浆的流动性越低。

（3）泥浆的温度　将泥浆加热时，分散介质（水）的黏度下降，泥浆黏度也因而降低。且提高泥浆温度除增大流动性外，还加速泥浆脱水、增加坯体强度。所以生产中有采用热模、热浆进行浇注的办法，若泥浆温度在 35 ～ 40℃、模型温度在 35℃左右，则吸浆时间可缩短一半，脱模时间也相应缩短。某企业的实验结果见表 4.1。

（4）水化膜的厚度　黏土颗粒水化膜厚，结合水增加而自由水减少，流动性差；反之，流动性好。

表 4.1 某企业的实验结果

泥浆温度 /℃	11.5	17.0	27	38	42	55
流动性 /s	151	140	102	79	66	56

湿黏土干燥后，水化膜消失，碱金属离子与黏土颗粒依靠静电吸引力牢固地结合。当加入水调成泥浆时，再水化困难，新生成的水化膜较薄；在含水量一定时，胶团中结合水减少、自由水增多，颗粒易于位移，泥浆流动性增大（图 4.16）。

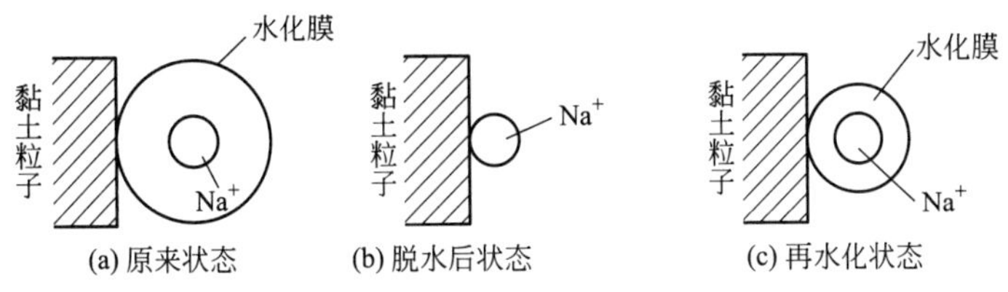

图 4.16 吸附离子与黏土颗粒的固着状态

当干燥温度超过最佳值，黏土颗粒受热，表面结构破坏，吸附离子和颗粒结合弱，再水化时黏土与水的耦合力强，能形成较厚的水化膜使结合水增加而自由水减少，因而泥浆的流动性变差（图 4.17）。

（5）泥浆的 pH 值 提高瘠性料浆流动性与悬浮性的方法之一是控制其 pH 值。瘠性料浆中的原料多为两性物质，它们在酸性和碱性介质中能胶溶，但离解的过程不同，形成胶团结构也不同。pH 值影响其离解程度，又会引起胶粒 ζ- 电位发生变化，使胶粒表面的吸力与斥力的平衡改变，最终使这类氧化物胶溶或絮凝（图 4.18）。

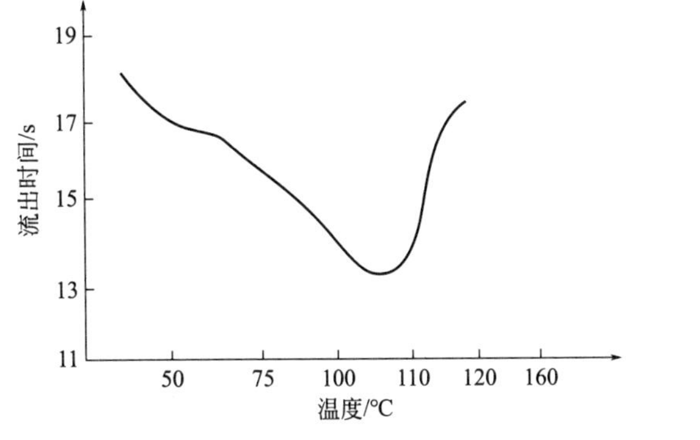

图 4.17 黏土干燥温度与泥浆流动性的关系

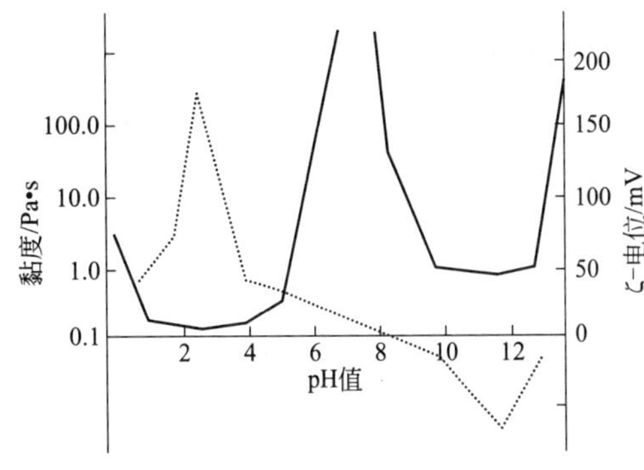

图 4.18 氧化铝料浆的 ζ- 电位、黏度与 pH 值的关系

（6）电解质的作用 泥浆中加入适当电解质是改善其流动性的一个主要方法。电解质之所以能产生稀释、解凝作用，在于它能改变泥浆中胶团的双电层的厚度和 ζ- 电位。

工业生产中常用的电解质为 Na_2CO_3 及 Na_2SiO_3 两种，一般用量为 0.3% ～ 0.5%，含黏土多的泥浆要求电解质多些。一般不用 NaOH 作为稀释剂，因它与黏土吸附的 Ca^{2+} 交换后生成的 $Ca(OH)_2$ 溶解度大而仍旧产生 Ca^{2+}，因此泥浆仍发生凝聚而达不到稀释的目的。而 $CaCO_3$ 及 $CaSiO_3$ 为难溶解的沉淀，从而使 Ca^{2+} 的含量降低。

4.3.1.3 吸浆速度

注浆时，泥浆中的水分受到模型毛细管力作用向模型空隙中移动，固体粒子在模型表面形成吸附泥层。模型对水的吸引力和水在模型中的流动阻力与水通过泥层阻力之和相等。随后，水通过泥层阻力增大，因此注件成坯的速度取决于水分通过吸附泥层的阻力。

一般采用阿德柯克－麦克道瓦公式表示吸浆速度常数：

$$\frac{L^2}{t}=\frac{2pgE^3}{5\eta^2S^2(y-1)(1-E)^2} \tag{4.1}$$

式中 L——注件厚度；

t——吸浆时间；

p——注件承受的压力；

g——重力加速度；

E——注件中气孔分数；

η——泥浆黏度；

S——固体颗粒的比表面积；

y——含 $1-E$ 固体体积的泥浆所占的体积。

吸浆过程中泥浆中固相颗粒所占的体积或填充率显著地影响注浆速度，因为 E 的微小变化剧烈影响 $E^3/(1-E)^2$ 项的数值；固相颗粒的比表面积决定颗粒堆积的形式，因而影响 E 及 y 值，而且在阿－麦吸浆速度公式中 L^2/t 与 S 的平方成反比，所以比表面积增大会急剧降低吸浆速度常数；此外，泥浆温度升高和注浆压力增大均会提高注浆成坯速度，而泥浆变浓则降低成坯速度。

4.3.1.4 脱模性

模型吸浆结束后，坯体将随其所含水分的减少而产生收缩，从而与模型分离。脱模性是指坯体脱离模型的难易性。一般采用离模系数 G 来表征脱模性的好坏。

G 表示吸浆完毕至离模时，坯体中固相颗粒所占体积分数的变化。G 过小，水分变化不大，坯体柔软疏松，在后续工序中易变形、开裂。G 过大，坯体致密，水分小而强度大，但在模型内收缩大，易开裂。

透水性小的坯体，离模系数较小，有助于脱模；当模型与坯体界面上形成粗粒表层时，界面结合力变小，易脱模；泥浆中硅酸钠含量增多会加大界面结合力，难脱模；若采用的是硅酸钠与纯碱二者作解凝剂，纯碱量增多时，界面上会生成 $CaCO_3$ 结晶，减弱界面的结合力；界面的曲率、模型表面的凹凸程度、坯体的自重都会影响离模系数。

4.3.1.5 挺实能力

挺实能力是指脱模时坯体有足够的硬度或湿强度、不致变形的能力。

注浆坯体脱模后断面上的水分是不均匀的，随着脱模后存放时间延长，坯体内外水分差逐渐减小；坯体脱模时的强度也因内外有水分差而不同；泥浆中黏土及硅酸钠含量增多时会加大其表面强度，对平均强度影响不大，但使内外强度差增大。离模系数小的坯体，其水分梯度决定着内外强度的差别。

在实际生产中，通常在注浆结束后采取加压巩固的手段来提高制品的挺实能力，其原理是通过加压提高模型内外压力，使坯体中的水分加速向外扩散，提高制品的湿坯强度。

4.3.1.6 加工性

加工性是指注浆成型的生坯能承受钻孔、切割等加工工序的能力。有人选择脱模后坯体和模型接触的表面加工时的最大变形量作为衡量其加工性的尺度，因此它是坯体表面强度的函数。在最大变形量小的坯体上钻孔、切割时容易产生毛刺或呈小块脱落，干燥与烧成后易开裂。用硅酸钠作解凝剂时，增加用量会降低其加工性。坯体中黏土含量增多，其加工性能也增大，但黏土含量超过 30% 时则加工性能略有减小。

4.3.2 注浆过程中的物理 - 化学变化

采用石膏模注浆时，既发生物理脱水过程，也出现化学凝聚过程，前者居于主要地位，后者居于次要地位。

（1）物理脱水过程　泥浆注入模型后，在毛细管的作用下，水分沿着毛细管排出。毛细管力是泥浆脱水过程的推动力。这种推动力取决于毛细管的半径大小、分布和水的表面张力。毛细管越细，水的表面张力越大，则脱水的动力越大。当模型内表面能形成一层坯体后，这时脱水的阻力来自模型和坯体两方面。注浆的前期模型的阻力起主要作用，注浆后期坯体厚度增加所产生的阻力起主导作用。

坯体所产生的阻力大小取决于泥浆的性质和坯体的结构。含塑性原料多、胶体粒径小的泥浆脱水阻力大，模型中形成的坯体密度大则阻力也大。

石膏模产生的阻力取决于毛细管的大小与分布，这又和制造模型时水与熟石膏的比例有关。当水胶比（即水 / 熟石膏）为 0.78 时，总阻力最小而相应的吸浆速度最大。若水胶比小于 0.78，模型的气孔少，泥浆水分的排出主要由模型阻力所控制；随着水分增加，模型阻力和总阻力均减小，吸浆速度则增大。若水胶比超过 0.78，模型的气孔增多，水分的排出受坯体的阻力控制；坯体的阻力和总阻力均随水分增多而加大，吸浆速度则随之降低。注浆过程阻力与吸浆速度的关系如图 4.19 所示。

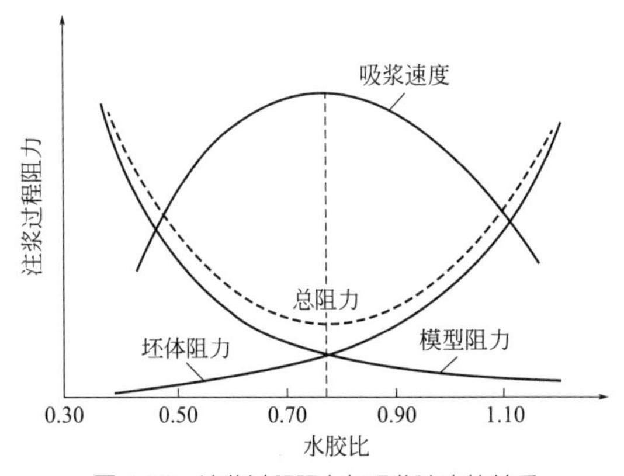

图 4.19　注浆过程阻力与吸浆速度的关系

（2）化学凝聚过程　泥浆与石膏模接触时，会溶解一定数量的 $CaSO_4$。它和泥浆中的 Na- 黏土及硅酸钠发生离子交换反应：

$$\text{Na-黏土} + CaSO_4 + Na_2SiO_3 \longrightarrow \text{Ca-黏土} + CaSiO_3\downarrow + Na_2SO_4$$

该反应使靠近石膏模表面的一层 Na- 黏土变成 Ca- 黏土，泥浆由悬浮状态转为聚沉。此时石膏起着絮凝剂的作用，促使泥浆絮凝硬化，缩短成坯时间。

通过上述反应生成溶解度很小的 $CaSiO_3$，促使反应不断向右进行，而生成的 Na_2SO_4 是水溶性的，被吸入模型的毛细管中。烘干模型时，Na_2SO_4 以白色丛毛状结晶的形态析出。由于 $CaSO_4$ 的溶解与反应，模型的毛细管增大，表面出现麻点，导致机械强度下降，从而报废。

4.3.3 注浆成型工艺

注浆成型基于石膏模吸收水分的特性，即借助石膏模的毛细管力从泥浆中吸取水分，在该过程中，于模具内面形成部分脱水的致密硬质塑性沉淀物层。注浆成型可以分为吸浆成坯和巩固脱模两个阶段。

（1）吸浆成坯阶段　在这一阶段，由于石膏模的吸水作用，先在靠近模型的工作面上形成一薄泥层，随后泥层逐渐增厚达到所要求的坯体厚度。在此过程的开始阶段，成型动力是模型的毛细管力作用，靠近模壁的水、溶于水的溶质质点及小于微米级的坯料颗粒被吸入模内的毛细管中。由于水分被吸走，使泥浆颗粒相互靠近，依靠模型对颗粒、颗粒对颗粒的范德华吸附力而贴近模壁，形成最初的薄泥层。另外，在浇注的最初阶段，石膏模中的 Ca^{2+} 与泥浆中的 Na^+ 进行交换，也促进了泥浆凝固成泥层。在薄泥层形成后的成型过程中，成型动力除模型的毛细管力外，还有泥浆中的水通过薄泥层向模内扩散的作用。其扩散动力为泥层两边水分的浓度差和压力差，此时泥层好像一个滤网。随着泥层的增厚，水分扩散阻力逐渐增大。当泥层增厚到预定的坯厚时，即倒出余浆。

（2）巩固脱模阶段　雏坯成型以后，并不能立即脱模，而必须在模内继续放置，使坯体水分进一步降低。通常将这一过程称为巩固脱模阶段。在这一过程中，由于模型继续吸水及坯体表面水分蒸发，坯体水分不断减少，伴有一定的干燥收缩。当水分降低到某一点时，坯体内水分减少的速度会急剧变小，此时由于坯体的收缩且有了一定强度，便可进行脱模操作。

4.3.3.1 基本注浆方法

注浆成型有两种基本成型方法：空心注浆和实心注浆。

（1）空心注浆　空心注浆是将泥浆注入模型，待泥浆在模型中停留一段时间形成所需的注件后，倒出多余的泥浆而形成空心注件的注浆方法。图 4.20 为空心注浆的操作过程示意图。

空心注浆利用石膏模型单面吸浆，所以也称为单面注浆。模型工作面的形状决定坯件的外形，坯体厚度取决于泥浆在模型中的停留时间。一般适用于浇注壶、罐、瓶等空心器皿及艺术陶瓷制品。

空心注浆用的泥浆，其相对密度一般都比实心注浆时要小些，为 1.65 ～ 1.80。泥浆的稳定性要求高，含水率为 31% ～ 34%，稠化度不宜过高（1.1 ～ 1.4）。细度较细，万孔筛筛余量为 0.5% ～ 1%。

在注浆操作时，首先应将模型工作面清扫干净，不得留有干泥或灰尘。装配好的模型如有较大缝隙，应用软泥将合缝处的缝隙堵死，以免漏浆。模型的含水率应保持在 5% 左右。适当加热模型可以加快水分的扩散，对吸浆有利，但有一个限度，否则适得其反。进浆时，浇注速度和泥浆压力不宜过大，以免注件表面产生缺陷，并应使模型中的空气随泥浆的注入而排走。适合脱模的坯体含水率由实际情况来定，一般在 18% 左右。

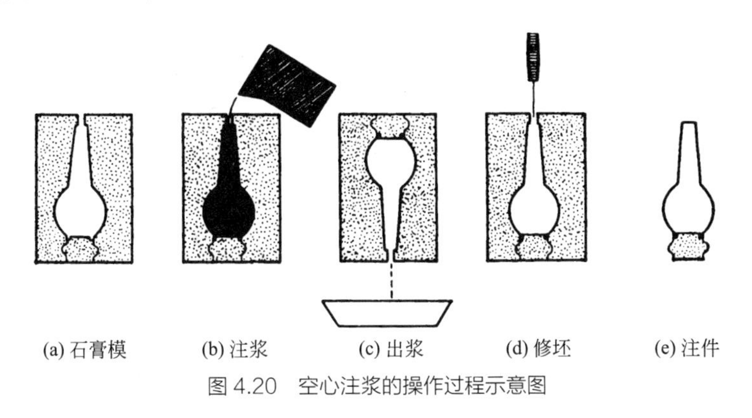

图 4.20　空心注浆的操作过程示意图

（2）实心注浆　实心注浆是将泥浆注入两石膏模面之间（模型与模芯）的空穴中，泥浆被模型与模芯的工作面吸水，由于泥浆中水分不断被吸收而形成坯泥，注入的泥浆面就会不断下降，因此注浆时必须陆续补充泥浆，直到空穴中的泥浆全部变为坯时为止。显然坯体厚度由模型与模芯之间的距离来决定，因此，它没有多余的余浆被倒出。图 4.21 为实心注浆的操作过程示意图。

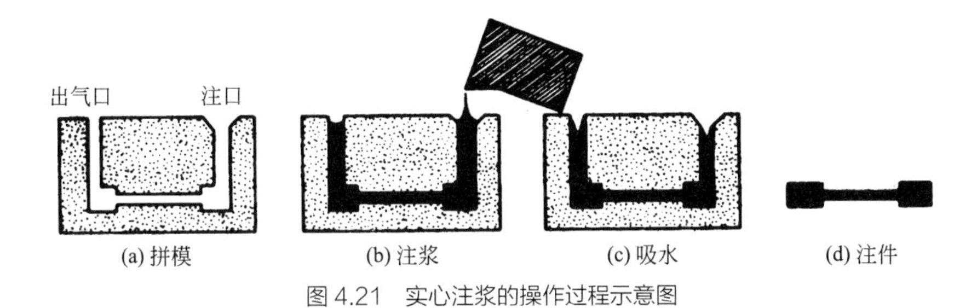

图 4.21　实心注浆的操作过程示意图

实心注浆所用的泥浆相对密度较高，稠化度较高，细度可稍粗，万孔筛筛余量为 1% ～ 2%。

实心注浆可以缩短坯体的形成过程。制品的壁厚也可以得到控制，可以制造两面有花纹及尺寸大而外形比较复杂的制品。但是，实心注浆的模型比较复杂，而且与空心注浆一样，注件的均匀性并不理想，远离模面处致密度小。

实心注浆操作时，为了得到致密的坯体，当泥浆注入模型后，必须振荡几下，使泥浆填充到模型空穴各处，同时也有利于气泡的逸出，另外，必须预留排出空气的通路。

（3）强化注浆的方法　为了改善注浆坯件质量，缩短生产周期，减轻劳动强度，提高生产效率，目前，在生产中采用了压力注浆、离心注浆及真空注浆等强化注浆方法。

① 压力注浆。压力注浆是采用加大泥浆压力的方法，来加速水分扩散，从而加快吸浆速度。一般加压的方法是利用提高盛浆桶的位置来加大泥浆压力，也可用压缩空气将泥浆压入模型。压力注浆时泥浆压力应根据制品的大小和厚薄而定，一般控制在 400 ～ 800mmHg[1]，最小不能低于 300mmHg。采用压力注浆时，要注意加固和密合模型，否则容易发生烂模和跑浆。

根据压力的大小可将压力注浆分为微压注浆、中压注浆和高压注浆。图 4.22 和图 4.23 分别为微压注浆和高压注浆的成型原理。

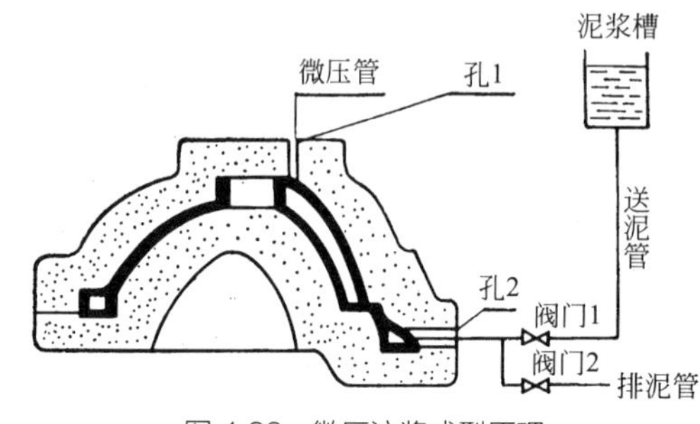

图 4.22　微压注浆成型原理

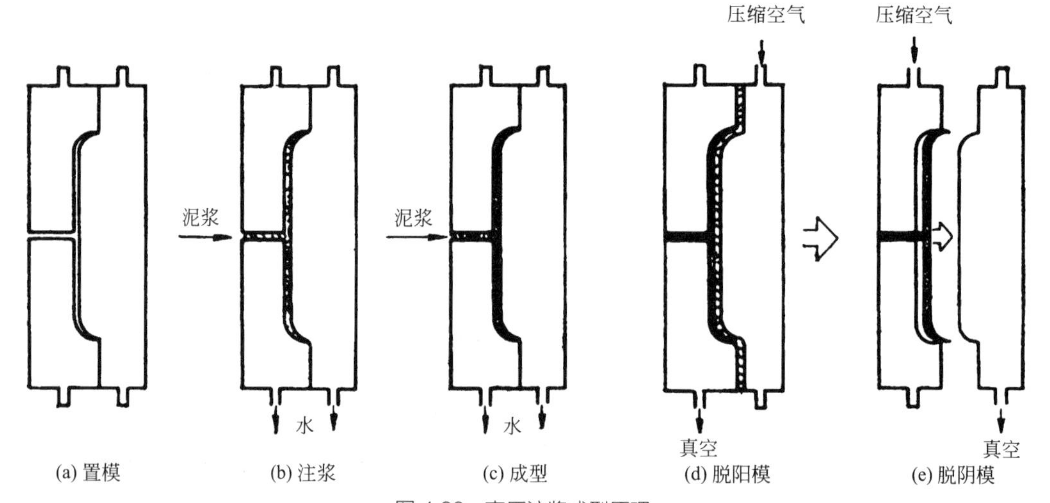

图 4.23　高压注浆成型原理

许多企业采用的新型高压压力注浆系统，可以用来注制多模块成型的复杂形状制品。如采用两块模型注制洗面器改变了过去传统的单排注浆成型法，生产效率可提高 30% 以上。高压注浆模型均采用新型树脂材料取代石膏，可以实现快速蒸发排水，快速起模，并大大延长使用寿命。

② 离心注浆。离心注浆是将泥浆注入旋转的石膏模型中，在离心力的作用下，使泥浆紧靠模壁，脱水后形成坯体。此法注成的坯体，厚度比较均匀，坯体致密，不易变形。

[1] 1mmHg = 133.322Pa。

离心注浆所用的泥料，其固体颗粒尺寸不宜相差过大，否则粗颗粒会集中在坯体内部，而细颗粒集中在模型表面，造成结构不均匀和收缩不均匀。模型的转速按制品大小而定，大件宜慢，中小件制品可快些，一般为 460 ～ 540r/min。若转速过小，会出现泥纹。

③ 真空注浆。真空注浆也称为减压注浆，是将模型置于密闭的金属容器中，用抽气设备抽掉模型外部的空气，以减少模型外部和模型中气孔中的压力，这样可加速泥浆中水分的扩散，使坯体致密，并缩短坯体生成的时间。图 4.24 为真空脱气压力注浆示意图。

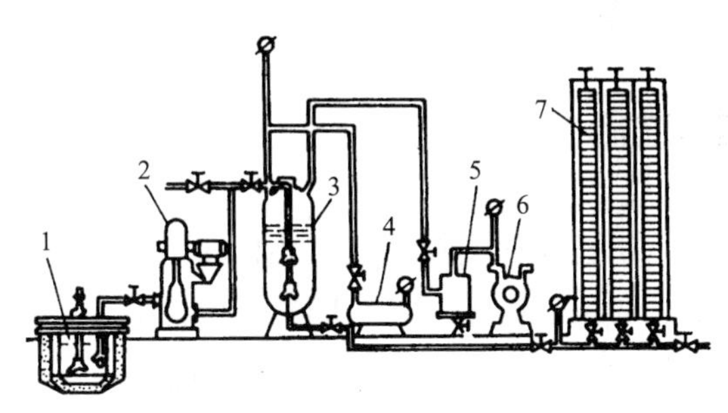

图 4.24 真空脱气压力注浆示意图

1—搅拌池；2—泥浆泵；3—容器；4—空气压缩机；5—缓冲容器；6—真空泵；7—注浆台

4.3.3.2 注浆成型常见缺陷分析

（1）开裂 产生原因：是由收缩不均匀所产生的应力而引起的石膏模各部位干湿程度不同；制品各部位厚度不一，厚薄交接处太突然；石膏模型过干或过湿；注浆时泥浆供应间断，形成含有空气的夹层；泥浆的解凝剂用量不当，有凝聚倾向；泥浆未经陈腐，搅拌不均匀，流动性差；泥料中可塑黏土的用量不足或过多；坯件脱模过早或过迟，干燥温度过高。

（2）坯体的生成不良或者生成缓慢 产生原因：电解质不足或过量，泥浆中有促使凝聚的杂质（如石膏、硫酸钠等）；泥浆水分过高，或石膏模含水过高，泥浆温度太低（注浆时泥浆温度应不低于 10 ～ 12℃）；成型车间温度太低，主要是冬季；模型内气孔率太低，模型吸水率太低。

（3）坯体脱模困难 产生原因：在使用新石膏模时未能很好地清除附着在表面的油膜；泥浆中水分过多或模型过湿；泥浆中的可塑黏土用量过多；泥浆颗粒过细。

（4）气泡与针孔 产生原因：石膏模过干、过湿、过热或过旧；泥浆本身未处理好，有气泡未逸出；泥浆注入速度过快，使空气没有足够的时间排出；石膏模型设计不妥，不利于气体排出；泥浆存放过久或泥浆温度过高；模型内的浮尘未清除。

（5）泥缕 产生原因：泥浆黏性过大，密度大，流动性不良；注浆操作不当，浇注时间过长，放浆过快，缺乏一定的斜度或回浆不净；室内温度过高，泥浆在模型内起一层皱皮，倒浆时没有去掉；与制品形状有关系，坡度大、曲折多的模型影响泥浆流动。

（6）变形 产生原因：模型水分不均匀，脱模过早；泥浆水分太多，使用电解质不恰当；器形设计不好，致使悬臂部分易变形。

4.4 干压成型

干压成型就是利用压力将置于模具内的粉料压紧至结构紧密，成为具有一定形状和尺寸的坯体的成型方法。粉料的含水率一般小于6%，因而坯体致密，干燥收缩小，产品的形状、尺寸准确，质量高。另外，成型过程简单，生产量大，便于机械化的大规模生产，对于具有规则几何形状的扁平制品尤为适宜。目前干压成型广泛应用于建筑陶瓷、耐火材料等产品的生产。

4.4.1 粉料的工艺性能

（1）粒度和粒度分布　干压粉料的粒度包括坯料的颗粒细度和粉料的团粒大小。它们都直接影响坯体的致密度、收缩和强度。粉料团粒是由许多坯料颗粒、水和空气所组成的集合体，其大小与坯体的尺寸有关，一般团粒大小为0.25～2mm，最大的团粒不可超过坯体厚度的1/7。

团粒的粒度级配以达到紧密堆积为最好，这时气孔率最低，有助于坯体致密度的提高。当粒度级别多而级配又合理时，气孔率最低，用太细或太粗的粉料都不能得到致密度高的坯体。

团粒的形状以接近圆球状为宜，不过实际粉料并不是圆球形。由于颗粒表面粗糙，颗粒互相交错咬合，形成拱桥形空间，增大空隙率，这种现象称为拱桥效应（图4.25）。细颗粒堆积在一起更容易形成拱桥，这是因为它们的密度小，比表面积大，颗粒间的附着力大。

（2）粉料的含水率　干压粉料的含水率对粉料的流动性、成型压力有较大影响，水分高的坯料，内摩擦力较小，坯料流动性好，可塑性较好，施加不大的压力就能使它压缩，但相对来说，干燥收缩就会增大。为保证产品质量，在生产中应严格控制粉料含水率的波动范围，同时也应注意粉料水分分布的均匀程度。

（3）粉料的流动性　粉料由固体小颗粒所组成，但由于分散度较高，具有流动性。当堆积到一定高度后，粉料向四周流动，始终保持圆锥体，其自然安息角（偏角）α 保持不变。当粉料堆的斜度超过 α 角时，粉料向四周流泻直到倾斜角降至 α 角为止。因此可用 α 角反映粉料的流动性。粉料呈球形，表面光滑，易于向四周流动，α 角值就小（图4.26）。

粉料流动性决定着成型时它在模型中的填充程度。流动性好的粉料在成型时能较快地填充模型的各个角落，同时也有利于压制过程的进行；流动性差的粉料难以在短时间内填满模具，影响压机的产量和坯体的质量，所以往往向粉料中加入润滑剂，并经过粒化处理以提高其流动性。

粒化处理的方式有喷雾造粒、轮碾造粒、辊筒式造粒等。轮碾造粒、辊筒式造粒等是传统的造粒方式，自动化程度低、劳动条件差，但设备简单、易上马，在中小企业使用较多；喷雾干燥是一种现代化的造粒方法，适用于机械化、自动化程度高的大中型企业。

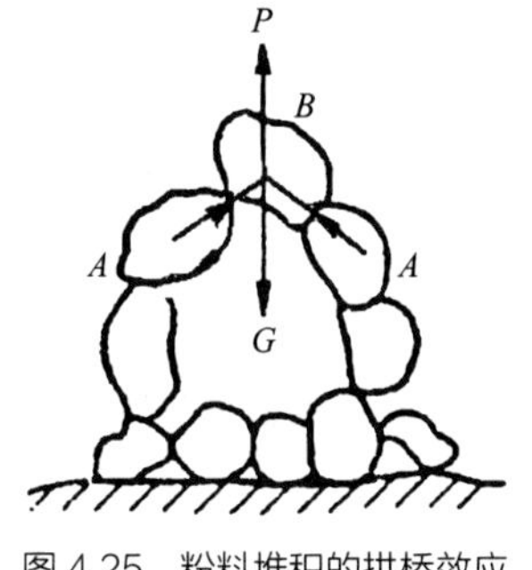

图 4.25 粉料堆积的拱桥效应

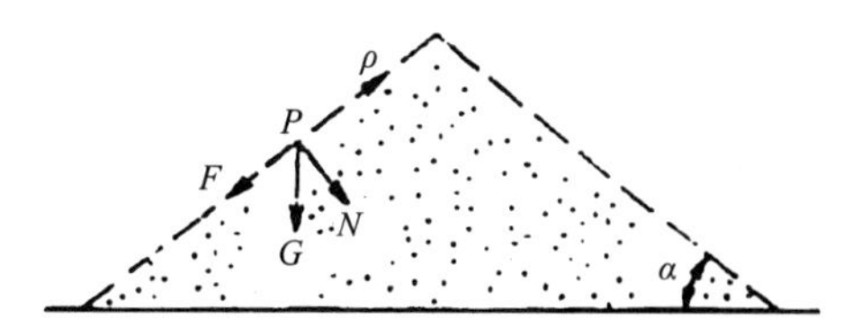

图 4.26 粉料自然堆积的外形

4.4.2 粉料的致密化过程

（1）密度的变化 干压成型过程中，随着压力增加，松散的粉料迅速形成坯体。加压开始后（第 1 阶段），颗粒滑移、重新排列，将空气排出，坯体的密度急剧增加；压力继续增加（第 2 阶段），颗粒接触点发生局部变形和断裂，坯体密度增加缓慢；当压力超过一定数值（粉料的极限变形应力）后（第 3 阶段），再次引起颗粒滑移和重排，坯体密度又迅速加大。其密度变化如图 4.27 所示。压制塑性粉料时，上述过程难以明显区分。脆性材料才有明显的密度缓慢增加阶段。

（2）强度的变化 随着成型压力的增加，坯体强度分阶段以不同的速度增大。压力较低时（第 1 阶段），虽由于粉料颗粒位移而填充空隙，但颗粒间接触面积较小，所以强度并不大。成型压力增大后（第 2 阶段），不仅颗粒位移和填充空隙继续进行，而且颗粒发生弹性 - 塑性变形或者断裂，颗粒间接触面积增大，强度直线提高。压力继续增大（第 3 阶段），坯体密度和空隙变化不明显，强度变化也较平坦。其强度变化如图 4.28 所示。

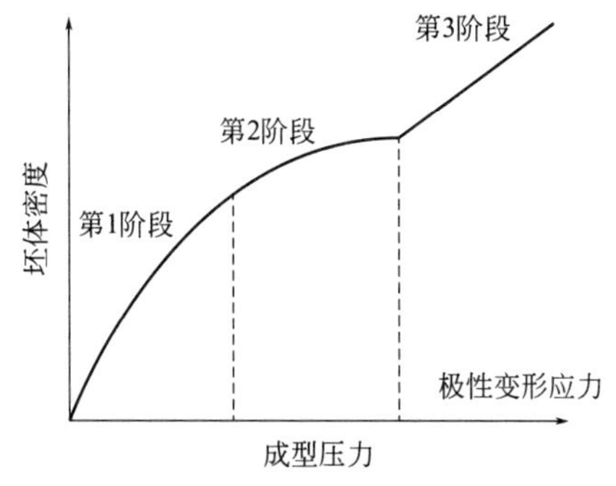

图 4.27 坯体密度随成型压力的变化

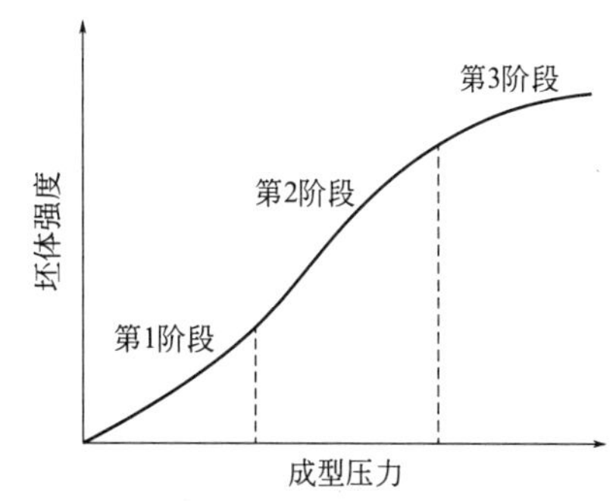

图 4.28 坯体强度随成型压力的变化

（3）坯体中的压力分布 干压成型遇到的一个问题是坯体中压力分布不均匀，即不同部位受到的压力不等，导致坯体各部分密度出现差别。这种现象产生的原因是颗粒移动和重新排列时，颗粒之间产生内摩擦力，颗粒与模壁之间产生外摩擦力。坯体中离开加压面的距离越大，则受到的压力越小。

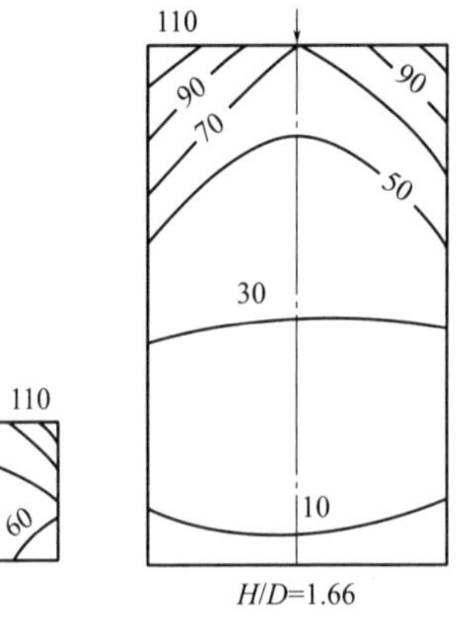

图 4.29 单面加压时坯体内部的压力分布情况示意图

图 4.29 为单面加压时坯体内部的压力分布情况示意图，压力分布状况与坯体厚度（H）及直径（D）的比值有关。H/D 比值越大，压力分布则越不均匀，因此厚而小（高而细）的产品不宜用压制法成型，而较薄的墙地砖则可用单面加压方式压制。

4.4.3 加压制度对坯体质量的影响

（1）成型压力　成型压力是影响坯体质量的一个重要因素，只有压模的压力大于颗粒的变形抗力、受压空气的阻力、粉料颗粒之间的摩擦力时，坯料的颗粒才开始移动、变形、互相靠拢，坯料被压紧。同时，由于压力的不等强传递过程，致使压力随着离压模面距离的增大而递减，所以离开压模面越远的粉料层受到的压力越小，结构越疏松。

为使制品有较高的致密度和强度，必须有足够大的成型压力。但过大地增大压力，并不能使坯体的强度变得更高。不同的坯料依其物理化学性质的特点，各有其最适宜的压制压力。过大的压力易引起残余空气的膨胀而使坯体开裂，另外固体颗粒过大的弹性变形也会使坯体产生裂纹。因此，选择适宜的压制压力对干压成型至关重要。合适的成型压力取决于坯体的形状、厚度、粉料的特性及对坯体致密度的要求。一般来说，坯体厚、质量要求高，粉料流动性小、含水率低、形状复杂，则压制压力要大。

（2）加压方式　单面加压时，坯体中压力分布是不均匀的［图 4.30（a）］。不但有低压区，还有死角。为了使坯体的致密度完全一致，宜采用双面加压。双面同时加压时，可使底部的低压区和死角消失，但坯体中部的密度较低［图 4.30（b）］。若双面先后加压，两次加压之间有间歇，有利于空气排出，使整个坯体压力与密度都较均匀［图 4.30（c）］。如果在粉料四周都施加压力（也就是等静压成型），则坯体密度最均匀［图 4.30（d）］。

（3）加压速度　初加压，压力应小以利于空气排出，随即释放此压力，使受压气体逸出；初压坯体疏松，空气易排出，可以稍快加压。当高压使颗粒紧密靠拢，需缓慢加压以利于残余空气排出，避免释放压力后空气膨胀，回弹产生层裂；也防止粉料产生弹性后效使坯体破坏。当坯体较厚，H/D 比值较大时，或者粉料颗粒较细，流动性较低，则宜减慢加压速度、延长持压时间。

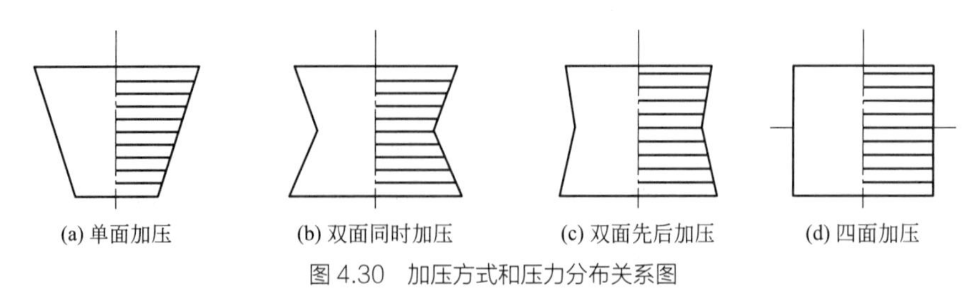

图 4.30　加压方式和压力分布关系图

为了提高压力的均匀性，通常采用多次加压，开始稍加压力，然后压力加大，这样不致封闭空气排出的通路。最后一次提起上模时要轻些、缓些，防止残留的空气急剧膨胀产生裂纹。这就是工人师傅总结的“一轻、二重、慢提起”的操作方法。当坯体密度要求非常严格时，可在某一固定压力下多次加压，或多次换向加压。加压时同时振动粉料（振动成型）效果更好。

（4）添加剂的选用　干压成型的粉末中，往往加入一定种类和数量的添加物，促使成型过程顺利进行，提高坯料的密度和强度，减少密度分布不均匀的现象。

添加物有以下三个主要作用：减少粉料颗粒间及粉料与模壁之间的摩擦，这种添加物又称为润滑剂；增加粉料颗粒之间的黏结作用，这类添加物又称为黏合剂；促进粉料颗粒吸附、湿润或变形，通常采用表面活性物质。

实际上一种添加物往往起着几种作用，如石蜡既可粘接粉料颗粒，也可减少粉料的摩擦力。

添加物和粉料混合后，它吸附在颗粒表面及模壁上，减少颗粒表面的粗糙程度，并能使模具润滑，因而可减少颗粒的内、外摩擦，降低成型时的压力损失，从而提高坯体密度、强度及分布的均匀性。

若添加物是表面活性物质，则它不仅吸附在粉料颗粒表面上，而且会渗透到颗粒的微孔和微裂纹中，产生巨大的劈裂应力，促使粉料在低压下便可滑动或碎裂，使坯体的密度和强度得以提高。若加入黏性溶液，将瘠性颗粒粘接在一起，自然可提高坯体强度。

使用添加剂时要注意：和坯料颗粒不发生化学反应，不影响产品性能；分散性好，便于和坯料混合均匀；希望有机物在较低温度下烧尽，灰分少；氧化分解温度范围宽些，以防止引起坯体开裂。

此外，模具是影响干压成型质量很重要的一环，模具设计的好坏将决定成型的质量。在实际生产中，虽然模具是由产品的外形来决定的，但常常由于产品外形的不合理，决定了模具设计的不合理，导致影响成型质量，因此，有时需对产品的外形做一些修改，使得模具设计合理些。一个合理的模具设计，要便于粉料填充和移动，脱模要方便，结构简单，便于排气，装卸方便，壁厚均匀，节约材料等。在模具加工中应注意尺寸准确、配合精密、模具要光滑等要求。模具可用工具钢等制成。

4.4.4　干压成型常见缺陷分析

采用干压成型生产墙地砖时常因操作不当，以及粉料、钢模、压机等因素影响而使砖坯产生一些缺陷，有些缺陷直至烧成以后才表现出来。正确地分析产生缺陷的原因，才能找到有效的克服措施。以下为几种常见缺陷的产生原因及克服措施。

4.4.4.1　规格尺寸不合要求

最常见的尺寸偏差是偏薄或偏厚、砖坯四角厚薄不一、上凸或下凹以及扭斜、大小头。

（1）偏薄或偏厚　砖坯厚度公差超过要求。

产生原因：填料过薄或过厚。

解决办法：调整填料厚度、固定厚薄盘位置，以防因走动而需不断调整。

（2）斜度大　砖坯一边厚、一边薄，或四角厚薄不一；大小头，地砖烧成后一头大、一头小。

产生原因：填料不均匀，料层一边厚、一边薄，或者一边疏松、一边紧密，四角料层密度不一（填料操作不当或者粉料流动性不好造成）；钢模安装不平，模腔一边深、一边浅；机台加压螺杆或滑架晃动，粉料受压情况不一致（一边先施压、一边后施压，一边压力大、一边压力小）。

解决办法：严格执行加料操作规程；换用流动性合格的粉料；调整钢模；检修机台。

（3）上凸或下凹　砖面中心凸起；砖面中心下凹。

产生原因：钢模不平；上模板过薄，安装时变形；安装钢模时，垫纸过多造成钢模变形；砖坯结构不均匀，正反两面密度相差大，脱模时上模离开太快，砖坯两面膨胀不一；在干燥和烧成过程中收缩不一。

解决办法：加强对钢模规格进行检查，不合格钢模不安装；安装钢模时一定要装平，调整钢模垫纸不得过多；上模板不能过薄（一般不小于20mm）；严格执行加压和脱模操作规程；适当增加加压次数和加压时间；釉面砖素烧时，砖垛上加一盖板压紧。

（4）扭斜　砖整体不规则（如扭歪）。

产生原因：垫板不平整；钢模本身变形。

解决办法：使用的垫板一定要平整或翘度符合要求；更换钢模。

4.4.4.2 裂纹

裂纹有坯裂和素烧裂。坯裂包括层裂（夹层）、角裂、膨胀裂；素烧裂包括大口裂、硬裂。

（1）层裂（夹层）　压制时排气不良，在压力作用下气体沿与加压方向垂直的平面分布，当压力撤除后，气体膨胀形成的层状裂纹。

产生原因：操作不当；粉料含水率太高，排气性能不良；粉料含水率太低，坯体强度不好，不足以克服少量残留气体膨胀产生的应力；粉料级配不良；压制压力过大，残留气体因过分压缩而膨胀引起。

解决办法：使用合格粉料；采用适当压制压力。

（2）角裂　坯角开裂。

产生原因：角部填料太松，引起坯角强度太差；砖坯外形设计不合理，在码坯、装钵和搬运时，受到冲击应力。

解决办法：使用流动性合格的粉料，严格执行填料操作规程；找出外形不合理的原因，并加以克服；搬运过程中轻拿、轻放。

（3）膨胀裂　边部垂直面的微小裂纹。

产生原因：脱模时模套下降太快，砖坯迅速膨胀，产生了较大的应力。

解决办法：严格执行脱模操作规程。

（4）大口裂　素烧后出现在砖边部的大裂纹。

产生原因：成型方面的原因为砖坯强度不足以克服水分蒸发及砖坯收缩而产生的应力，由此产生的裂纹规律性强，基本上出现在砖坯较疏松边上；素烧升温太快。

解决办法：增加压制压力和加压次数以提高砖坯强度；素烧采用适宜的升温制度。

（5）硬裂　出现在砖坯中部的裂纹。

产生原因：操作不当致使砖坯各处密度不一；粉料中有大硬块（此原因产生的裂纹为不规则放射状）；坯粉水分不均匀，坯粉陈腐时间太短；素烧预热阶段升温过快。

解决办法：严格控制坯粉质量及陈腐时间；严格执行填料操作规程；调整烧成制度。

4.4.4.3　麻面（粘模）

由于坯粉粘在钢模上，而使砖坯表面形成凹凸不平。

产生原因：坯粉太湿或干湿不均匀；坯粉温度太高；钢模光洁度不够；擦模次数太少；喷雾干燥制备坯粉，可溶性盐类及电解质残留在颗粒表面。

解决办法：采用合格粉料（水分适宜并均匀），不用热坯粉；提高钢模光洁度；勤擦模，在砖坯没有出现粘模之前就按预定时间间隔进行擦模；选用不易粘模电解质；装设自动擦模装置。

4.4.4.4　掉边、掉角

掉边、掉角是指砖坯边角掉落。

产生原因：操作不当；釉面砖、地砖钢模开口宽度、深度不当或者精度不够，使用时间太长造成边角部位疏松、粗糙。

解决办法：严格操作，轻拿、轻放；换用合格钢模。

4.5　其他成型方法

4.5.1　等静压成型

随着陶瓷工业和科学技术的发展，陶瓷成型也出现了一些新的工艺技术，等静压成型即是其中的一种。

等静压成型是一种压制成型方法。它是应用帕斯卡定律，把粒状粉料置于有弹性的软模中，使其受到液体或气体介质传递的均衡压力而被压实成型的方法。

由于等静压成型过程中粉料受压均匀，无论坯体的外形曲率如何变化，所受到的压力全部为均匀一致的正压力。所以坯体结构致密、强度高、烧成收缩小，产品不易变形。特别适用于压制盘类、汤碗类制品。这种成型方法，所用设备自动化程度高，压制的坯体不需干燥，经修坯、上釉即可入窑，缩短了生产周期。

4.5.1.1 等静压成型方法

在室温下操作的等静压称为常温等静压（又称为冷等静压），日用陶瓷制品的等静压都是采用这类方法。近些年来已发展了在高温下操作的等静压（又称为热等静压），这种方法已应用于一些特种陶瓷制品的生产。

根据使用模具的不同，常温等静压成型可分为湿袋等静压法和干袋等静压法。

（1）湿袋等静压法　湿袋等静压法是指将弹性模具装满粉料并密封塞紧后放入高压容器中，模具与加压的液体直接接触（图 4.31）。容器中可同时放几个模具。这种方法使用较普遍，适用于科研和小批量生产。

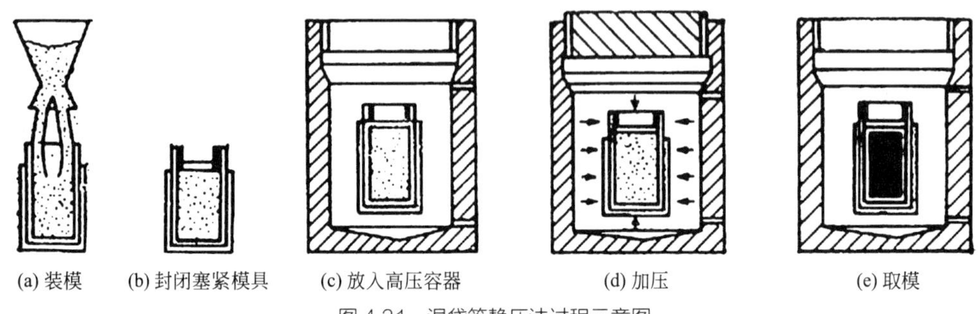

图 4.31　湿袋等静压法过程示意图

（2）干袋等静压法　干袋等静压法是在高压容器中封紧一个加压橡胶袋，加料后的模具送入橡胶袋中加压，压成后又从橡胶袋中退出脱模（图 4.32）。也可将模具直接固定在容器中。此法模具不与施压液体直接接触，可以减少或免去在施压容器中取放模的时间，能加快成型过程，目前都用这种方法压制日用陶瓷产品。

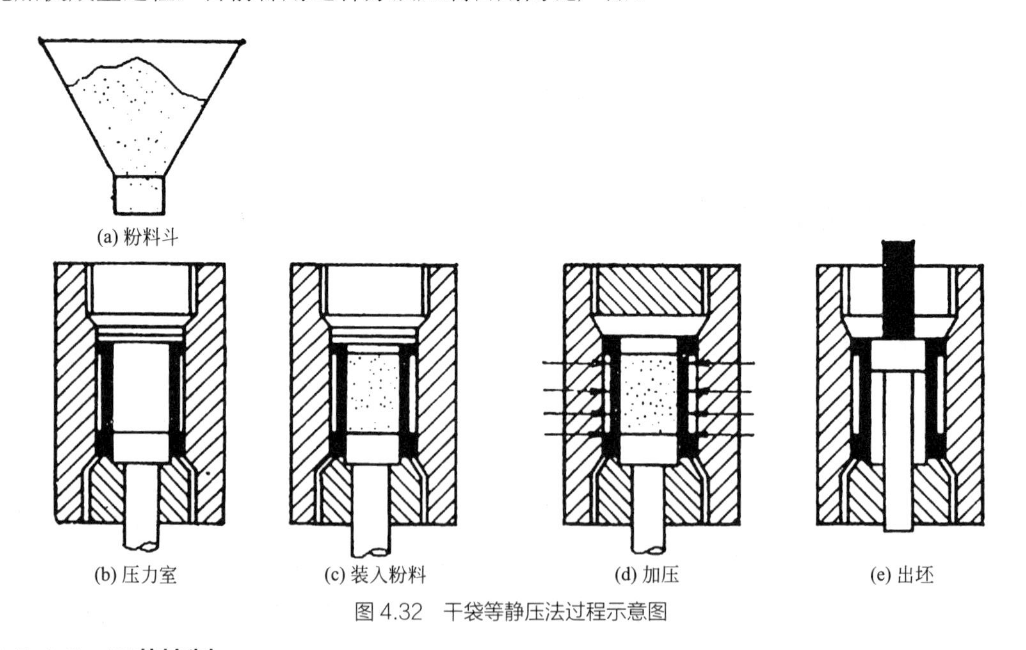

图 4.32　干袋等静压法过程示意图

4.5.1.2 工艺控制

（1）颗粒形状　圆形或椭圆形颗粒间的吸附力和摩擦力小，所以，在生产中用喷雾干燥工艺制备等静压成型用的球状粉粒，使其具有最大的堆积密度，以提高生坯密度。

要获得较高的堆积密度，应使粉粒具有合理的颗粒级配。资料介绍，供等静压成型的粉料级配为：＞ 0.5mm 含 29%，0.4 ～ 0.5mm 含 13%，0.315 ～ 0.4mm 含 37%，0.2 ～ 0.315mm 含 35%，0.1 ～ 0.2mm 含 10%，＜ 0.1mm 含 3%。

（2）粉料含水率　粉料含水率低，压制的坯体不需经过干燥，从而大大减少了制品变形的可能性。

等静压成型用粉料含水率应控制在 1.5% ～ 3%。粉料含水过多或过少均可能使制品产生分层现象，含水过多还会产生坯体变形。

（3）成型压力　等静压成型的坯体强度随着压力的增大而提高，但当达到一定值时，压力继续增加，强度的提高趋势逐渐减弱。因此，无限增压对提高强度并没有帮助，反而提高了成本。日用陶瓷制品等静压成型压力一般在 20MPa 以上。

（4）添加剂　等静压成型对泥料可塑性要求不高，但一般都在原料中加入黏结添加剂以增加颗粒间的结合力，从而提高生坯强度。常用的有水溶性树脂或甲基纤维素之类的有机物。

（5）模具及弹性软模　等静压成型采用金属材料制成两块合拢的模具。在金属阳模表面涂覆了一层弹性塑胶软模，软模的表面形状依据制品的外形。在金属阴模表面覆盖有高弹性软模，金属模和软模之间留有填充液体的空隙。成型时，具有高流动性的粉料自由流入或用气体压入已合拢的模腔内，模具互相靠拢对粉料施压。同时，金属阴模和软模之间模腔内液体的压力逐渐增加到所需值，通过弹性软模使模腔内的粉料压实为坯体。

弹性软模是指金属阳模表面的涂层材料和金属阴模表面的隔膜材料。它应能均衡传递成型压力，并能保证坯体的平整光洁和易于脱模。

涂层和模片厚度均约为 5mm，要求能承受高压的间断作用，并连续工作 3 万～ 5 万次而不会损坏。因此，要求它不但具有韧性，耐压耐磨，而且质地密度要一致，才能保证产品的质量和器形符合要求。软模材料用聚氨基甲酸酯或氯丁二烯橡胶等。金属阴、阳模通常用 $45^{\#}$ 钢锻后调质处理，再进行加工而成。

弹性软模与金属模用黏结剂黏结。其与金属阳模直接黏结为一体，阴模则要求软模周边与金属模牢固黏结，能够传递 30 ～ 40MPa 的压力而不漏油。

4.5.1.3 等静压成型与干压成型的主要差别

（1）压力由各个侧面同时施加，粉料受压运动不是一个方向的，这样有利于把粉料压到相当的密度，同时粉料颗粒的直线位移减少，消耗在粉料颗粒运动时的摩擦功相应减少，提高了压制效率。

（2）粉料内部和外部介质中的压强相等，因此在粉料中可能包含的空气无法排出，影响了压力与体积的关系，限制了通过进一步增大压力来压实粉料的可能，故生产中要得到密度大的坯体，有必要排出装模后粉料中的少量空气。

4.5.2 热压铸成型

热压铸成型是在压力作用下，将熔化的含蜡料浆（蜡浆）注满金属模中，并在模中冷却凝固后，再脱模。这种方法所成型的制品尺寸较准确，光洁度高，结构紧密，现已广泛地用于制造工业陶瓷产品。

4.5.2.1 热压铸成型的工艺过程

陶瓷热压铸成型的工艺流程如图 4.33 所示。

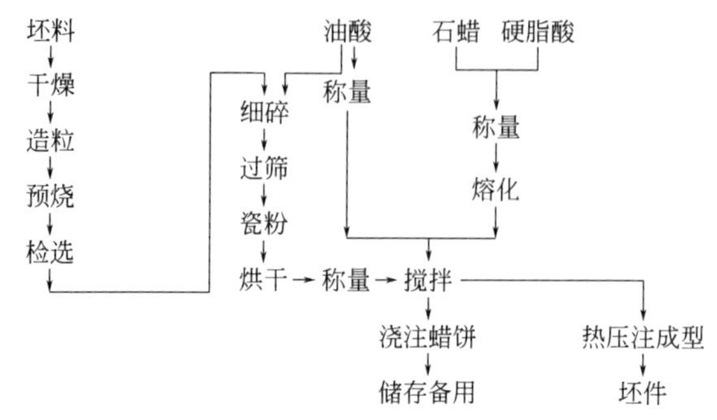

图 4.33 陶瓷热压铸成型的工艺流程

4.5.2.2 蜡浆

热压铸成型用的粉料为干粉料。可以直接使用瓷厂的废料——碎瓷，也可以采用矿物料来配制。若用矿物料来配制时，需要经过预烧，预烧时需将坯料制成粒子在匣钵内预烧到该料的烧结温度，然后磨成粉料。

粉料的细度也需进行控制。一般来说，粉料越细，比表面积越大，则需用的石蜡量就要多，细颗粒多，蜡浆的黏度也大，不利于浇铸。若颗粒太大，则蜡浆易于沉淀不稳定。因此，对于粉料来说最好要有一定的颗粒级配，在工艺上一般控制万孔筛的筛余量不大于 5%，并要全部通过 0.2mm 孔径的筛。实验证明，若能进一步减少大颗粒尺寸，使其不超过 60mm，并尽量减少 1 ～ 2mm 的细颗粒，则能制成性能良好的蜡浆和产品。

此外，粉料的含水率应控制在 0.2% 以下。含水过多的粉料配成的蜡浆黏度大，甚至无法调成均匀的浆料。粉料在与石蜡混合前需在烘箱中烘至 60 ～ 80℃。

蜡浆中主要的成分是粉料与热塑性黏结剂。热塑性黏结剂最常用的是石蜡，石蜡熔点较低，为 55 ～ 60℃，熔化后黏度小，来源丰富，价格低廉，作为热塑性黏结剂很适合。

由于粉料表面一般带电荷，有极性，亲水，而石蜡是非极性、憎水的，所以粉料与石蜡不易吸附，长期加热后容易产生沉淀现象。为了解决这个问题，生产中常将表面活性物质作为粉料与石蜡的联系媒介。表面活性物质是由易溶于水或容易被水湿润的原子团亲水基（极性基）和易溶于油的原子团亲油基（非极性基）所组成，粉料与石蜡通过表面活性物质作为桥梁间接地吸附在一起。另外，表面活性物质在粉料表面上吸附着，形成单分子的薄层，降低粉料与石蜡界面上的表面能，减少了分子间的作用力，使蜡浆的流动性增大，减少了蜡浆中含蜡量。常用的表面活性物质有油酸、硬脂酸、蜂蜡等。

一般蜡浆的石蜡用量为粉料量的 10% ～ 16%，油酸用量为粉料量的 0.4% ～ 0.7%，如采用硬脂酸则为石蜡量的 5% 左右，采用蜂蜡为石蜡量的 3% 左右。

蜡浆的主要性能指标如下。

（1）稳定性 蜡浆在长时间加热而又不加以搅拌的条件下，保持其不分层的性能称为稳定性。一般蜡浆在加热状态下都趋向分层，为便于比较，有的工厂规定，$100cm^3$ 的蜡浆在 70℃下保温 24h，分离出的黏结剂量在 $0.1 \sim 0.2cm^3$ 即为稳定。

（2）可铸性　蜡浆铸满模型完全保持要求外形的能力称为可铸性。它是鉴定蜡浆黏度和凝固速度的综合指标。一般规律是黏度小、凝固速度慢的则可铸性好。若黏结剂用量适当，瓷粉干燥，颗粒粗细合适，则蜡浆的可铸性好。颗粒太细，要达到要求的可铸性时，用蜡量较多。颗粒粗些，用蜡量可少些，但不利于烧成。

（3）粉料的装填密度　在热压铸成型的坯体中，单位体积内所含瓷粉的多少称为装填密度。装填密度大，表示粉料颗粒排列较紧密，烧成时收缩变形较小，烧后结构稳定致密。

（4）收缩率　石蜡由熔化的液体凝固为固体时，体积会收缩，体积收缩率和石蜡用量成正比，也和蜡浆温度有关。蜡浆温度高，黏度低，可铸性好，但体积收缩会大些。

4.5.2.3 热压铸成型的工艺参数

（1）蜡浆温度　在一定温度范围内（如 60 ～ 90℃），浆温升高，则浆料黏度减小，可使坯体颗粒排列致密，减少坯内的气孔。浆温若过高，坯体体积收缩加大，表面容易出现凹坑。浆温和坯体大小、形状、厚度有关。形状复杂、大型、薄壁的坯体要用温度高一些的浆料来压铸，一般浆温控制在 65 ～ 80℃。

（2）模型温度　模型温度取决于坯体冷却凝固的速度和质量。模型温度也和坯体形状、厚度有关系。形状简单和厚壁坯体压铸时，模型温度要低些；形状复杂和薄壁坯体压铸时，模型温度要高些。使用有许多零件插入的模型时，模温要高些。但也要注意，升高模温会降低坯体致密度和增加内部气孔。一般模温控制在 20 ～ 30℃。

（3）压力制度　压力大小影响浆料进浆速度，它决定于浆料的黏度和流动性。采用黏度大的浆料和成型薄壁或大件坯体时，压力应加大。压力提高会减小坯体冷却时的收缩率，增大颗粒排列的致密度，缩孔也会减少。生产中通常的成型压力为 3 ～ 5atm[1]。

加压持续的时间，除了使浆料充满模型外，还为了补充坯体冷凝时发生的体积收缩，并使坯体充分凝固硬化。稳压的时间同样和坯体形状有关。小型坯体在 3 ～ 4atm 下维持 5 ～ 15s，大型坯体在 4 ～ 5atm 下稳压 1min 左右，这样可使坯体收缩时得到新浆补充，减少内部缩孔和总收缩。

4.5.2.4 排蜡

热铸成型的坯体，不能直接去烧结，还需有一道排蜡的工序。排蜡时，坯体需埋在吸附剂中，以防排蜡时变形。吸附剂一方面支持着坯体，同时能吸附液态石蜡，使石蜡在吸附剂中分解。常用的吸附剂为煅烧过的氧化铝粉。

石蜡熔化时（60 ～ 100℃）体积会膨胀。这时要保证一定时间，使坯体内的石蜡完全熔化，100 ～ 300℃范围内石蜡向吸附剂中渗透、扩散，然后蒸发，升温要缓慢，并且充分保温，使坯体体积均匀变化，以免起泡、分层和脱皮，一般排蜡温度为 900 ～ 1100℃，坯体能初步发生化学反应，有一定的机械强度。

[1] 1atm=101325Pa。

4.5.3 流延成型

流延法又称为带式浇铸法、刮刀法。流延成型示意图如图 4.34 所示。

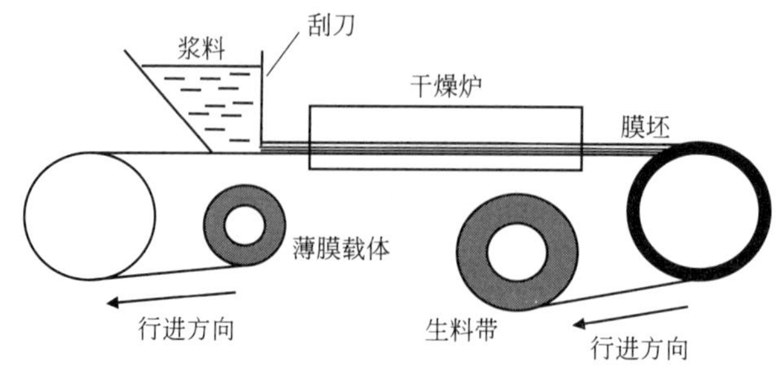

图 4.34 流延成型示意图

流延法工艺过程如下：在准备好的粉料内加入黏结剂、增塑剂、分散剂、溶剂，然后进行混合，使其均匀。再把料浆放入流延机的料斗中，料浆从料斗下部流至流延机的薄膜载体（传送带）上。用刮刀控制厚度，再经红外线加热等方法烘干，得到生料带，连同载体一起卷轴待用，最后按所需要的形状切割或开孔。

流延法适合于制成小于 0.2mm 以下、表面光洁度好、超薄型的制品。

由于流延法一般用于制造超薄型制品，因此对坯料细度、粒形的要求比较高。实践表明，粉料的粒度越细，粒形越圆润，生料带的质量越高，这样才能使料浆具有良好的流动性，同时在厚度方向能保持有一定的堆积个数。例如制取 40mm 厚的薄坯时，在厚度方向上的堆积个数一般要求 20 个以上，那么要求 2mm 以下粒径的粉料要占 90% 以上，才能保证生料带的质量，因此通常流延法采用微米级的颗粒。此外，为保证在相同厚度方向上的堆积密度，粉料的颗粒级配也是很重要的。

当然对制备料浆的添加剂选择与用量也应重视。尤其对超薄料带来说，料浆的质量或有无气泡对制品质量有较大影响，因此，有的料浆要经过真空脱泡处理。

流延成型方法的发展和超薄体的制备，为特种陶瓷生产尤其是电子工业的发展提供了新的途径。

流延成型设备并不复杂，而且工艺稳定，可连续操作，便于生产自动化，生产效率高。但流延成型的坯料因黏结剂含量高，因而收缩率较高，高达 20% ～ 21%，应予以注意。

4.5.4 纸带成型

纸带成型与流延成型有些类似，以一卷具有韧性、低灰分的纸带（如电容纸）作为载体。让这种纸带以一定的速度通过泥浆槽，黏附上合适厚度的浆料。通过烘干区并形成一层薄瓷坯，卷轴待用。在烧结过程中，这层低灰分衬纸几乎被彻底燃尽而不留痕迹。如泥浆中采用热塑性高分子物质作为黏结剂，则在加热软化的情况下，可将坯带加压定型。

4.5.5 注凝成型

注凝成型技术是20世纪90年代初期由美国橡树岭国家实验室发明的。注凝成型技术首次将传统陶瓷工艺的胶态成型和聚合物化学工艺结合起来，开创了在陶瓷成型工艺中利用高分子单体聚合交联反应进行成型的技术先河。注凝成型的基本思想是将单体以及交联剂和陶瓷粉末颗粒等通过一定方式分散于介质中，制备低黏度、高固相体积含量的浓悬浮体，然后再加入适量的引发剂和催化剂，并在一定的时间内将悬浮液注入模型中，控制温度在一定范围内使有机聚合物单体交联聚合成三维网络状聚合物凝胶，将陶瓷颗粒原位黏结并固化形成坯体。

4.5.5.1 注凝成型的优点

注凝成型自发明以来就受到了极大关注，这主要是因为其具有传统成型方法所不具有的优点，主要包括以下几个方面。

（1）制成坯体强度高，可以进行各种复杂的机械加工　由于制备成型的坯体具有较高强度，所以制成的坯体可以进行各种加工。

（2）制成坯体均匀性较好，可以提高坯体稳定性　因为成型过程中液固转化前后成分及体积不变，并且颗粒在原位固化，因此只要充型完全，则成型坯体各部位均具有同样的密度，可成型大体积和各种复杂形状的部件，并且使最终制品均匀性获得了保障，提高了工程陶瓷的可靠性。

（3）接近于净尺寸成型　由于浆料在液固转化过程中体积变化很小，固化后坯体尺寸基本取决于模型，并且由于浆料固相含量高，成型出的坯体密度大，干燥收缩和烧成收缩小［固相含量大于50%（质量分数）浆料成型出的坯体干燥收缩小于3.0%］，变形小，可做到近净尺寸成型。

（4）相对于一些成型方式来讲，含有较少的有机物，排胶相对容易　浆料中有机物一般只占陶瓷干料质量的3%～5%，故此排胶过程容易，可与烧成过程同步完成，避免热压铸和注射成型工艺中的耗时耗能的排胶环节，节约能源、降低成本。

4.5.5.2 注凝成型的工艺

注凝成型的工艺流程如图4.35所示。

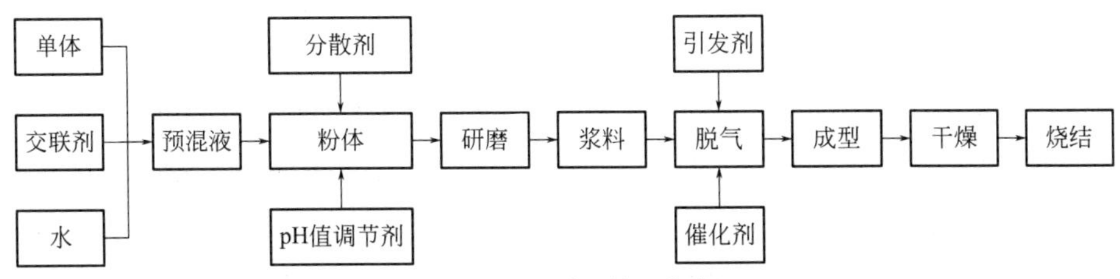

图4.35　注凝成型的工艺流程

注凝成型的关键工艺包括以下几项。

（1）低黏度、高固相含量浆料的制备　高固相含量的浆料有利于获得体积密度高、干燥和收缩变形少、有利于烧结致密化的陶瓷坯体，是注凝成型中极为重要的工序。

（2）浆料凝胶化的控制　引发剂、催化剂和温度条件的变化可以改变陶瓷浆料凝胶化规律，掌握这一规律可以有效而准确地人为控制浆料的凝胶化时间。引发剂加入量增加，浆料的凝胶化速率会加快，在聚合过程中，聚合速率主要取决于引发速率；增加引发剂量，也就增加浆料中初级自由基的浓度，加快了凝胶化的速率，它是整个聚合过程的决定步骤。但过多地增加使反应速率过快，浆体流动性损失大，不利于浆料中气体的排出。浆料温度提高，有利于初级自由基的形成，也可提高引发速率，使凝胶化速率明显加快。

（3）坯体的干燥　干燥是凝胶注模工艺中最漫长的一个工序，并且伴随着一定程度的尺寸收缩，尺寸收缩率随固相含量的增加而减小，一般固相含量50%（体积分数）的陶瓷浆料注模获得的生坯干燥收缩率约为3%。由于尺寸收缩的不均匀或者不同步，生坯在干燥过程中非常容易出现裂纹、变形等缺陷。通过控制干燥过程的湿度变化可以避免湿坯局部（特别是表面或者突出部位）干燥过快，从而避免发生裂纹、变形等缺陷；控制温度可以缩短干燥时间。所以目前凝胶注模湿坯普遍采用控湿、控温干燥。如第一段在恒温恒湿箱内控湿60%～90%、控温20～35℃缓慢干燥，首先脱除约25%的初始生坯含水量，第二段在普通烘箱中升温快速排除剩余水分。通过对高缺陷发生率的第一阶段的重点控制，既降低了变形、开裂等废品率，也有效缩短了干燥时间。用液相脱水剂进行注模生坯干燥，脱水的原理是液相脱水剂中聚合物链和生坯内网状聚合物中溶剂（水）的化学势差别。采用的脱水剂为浓度为20%～60%（质量分数）的PEG1000水溶液或者非水基溶液。采用液相脱水剂法避免了传统控湿控温干燥中的变形、开裂等缺陷，干燥效率提高了10倍，生坯在短时间内脱除了20%～30%(质量分数）水分，生坯各部位收缩均匀、同步，顺利通过了干燥过程中最容易出现缺陷的阶段。其中水基PEG1000液相去湿剂干燥生坯的均匀性高于非水基，但非水基去湿剂干燥速率更快。

4.5.6 注射成型

陶瓷注射成型（ceramic injection molding，CIM）是将聚合物注射成型方法与陶瓷制备工艺相结合而发展起来的一种制备陶瓷零部件的新工艺。特别是对于尺寸精度高、形状复杂的陶瓷制品大批量生产，采用陶瓷粉末注射成型最有优势。相比传统的陶瓷成型工艺，该工艺具有坯体强度高、可近净尺寸成型、尺寸精度和表面光洁度高、易实现机械化和自动化等优势。早在20世纪80年代，伴随陶瓷发动机研制和涡轮转子及叶片等高温陶瓷热机部件制备的需要，由美国贝特尔纪念协会组织世界上近四十余家研究机构和公司，就制定了“陶瓷注射成型”研发计划，美国、英国、日本、瑞典、德国等的研究机构都参与了这一研究计划。由于陶瓷注射成型是一门跨学科的综合技术，涉及高分子流变学、粉体科学、表面化学、陶瓷工艺学等，因此参与陶瓷注射成型技术研究和开发的既有陶瓷学家和陶瓷公司，又有研究高分子黏结剂的化学家和化学公司，如日本著名的京瓷陶瓷公司、德国著名的巴斯夫化学公司。目前，陶瓷注射成型已广泛用于各种陶瓷粉料和各种工程陶瓷制品的成型。通过该工艺制备的各种精密陶瓷零部件，已用于航空、汽车、机械、能源、光通信、生命医学等领域。陶瓷注射成型（CIM）的关键技术包括粉体表面改性及高分散高固相含量注射悬浮体的制备和脱脂工艺。

4.5.6.1 粉体表面改性及高分散高固相含量注射悬浮体的制备

高比表面积的亚微米（纳米）陶瓷粉体极易团聚，难以分散；陶瓷粉体与有机黏结剂极性相差甚远，难以兼容，结合强度差，尤其在高速高压的注射条件下二者极易分离。因此对粉体进行改性改善粉体分散状况非常必要。通常用的表面活性剂大致可以分为两类：一类是脂肪酸（如SA、OA、HSA），它们是通过基于路易斯酸碱反应的氢键键合吸附在粉体上；另一类是偶联剂（如硅烷、钛酸酯偶联剂），它们是通过化学键包覆在粉体表面。不论是哪一类表面活性剂，都可以起到在熔融高分子和陶瓷粉体之间建立“桥梁”的作用，以改进陶瓷粉体在黏结剂中的分散性，克服团聚，提高黏结剂和陶瓷粉体的相容性，并且降低体系黏度。

4.5.6.2 脱脂工艺

（1）水基萃取脱脂　水基萃取脱脂最早是由美国 Thermal Precision Technology 公司开发的，起初它用于精密金属粉末的注射成型，随后应用于结构陶瓷粉末的注射成型。该方法所用黏结剂可分为两部分：一部分是水溶性的；另一部分是不溶于水的。通常采用聚乙二醇（PEG）或聚环氧乙烷（PEO）为水溶性黏结剂，作为第一组元，采用交联聚合物如聚乙烯醇缩丁醛（PVB）或聚甲基丙烯酸甲酯（PMMA）为第二组元。这样脱脂可以分为两步，首先坯体浸于水中，水溶解去除PEG（或PEO），此时PVB（或PMMA）保持为交联固态，然后再采用加热等其他方式脱除PVB（或PMMA）等剩余黏结剂。水脱脂一般选择在40～60℃的水中进行，为控制沥取速率和水对坯体的影响，在水中加入一些特殊的添加剂，如抗腐蚀剂、抗氧化剂等，此外水要不停地搅动。水脱脂所耗费的时间通常比较短，脱脂效率与催化脱脂相近。

（2）催化脱脂方法　催化脱脂首先是由德国著名的BASF化工公司开发的。催化脱脂的原理是利用一种催化剂把有机载体分子分解为较小的可挥发的分子，这些分子比其他脱脂过程中的有机载体分子片段有更高的蒸气压，能迅速地扩散出坯体。催化脱脂工艺所采用的黏结剂体系一般由聚醛类树脂和起稳定作用的添加剂组成。

聚醛基体系由于极性高和陶瓷粉体之间的相容性较好，成型坯体强度高。在酸蒸气催化作用下，聚醛类的解聚反应一般在110～150℃之间快速进行，反应产物是气态甲醛单体，此反应是直接的气－固反应。催化脱脂的反应温度低于聚甲醛树脂的熔点，以防止液相生成。这样就避免了热脱脂过程中由于生成液相而导致“生坯”软化，或由于重力、内应力或黏性流动影响而产生的变形和缺陷。催化脱脂催化剂通常使用硝酸、草酸等。

催化脱脂的不足是用硝酸等强酸作催化剂，因此对设备结构及操作方式有更高的要求。此外，适合于催化脱脂的有机载体体系也局限于聚醛类树脂，限制了有机载体的选择范围。

另外，超临界脱脂、溶解萃取脱脂、化学催化脱脂、微波脱脂等新工艺也得到发展。

4.5.7 陶瓷材料的 3D 打印成型

陶瓷材料的 3D 打印技术是在 20 世纪 90 年代初提出。其基本思路适用于几乎所有的 3D 打印方法，主要工艺是先用 CAD 方法将复杂的三维立体构件进行切片分割处理，转换成计算机可识别的代码指令，然后借助输出装置将要成型的陶瓷粉体打印成实体单元，层层叠加以后的结构即为最终需要的三维立体部件，与预先设计的外形尺寸完全吻合。成型过程中无须任何模具或者辅助工具的参与，整个陶瓷材料的制备过程得到极大的简化，有助于实现产品的快速加工以及大规模制造。

实现陶瓷材料 3D 打印技术需要两个系统：首先是计算机软件系统，用来进行结构和图形的设计，并将其转换成通用的代码语言；其次是接收指令的运动系统，用来输出打印最终的产品。3D 打印的基本过程示意图如图 4.36 所示，首先建立三维计算机辅助设计（computer aided design，CAD）模型，基于离散 - 叠加原理将其切片得到许多分离的平面，传递给成型系统再利用计算机辅助制造（computer aided manufacturing，CAM）逐层打印出完整的零部件原型体。

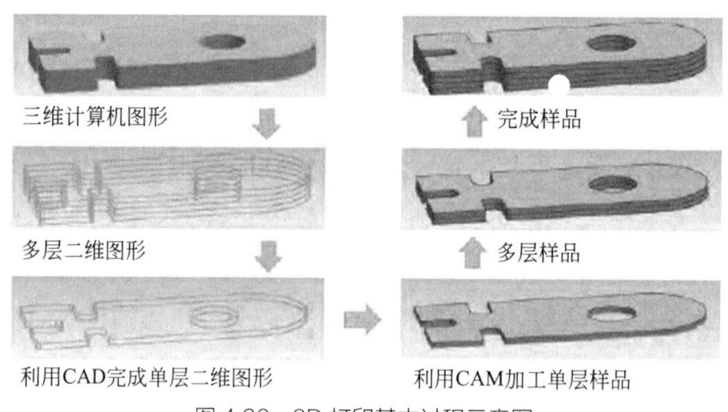

图 4.36 3D 打印基本过程示意图

根据接收指令的运动系统的不同或者选择不同的成型材料，可将 3D 打印技术分为如下几种：三维印刷成型技术、喷射打印成型技术、激光选区烧结技术、光固化快速成型技术、熔化沉积成型技术、叠层实体制造技术、浆料直写成型技术。

4.5.7.1 三维印刷成型技术

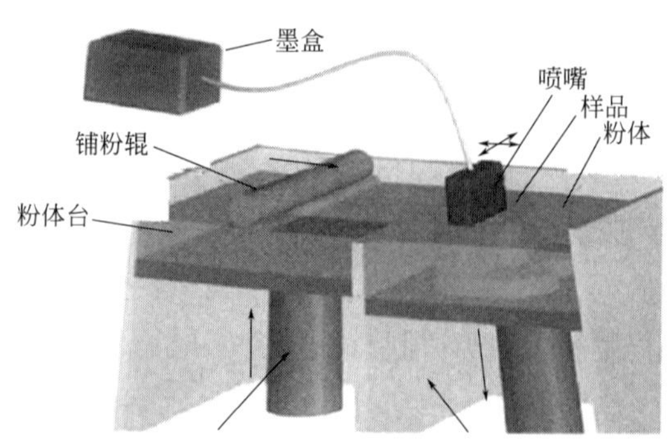

图 4.37 三维印刷成型工艺示意图

首先将三维结构分割成多个分立的结构单元，然后在计算机指令的控制下，将黏结剂选择性地喷射到陶瓷粉末表面上，粉体黏结之后最终成型出预期的立体构件，如图 4.37 所示。目前，以氧化锆、锆英石、氧化铝、碳化硅和氧化硅等陶瓷粉体为原材料，基于三维印刷成型技术制造陶瓷模具的方法已经得到了良好的发展并成功市场化，其中，硅溶胶是最常用的陶瓷颗粒黏结剂。

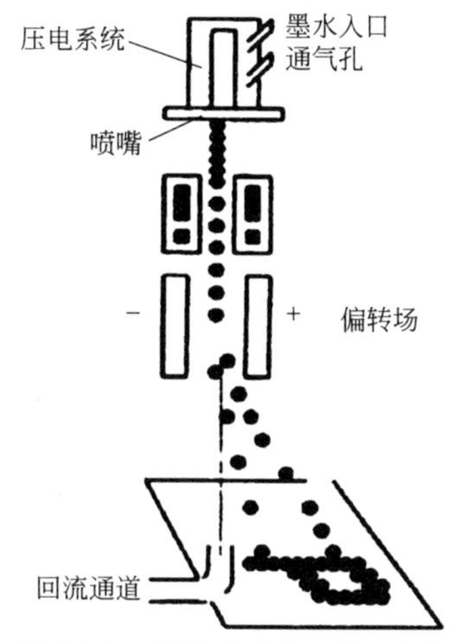

图 4.38 喷射打印成型工艺示意图

三维印刷成型技术的优势在于能够大规模成型出陶瓷部件，成本较低，不足之处在于部件强度有限（黏结剂黏合强度受限），难以获得承重陶瓷器件。

4.5.7.2 喷射打印成型技术

喷射打印成型技术（ink jet printing，IJP）是在喷墨打印机原理的基础上，结合了 3D 打印的理念发展而成。喷射打印技术则是首先将陶瓷粉料混合入各种添加剂和有机物制成陶瓷浆料，又称为陶瓷墨水，然后用喷墨打印机将这种浆料按照计算机指令逐步喷射到载体上，形成具有原先设计外形和尺寸的陶瓷生坯（图 4.38）。

喷射打印成型技术的优点是成型机理相对简单，打印头的成本较低，解决了陶瓷墨水的问题就可以将该技术产业化。目前赛尔（Xaar）喷墨技术产品已经在市场上广泛应用于陶瓷工业领域，主要包括两方面，即陶瓷成型和陶瓷制品装饰。喷射打印成型也存在一定的局限性，如由于墨水液滴的大小限制了打印点的最大高度，因此该技术很难制备在 *Z* 轴方向具有不同高度的三维构件，同时也无法制备具有内部多孔结构的陶瓷产品。

4.5.7.3 激光选区烧结成型技术

激光选区烧结成型技术（selective laser sintering，SLS），又称为选择性激光烧结工艺，1986 年 Deckard 等率先提出这一概念。如图 4.39 所示，该技术的基本原理与三维印刷技术相类似，只是将黏结剂换成了激光束，利用激光束沿着计算机设计的路径逐点扫描粉体的表面，受到扫描的部位局部受热，使得颗粒自身熔化或者在相互之间黏合剂的作用下产生良好的黏结。前一层的激光扫描粉体黏结完成以后，新一层的粉料被添加，经过激光扫描以后，形成新一层的三维结构。按照上述过程周期性地逐层重复激光扫描、高温熔化以及局部黏结的过程，最终可以得到区域结构不同的立体部件。陶瓷粉体激光选区烧结成型工艺的研究仍处于初期阶段，这是因为陶瓷粉料本身的烧结温度较高，难以在较短时间激光辐照的条件下即时熔化连接。因此需要通过添加黏结剂来促进激光熔融的效果，国内外目前主要研究的陶瓷相粉料主要分为三种，分别是直接添加黏结剂的陶瓷粉料、表面改性的陶瓷粉料以及与有机物混合的陶瓷粉料。

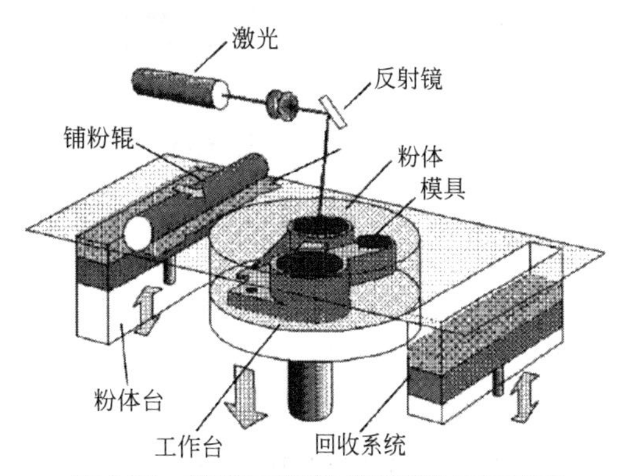

图 4.39 激光选区烧结成型工艺过程示意图

选择性激光烧结工艺的优点是能够在无须支撑的条件下，直接制备塑料、金属或者陶瓷，并且成型精度较高。由于成型过程中需要激光的引入，粉末需要预热和冷却，成型周期较长，后续处理工艺复杂。同时由于所采用的原料粉末需要能在激光作用下黏结，并且高温完全烧成，因而其能够制备的产品种类有限。

4.5.7.4 光固化快速成型技术

光固化快速成型技术（stereo lithographyapparatus，SLA），又称为立体印刷成型技术，如图 4.40 所示，其主要机制是采用一种在紫外线照射下能够迅速固化的光敏液态树脂为原料，通过紫外线选择性地辐照某一层液体，最终成型出部分区域固化的零部件。由于陶瓷颗粒实现光固化聚集后，还需要经过热处理、烧结等工艺来增强坯体的致密度以及机械强度，用于光固化快速成型的光敏浆料需要具备较高的固相含量。陶瓷颗粒在混合物中要被均匀地分散，同时具备合适的流变学行为。紫外线诱导的光致聚合反应是固定的，因此需要选择相应波段的引发剂来配制光敏胶溶液。

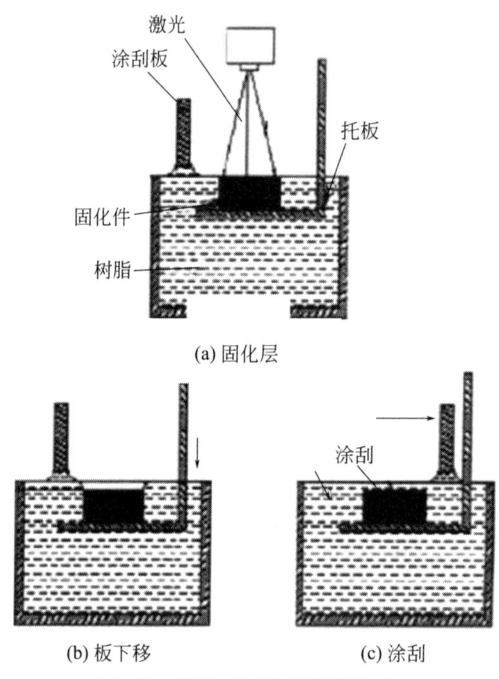

图 4.40 光固化快速成型过程示意图

光固化快速成型的优势在于成型精度极高，能够制备纳米级尺寸的陶瓷零部件。缺点是光敏树脂中可能含有有毒的有机物，在后续处理中极易造成环境污染，紫外光源的引入增加了制造成本，并且固化时间的长短带来了成型周期的不确定性。

4.5.7.5 陶瓷熔化沉积成型技术

陶瓷熔化沉积成型技术（fused deposition of ceramics，FDC）是由高分子聚合物或石蜡等材料的熔化覆盖制模工艺（fused deposition modeling，FDM）发展出的成型方法，如图 4.41 所示。FDM 是在 1988 年由 Crump 等首次提出，其工艺过程是将石蜡丝或高分子聚合物等原材料，在环境温度略高于其相应熔点时熔化成流体状，接着在计算机的控制下逐步注入熔化器中，利用细丝的挤出压力将熔体从熔化器的出口挤出至下方的载体上逐层叠加成型。罗格斯大学和 Argonne 国家实验室率先将 FDM 成型方法用于陶瓷材料的加工制备，这样的技术被称为 fused deposition of ceramics（FDC）。FDC 的原材料通常为热塑

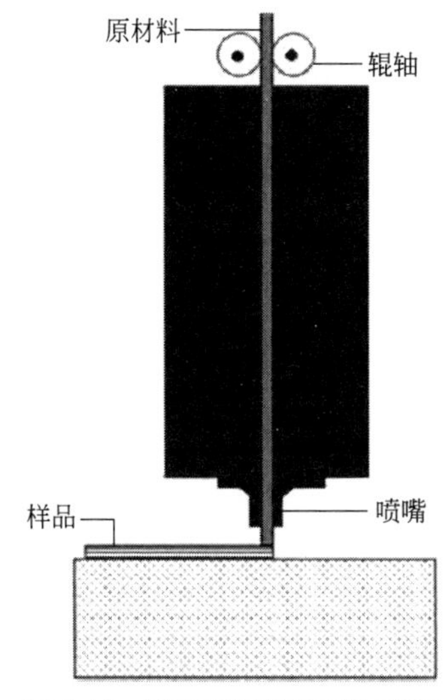

图 4.41 熔化覆盖制模工艺示意图

性树脂和陶瓷粉体颗粒的混合物，经过挤压压制工艺等过程形成毫米级细丝，层层排列反复堆积最终可以成型出三维的陶瓷生坯。

在 FDC 工艺中，高分子聚合物或热塑性石蜡等材料是陶瓷颗粒之间的结合剂，能够有效地聚集陶瓷粉体，在一定的温度下可以完全熔化被清除，继续加热至高温就可以将剩下的陶瓷颗粒聚集成的坯体烧结成致密的陶瓷。由高分子材料、石蜡以及黏结剂组成的热塑性树脂结合剂是目前最常用的 FDC 原料，能够成型出实际厚度毫米级的产品，但精度较低，并且由于受到材料的熔点限制，选择范围有限。

4.5.7.6 叠层实体制造技术

叠层实体制造技术（laminated object manufacturing，LOM）最早由美国的 Helisys 公司和 Lone Peak Engineering 公司开发成功，其基本原理是，首先利用 CAD 软件离散出数个结构单元，然后在热压辊轴的碾压下，将涂覆高温溶胶的薄片与上一层薄片紧压连接，用激光束沿着结构单元的形状切割。重复薄片黏结和激光束切割过程即得到 CAD 所设计工件的立体形状（图 4.42）。LOM 工艺的特点是成型速率率，不需要用激光扫描整个薄片，只需要根据分层信息切割出一定的轮廓外形，同时不需要单独的支撑设计，无须太多的前期预备处理，在制造多层复合材料以及曲面较多或者外形复杂的构件上具有显著的优势。LOM 技术由于工艺本身的特点，也存在一定的缺陷，如成型后的坯体在各方向的力学性能有较大的不同，加工完成之后需要人工清除多余的碎屑，增加了制造成本，同时由于原材料必须是薄片，其应用范围具有较大的局限性。

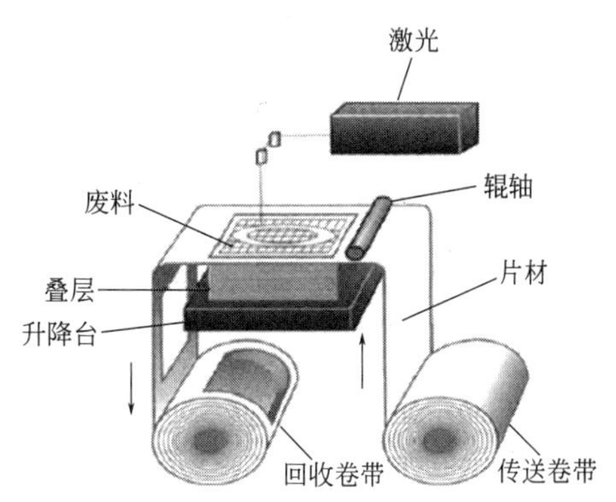

图 4.42 叠层实体制造技术示意图

4.5.7.7 浆料直写成型

浆料直写成型技术（direct ink writing，DIW）不需要任何激光束或者紫外线照射，也无须加热，在室温下通过简单的陶瓷原料就能成型出三维复杂形状产品。浆料直写成型技术的概念最早由 Cesarano 等提出，这种技术通过计算机辅助制造进行图形的预先设计，由计算机控制安装在 Z 轴上的浆料输送装置在 X-Y 平台上移动，形成所需要的图形。第一层成型完毕后，Z 轴上升到合适的高度，在第一层的基础上成型第二层结构。通过反复叠加增材，最终得到精细的三维立体结构（图 4.43）。浆料直写成型技术出现较早，开始被称为自动注浆成型（robocasting），直到近年才被归于 3D 打印的范畴，因此将其称为一种新型的 3D 打印技术。

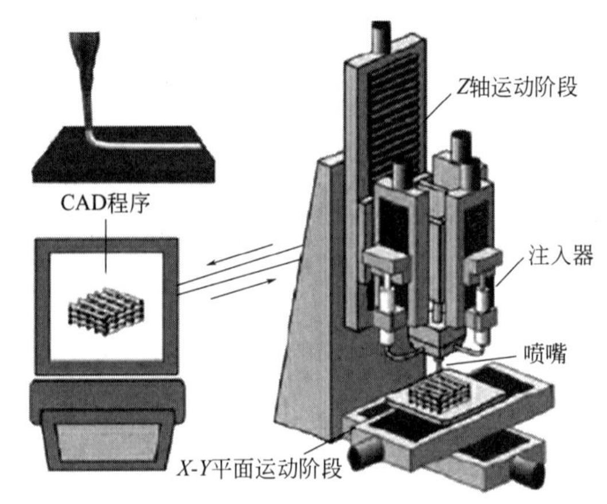

图 4.43 浆料直写成型设备示意图

陶瓷浆料直写成型技术作为一种新型 3D 打印技术，其优势在于：无须紫外线或者激光的辐射，也无须加热，室温下通过简单的陶瓷原料制备水基浆料即可成型出微米级高精度陶瓷三维结构。在制备过程中，直写成型能够通过排列组合多种变化来制造传统陶瓷成型技术难以加工出的功能器件。常见的变化形式有以下几种。

（1）成分变化　不同层之间的材料、同层结构中不同的线条、同一线条中不同部位的成分都可以定制。

（2）线条参数变化　搭建完整结构所需的每根线条的间距、形状和尺寸均可以自由调控。

（3）线条的堆积方式变化　通过结构设计，能够在周期性的规则结构中人工制造凸起或者凹陷的区域。未来，直写成型技术在高精度电子元器件、生物材料以及能源材料的制备领域有极大的发展潜力。

目前，陶瓷浆料直写成型方法仍有诸多科学技术问题亟待解决。首先，原料上，需要简化浆料的制备方法，已有的胶体浆料体系在制备过程中需要严格控制 pH 值等参数，工艺复杂，可重复性低，制约了直写技术的大规模使用，未来，希望能够通过流变性数据探索一般性规律，开发出普适性较强的浆料配制方法；其次，成型控制上，需要开发出成型精度更高、控制方式更灵活的直写成型设备，同时配合结构设计软件，制备出高精度异形三维陶瓷结构；最后，坯体烧结上，直写成型后的坯体存在各向异性三维结构，在高温烧结处理中较易出现变形。因此，需要探索采用低温烧结原料等新型烧结工艺来降低变形概率。

思考题

4-1　简述陶瓷的基本成型方法，在选择成型方法时通常应考虑哪些因素？

4-2　在注浆成型工艺中，影响浆料流动性的因素包括哪些？

4-3 注浆成型对泥浆有何要求？

4-4 在干压成型工艺中，对粉料的性能有什么要求？

4-5 阐述坯体在压制过程中的变化。

4-6 简述热压铸成型的工艺过程、工作原理及生产中控制的关键因素。

4-7 简述流延成型的工艺过程及生产中控制的关键因素。

4-8 成型对坯料提出哪些方面的要求？又应满足烧成的哪些要求？

4-9 强化注浆的方法有哪些？

4-10 影响陶瓷材料气孔率的工艺因素包括哪些？

4-11 简述可塑坯料、注浆坯料、干压坯料的质量控制方法。

4-12 生产上可以采取什么措施来提高坯料的可塑性以满足成型工艺的要求？

4-13 哪些制品适合注浆成型？注浆成型有什么特点？

4-14 旋压成型和滚压成型对坯料各有什么要求？

4-15 综述陶瓷注凝成型工艺的进展。

4-16 综述陶瓷 3D 成型工艺的进展。

4-17 综述陶瓷注射成型工艺的进展。

坯体的干燥和排塑

成型坯体中水分被排除的工艺过程称为干燥。通过干燥，坯体具备一定的强度以适应后续运输、修坯、施釉等加工的要求，同时能够避免在烧成时由于水分汽化为水蒸气所带来的能量损失及其体积膨胀所导致的坯体破坏。

5.1 干燥的工艺问题

5.1.1 黏土的干燥敏感性

黏土的干燥敏感性是指黏土原料或黏土制品在干燥收缩阶段出现的裂纹倾向性。干燥敏感性高的黏土在低速干燥时也容易出现裂纹或变形，而干燥敏感性低的黏土在快速干燥时也不一定开裂。

黏土的干燥敏感性主要取决于黏土本身的组成、结构及与其有关的一些因素。如黏土的矿物组成、颗粒组成、可塑性、干燥收缩以及干燥后的机械强度等。

许多学者对黏土的干燥性能进行了广泛深入的研究，提出了许多间接反映干燥敏感性的表示方法。普遍使用的是契日斯基干燥敏感系数，计算公式为：

$$K=\frac{W_1-W_2}{W_2} \tag{5.1}$$

式中　K——干燥敏感系数；

W_1——试样成型时的绝对水分；

W_2——试样停止收缩时的临界绝对水分。

根据契日斯基干燥敏感系数大小，将黏土划分为三类：低干燥敏感性黏土，$K<1.2$；中干燥敏感性黏土，$1.2<K<1.8$；高干燥敏感性黏土，$K>1.8$。

大量的研究实验表明：以高岭石为主要矿物的高岭土属于低敏感性黏土；以水云母矿物为主的黏土属于中等敏感性黏土；以蒙脱石和多水高岭石矿物为主的黏土则属于高敏感性黏土。

5.1.2 干燥的工艺过程

5.1.2.1 陶瓷坯体中的水分

陶瓷坯体为多毛细管结构，因此按照坯料与水分结合方式的不同，坯体中的水分有三种存在形式：自由水、大气吸附水、化学结合水。

（1）自由水　是指存在于物料表面的润湿水分、孔隙中的水分以及直径大于 10^{-4}mm 毛细管中的水分。也就是说，自由水包括大毛细管水及渗透结合水，如外界环境带入或成型中加入的水分。这种水分与物料间的结合力很弱，属于机械结合，干燥过程中极易排除，其脱水温度一般在 100℃左右。在自由水排除阶段，物料颗粒将彼此靠拢，产生收缩现象，干燥速度不宜过快。排除自由水后，坯体再继续干燥时，坯体体积只有微小的收缩，甚至不收缩。

（2）大气吸附水　将绝对干燥的坯体置于大气中时，坯体中的黏土从空气中吸附的与坯料粒子呈物理－化学状态结合的水，吸附水膜厚度相当于几个到几十个水分子，称为大气吸附水（物理化学结合水）。受组成和环境影响，干燥时较难除去。大气吸附水的数量随外界环境的温度和相对湿度的变化而改变，空气中的相对湿度越大，则坯体所含水的量也越多。在相同的外界条件下，坯体所吸附的水量随所含黏土的数量和种类的不同也不相同，而一些非黏土类原料的颗粒虽然也有一定的吸附能力，但其吸附力很弱，因而也容易被排除。

（3）化学结合水　又称为结构水，是与物料呈现化学状态结合的水。即物料矿物分子结构内的水分。化合水在干燥过程中，不能除去。这是因为，化合水是以 OH^- 或 H_3O^+ 或 H^+ 等形式存在于化合物或矿物中的水。即这种水分是指包含在原料矿物的分子结构内的水分。如结晶水、结构水等。例如滑石 $Mg_3(Si_4O_{10})(OH)_2$ 等，化学结合水在晶格中占有一定的位置，需加热到相当高的温度才能将其排除，并伴随有因晶格变化或破坏所引起的热效应。

5.1.2.2 坯体的干燥过程

坯体所含水分的特性决定了干燥过程具有四个不同阶段。假定干燥过程中坯体不发生化学变化，干燥介质温度和湿度恒定，整个干燥过程中坯体温度、干燥速度和坯体含水率变化规律如图 5.1 所示。

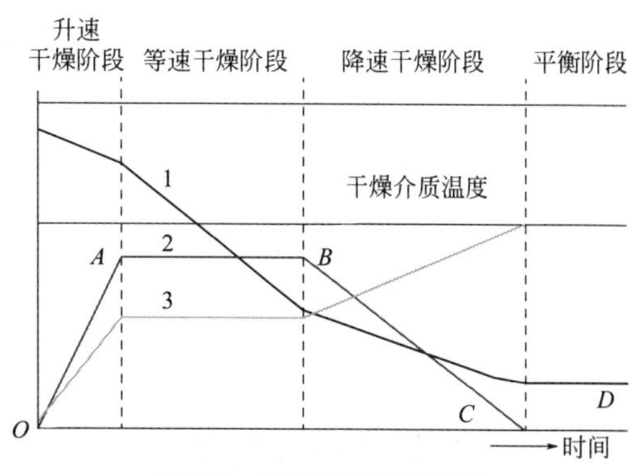

图 5.1　干燥过程的四个阶段

1—坯体含水率；2—干燥速度；3—坯体温度

（1）升速干燥阶段（$O \rightarrow A$）　坯体表面被加热升温，水分不断地蒸发，直至表面温度与周围干燥介质的湿球温度一致，坯体吸收的热量与蒸发水分所消耗的热量达成动态平衡，干燥过程进入等速干燥阶段。

在这一阶段，坯体温度升高，干燥速度不断增加，水分不断排除，但是并不引起坯体的收缩变形。

（2）等速干燥阶段（$A \rightarrow B$） 该阶段的特征是干燥介质的条件（温度、湿度、速度等）恒定不变，水分由坯体内部迁移到表面的内扩散速度与表面水分蒸发扩散到周围介质中去的外扩散速度相等。水分源源不断地从内部向表面移动，表面维持润湿状态，即水分汽化仅在表面进行，水分不断地蒸发排除。因干燥介质条件不变，坯体表面的温度等于周围干燥介质的湿球温度，所以传热速度及水分汽化速度（干燥速度）保持恒定不变。随着干燥过程的进行，坯体内部水分减少，颗粒互相靠拢，体积收缩，内扩散阻力逐步增大，直至所有颗粒靠拢，内扩散速度小于外扩散速度，等速干燥过程结束，干燥即进入降速干燥阶段。此时，坯体的含水率称为临界水分。

这一阶段由于坯体内部所含水分较多，空隙较大，所以水分的内扩散特别容易进行，故干燥速度取决于外部干燥介质的条件。等速干燥阶段坯体产生的体积收缩与水分的降低呈直线关系。这种收缩如果是均匀的，坯体就不会出现变形或者开裂缺陷。如果坯体表面蒸发过快，那么外层很快收缩，而坯体的潮湿核心又阻止这种收缩，从而在坯体内产生应力，表面受张应力，内部受压应力，如果应力分布不均匀，会导致坯体变形。当应力超过了坯体的干燥强度时，便会产生开裂等缺陷。

（3）降速干燥阶段（$B \rightarrow C$） 当干燥程度达到临界水分点后，由于内扩散速度小于外扩散速度，这时坯体干燥速度就取决于内扩散速度。在此阶段，蒸发速度和热能消耗减小，坯体温度逐渐升高，坯体表面与周围干燥介质之间的温差逐渐减小，坯体表面上的水蒸气分压随之降低。当坯体与周围干燥介质之间的热交换停止，干燥过程进入平衡阶段。

这一阶段，坯体的体积收缩没有变化，变形是不可逆的，内应力有所增加，然后又松弛下降，适当加快干燥速度不会增加产生坯体干燥缺陷的可能性。

（4）平衡阶段（$C \rightarrow D$） 当坯体表面水分达到平衡水分点时，坯体内部能够排除的水分已经排除，表面水分蒸发与吸附达成动态平衡，干燥速度为零。干燥最终含水量取决于坯体的性质、周围介质温度与湿度。

这一阶段，坯体的形状和体积没有任何变化，说明干燥过程已经结束。

综上所述，干燥过程实质上就是坯体水分移动，主要包括内扩散和外扩散两个过程。内扩散是坯体内部水分移至表面的过程，作用力为扩散渗透力和毛细管力。外扩散是指坯体表面水分向外界扩散的过程，作用力为坯体表面的水蒸气分压与周围介质的水蒸气分压之差。这两个过程表现为热能作用下物质的转移过程，所以干燥过程的本质是能量交换和物质转移的过程。

5.1.3 干燥收缩与变形

未经干燥的湿坯内固体颗粒被水膜所分离隔开。在干燥过程中，随着自由水分的排除，水膜不断变薄，颗粒逐渐靠拢，坯体发生收缩，收缩量大约等于自由水的体积。当颗粒达到相互接触的程度，收缩基本结束。在降速干燥阶段，排除相互接触颗粒间的孔隙水时有微小收缩，直至与干燥介质中所含水分达到平衡。

5.1.3.1 成型方法对干燥收缩的影响

坯体在干燥过程中产生变形的本质，主要是由于坯体内干燥收缩不均匀产生了应力，当应力超过了呈塑性状态坯体的屈服值时就会产生变形。产生坯体干燥收缩不均匀的原因是多方面的。当坯体性能和干燥条件固定时，成型过程的不当是引起坯体干燥变形的重要原因。

坯体在成型过程中，往往由于受力不均匀或泥料的密度、水分不均匀以及黏土矿物的定向排列等原因，使坯体在干燥时产生不均匀收缩而变形，甚至开裂。因此，对于生坯的干燥，必须根据不同的成型方法所制得坯体的干燥收缩特点，确定干燥方法和制定相应的干燥制度。

（1）可塑成型　由于要求泥料要有较好的可塑性，坯料中可塑黏土含量较高，坯体在干燥时的收缩率也较高。旋压成型的坯体干燥变形的可能性又比滚压成型的坯体高。这是因为旋压成型时泥料主要受剪切应力的作用，受到的挤压力较小，坯体致密度小且不均匀。此外，旋压成型要求泥料水分多些才便于排泥和使坯体表面光滑，因此，坯体在干燥时收缩大而不均匀，特别是薄壁产品更容易变形。滚压成型滚头与泥料的接触面积较大，泥料主要受压延力的作用，坯体的致密度较高，而且结构较均匀，坯体干燥时的变形率较低。阳模滚压的坯体带模干燥时，模型支撑着坯体，收缩均匀，且可以在坯体较干的情况下进行脱模，这比阴模滚压的坯体在半干燥时脱模变形要小。此外，阴模成型的坯体带模干燥时，其口部干燥较之脚部要快得多，较容易产生口部变形。挤压成型的坯体存在颗粒定向排列，挤出泥段同一径向、不同横切面上颗粒大小和致密程度也是不同的。这就导致了坯体在干燥过程中的各向异性干燥收缩。挤制坯体的轴向收缩，在距中心轴线越远的位置，致密度越高，干燥收缩越小。

（2）注浆成型　同样存在着颗粒定向排列的情况。凡坯体中颗粒定向排列较为明显的，在干燥过程中都会引起不同方向上的不均匀收缩。此外，注浆坯体靠吸浆面的部位较致密，而远离该面的部位较为疏松，这就造成了注浆坯体存在的不同程度的密度不均匀的问题。因而在干燥时坯体各部位的收缩程度有差别。特别是当石膏模各部位的吸水性不同时，坯体中水分的不均匀性就更明显。石膏模上多余的泥浆在全放浆后立即将其刮去，使坯体能自由收缩和脱模。注浆成型后，若黏结时用力过大，在坯体上留下应力，会导致干燥过程中出现变形。

（3）干压成型　所用粉料的含水率不高，而且坯体形状简单，因此坯体的干燥变形较之可塑法与注浆法都要小得多。但是干压成型的粉料若水分不均匀，模内坯粉堆积不均匀、受力不均匀，也会造成坯体的密度不一，导致干燥时不均匀收缩而变形。等静压成型时，坯体水分很低，密度大且均匀，因此，坯体在干燥过程中几乎无收缩与变形。

不含黏土的特种陶瓷坯体的干燥收缩一般较小，取决于有机添加剂的浓度与用量。水分或有机溶剂多的坯料的干燥收缩最大。由于有机添加剂能增加坯体干燥后强度，所以可减小干燥开裂的概率。

5.1.3.2 坯体的“记忆”现象

所谓坯体的“记忆”现象，是指可塑坯体在干燥过程中有恢复最后一次成型之前形状的趋势（复原现象）。这是成型后坯体释放内应力的表现，也就是说，陶瓷坯体可将塑性成型时所产生的应变储存下来。在去掉外力以后，部分应变会产生弹性恢复，即坯体干燥时会因此而发生变形。其变形程度的大小，主要取决于泥料的可塑性状态以及坯料成型时产生应变的速度与接受应力的大小。这种变形包括塑性和弹性两部分，一直到干燥以后，甚至在烧成时，还会继续出现这种变形现象。

有机黏合剂（大量的藻朊酸钠、少量的羧甲基纤维素）可以抑制应变储存，但同时也降低了可塑性。

5.1.4 干燥开裂

坯体在干燥过程中形成的水分梯度会使坯体出现不均匀的收缩，从而产生应力。当应力超过了呈塑性状态坯体的破裂点或者超过呈弹性状态坯体的强度时就会引起开裂。此外，干燥制度或坯体造型的不妥等情况也会促使坯体干燥时开裂。坯体干燥过程中出现的一些裂纹及产生的条件归纳如下。

（1）整体开裂　当坯体沿整个体积产生引起不均匀收缩的临界应力时，可能导致完全破裂。这种开裂一般在干燥的开始阶段出现。在规定的干燥制度下，当坯体沿厚度方向的水分尚未呈抛物线分布时，由于干燥速度加快，使水分差达到了临界值。在坯体厚、水分高、快速干燥的情况下易产生这种裂纹。

（2）边缘开裂　薄壁、扁平的陶瓷坯体干燥时，边缘的干燥速度比中心的干燥速度大得多，不均匀收缩引起应力。坯体表面和接近边缘部分处于张应力状态，中心部分处于压应力状态。

（3）中心开裂　其原因也是由于坯体边缘部分比中心部分干燥得快些。周边的收缩在整个坯体收缩尚未结束之前就停止了，形成一个硬壳似的骨架。随着干燥过程的进行，在等速干燥阶段终了、收缩结束之前，中心部分仍在收缩，却又受边缘硬壳的阻碍，形成中心裂纹。开裂瞬间边缘部分承受压应力，中心部分承受张应力。深杯类日用餐具的中心开裂往往呈现底部的裂纹。

中心开裂通常出现在干燥敏感性高和中等程度的黏土质坯体中，为了防止这种裂纹出现，应使整个坯体均匀排除水分。边缘部分可采用隔湿处理，如盖上湿布或涂上石蜡、油脂类物质，以降低四周的干燥速度。

（4）表面裂纹　坯体干燥过程中，若内部与外部的温度梯度与水分梯度相差过大，会产生表面裂纹。已干燥的陶瓷生坯若再次移至潮湿空气中，会从周围介质中吸湿，在坯体表面形成吸附结合水膜导致微裂纹出现。当坯体吸附 0.7% ～ 0.9% 的水分时，这种微裂纹隐约可见。随着吸附水增多，裂纹会扩大。这种微裂纹一般出现在中等或高干燥敏感性黏土坯体中。

（5）结构裂纹　可塑泥团若组成、水分不均匀，则挤制后存在结构条纹，引起干燥后的裂纹。压制成型的粉粒之间的空气若未排除而压缩在坯体内，使坯体形成不连续结构，干燥后易出现层状结构裂纹。

5.1.5　坯体干燥后性质的影响因素

5.1.5.1　坯体干后性质与后续工序的关系

生坯的干后强度、气孔率与干燥后水分对后续工序有直接影响。

为了减少坯体在干燥后各工序的破损率及提高烧后产品的质量，要求坯体有足够的干燥强度。对于一次烧成的坯体（尤其是内、外一次施釉的坯体）要求有更高的干燥强度，否则，施釉后的坯体易造成软塌损害。

坯体的最终含水率在一定程度上决定了坯体的气孔率与干燥强度。生产中，应根据工艺要求确定适量的最终含水率。水分过高则降低生坯强度和窑炉效率，施釉后难以达到要求的釉层厚度；水分过低（指平均水平以下）则会在大气中吸潮，易产生表面微裂纹且浪费干燥能量。

为使釉料能牢固地吸附在坯体上，干燥后的坯体应具有一定的气孔率。对于需要连续施 2 ～ 3 层釉的生坯，要求坯体具有良好的渗透性能，否则，与釉料接触的表层坯体由于吸水过多会产生膨胀、疏松，甚至与内层分离。渗透性能的好坏主要取决于坯体的致密度以及瘠性料与塑性料的比例。

5.1.5.2　影响坯体干燥强度与气孔率的诸多因素

（1）原料种类与矿物组成　干坯强度随着泥料的种类不同而差异很大。一般来说，可塑性较好的泥料，干后强度较高。黏土矿物的颗粒形状与堆积方式决定坯体的干燥强度与气孔率。片状结构比杆状结构的堆积密度大、塑性大、强度高。例如，苏州土是含有大量杆状结构外形的高岭石，因而塑性不大，干燥气孔率高，干燥强度低。

黏土矿物会影响颗粒的形状、大小、堆积方式及气孔尺寸分布。通常，以高岭石为主的黏土以边 - 面的形式堆积，形成高气孔、渗透性好的坯体，而那些主要含伊利石的黏土则以面 - 面的形式堆积，形成较致密、低渗透性的坯体。

（2）坯料细度　干燥后的坯体如果颗粒之间接触面积大，则干燥强度高。颗粒越细，比表面积越大，接触点也就越多，干坯强度也越高。例如，可塑黏土的颗粒细，能较好地将空隙充满，故其干燥强度要比高岭土的大。此外，晶片越薄，越能互相紧密叠合，强度也越高。

气孔结构则正好相反，片状颗粒板面接触堆积致密，平均气孔尺寸则下降，渗透性能变差。

（3）吸附阳离子的种类和数量　坯体的干燥强度与气孔结构，还与坯体中所含阳离子的种类和数量有关。从数量上来说，含阳离子数量多时，由于这些阳离子能改善颗粒间的附着情况，因此，也能提高干坯强度。

阳离子的种类对坯体干后气孔率的影响按以下排列顺序变化：

$$Na^{+} < Ca^{2+} < Ba^{2+} < H^{+} < Al^{3+}$$

气孔率低→气孔率高

（4）成型方法　在可塑状态下，黏土颗粒是任意排列的。当施以外力时，颗粒则依其长轴平行于施力的方向排列。这样，颗粒之间将有更多的表面互相接触，使干燥强度提高。可塑成型时，所用的力越大，则有序排列的颗粒越多，因而干燥强度越高。对注浆成型的坯体，纵然是同一种浆料，也可依其注浆时泥浆溶胶程度的不同而使坯体的干后强度与气孔结构有所差别。完全溶胶的泥浆，黏土颗粒都呈面－面排列，注浆时黏附在石膏模型壁形成致密的坯体，影响水的渗透速度，降低注浆速度。但坯体干后强度较高，气孔率较低。在局部胶溶的泥浆中，面－面和边－面结合同时存在，部分颗粒由于轻微的絮凝而聚成一簇一簇的团粒结构，因而形成多孔坯体，干后强度较低，气孔率较高。

（5）干燥温度　坯体干燥强度与干燥温度有关。随着温度升高，含水量降低，坯体干燥强度在开始时增加很慢，当温度超过40℃后则提高较快。所以一般规定，坯体干燥到40℃时才测定其干燥强度，并且要求立即测定，否则坯体又会从空气中吸收水分，以致降低强度。干燥温度超过250℃时，其干燥强度也会降低。

（6）生坯的最终含水率　生坯的最终含水率直接影响着坯体的强度。应根据不同坯体的组成、成型方法、坯体的形状大小及后续工序的要求来确定坯体的最终含水率。一般来说，以达到能满足后续工序操作要求的强度为原则。坯体在干燥过程中，随着温度的升高，含水量降低，强度提高。

5.2 干燥制度的确定

干燥制度是指根据产品的质量要求确定干燥方法及其干燥过程中各阶段的干燥速度和影响干燥速度的参数。其中包括干燥介质的温度、湿度、种类、流量与流速等。只有建立合理的干燥制度才能确保优良的干燥质量。最佳干燥制度可以理解为在最短时间内获得无干燥缺陷的生坯的制度。

5.2.1 干燥速度及其影响因素

干燥速度是指单位时间内单位面积上坯体中水分的排除量，可用下式表示：

$$\mu = \frac{d\omega}{A dt} \tag{5.2}$$

式中，μ 为干燥速度，kg/（h·m^2）；ω 为坯体中水分的排除量，kg；A 为被干燥坯体的总表面积，m^2；t 为干燥时间，h。

在生产中我们希望坯体内湿扩散和热扩散方向一致，受热均匀，干燥速度快。但实际上由于受干燥方法和干燥设备的限制，除了内扩散和外扩散的影响之外，还需要综合考虑其他一些影响坯体干燥速度的因素。

5.2.1.1 影响内扩散的因素

（1）坯体物料性质的影响 如果坯泥中瘠性物料含量多，颗粒粗，坯体中存在的毛细管径粗，那么内扩散阻力小，有利于内扩散速度的提高；相反，若黏土原料含量高，颗粒细，坯体中存在的毛细管径细，内扩散阻力大，就会降低内扩散速度。引入适当的阳离子，在保证生坯强度的前提下，使坯体形成有利于内扩散的气孔结构，可提高内扩散速度。

（2）坯体温度的影响 随着坯体温度升高，水的表面张力虽有所减小，但黏度更显著下降，就能使坯体中的水分易于往表面移动。

（3）坯体表面与内部湿度差的影响 随着坯体表面水分的蒸发，表面湿度低于内部湿度，产生一个由内部向表面的湿度梯度，促使水分往表面移动。

（4）坯体内温度分布的影响 在干燥过程中，如果坯体内部温度高于表面温度，那么热扩散方向与湿扩散方向一致，有利于干燥的进行。例如，向生坯的游离水直接提供某种形式的能量使之转化为热能，达到坯体的热、湿传导方向一致，这比仅自外向内传导热量能更有力地加强内扩散。这是电热干燥、微波干燥、远红外干燥等方法的优点。

5.2.1.2 影响外扩散的因素

（1）空气的温度与湿度的影响 空气吸收水蒸气的数量随着温度的增高而急剧增多，随着相对湿度的增大而减少。如果坯体周围空气的温度低、湿度大，则水分外扩散速度将会降低；反之，空气温度高、湿度小，则水分外扩散速度上升。

（2）空气的流动速度和流动方向的影响 在干燥过程中，加快空气的流动速度，可以提高水分的外扩散速度。此外，空气的流动方向与坯体的移动方向相反，可以提高水分的外扩散速度。

（3）空气流量的影响 加大空气流量，可以带走更多的水分，从而提高干燥速度。实践证明，用高速而均匀的热风来干燥坯体，其干燥速度可以大大提高。

5.2.1.3 其他影响因素

上述两方面是影响干燥速度的普遍规律。除此之外，坯体的形状与尺寸大小以及干燥器的结构与类型，也会在不同程度上影响干燥速度。

卫生瓷、电瓷等坯体的壁厚不均匀，体积大，形状复杂，干燥时易产生收缩应力，故其干燥速度不宜太快；日用瓷、建筑墙地砖等薄壁产品的坯体在干燥过程中不易产生收缩力，故可加快干燥速度。等速干燥阶段，由于干燥速度主要取决于外扩散，这时，不同厚度的坯体其干燥速度相差很小；降速干燥阶段，内扩散为主要因素，坯体厚则干燥速度小。

干燥器的结构是否合理，也会影响坯体的干燥速度，例如远红外干燥器的结构，应考虑辐射面与被干燥坯体的相对位置尽可能靠近，辐射器的形状与被干燥坯体的形状最好相近，以便能更好地接受辐射能，否则，均会降低干燥速度。

5.2.2 确定干燥介质参数的依据

生产中干燥速度往往是通过调节干燥介质的温度和湿度、空气的流速和流量来控制的。因此，这些干燥参数的确定是实现合理的干燥制度的保证。

5.2.2.1 干燥介质的温度和湿度

（1）温度 首先，要根据坯体的组成、结构、尺寸大小、最终含水率等具体情况，考虑坯体能否均匀受热等来确定干燥介质的温度。因为陶瓷坯体本身的热传导较差，在较高的介质温度下，坯体各部位温度不易达到一致，坯体内外易造成较大的温度梯度，这样就易产生热应力而造成干燥缺陷。因此，干燥介质的温度不能提得太高。对于含水率较低、形状简单的小型薄壁坯件，当然可以在介质温度较高（如 120 ～ 200℃）的条件下进行快速干燥。或者是在采取了各种措施解决了坯体的均匀受热问题后（例如先经过一段高湿低温干燥），介质温度就可以进一步提高，以加快干燥速度。其次，还需考虑热效率问题。若把温度提得太高，一般来说，其热效率会降低，同时还需加强干燥条件的绝热。另外，在某些情况下，介质温度的提高还受到一些限制，如石膏模在高于 70℃温度下干燥，强度将大为降低。所以目前在干燥器中带模干燥时，其干燥介质温度一般都不超过 70℃。当然，如果使用新型复合材料的石膏模型后，介质温度就可以相应地提高。介质温度还受到热源和干燥设备的限制，如采用蒸汽换热器、暖气、热泵等作为干燥介质的热源时，介质温度就不可能太高。

（2）湿度 在诸如室式干燥器或链式干燥器中，若干燥介质没有排除或补充，在使用的初期可能勉强保证干燥制度的实现，但随着坯体水分的不断蒸发，室内介质湿度不断增大，到一定程度以后，就要延长干燥时间才能达到干燥要求。这就降低了干燥效率，破坏了合理的干燥制度，甚至会产生干燥缺陷。对于某些特殊的坯体，如壁厚大件、含水率高的坯体，干燥介质湿度的控制就显得更为重要。这些坯体通常是采用介质湿度控制阀的分段干燥，即第一干燥阶段以高湿（但不可结露）低温预热坯体。预热阶段虽然排除水分不多，但却使待排除的水分子的热运动加剧了，为下一阶段加速内外扩散打下了基础。坯体温度超过 40℃，则转入第二干燥阶段，这时应该控制温度不太高，相对湿度不过低（在 75% 左右），直到坯体不再收缩为止。这样就可以转入干燥的最终阶段，采用高温低湿（相对湿度在 15% 左右）的干燥控制法。

5.2.2.2 干燥介质的流速和流量

坯体的水分外扩散速度除了受干燥介质的湿度和温度的影响外，在很大程度上取决于干燥介质的流速与流量。在干燥的开始阶段，为了控制干燥速度，不仅要低温高湿，而且应该控制热风的流速和流量，否则也会造成坯体开裂。有些产品不宜在介质温度太高的场合下干燥，而可以采用加大介质的流速和流量来提高干燥的速度，但应注意，当加大介质的流速和流量时必须使坯体均匀干燥。但干燥介质的流速与流量也不能过高，否则动力消耗太大，对设备的要求也较高。

5.3　干燥方法

根据获取使坯体水分蒸发所需热能的形式不同，干燥方法可分为自然干燥和人工干燥两大类。

自然干燥是最常用、最简单的干燥方法，是以空气作为干燥介质，由于空气密度不同而形成对流，进行干燥。但是干燥速度慢，干燥时间长，不利于大规模生产。同时受季节气候影响较大，难以控制，在冬季或遇长期阴雨时，生产即受到影响。此外，占用场地大，劳动强度高，现已逐渐被淘汰。

5.3.1　热空气干燥

热空气干燥是采用强制通风手段，利用具有一定流速的热空气吹向干燥坯体的表面，使其得到干燥的方法。常用的热空气干燥设备有室式干燥器、隧道式干燥器、链式干燥器等。

（1）室式干燥器　把湿坯放在设有坯架和加热设备的室中进行干燥的方法称为室式干燥（图5.2）。其特点是干燥缓和，间歇性操作，对于不同类型坯体可以灵活地采用不同的干燥制度进行干燥。其设备简陋、造价低廉，但热效率低、周期长、干燥质量不易控制、人工运输所造成的破损率较高。一般采用地坑、暖气或热风加热干燥介质——空气。

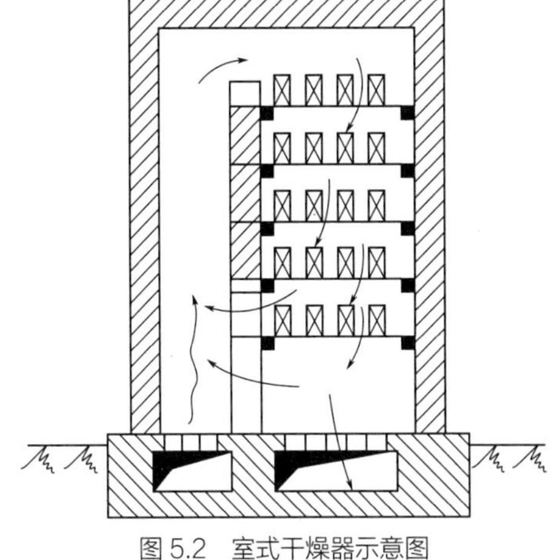
图5.2　室式干燥器示意图

室式干燥器的优点是设备简单，投资少，建造容易，能够灵活调节温度和相对湿度。缺点是产量低，热耗大，干燥不均匀，劳动强度大，劳动条件差，难以控制，且不能连续作业。

（2）隧道式干燥器　隧道式干燥器是一种实现逆流干燥的连续式干燥器（图5.3）。隧道内设有轨道，待干燥的坯体按照一定的装码方式放在彼此相连的干燥车上，自隧道的一端由推车机构按照一定的干燥制度，定期推入干燥器内，干燥好的坯体由另一端推出。为了不重复推车操作，减少坯体的破损和工人的劳动强度，可直接用隧道窑的窑车作为干燥车，这种干燥车的截面积应与相应的隧道窑的相等。坯体干燥后，直接进入隧道窑烧成。

隧道式干燥器的优点是生产连续化，周期短，产量大，热利用率高。缺点是干燥制度不易改变，灵活性差，且造价高。

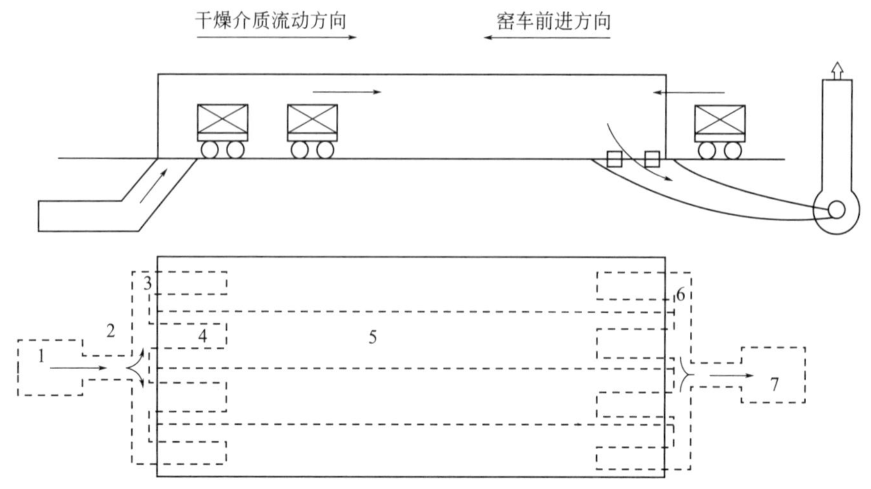

图 5.3　隧道式干燥器示意图

1—鼓风机；2—总进热风道；3—连通进热风道；4—支进热风道；5—干燥隧道；6—废气排除通道；7—排风机

（3）链式干燥器　链式干燥器是在干燥室内由悬挂输送机运送坯体的一种设备。根据链条的走向不同有立式、卧式和综合式三种。立式干燥器能充分利用室内空间进行干燥，故占地面积小，电机负荷较小，但需要链轮多，且维修不便。卧式干燥器均匀性较好，强化干燥时风管易安置，但需设置角钢或槽钢导轨，以防链带下垂。链式干燥器能够实现成型、干燥和烧成流水化作业，减轻劳动强度，提高生产效率。

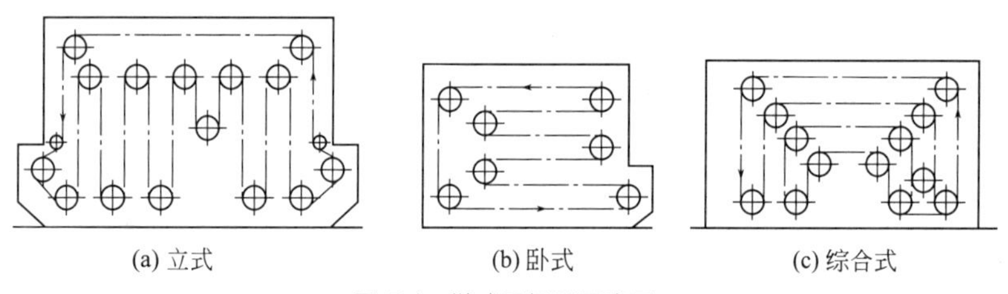

(a) 立式　(b) 卧式　(c) 综合式

图 5.4　链式干燥器示意图

5.3.2　工频电干燥

将工频交变电流直接通过被干燥坯体内部进行内热式的干燥方法称为工频电干燥。由于是整个坯体厚度方向同时加热，热扩散和湿扩散方向一致，干燥速度较快。坯体内部含水率高的部位电阻小，通过电流大，产生的热量也多；含水率低的部位电阻大，通过电流小，产生的热量也少，在含水量不同递减情况下最终趋于均匀，适用于含水率高的厚壁大件制品的干燥。如电瓷工业中的大型泥段的干燥。从图 5.5 中可以看出，当干燥后期坯体含水率低于 5% 时，则电能消耗剧烈增加。

工频电干燥通常以 0.02mm 厚的锡箔或 40 ～ 80 目的铜丝布或直径小于 2.5mm 的铜丝作为电极，也可用石墨泥浆涂在湿坯体两端，然后通以电流。在干燥过程中，由于坯体水分不断减少，坯体的导电性逐渐降低，电阻逐渐增加，使通过的电流减少，即放出的热量减少，因此，必须随着干燥过程的进行逐渐增加电压，使通过的电流量基本不变，干燥得以继续进行。一般干燥初期电压 30 ～ 40V 即可，到干燥后期则可增至 220V 甚至 500V。根据生坯电性能变化，可用程序控制和多件生坯干燥的集中控制，使干燥质量更高，操作更方便，且能节约电量。大型电瓷生坯一般 10 ～ 15 天阴干，改用工频电干燥仅用 4h。

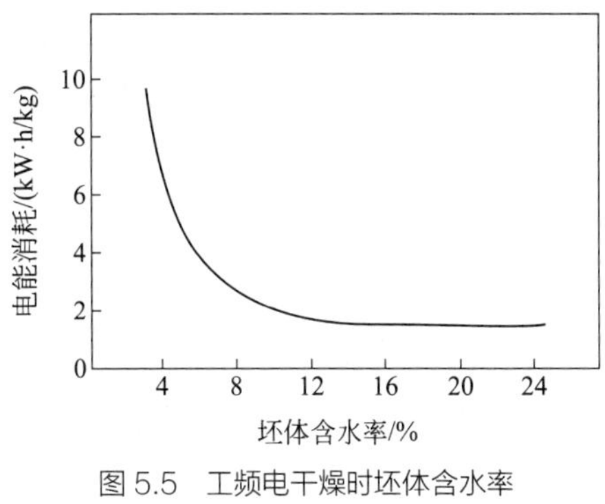

图 5.5 工频电干燥时坯体含水率与电能消耗的关系

工频电干燥的优点是速度快，干燥均匀，耗能少。缺点是不够安全。

5.3.3 微波干燥

微波是介于高频与远红外线之间的电磁波，波长为 0.001 ～ 1m，频率为 300 ～ 300000MHz。

微波干燥法是以微波辐射使生坯内极性强的分子主要是水分子的运动随着交变电场的变化而加剧，发生摩擦而转化为热能使生坯干燥的方法。单位体积生坯在干燥过程中需要的功率 P（W/m^3）可表示为：

$$P = KfE^2\varepsilon\tan\delta \tag{5.3}$$

式中 K——常数，5.562×10^{15}；

f——频率，Hz；

E——电场强度，V/m；

ε——生坯相对于真空的介电常数；

δ——介电损耗角。

由上式可知，微波干燥时，坯体单位时间、单位体积内所产生的热量与频率、电场强度及坯体的介电损耗有关。对于一定坯体的干燥，欲增加其单位时间、单位体积内吸收的能量，一是增大电场强度，二是提高频率。而电场强度的增加受到击穿场强的限制，因此，只有提高频率来增加吸收的热量。微波加热的频率比高频加热高二十多倍，所以其效果比高频干燥好得多。干燥过程中，若物体表面吸收消耗的热量大，则物体内部产生的热量就小，因此要求微波能穿透至物体内部。微波对物体的穿透深度可用半功率深度 D（入射功率衰减 1/2 的距离，cm）来表示：

$$D = \frac{9.56\times10^7}{f\sqrt{\varepsilon}\tan\delta} \tag{5.4}$$

式中 D——微波对物体的穿透深度，cm；

f——频率，Hz；

ε——生坯相对于真空的介电常数；

δ——介电损耗角。

从上式可知，频率越小，微波电能的穿透深度越大。综合以上情况，为了提高微波干燥的热效率，应该采用高频率；为了使坯体能均匀加热至内部，应当采用低频率。也就是说，对于薄壁小件的陶瓷坯体应当用 2450MHz 的频率，而对于厚壁大件的坯体则应用 915MHz 的频率。

微波干燥具有一系列的优点，其主要的特点如下。

（1）均匀快速　由于微波具有较大的穿透能力，它几乎能使一般的陶瓷坯体内外立即加热。因此，不管坯体的形状如何复杂，加热也是均匀快速的。干燥时由于表面水分的蒸发，坯体表面的温度易降低，坯体的热、湿扩散方向一致，使干燥速度大为提高。一般的日用瓷坯体仅需几分钟甚至几秒钟就能干燥完毕。

（2）具有选择性　微波干燥与物质的性质有关。只有介电损耗高的物质（如潮湿的陶瓷坯体）才会吸收大量的微波能，从而被加热。而介电损耗小的物质（如金属与橡胶等）会反射或传递微波能，却很少吸收，因而不会受热。此外，由于水的介电损耗及介电常数较大，所以潮湿的陶瓷坯体受到微波辐射时，水分很快蒸发，而坯体本身并不致过热。

（3）热效率高，干燥时间短　由于热量直接来自生坯内部，热量在周围大气中的损失极少，热效率可高达 80%。同时其加热很快，电源一切断，马上停止加热，反应灵敏，因此非常适用于快速干燥或间歇式干燥。原轻工业部陶瓷研究所曾用 2450MHz 的微波干燥上釉后的碗类坯体，当引入 36℃左右的热风、微波功率为 4kW 时，经过 4min 即可使坯体水分由 10.6% 降低到 1.61%。

（4）干燥设备体小、轻巧，便于自控　可以考虑与成型设备共同配合组成成型干燥机组。图 5.6 是生产实际中的微波干燥器结构示意图。生坯由运输带送至微波干燥器中，微波源安置在主壳体的顶部，主壳体由液压控制可上下移动，主壳体内有一块非常薄的隔板，是由介电常数和介电损耗都非常小的材料制成的。隔板将主壳体内分成上、下两个空腔，干燥器是间歇式运动的，所有动作由控制箱控制。微波源停止工作后，空腔此时上升，配有适当通风设备以清除聚积在下空腔周围的饱和水蒸气和凝结在器壁上的水分，然后运输带启动，将生坯送入空腔下部，空腔随即下降，微波源自动开启，以后的一系列的动作如上述重复进行。

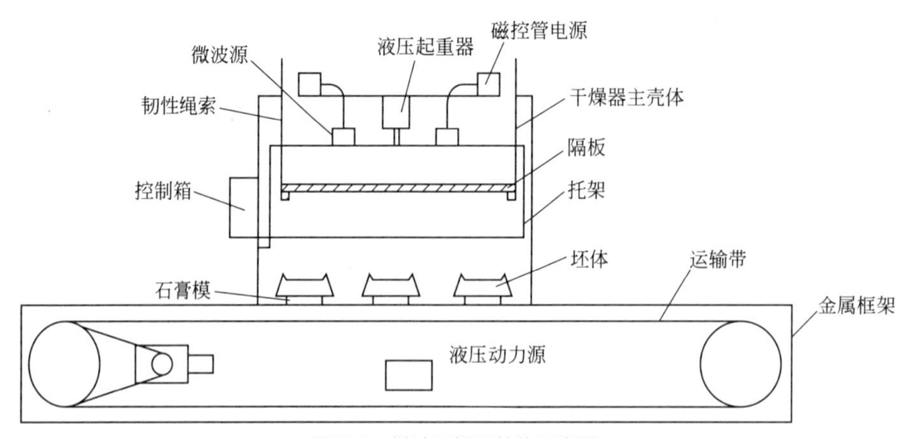

图 5.6　微波干燥器结构示意图

此外，微波辐射对人体有害，利用微波易被金属反射的特性，可采用金属板防护屏蔽，避免微波对人体的伤害和对周围电子设备的干扰。和其他干燥方法相比，微波干燥设备费用高、耗电量大。

5.3.4 远红外干燥

红外线是一种介于可见光和微波之间的电磁波，其波长范围为 0.75 ～ 1000μm。通常又把红外线按照它的波长与可见光的距离再分为近红外线与远红外线。即波长 0.75 ～ 2.5μm 的称为近红外线，2.5 ～ 1000μm 的称为远红外线。而远红外辐射的实际应用区域为 2.5 ～ 15μm。

水是红外敏感物质，在红外线的作用下，极性水分子的偶极矩反复改变，其吸收的能量与偶极矩变化的平方成正比。当入射的红外线的频率与含水物质的固有振动频率一致时，就会大量吸收红外线，从而改变和加剧其分子的振动与转动，使物体温度升高。物体吸收红外线的程度与物体的种类、性质、表面状况及红外线波长有关。从图 5.7 中水分的红外吸收光谱可以看出，水分在远红外区域有很宽的吸收带，因此远红外干燥效果要比近红外干燥好得多。

远红外干燥法是利用远红外辐射器发出的远红外线为坯体所吸收，直接转变为热能而使生坯干燥的方法。每一个辐射器都由三部分构成：基体、基体表面能辐射远红外线的涂层、热源及保温装置。由热源发出的热量通过基体传递到涂层上，在涂层的表面辐射出远红外线。

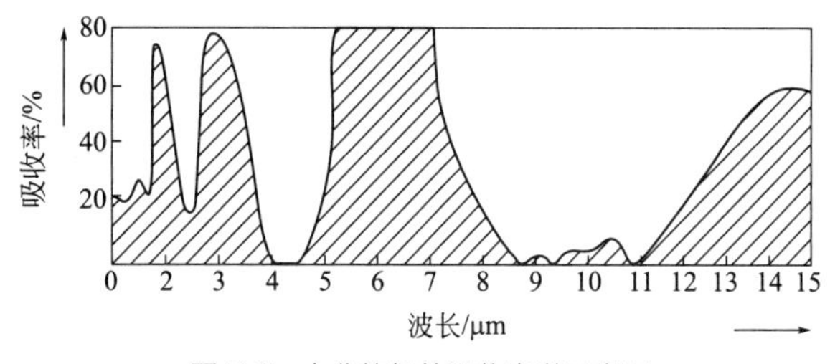

图 5.7 水分的红外吸收光谱示意图

远红外干燥有如下特点。

（1）干燥速度快，生产率高。从图 5.7 中可以看出，陶瓷坯、釉料在远红外实际应用区域（2.5 ～ 15μm）均有较宽的吸收带，特别是在 8 ～ 12μm 区域，吸收率很高，故干燥速度很快。采用远红外干燥时，辐射与干燥几乎同时开始，无明显的预热阶段，因此效率很高。远红外干燥生坯的时间比近红外干燥缩短一半，为热风干燥的 1/10。例如，原用 80℃热能干燥要 2h 的生坯，改用远红外干燥，生坯温度约 80℃，仅需 10min。25.4cm 平盘用蒸汽干燥时要 2.5 ～ 3h 后才能脱模，改用远红外干燥，1h 后即可脱模。

（2）节约能源消耗。由于远红外干燥速度快，虽然单位时间的能耗较大，但在单位时间内干燥的合格坯体数量比一般干燥法多得多，因此采用远红外干燥相对来说可节约能源消耗。如采用电力为热源的远红外干燥的耗电仅为近红外干燥的 1/2 左右，为蒸汽干燥的 1/3 左右。

（3）设备小巧，造价低，占地面积小，建设费用低。

（4）干燥质量好。由于远红外线具有一定的穿透能力，生坯表面和内部的分子能同时吸收远红外辐射，热、湿扩散方向一致，因而加热均匀，不易产生干燥缺陷。

由于远红外干燥有上述特点，在我国的普通陶瓷与特种陶瓷工业中，远红外干燥已经获得了成功的应用，特别是与定位吹热风排湿干燥或其他干燥方法配合使用进行快速干燥生坯，效果更为显著。

5.3.5 综合干燥

综上所述，各种干燥方法各具特点，如将其联合使用，综合各干燥方法的优点，则使干燥工艺过程趋向合理、经济、高效化。例如对大型注浆坯体进行干燥，首先采用辐射干燥迅速提高水分温度，加快内扩散速度，然后采用热干燥加速外扩散，进行循环交替直至达到临界水分点，最后改为全部用热风干燥。图 5.8 为英国卡斯帕特有限公司研制的 Drimax 的带式快速干燥器，生坯用带式输送、红外与热风交替干燥。器皿类生坯干燥约需 10min。可与产率为 14 件 /min 的自动成型机配套使用，仅需 70 ～ 80 套石膏模型，模型使用寿命长，能量消耗低，设备紧凑，便于自动化操作。每个红外辐射器功率为 0.1MW，使用气体燃料，热风采用再循环方式，温度控制在 88 ～ 100℃，热风喷出速度为 5 ～ 10m/s。

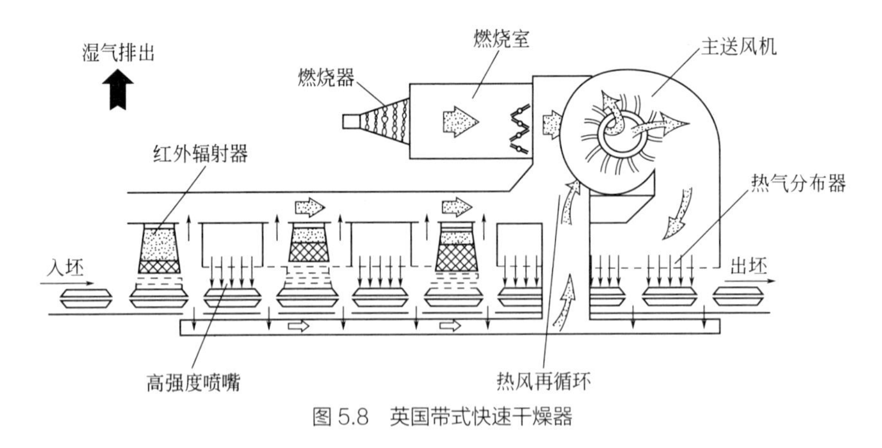

图 5.8 英国带式快速干燥器

5.4 坯体的排塑

5.4.1 排塑的作用

先进陶瓷原料大多采用瘠性原料，所以在成型时需要加入塑化剂或黏结剂，如聚乙烯醇、石蜡等。这些有机黏结剂在烧成过程中熔化、分解、挥发，会导致坯体的变形，气孔率增大，机械强度下降。如果氧化气氛不足，易使陶瓷制品中残留碳，同时生成的CO会污染制品表面，从而影响烧结质量和降低制品性能。因此，为了保证制品质量，需排除黏结剂的工艺称为排塑（胶）。其作用如下。

（1）排除坯体中的黏结剂，为下一步烧成创造条件。

（2）使坯体获得一定的机械强度。

（3）避免黏合剂在烧成时的还原作用。

5.4.2 影响排塑过程的因素

（1）升温速度和保温时间　在排塑过程中，首先是附着在坯体中的水分挥发，水分的挥发完毕温度随着坯体尺寸增大而提高，因此必须严格控制升温速度，并且在100℃左右需要保温一段时间，让水分充分挥发，避免坯体变形和开裂。同时在黏结剂挥发温度范围内，也要保持适当升温速度，若升温速度过快，将会造成坯体出现麻坑和气孔。

（2）坯体的外形尺寸、壁厚、表面积　坯体的尺寸越小，壁厚越小，表面积与体积之比越大，则排塑越容易，即可较快地升温。但是对于尺寸不规则的坯体，则需要保持适当的升温速度，保证各部位的收缩缓慢均匀，避免坯体变形和开裂。

（3）黏结剂的成分和数量　不同的黏结剂具有不同的熔点、沸点和黏度，与瓷粉的吸附和结合能力也并不相同，其排塑过程的难易程度也不同。黏结剂的排除速度随坯料中所含黏结剂的数量增加而减小。

（4）瓷料的组成和性质　瓷料和黏结剂的吸附性能越好，则排塑过程越困难且缓慢。

5.4.3 排塑制度的确定

排塑制度是黏结剂完全排除的工艺参数总和，包括温度制度、气氛制度。温度制度的确定要根据黏结剂的种类和数量、制品的大小及形状、坯料系统的性质等综合制定。有机黏结剂的分解需在氧化气氛下进行。

5.5 修坯

修坯有湿修与干修之分。即坯体成型后经干燥脱模略干，即可进行湿修。同时进行加工和粘接。一般碗、壶、杯等需进行加工的制品，多采用湿修，其水分视需加工的程度而定。需可塑加工（如打孔）和粘接的坯体，其湿修的水分可略高，可为16%～19%，有的湿修，因考虑到若水分太高易变形的特点，可把湿修水分稍降低再进行修坯。湿修可用刮刀、泡沫塑件等刮平修光。对于扁平制品，由于无须进行很多加工，只要修光修平即可，就可以在干燥之后进行干修，干修是在坯体水分较少的情况下进行的。此时坯体的强度提高了，可减少因搬动受伤而引起的变形，对提高品质有利。其缺点是粉尘较大，而且对修坯刀的阻力较大，容易跳刀，修坯刀的磨损也较大，操作技术较难掌握。干修时因坯体含水率低，可用泡沫塑料和抹布等蘸水进行修坯，也可用小刀和筛网等直接干修。

粘接是制造壶、杯及有些小口花瓶、坛子等不能一体成型的坯体所必不可少的工序，粘接是将各自成型好的部件用粘接泥浆粘在一起，粘接时，必须掌握各部件的水分大体一致，并有适当的强度而不易变形，否则在干燥和烧成过程中由于收缩不一致而在粘接处产生较大的应力，使部件脱落。粘接时还要注意位置正确，粘后表面光滑等。粘接时所用泥浆和软泥可以用同坯料泥浆或塑性泥，但应比坯料软些，而比釉料硬些，含水率应比泥浆低些，以增加泥浆的黏性。

思考题

5-1 成型后的坯体为什么要进行干燥？

5-2 陶瓷湿坯中存在哪几种形式的水？干燥时除去哪种类型的水？

5-3 坯体在干燥过程中要经历哪几个阶段？坯体如何变化？

5-4 影响干燥速度的因素是什么？

5-5 陶瓷坯体有哪几种干燥方法及设备？简述其原理。

5-6 微波干燥的原理是什么？有哪些优点？

5-7 为什么陶瓷坯体适合红外辐射干燥？

5-8 坯体干燥过程中缺陷产生的原因是什么？如何防止？

5-9 试述热压铸坯体排蜡工艺过程及要点。

5-10 综述注凝成型干燥方法。

5-11 试述注射成型排塑工艺过程及要点。

5-12 简述修坯的工艺要点。

6 烧成

为了获得所要求的使用性能，对成型后经干燥的陶瓷坯体进行高温处理的工艺过程称为烧成。坯体在烧成过程中发生一系列的物理化学变化，这些变化包括膨胀、收缩、气体产生、液相生成、旧物相消失、新物相生成等。烧成是陶瓷制造工艺中最重要的工序之一。陶瓷烧成所需时间占整个生产周期的1/4～1/3，所需费用占产品成本的40%左右。因此，正确地设计与选择窑炉，科学地制定和执行烧成制度，并严格地执行装烧操作规程，是提高产品质量和降低燃料消耗的必要保证。

如果陶瓷在烧成阶段侧重考虑高温下粉料填充孔隙的过程，烧成又称为烧结。其具体定义是指多孔状陶瓷坯体在高温条件下，粉体颗粒表面积减小、孔隙率降低、力学性能提高的致密化过程。通常用烧结收缩、强度、表观密度、气孔率等物理指标来衡量陶瓷烧结质量的好坏。烧结过程可以通过控制晶界移动而抑制晶粒的异常生长或通过控制表面扩散、晶界扩散和晶格扩散而填充气孔，用改变显微结构方法使材料性能改善。因此，当原料粒度及配方一定时，在原料混合、坯体加工、成型再到干燥等工序完成以后，烧结成为使材料获得预期结构和性能的关键工序，即烧结过程控制晶粒的生长。

6.1 固相烧结和液相烧结

6.1.1 烧结类型

陶瓷的烧结工艺种类繁多，从物相的变化来看，一种是粉末完全在固相情况下达到致密化的烧结过程称为固相烧结，而在烧结过程中有液相生成参与反应的称为液相烧结。其烧结过程示意相图如图6.1所示。

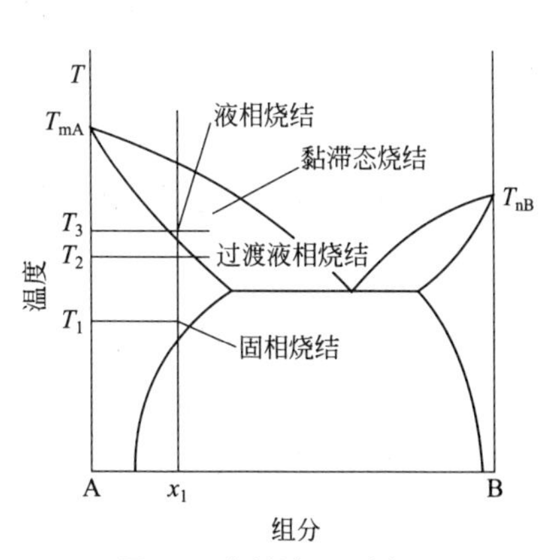

图6.1　烧结过程示意相图

固相烧结可分为单元系固相烧结和多元系固相烧结。固相烧结是指完全没有液相生成而进行的致密化，这种完全固相扩散难以获得致密化程度很高的产品。而液相烧结是在烧结过程中引入某些添加剂，形成玻璃相和其他液相，由于粒子在液相中重排和黏性流动的进行，从而可获得致密产品，并可降低烧结温度。液相烧结不仅仅可以降低烧结温度，提高烧结坯体密度，而且有时玻璃相本身就是陶瓷材料的重要组成部分。

除此之外，还有其他类型的烧结过程，如烧结坯体中的液相含量比较高的烧结过程为黏滞态烧结。在共晶温度与固相线之间的温度区间内的 T_2 温度下发生的烧结为过渡液相烧结。固态晶粒在黏滞液相流动的带动下，完成致密化过程，固态晶粒形状并不发生改变。过渡液相烧结混合了固相烧结和液相烧结过程。在烧结的初始阶段有液相形成，随着烧结致密化过程的进行，烧结的温度高于共晶温度，在烧结过程中，A 与 B 粉体间发生反应，从而形成液相，然而，烧结温度下的平衡相组成为固相，因此，在烧结完成后，烧结过程中形成的液相消失了。

相比较而言，液相烧结比固相烧结更容易控制样品的显微结构，降低烧结温度，促进陶瓷样品的致密化，但是由于玻璃相的存在也会降低陶瓷样品的力学性能。相对来说，一些主要利用晶界性能的产品，例如 ZnO 变阻器和 $SrTiO_3$ 边界层电容器等，比较适合利用液相烧结。图 6.2 是典型的两种分别利用固相烧结和液相烧结制备出的样品的显微结构。

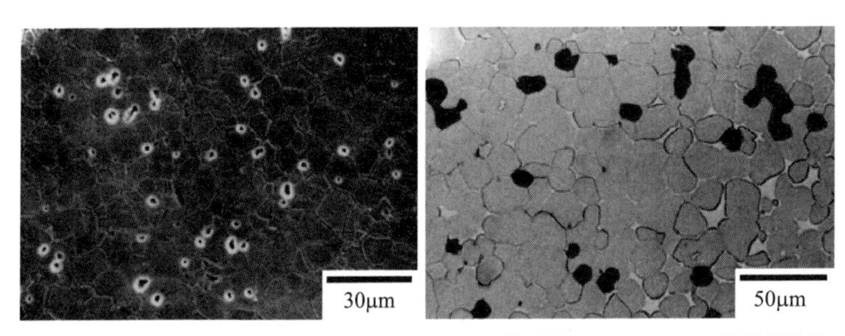

(a) 固相烧结样品Al_2O_3　　(b) 液相烧结样品98W-1Ni-1F2的显微结构

图 6.2　固相烧结和液相烧结制备出的样品的显微结构

6.1.2　烧结驱动力

从热力学观点来看，烧结是系统总能量减少的过程。粉料的比表面积为 1 ～ $10m^2/g$，粉料表面自由焓很高。同时，粉料在制备过程中，粉碎、球磨等将机械能或其他能量以表面能的形式储存在粉体中，造成粉料表面的许多晶格缺陷，使粉体具有较高的活性。粉料与烧结体相比处于能量不稳定状态，而高能量状态有向低能量发展的趋势，这就是烧结过程的驱动力，也就是总界面能的减小，其公式表示如下：

$$\Delta(\gamma A)=\Delta\gamma A+\gamma\Delta A \tag{6.1}$$

式中，γ 为界面能；A 为总比表面积。对于固相烧结而言，界面能的减小是由于固 - 固界面取代固 - 气界面，总比表面积的减小是由于晶粒的长大。其界面能的变化如图 6.3 所示，在烧结过程中，由致密化过程和晶粒长大共同作用，使得总界面能降低，样品最终达到烧结。

但烧结一般不能自动进行，因为陶瓷粉体的表面能约为数百至上千焦耳每摩尔（低于

4180J/mol）。与化学反应过程中能量变化可达几万至十几万焦耳每摩尔相比，陶瓷粉体的表面能作为烧结推动力是很小的，所以它本身具有的能量难以克服能垒，必须对粉体加温，补充能量，才能使之转变为烧结体。

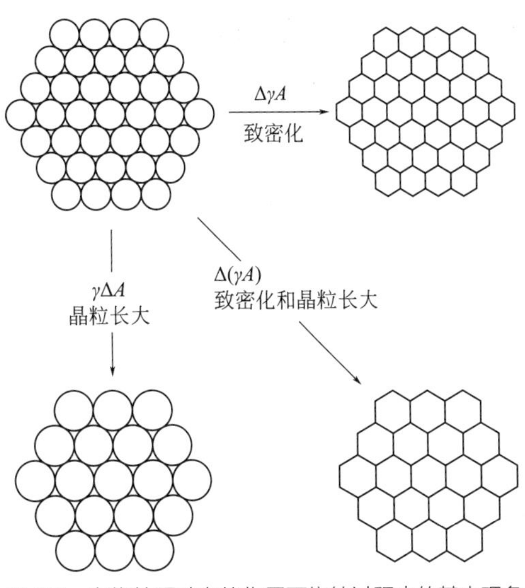

图 6.3 在烧结驱动力的作用下烧结过程中的基本现象

6.1.3 固相烧结机理

固相烧结一般可分为三个阶段：初始阶段，主要表现为晶粒形状改变；中间阶段，主要表现为气孔形状改变；最终阶段，主要表现为气孔尺寸减小。烧结过程中晶粒的排列过程如图 6.4 所示。在初始阶段，晶粒形状改变，相互之间形成了颈部连接，气孔由原来的柱状贯通状态逐渐过渡为连续贯通状态，其作用能够将坯体的致密度提高 1% ～ 3%。在中间阶段，所有晶粒都与最近邻晶粒接触，通过晶格或晶界扩散，把晶粒间的物质迁移至颈表面，产生样品收缩，气孔由连续通道变为孤立状态，当气孔通道变窄，无法稳定而分解为封闭气孔时，这一阶段将结束，这时，烧结样品一般可以达到 93% 左右的相对理论致密度。在最终阶段，从气孔孤立到致密化完成，在此阶段，气孔封闭，主要处于晶粒交界处。在晶粒生长的过程中，气孔不断缩小，如果气孔中含有不溶于固相的气体，那么收缩时，内部气体压力将升高，并最终使收缩停止，形成封闭气孔。

固相烧结初始阶段机理基于双球模型，假设烧结粉体的形貌为规则球形的话，那么整个粉末坯体可以看成两个颗粒之间的烧结。随烧结的进行，球体的接触点开始形成颈部并逐渐扩大，烧结成一个整体。两个颗粒形成颈的生长速率就基本代表了整个烧结初期的动力学关系。在所有系统中，表面能作为驱动力是相同的，烧结时传质机理不同，颈部增长方式不同，造成了不同的结果。

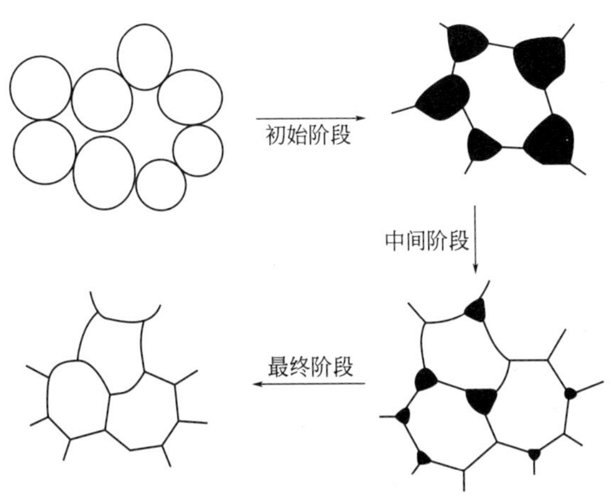

图 6.4 不同烧结阶段晶粒排列过程

6.1.3.1 蒸发 - 凝聚传质

两个相互接触的球体在烧结初期，由于球体表面具有正曲率，所以比同种物质的平面上蒸气压高。此外，由于球体之间颈部的表面具有较小的负曲率，所以蒸气压低。在一个粉末成型体内，这种具有高蒸气压的球体表面和具有低蒸气压的颈部表面相互连接而存在时，物质经由颗粒表面蒸发，通过气相扩散而在蒸气压低的颈部表面凝聚，使颈部长大，这就是蒸发 - 凝聚传质机理。其传质机理示意图如图 6.5 所示。

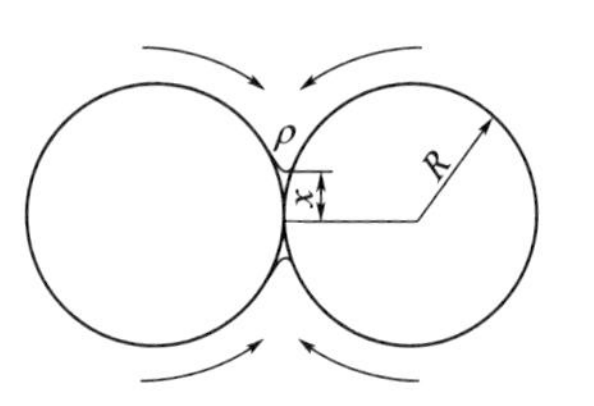

图 6.5 蒸发 - 凝聚传质机理示意图
（ρ 为曲率半径；x 为接触面半径；R 为球体半径）

根据恒温膨胀公式：

$$V\Delta P = RT\ln\frac{p}{p_0} \tag{6.2}$$

$$\ln\frac{p}{p_0} = \frac{V\gamma}{RT}\left(\frac{1}{R_1}+\frac{1}{R_2}\right) = \frac{M\gamma}{dRT}\left(\frac{1}{R_1}+\frac{1}{R_2}\right) \tag{6.3}$$

式中，R 是气体常数；T 是温度；M 是分子量；d 是密度；γ 是表面张力；p 和 p_0 分别是颗粒不同曲面上的蒸气压；R_1 和 R_2 分别是颗粒不同曲面的半径。

在两个球体接触的模型中，因颈部的曲率半径为 ρ，接触面半径为 x，则上式变为：

$$\ln\frac{p}{p_0} = \frac{M\gamma}{dRT}\left(\frac{1}{\rho}+\frac{1}{x}\right) \tag{6.4}$$

由于烧结初期，ρ 比 x 小得多，因此 $1/x$ 可以忽略不计，因此上式变为：

$$\Delta P = \frac{M\gamma p_0}{dRT}\times\frac{1}{\rho} \tag{6.5}$$

如果这种蒸气压差引起的物质在颈部表面上的传递速度等于该部分体积的增加量，则可计算出颈部的生长速率。即：

$$\frac{x}{r} = \left(\frac{3\sqrt{\pi}\,\gamma M^{\frac{3}{2}}P_0}{\sqrt{2}\,R^{\frac{3}{2}}T^{\frac{3}{2}}d^2}\right)^{\frac{1}{3}} r^{\frac{-2}{3}} t^{\frac{1}{3}} \tag{6.6}$$

由上式可知，由于 x/r 与 $1/t^3$ 的关系，颈部增大只在开始时比较显著，随后很快降低。因此这种情况下延长烧结时间，并不能达到促进烧结的效果。蒸发 - 凝聚传质的特点是烧结时颈部区域扩大，球的形状改变为椭圆，气孔形状改变，但球与球的中心距离不变，这种传质过程坯体基本不发生收缩。即：

$$\frac{\Delta l}{l_0} = 0 \tag{6.7}$$

蒸发 - 凝聚传质的特点如下。

（1）坯体不发生收缩。烧结时颈部区域扩大，球的形状改变为椭圆，气孔形状改变，但球与球之间的中心距离不变。

（2）坯体密度不变。气孔形状的变化对坯体一些宏观性质有可观的影响，但不影响坯体密度。

（3）物质需加热到可以产生足够蒸气压的温度。

所以，在蒸发－凝聚传质过程中，用延长烧结时间的方法不能达到促进烧结的效果。起始粒度和蒸气压对颈部生长速率有重要的影响，粉末越细，烧结速率越大，提高温度有利于提高蒸气压，对烧结有利。实际上这种传质方式在一般陶瓷材料的烧结中并不多见。

6.1.3.2 扩散传质

陶瓷材料在高温烧结时会出现热缺陷，这种缺陷随温度的升高呈指数增加，这些缺位或空位可以在晶格内部或沿着晶界移动。一般烧结过程中的物质迁移均是靠扩散传质来实现的。

在陶瓷颗粒的各个部位，缺陷浓度有一定差异，颗粒表面或晶粒界面上的原子或离子排列不规则，活性较强，导致表面与晶界上的空位浓度较晶粒内部大。而在颗粒接界的颈部，可以视作空位的发源地。在颈部、晶界、表面和晶粒内部存在一个空位浓度梯度。颗粒越细，表面能越大，空位浓度梯度越大，烧结推动力增加。空位浓度梯度的存在促使结构基元定向迁移。一般结构基元由晶粒内部通过表面与晶界向颈部迁移，而空位则进行反方向迁移。烧结初期结构基元扩散路径如图 6.6 所示。

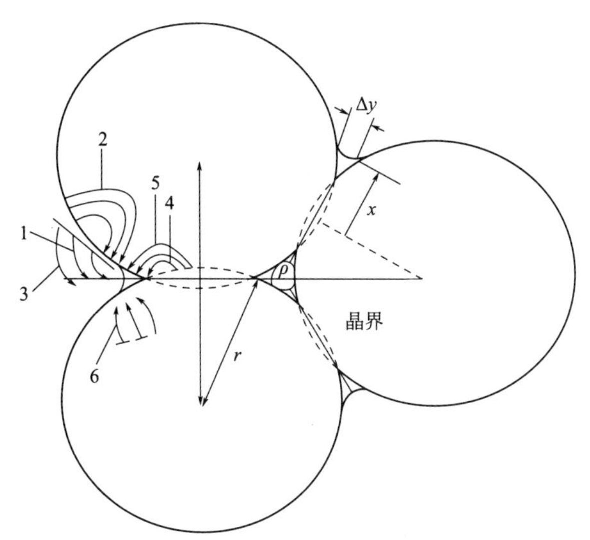

图 6.6 烧结初期结构基元扩散路径

1—表面扩散；2, 5, 6—晶格扩散；3—气相扩散；4—晶界扩散

物质的迁移，除气相转移外，物质还可以从表面、晶界、晶格通过晶界扩散、晶格扩散向颈部迁移（表 6.1）。其中 1 和 3 扩散过程是物质从表面迁移到颈部，这种迁移与蒸发－凝聚过程类似。在物质迁移的同时，颗粒中心间距没有改变，这种传质不引起坯体收缩，其余四种物质迁移过程的推动力仍然是表面张力。由于颗粒表面和颈部曲率半径不同，颗粒表面下压强较大，颗粒界面内压强也较大，而颈部凹面下的压强较小。压强小的部位容易产生晶格空位，压强大处不易产生晶格空位，从而形成一个空位浓度梯度，并产生扩散。显而易见，空位先向凹面下颗粒界面处扩散和向凹面附近的颗粒表面扩散，于是界面与表面处空位比颗粒中心多。接着空位从界面和表面向颗粒中心处扩散，由中心最后逐渐

扩散到颗粒表面释放。而物质的扩散就相当于晶格空位的反向迁移。

表 6.1　烧结初期物质的迁移路线

编号	路线	物质来源	物质沉积
1	表面扩散	表面	颈部
2	晶格扩散	表面	颈部
3	气相扩散	表面	颈部
4	晶界扩散	晶界	颈部
5	晶格扩散	晶界	颈部
6	晶格扩散	位错	颈部

扩散传质过程按烧结温度及扩散进行的程度可分为三个阶段。

（1）烧结初期　由于表面扩散开始的温度远低于体积扩散，表面扩散的作用较显著。表面扩散使颈部填充并促使孔隙表面光滑和气孔球形化，对孔隙的消失和烧结体收缩无明显影响，气孔率大，收缩率约 1%。

（2）烧结中期　颗粒开始黏结，颈部扩大，气孔由不规则形状逐渐变成由三个颗粒包围的圆柱形管道，气孔相互连通。晶界开始移动，晶粒生长。此阶段以晶界和晶格扩散为主，坯体气孔率降低为 5%，收缩率达 80% ～ 90%。由于晶粒长大，晶界移动，孔隙大量消失，密度和强度增加是这个阶段的主要特征。

（3）烧结后期　气孔已完全孤立，晶界相互连接形成网络，气孔位于四个晶粒包围的顶点。气孔排除仅能通过晶界扩散或体积扩散实现，晶粒已明显长大，坯体收缩率达 90% ～ 100%。

6.1.4　液相烧结机理

6.1.4.1　在烧结过程中出现的几种物理效应

液相烧结的前提条件有三点：第一，体系必须有一定的液相含量；第二，液相必须能较好地润湿固相物质；第三，固相物质在液相中必须有明显的溶解度。在烧结过程中可能出现以下几种物理效应。

（1）润滑效应。当液相出现时，液相对粉粒的润滑作用，使粉粒之间的摩擦减小，便于粉粒作相对运动，可使成型时留下的内应力下降。

（2）毛细管压力与粉粒的初次重排。当液相能很好地润湿固相时，粉粒间的大多数孔隙都将能被液相所填充，形成毛细管状液膜。这种液膜的存在，使相邻粉体间产生巨大的毛细管压力。再加上液相的润滑作用，促使成型后的坯体中的粉粒重新排布，可达到更紧密的空间堆积。

（3）毛细管压力与接触处平滑。相邻粉粒的凸出部分或球状粉粒的接触处间隙小，毛细管压力最大，压应力有助于固体在液体中的溶解。

（4）溶入—析出过程。

（5）熟化适应过程。

（6）固态脉络的形成。

6.1.4.2 有液相参加烧结的几个阶段

液相的存在往往会加剧烧结过程。有液相参加的烧结一般有三个阶段：其一，液相的形成、移动和对于瓷坯孔隙的填充，即颗粒重排过程；其二，固体颗粒溶解—沉淀过程的进行以及由此导致的瓷坯的显著致密化；其三，固体颗粒的连接和成长，并往往伴随着固体颗粒内部包裹气孔的形成。

只有在液相量足够填充瓷坯气孔的情况下，烧结的第一阶段才能保证坯体充分致密化。烧结的第二阶段通常是瓷料产生强烈致密化的阶段。实验资料表明，当液相出现后，在形成的液相较少的坯体中，陶瓷颗粒将不再保持球形，而逐渐变成最紧密堆积所要求的形状。

（1）颗粒重排过程　成型后的坯体在温度作用下开始出现液相，液相处于颗粒与颗粒之间，形成毛细管（图 6.7），在毛细管力作用下，颗粒发生相对移动而重新排列，从而得到一个更紧密的堆积，提高了坯体的密度，在这一阶段收缩率依液相数量的多少、黏度的高低而确定，其收缩率相当于总收缩率的 20% ～ 50%，其收缩率与烧结时间的关系为：

$$\frac{\Delta V}{V_0}=3\left(\frac{\Delta L}{L_0}\right)=\frac{9\gamma}{4\eta r}\ t\propto t^{1+x} \tag{6.8}$$

式中，$\Delta L/L_0$ 为线收缩率；$\Delta V/V_0$ 为体积收缩率；r 为颗粒半径；x 为颈部半径；η 为液体黏度；γ 为表面张力；t 为烧结时间；烧结初期，γ 随时间变化不大，所以 x 很小，指数 $1+x\approx 1$。

因为随烧结的进行，被包裹的小气孔尺寸减小，作为烧结推动力的毛细管力增大，故 $1+x$ 应稍大于 1。由上可见，收缩率与时间近似呈直线关系。由于添加物加入所产生的液相量较少，故进一步的致密化需靠溶解—沉淀来进行。

（2）溶解—沉淀过程　在烧结温度下，坯体内的固相在液相中有可溶性，这时烧结传质过程就由部分固相溶解而在另一部分固相上沉积，直至晶粒长大和获得致密的烧结体。大量研究表明，发生溶解—沉淀传质过程引起坯体致密化，必须有以下条件：可观的液相量；固相在液相中可观的溶解度；固相能被液相润湿。

溶解—沉淀传质过程的推动力是细颗粒之间液相的毛细管压力，当液相润湿固相时，每个颗粒之间的空间都组成了一个毛细管。细小颗粒和固体颗粒表面凸起的部分溶解，通过液相转移，并在粗颗粒表面上析出。在颗粒生长和形状改变的同时，使坯体进一步致密化。颗粒之间有液相存在时相互压紧，颗粒之间在压力作用下又提高了固体物质在液相中的溶解度。

在液相表面张力的作用下，固体颗粒相互靠近并趋于接触。在接触点上固体颗粒受到一定的压力，因此接触点附近的晶格发生畸变，从而导致接触部位的溶解度增加。这样就产生了接触部位（如图 6.8 中的 A 部位）和非接触部位（如图 6.8 中的 B 部位）组成的溶解—沉淀过程，从而导致了颗粒之间的配置逐渐趋于最紧密堆积所要求的形状，也就导致了坯体的显著致密化。液相的存在，往往还有使晶粒溶解并产生重结晶的作用。在液相中细小颗粒（缺陷多）较粗大颗粒（缺陷少）具有更大的溶解度。当小颗粒溶解时，由于大颗粒的溶解度低，所以就沉积在大颗粒上。这样随着小颗粒的溶解与消失，大颗粒就长大，也在一定程度上导致了坯体的致密化。烧结的第三阶段是固体颗粒骨架的形成和固体颗粒的成长。在这一阶段，如果颗粒迅速长大，则往往闭口气孔被包裹在颗粒内部而不易被排除。

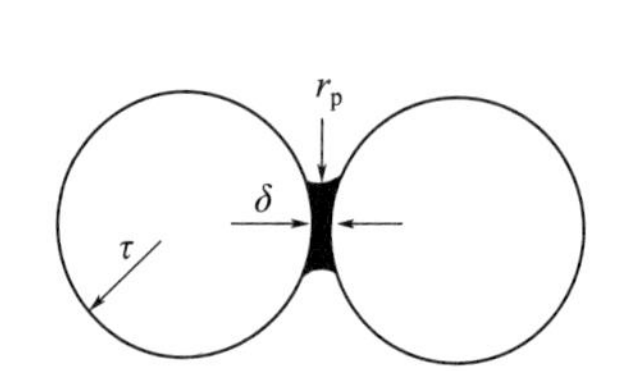

图 6.7 液相存在时固相颗粒的变化特征

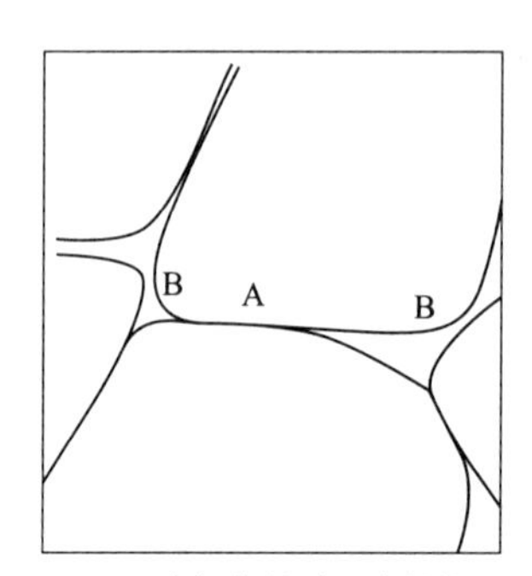

图 6.8 固－液相烧结过程中的物质迁移

由于物质从接触面上转移，以致颗粒中心距离缩短和引起收缩，可用下式计算收缩率：

$$(\Delta L/L)^3 = K\gamma_{LV}\delta D C_0 V_0/RTr^{-4}t \quad (6.9)$$

式中 r——球形颗粒半径；

K——几何常数，约等于 6；

δ——颗粒之间液膜厚度；

D——被溶解物质在液相中的扩散系数；

C_0——固体物质在液相中的溶解度；

γ_{LV}——液体表面张力；

R——气体常数；

T——温度；

V_0——被溶解物质的体积。

影响溶解—沉淀传质过程的因素主要有起始固相颗粒度、压块起始孔隙率、原始粉末特性、液相数量和润湿能力等。其中起始颗粒度是最重要的影响因素。由于毛细管压力正比于毛细管直径的倒数，颗粒度越细，过程开始进行的速度越快，但速度降低得也越快。主要是由于封闭气孔的形成，由于气孔中的气体不能逸出，气压增高抵消了表面能的作用，使烧结过程趋于停顿。

（3）颗粒成长聚集阶段 随着烧结的进行，致密化速率逐渐减慢而进入固相颗粒成长聚集阶段。此时闭气孔通过晶界、晶格扩散而缓慢排除，坯体达到理论密度的 95% 以上，烧结速率明显下降。但颗粒长大、颗粒之间的连接、液相在气孔中的填充、不同曲面间的溶解—沉淀等现象仍在进行。其颗粒成长可按下式计算：

$$r^3 - r_0^3 = k\frac{\sigma_{SL}DC_0M}{\rho^2RT}t \tag{6.10}$$

式中 σ_{SL}——固液相之间的界面能；

M——固体物质分子量；

ρ——固体物质密度；

r_0——起始时颗粒半径；

r——成长后颗粒半径；

D——被溶解物质在液相中的扩散系数；

C_0——固体物质在液相中的溶解度。

最终，由于晶粒生长和气孔的停止收缩，烧结逐渐终止并形成一个刚性骨架。在动力学上表现为随烧结时间的延长，收缩趋于零。

6.1.5 材料参数对烧结的影响

在具体陶瓷产品的烧结过程中，与材料有关的参数对于粉体的致密化和晶粒长大的过程影响比较大。

6.1.5.1 颗粒尺寸

原始粉料中的颗粒尺寸越小，致密化速率越快。假使颗粒具有相同的特征，在一定温度条件下，半径为 r_1 的一列球形颗粒所需要的烧结时间为 t_1，半径为 r_2 的另一列排列相同的球形颗粒烧结时间为 t_2，则满足：

$$t_2 = (r_2/r_1)^n t_1 \tag{6.11}$$

式中，n 的大小与烧结过程中的质量传递机制有关。对于晶格扩散和晶界扩散，n 一般为 3 ～ 4。如果颗粒尺寸从 1μm 减少到 0.01μm，则烧结时间降低 10^6 ～ 10^8 数量级。同时，小颗粒尺寸可以使烧结体的密度提高，降低烧结温度，减少烧结时间。但是，颗粒尺寸的减小也会带来结块和团聚问题；过细的颗粒易吸附大量气体或离子，如 CO_3^{2-}、NO_3^-、Cl^-、OH^- 等。这些吸附物需要在很高的温度下才能除去，妨碍颗粒之间的接触，阻碍了烧结；同时颗粒过细容易产生二次再结晶。

必须根据烧结条件合理地选择粒度，Al_2O_3、MgO、UO_2、BeO 等材料合适的起始烧结粒度为 0.05 ～ 0.5μm。

6.1.5.2 粉体的结块和团聚

结块是指一小部分质量的颗粒通过表面力和 / 或固体桥接作用结合在一起；团聚是指颗粒经过牢固结合和 / 或化学反应形成的巨大颗粒。团聚和结块之间的间隙大于组成颗粒之间的间隙，大的间隙需要更长的烧结时间。另外，各团聚体或结块颗粒内部的致密化将导致收缩，从而使相互之间的间隙进一步加大。结块和团聚现象在粉体制备的几个阶段都有可能出现，如图 6.9 所示。

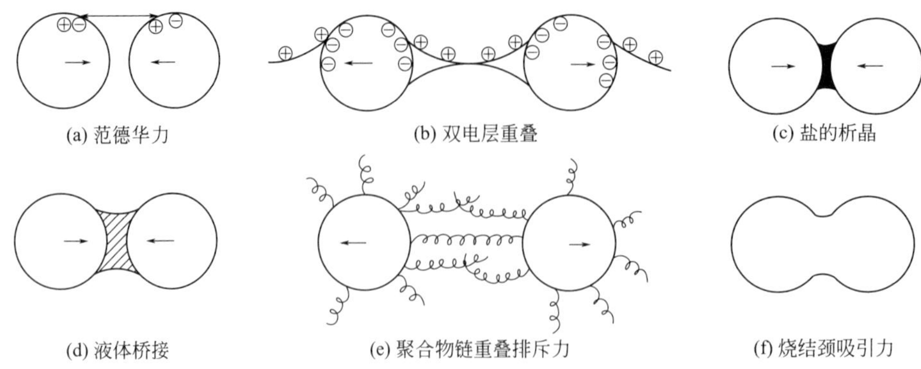

图 6.9 细小颗粒在液体和固体介质中承受吸引力和排斥力形成结块和团聚示意图

（1）球磨过程中 液体介质使得颗粒之间存在着范德华引力，则相互之间结合在一起，形成结块。与之相对应的就是粉体在临近液体介质中也会产生扩散电荷层，两个颗粒扩散层重叠会产生排斥力，可以阻止颗粒的相互靠近。研究发现许多氧化物粉体在水溶液中的分散性能和分散程度受水溶液的 pH 值控制，因此可通过调整 pH 值来改善粉体的结块。也可以用聚合物溶液稳定胶体分散，有机物包裹的颗粒相互靠近时，吸附聚合物的相互重叠将产生排斥能产生排斥力。这种排斥力的产生主要是因为聚合物和溶剂混合引起自由能增加。

（2）干燥过程中 残余水分在颗粒颈部之间产生液体桥接，液体桥接内的毛细管压强在两个颗粒之间产生吸引力，与范德华力大小相当。并且盐的析晶可以产生固相桥接现象。盐桥结合强度取决于桥的强度以及固相颗粒与结晶盐的结合强度。粉体浆料中盐溶液的浓度决定着“盐桥”的平均颈部尺寸大小。通过漂洗（清洗）或化学处理使盐沉淀，可以消除盐桥现象，防止颗粒的结块和团聚。

（3）煅烧过程中 形成的固相桥接主要是由于固相颗粒之间的部分烧结或颈部生长。如果在颗粒制备过程中已经形成了松散的结块体，煅烧过程的热处理将使这些结块体转变成更加坚硬的团聚体。由于烧结颈部的尺寸随着煅烧温度的升高而增大，团聚体的结合强度随着温度的升高而提高。通常通过球磨，利用机械能来破坏这些团聚体。

6.1.5.3 颗粒形状

颗粒的形状对烧结性能有一定的影响。见表 6.2，具有等轴形状的 β-Al_2O_3 粉体比针状颗粒有利于烧结样品致密度的提高。

表 6.2 不同形状的 β-Al_2O_3 粉体形成陶瓷的致密度

形状	致密度 /%
针状（长径比 20：1）	＜ 85
等轴	＞ 97

液相烧结过程中，颗粒形状对致密化速率和液相的体积分数产生的影响更大。润湿球形颗粒之间的毛细管力和不规则形状颗粒之间的毛细管力存在差异。图 6.10 为不同形状颗粒之间的作用力随液相体积含量变化而变化的曲线。在球形颗粒的接触区域引入少量体

积的液相时，毛细管力很大。随着液相量的增加，毛细管力逐渐降低。对于不规则形状的颗粒，接触一般是点接触，毛细管力随着液相体积的增加从零迅速增加。陶瓷粉体的表面能是各向异性的，颗粒形状多呈一定的棱角，烧结需要大量液相（30%）。对于有棱角的颗粒，颗粒之间的作用力存在扭矩和剪切分量，有利于颗粒进行重排。

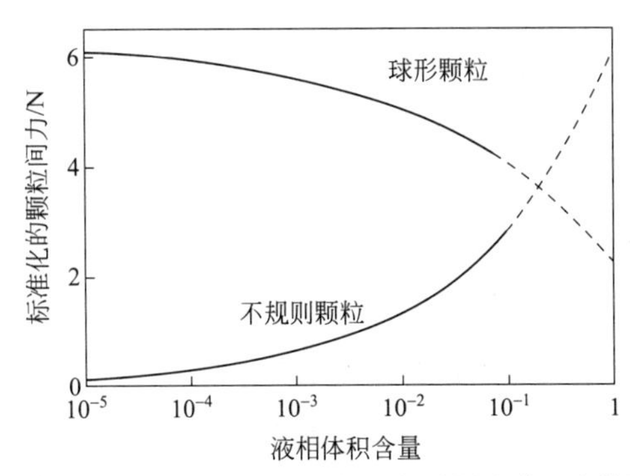

图 6.10 颗粒形状和液相体积含量对颗粒之间作用力的影响

6.1.5.4 颗粒尺寸分布

颗粒尺寸分布对最终烧结样品密度的影响可以通过分析有关的动力学过程来研究，即分析坯体中不同尺寸的颗粒及分布在烧结过程中“排出气孔”和晶粒生长驱动力之间的平衡作用。烧结样品中的晶粒尺寸分布状况类似于起始颗粒尺寸分布。研究结果表明，较小的颗粒尺寸分布范围是获取高烧结密度的必要条件。

6.1.5.5 外加剂

外加剂与烧结相的离子大小、晶格类型及电价数接近时，它们能形成固溶体，使得主晶相晶格畸变，缺陷增加，有利于扩散传质，从而促进致密化。形成有限固溶体比形成连续固溶体更能促进烧结的进行。外加剂与烧结相离子电价、半径相差越大，晶格畸变程度越大，促进烧结的作用也越显著。例如，Al_2O_3 烧结时，加入 3% 的 Cr_2O_3 形成连续固溶体可以在 1860℃烧结，而加入 1% ～ 2% 的 TiO_2 只需在 1600℃左右就能致密化。

外加剂与烧结相形成化合物有利于抑制晶界移动速度，促进致密化。例如，Al_2O_3 陶瓷中加入 MgO 和 MgF_2，在高温下形成镁铝尖晶石包裹在 Al_2O_3 晶粒表面，抑制晶界移动。ZrO_2 陶瓷存在晶型转变，大的体积变化使烧结难以进行，加入 5% 的 CaO，Ca^{2+} 进入晶格置换 Zr^{4+}，因电价不等而生成负离子缺位固溶体，抑制晶型转变，使烧结容易进行。

外加剂与烧结体的某些组分生成液相，液相中扩散传质阻力小，流动传质速度快，降低了烧结温度，提高了致密化程度。例如，95% 氧化铝陶瓷加入 CaO 和 SiO_2，在 CaO ∶ SiO_2 = 1 ∶ 1 时，生成 $CaO-Al_2O_3-SiO_2$ 液相，在 1540℃即可烧结。加入适当外加剂还能扩大烧结范围。锆钛酸铅陶瓷烧结范围只有 20 ～ 40℃，加入适量的 La_2O_3 和 Nb_2O_3，烧结范围扩大到 80℃。其原因是外加剂在晶格内产生空位，有利于致密化的同时拉高了烧结温度的上限。

但是外加剂的加入量必须适量，否则反而会起到阻碍烧结的作用，过多的外加剂会妨碍烧结相颗粒之间的接触，影响传质过程的进行。

6.2 烧成制度的制定

6.2.1 烧成制度与产品性能的关系

坯体在烧成过程中发生一系列的物理化学变化。这些变化包括膨胀、收缩、气体产生、液相生成、旧物相消失、新物相生成等。而在不同的温度、气氛、压力条件下也会产生不同的变化，这些变化决定了瓷器的质量与性能。只有掌握了坯体在烧成过程中的物理化学变化规律，才能正确选择窑炉，制定合理的烧成制度，烧制出高质量的瓷器。

烧成大批量的普通陶瓷一般是在隧道窑、辊道窑或梭式窑等窑炉中进行的。采用的是氧化或还原气氛。特种陶瓷的烧成是在各种电炉（如管式炉、立式炉、箱式炉、电阻炉、感应炉、碳管炉等）中进行的，可用保护气体（如氢气、氖气、氮气等），也可在真空或空气中进行烧成。为了满足陶瓷产品的组成和性能的要求，需要制定相应的烧成制度，包括温度制度、气氛制度、压力制度等。影响产品性能的关键是温度及其与时间的关系，以及烧成时的气氛。压力制度旨在保证窑炉按照要求的温度制度与气氛制度进行烧成。温度制度包括升温速度、烧成温度、保温时间及冷却速度。

6.2.1.1 烧成温度

从理论上说，烧成温度是指陶瓷坯体烧成时获得最优质性能时的相应温度，即烧成时的止火温度。由于坯体性能随温度的变化有一个变化的过程，所以烧成温度实际上是指一个允许的温度范围，习惯上称为烧成范围。坯体技术性能开始达到要求指标时的对应温度为下限温度，坯体的结构和性能指标开始劣化时的温度为上限温度。

在各种工艺参数中，对陶瓷坯体在高温下进行的各种物理化学变化（如脱水、氧化、分解、化合、重结晶、熔融等）来说，温度是最主要的影响因素。

在高温下，固相烧结依靠坯体离子的表面能和晶粒间的界面来推动，因而烧成温度的高低除了与坯料的种类有关外，还与坯料的细度及烧成时间密切相关。对同一种坯体，由于细度不同而有一个对应于最高烧结程度的煅烧温度，此温度即为致密陶瓷体的烧成温度或它的烧结温度。这个温度或温度范围常根据烧成实验时试样的相对密度、气孔率或吸水率的变化曲线来确定。对于多孔制品，因为不要求致密烧结，达到一定的气孔率及强度后即终止热处理，所以烧成温度并非其烧结温度。

烧成温度的高低直接影响晶粒尺寸、液相的组成和数量以及气孔的形貌和数量。它们综合地对陶瓷产品的物化性能有重大影响。对传统配方的陶瓷来说，烧成温度决定着瓷坯的显微结构和相组成。瓷坯的物理化学性质也随着烧成温度的提高而发生变化。若烧成温度低，则坯体密度低，莫来石含量少，其机电、化学性能都差。温度升高会使莫来石含量增多，形成相互交织的网状结构，提高瓷坯强度。在不过烧的情况下，随着烧成温度的升高，瓷坯的体积密度增大，吸水率和显气孔率逐渐减小，釉面的光泽度不断提高。釉面的显微硬度也随着温度的升高而不断增大。但是当温度升高到1290℃以后，随着温度继续升高，釉面硬度略有下降，玻璃相的含量开始增多。因此，传统陶瓷坯体一旦过烧，会由于晶相含量减少和玻璃相增多而降低产品性能，而且在高温下坯体易变形或形成大气泡，从而促使气泡周围形成粗大莫来石，导致性能恶化。

对特种陶瓷而言，适当提高烧成温度（在烧成范围内），会有利于陶瓷的电学性能和透明度。但过高的烧成温度会促使晶粒过大或少数晶粒的二次再结晶，破坏组织结构的均匀性，因而产品的机电性能劣化。图 6.11 中即为 PZT 系统压电陶瓷各项性能和显微结构受烧成温度影响的情况。图中实线和虚线表示同一组成的两批材料的实验结果。

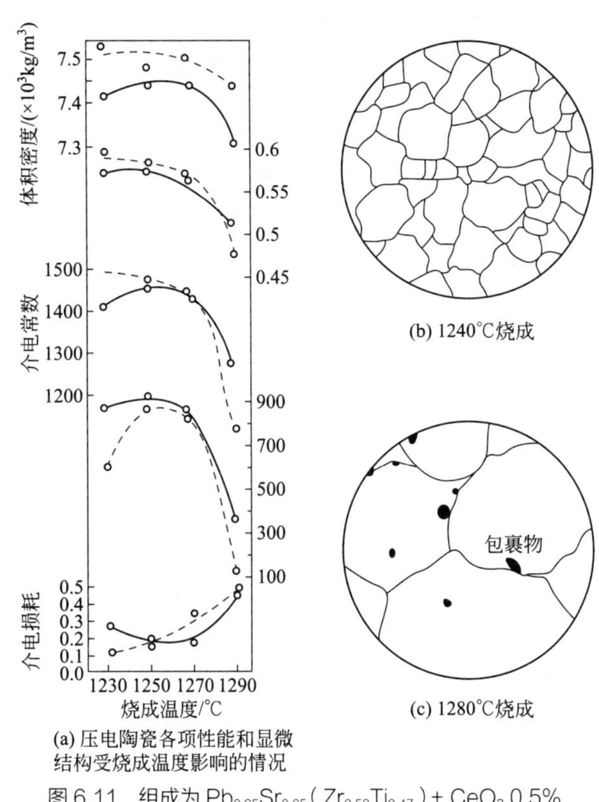

图 6.11 组成为 $Pb_{0.95}Sr_{0.05}(Zr_{0.58}Ti_{0.47})+CeO_2$ 0.5%

6.2.1.2 保温时间

对由高岭土、长石和石英所组成的传统陶瓷，烧成过程中各区域所进行的反应类型和速度都不相同，瓷坯的组织由许多不同类型的晶相和玻璃相微区组成。在止火温度或稍低于此温度的某一特定温度下保持一定时间，一方面使物理化学变化更趋完全，使坯体具有足够的液相量和适当的晶粒尺寸；另一方面使组织结构也趋于均一。但是保温时间过长，部分晶相或小晶粒溶解，不利于在坯中形成致密的细晶骨架，会导致力学性能的降低。精陶类产品由于坯体中方石英晶相的减少，导致膨胀系数变小，还会引起釉裂。图 6.12 为电瓷机电性能与保温时间的关系曲线。

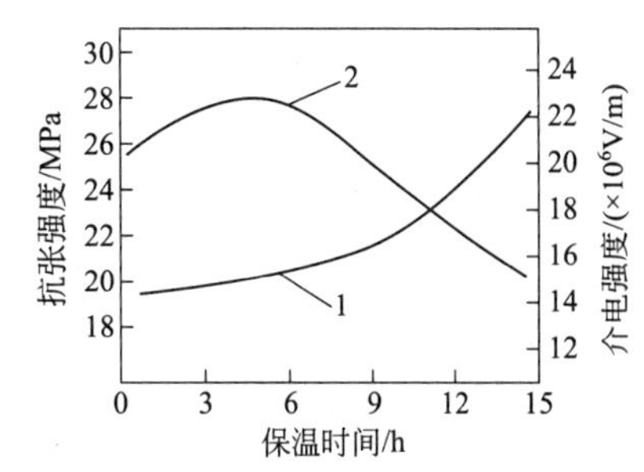

图 6.12 电瓷机电性能与保温时间的关系曲线
1—介电强度；2—抗张强度

保温时间和保温温度对结晶釉类的产品更显得重要。为了控制釉层中析出晶核的速率和数量，这类产品的保温温度比烧成温度低得多。保温时间直接关系到晶体的形成率和晶花的大小、形状。

对特种陶瓷，保温虽然能促进扩散和晶粒长大，但过长的保温时间却使晶粒过分长大或发生二次重结晶，反而起有害作用，故保温时间也要求适中。图 6.13 为不同保温时间下 $ZnNb_2O_6$ 陶瓷的 SEM 图像，可以看出保温时间过长，晶粒明显发生异常长大。

图 6.13　不同保温时间 1150℃烧结 $ZnNb_2O_6$ 陶瓷的 SEM 图像

6.2.1.3　烧成气氛

气氛会影响陶瓷坯体高温下的物化反应速率，改变其体积变化、晶粒与气孔大小、烧结温度甚至相组成等，最终得到不同性质的产品。

（1）对日用瓷的影响

① 不同气氛对烧结温度的影响。图 6.14 为两种不同坯体（瓷石质坯 A 和长石质坯 B）在不同气氛下加热时烧结温度变化的比较。结果表明，坯体在还原气氛中的烧结温度比氧化气氛中低。随着铁含量的减少，降低的温度也递减，如 A 和 B 只低 10℃，而铁含量较高的 A1 和 A2 要低 40℃。产生这种现象的原因在于，还原气氛使瓷坯中的铁大多数以 FeO 存在，FeO 比 Fe_2O_3 的助熔能力强，与 SiO_2 生成低熔点的硅酸盐玻璃（$FeSiO_3$）。这样，液相的表面张力较在氧化气氛下提高 20% 左右，这就促进了坯体能在较低的温度下烧结并产生较大的收缩。

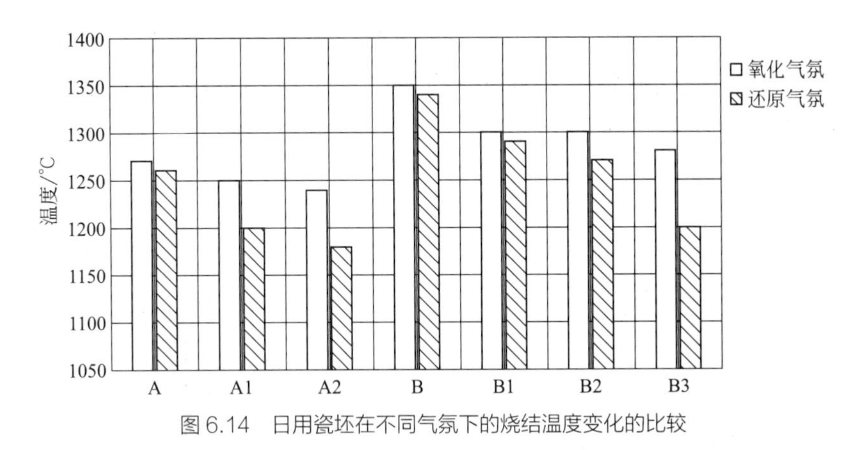

图 6.14 日用瓷坯在不同气氛下的烧结温度变化的比较

② 不同气氛对最大烧结收缩的影响。瓷石质坯体（A、A1、A2）在还原气氛中的最大线收缩速率都比在氧化气氛中大（图 6.15）。产生这种现象的主要原因是，Fe_2O_3 被还原为 FeO，容易与 SiO_2 形成低熔点玻璃相，降低硅酸盐玻璃的黏度，促进低温烧结并产生较大收缩。

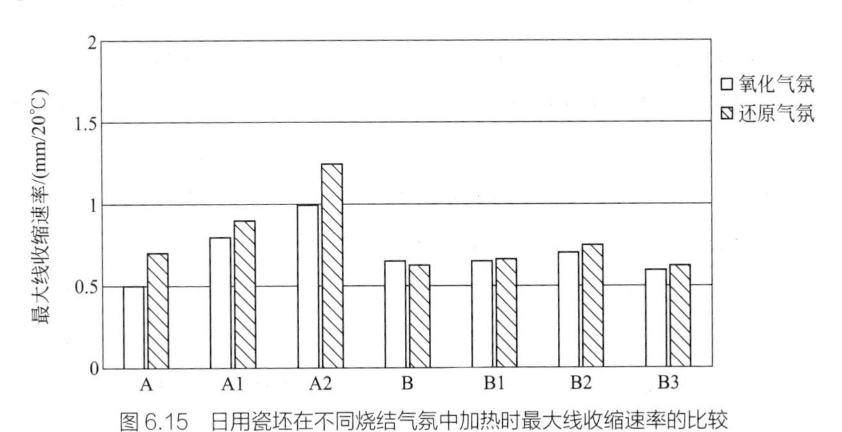

图 6.15 日用瓷坯在不同烧结气氛中加热时最大线收缩速率的比较

③ 不同气氛对坯体过烧膨胀的影响。所有瓷石质坯（A、A1、A2）与未加膨润土的长石质坯（B）在还原气氛中过烧 40℃的线膨胀比在氧化气氛中要小得多（图 6.16），但在长石质坯体（B1、B2）中加入一定量的膨润土后获得的结果刚好相反。产生这种现象的主要原因是，在氧化气氛中，坯中的硫酸盐和 Fe_2O_3 要到接近坯体烧结和釉层熔化的温度下才能分解，此时气孔已被封闭，气体不能排出，导致过烧 40℃膨胀就十分显著。而在还原气氛下，这些物质的分解温度可提前到坯、釉处于多孔状态时进行，气体可以自由逸出，过烧膨胀大为减轻。瓷石坯体中铁含量较高时，对碳素的吸附性也较小，所以在还原气氛中过烧膨胀值较小。长石和膨润土配制的坯体所含有机物含量较多且具有较强的吸附性，在还原气氛中易吸碳且碳素氧化温度较高，因而其过烧膨胀值较大。

④ 不同气氛对瓷坯的颜色、透光度和釉面质量的影响。其影响如下。

a. 影响铁和钛的价数。陶瓷坯料中大多程度不等地含有铁、钛等着色化合物。在氧化气氛中烧成时，Fe_2O_3 在含碱量较低的瓷器玻璃相中溶解度很低，冷却时即由其中析出胶态的 Fe_2O_3 使瓷坯呈现黄色。在还原气氛中烧成时，坯釉的 Fe_2O_3 绝大部分被还原为 FeO，在较低的温度下与 SiO_2 结合为淡青色易熔的低铁硅酸盐，促进坯体在较低温度下烧结，使瓷胎呈白里泛青的玉色，相应提高了瓷的透光性。但对钛含量较多的坯料则应避免还原烧成，否则部分 TiO_2 变为蓝紫色的 Ti_2O_3，有时还生成黑色 $FeO\cdot Ti_2O_3$ 尖晶石和一系列铁钛混合晶体，从而加深了铁的着色作用。

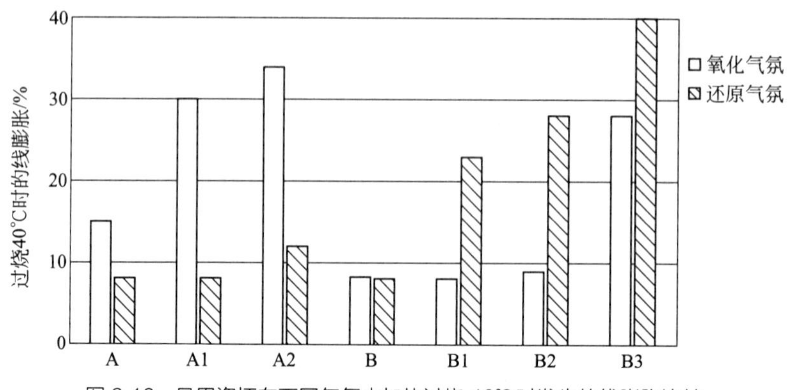

图 6.16 日用瓷坯在不同气氛中加热过烧 40℃时发生的线膨胀比较

b. 使 SiO_2 和 CO 还原。在一定温度下，还原气氛也可能使 SiO_2 还原生成气态的 SiO，在较低温度下也会按 $2SiO \longrightarrow SiO_2 + Si$ 分解。Si 在陶瓷制品中会形成黑斑。还原气氛中一般含 CO，在一定温度下按 $2CO \longrightarrow CO_2 + C$ 分解。CO 的分解速率在 800℃以上才比较明显，低于 800℃时要有碳和氧化铁的催化作用才有可能。因此在还原气氛中，很可能在坯釉中析出碳而形成黑斑，继续升温将形成坯泡、釉泡和针孔。

（2）对特种陶瓷的影响　还原气氛对氧化物陶瓷的烧结有促进作用。有资料指出，氧化物之间的反应速率随氧分压的减小而增大。在氧分压较低的气氛中可以获得良好的氧化物陶瓷。氧化铝瓷在还原气氛中烧成时，由于 Al_2O_3 晶格中易出现 O^{2-} 空穴，促进 O^{2-} 扩散，从而提高其烧结速率，使得烧结温度降低，坯体致密度会提高。

对于 $BaTiO_3$ 半导体陶瓷，在还原性、中性和惰性气氛中烧成都有利于 $BaTiO_3$ 陶瓷的半导体化，即有利于陶瓷材料室温阻值的降低。对于施主掺杂的高纯 $BaTiO_3$ 陶瓷而言，在缺氧气氛中烧成时，不仅可以使陶瓷材料半导体化更充分，而且往往可以有效地展宽促使陶瓷半导体化的施主掺杂浓度的范围。

对于含挥发组分的压电陶瓷坯料，如果不能很好地控制烧成气氛，易使所含 Pb、Bi 等化合物挥发，从而影响烧结和产品性能。反之，易挥发物质分压过大，也会影响坯体的组成和性质。

6.2.1.4 升温、降温速度

普通陶瓷坯体在升温速度较快时，坯体的收缩较小，这是由于所形成的低黏度熔体需要经过一定时间才能发挥其表面张力的最大效果。而慢速升温的坯体抗张强度比快速升温的坯体的抗张强度大，而气孔率则减小。对于特种陶瓷而言，如 75%Al_2O_3 瓷升温慢时抗折强度高，但介电损耗大，这是由于慢速升温会出现液相量多且分布均匀、气孔率低，因而强度大，但是液相冷却后形成较多的玻璃相增大了介电损耗。

普通陶瓷烧成后缓慢冷却时，收缩率会增大，相对的气孔率减小。冷却速度对机械强

度的影响比较复杂。快速烧成的坯体缓慢冷却时，由于次生莫来石的成长，其抗张强度会下降；而缓慢烧成的坯体缓慢冷却时抗张强度会提高。对于某些特种陶瓷，由于急冷能防止某些化合物的分解、固溶体的脱溶及粗晶的形成，因此能改善产品的结构、提高产品电学性能，还能使抗折强度得到较大的提高。

冷却速度的快慢对坯体中晶相的大小尤其是晶体的应力状态有很大的影响。含玻璃相多的致密坯体，当冷却至玻璃相由塑性状态转为固态时，瓷坯结构上有显著的变化，从而引起较大的应力。因此，这种坯体应采取高温快冷和低温缓冷的制度。冷却初期温度高，因而仍有高火保温的作用，如不快冷势必影响晶粒的数量和大小，也使低价铁重新氧化，使制品泛黄。快冷还可以避免釉面析晶，提高釉面光泽度。但对于膨胀系数较大的瓷坯或含有大量 SiO_2、ZrO_2 等晶体的瓷坯，由于晶型转变伴随有较大的体积变化，因而在转变温度附近冷却速度不能太快。对于厚而大的坯件，若冷却太快，由于内外散热不易均匀，也会造成应力不均匀而引起开裂。

6.2.2 确定烧成制度的根据

（1）坯料在加热过程中的性状变化　通过分析坯料在加热过程中的性状变化，初步得出坯体在各温度或时间阶段可以允许的升温、降温速度等。这些是拟定烧成制度的重要依据之一。具体可利用现有的相图、热分析资料（差热曲线、失重曲线、热膨胀曲线）、高温相分析、烧结曲线（气孔率、烧成收缩、吸水率及密度变化曲线）等技术资料。

根据坯料系统有关的相图，可初步估计坯体烧结温度的高低和各烧结范围的宽窄。K_2O-Al_2O_3-SiO_2 系统的低共熔点低［(98±20)℃］，MgO-Al_2O_3-SiO_2 系统的低共熔点高（1355℃）。长石质瓷器中的液相数量随温度升高增加缓慢，而且长石质液相高温黏度较大。滑石瓷中的液相随温度升高迅速增多，长石质瓷的烧成范围较宽，可在 50 ～ 60℃范围内波动，而滑石瓷的烧成范围仅在 10 ～ 20℃之间。前者的最高烧成温度可接近烧成范围的上限温度，后者的最高烧成温度只能偏于下限温度。

由于实际情况往往与相图有较大的出入，因此还应根据坯料的热分析曲线、烧成收缩曲线进行综合分析，参考收缩膨胀及其性能变化的温度范围拟定合理的升温速度。依据开口气孔率或密度的变化曲线确定烧成范围和最高烧成温度。

（2）坯体形状、厚度和入窑水分　同一组成的坯体，由于制品的形状、厚度和入窑水分的不同，升温速度和烧成周期都应有所不同。薄壁、小件制品入窑前水分易于控制，一般可采取短周期快烧，大件、厚壁及形状复杂的制品升温不能太快，烧成周期不能过短，坯体中含大量可塑性黏土及有机物多的黏土时，升温速度也应放慢。有学者根据不稳定传热过程的有关参数推算出，安全升温、降温的速度与陶瓷坯体厚度的平方成反比。

（3）窑炉结构、燃料性质、装窑密度　它们是能否使要求的烧成制度得以实现的重要因素。所以在拟定烧成制度时，还应结合窑炉结构、燃料类型等因素一道考虑，也就是把需要的烧成制度和实现烧成制度的条件结合起来。否则先进的烧成制度也难以实现。采用气体或液体燃料的扁平小截面辊道窑或推板窑适用于快速烧成。大容量的倒焰窑因窑内温差较大使升温速度受到一定限制。

（4）烧成方法　同一种坯体采用不同的烧成方法时，要求的烧成制度各不相同。如日用瓷、釉面砖既可坯、釉一次烧成（本烧），又可先烧坯（素烧）再烧釉（釉烧）经过二次烧成。日用瓷素烧的温度总是低于釉烧的温度，釉面砖素烧的温度往往高于釉烧的温度。一些特种陶瓷除可在常压下烧结外，还可用热压法、热等静压法等一些新的方法烧成。热压法及热等静压法的烧成温度比常压烧结的温度低得多，烧成时间也可缩短。因此拟定烧成制度时应同时考虑所用的烧成方法。

6.2.3　烧成制度的确定

6.2.3.1　温度制度的确定

（1）各阶段的升温速度　温度制度包括升温速度、烧成温度、保温时间以及冷却速度等参数。

① 坯体水分蒸发期（室温至300℃）。这一阶段实际是干燥的延续，升温速度主要取决于坯体的含水率、致密度、厚度和窑内实际温度以及装坯量。入窑水分2%的坯件能较快升温。当坯件入窑水分较高，坯件厚度及装窑密度大时，应采取慢速升温。特别是对于含黏土多的致密坯体，水分排除困难，在温差大时更应慢速升温。

② 氧化分解与晶型转化期（300～950℃）。升温速度主要根据窑内温差以及坯料组成、细度，坯体的厚度、大小和装窑密度等因素来确定。排除结晶水的温度范围（400～600℃）内，坯体无收缩，且保持较大的气孔率，结晶水和分解气体的排除可自由进行，有机物中的碳素也能顺利氧化。

③ 玻化成瓷期（950℃至烧成温度）。这一阶段初始，坯体开始收缩，除要严格控制升温速度外，还应根据坯釉性能和含铁、钛的多少，确定是否需要进行氧化保温过程。氧化保温结束后，坯体中液相量逐渐增加，发生急剧收缩。坯体各部分收缩不一致或收缩过大，都会引起变形或开裂，因而升温速度应慢而均匀。

（2）烧成温度（止火温度）与保温时间的确定　坯体随着温度升高，950℃以后显气孔率急剧降低，收缩增大并趋向致密。这一开始剧烈变化的温度称为开始烧结温度。当气孔率接近零时，坯体致密度达到最大，这种状态称为烧结。相应的温度称为烧结温度。温度继续升高，坯体发生软化变形甚至发泡膨胀，这种现象称为过烧。通常把烧结开始过烧软化的温度区间称为烧结温度范围。

在此范围内烧成制品的体积密度及收缩率都没有显著变化。对于烧结范围窄的坯体，适宜选择下限温度以较长的时间保温烧成。高火保温能够缩小窑内各处及制品内外的温差，使坯内的物理化学变化更加完全，坯体组织趋于均一。

（3）冷却速度　800℃以上，坯内液相还处于塑性状态，故可进行快速冷却，这样既可防止液相析晶、晶体长大及低价铁的氧化，又可提高制品的机械强度、白度及釉面光泽度；800℃以下，由于液相开始凝固转变成脆性的固体状态，同时有石英晶型转化，需要缓慢冷却；400℃以下，热应力变小，又可以较快速度冷却。但对含大量方石英的陶器制品，在晶型转化温度下仍需缓慢冷却。

6.2.3.2 气氛制度的确定

陶瓷制品各阶段的烧成气氛必须根据原料性能和制品的不同要求来确定。

（1）坯体水分蒸发期（室温至300℃） 对气氛没有特殊要求。

（2）氧化分解与晶型转变期（300～950℃） 为使坯体氧化分解充分，要求氧化气氛。

（3）玻化成瓷期（950℃至烧成温度） 陶器、炻器均应采用氧化气氛烧成。此期内的两个重要温度点是指氧化转强还原温度点，即气氛转化温度点（临界温度点）和强还原转弱还原温度点。

坯、釉配方不同，该温度也完全不同，还原过早，则坯、釉料的分解氧化反应不完全，沉碳烧不尽，容易造成釉泡或烟熏缺陷。气氛转化温度过高，表明还原过迟，此时坯体烧结，釉层封闭，还原介质就难以渗入坯体，起不到还原作用，并易造成高温沉碳，从而产生阴黄、花脸、釉泡、针孔及烟熏缺陷。一般确定釉始熔前150℃左右的温度为转换温度。

强还原转弱还原的温度也很重要。它标志着还原结束，釉料开始成熟，此时还原气氛过强，不仅沾污釉面，而且浪费燃料。采用氧化气氛，低价铁又会重新氧化使制品发黄。采用中性气氛虽较理想，但却难以控制。故强还原后改烧弱还原焰效果较好。强还原必须在釉料开始熔融时（或釉层始熔后10～20℃）结束。并及时转换为弱还原气氛，转换温度在1200℃左右。

6.2.3.3 压力制度的确定

压力制度起着保证温度和气氛制度的作用。压力制度需考虑温度制度、气氛制度、窑炉结构、燃料性能来确定，关键是零压位的控制。

（1）烧油或气的连续式窑 零压点在预热带与烧成带界面附近。

（2）烧煤窑（自然通风） 零压点在烧成带末端。

（3）隧道窑 氧化气氛烧成时，零压点在烧成带与冷却带之间。还原气氛烧成时，零压点在预热带与烧成带之间。

零压位如果控制不当，向烧成带移动则可能氧化过久、还原不足，向窑头移动则氧化不足，两者均出废品。

6.3 烧成方法

6.3.1 低温烧成和快速烧成

6.3.1.1 低温烧成与快速烧成的含义

一般来说，凡烧成温度有较大幅度降低（如降低幅度在80～100℃以上者）且产品性能与通常烧成的性能相近的烧成方法，可称为低温烧成。

至于快速烧成，也是相对而言的。它指的是产品性能无变化，而烧成时间大量缩短的烧成方法。例如，在 1h 能烧成墙地砖和 8h 内烧成卫生陶瓷，这两者都是快速烧成的典型例子。因此快速烧成“快”的程度应视坯体类型及窑炉结构等具体情况而定。目前对于快速烧成的含义尚无统一的认识。有人提出按周期长短将烧成分为三类：烧成周期在 10h 以上者称为常规烧成；在 4 ～ 10h 之间的称为加速烧成；在 4h 以下的才称为快速烧成。这是一种不涉及产品种类的笼统分类法。但对于大部分陶瓷产品来说，它仍较符合目前的烧成状况。

6.3.1.2 低温烧成与快速烧成的作用

（1）节约能源 陶瓷工业中燃料费用占生产成本的比例很大。国外占到 25% 左右，而我国一般在 30% 以上。烧成温度对燃料消耗的影响，可用下式表示：

$$F = 100 - 0.13(t_2 - t_1) \tag{6.12}$$

式中，F 为温度 t_1 时的单位燃耗与温度 t_2 时的单位燃耗之比，%。

由上式可知，当其他条件相同时，烧成温度每变化 100℃，单位燃耗变化 13%。

缩短烧成时间，对节约能源的效果更为显著。如一次烧成陶瓷墙地砖，在隧道窑中 26h 烧成单位产品热耗为 460550kJ/m^2，而同样的产品在辊道窑中 90min 烧成时的热耗为 146540kJ/m^2。这足以说明快速烧成在节能中的作用。当同一条隧道窑里焙烧卫生瓷时，根据热平衡计算，单位制品的热量消耗 G 为：

$$G = KT/N + A \tag{6.13}$$

式中，T 为烧成时间，h；N 为窑内容车数，辆；K、A 为常数。

从上式可知，单位制品的热耗与烧成时间呈直线关系。烧成时间每缩短 10%，产量可增加 19%，单位制品热耗可降低 4%，所以快速烧成既可节约燃料，又可提高产量，使生产成本大幅度降低。

（2）充分利用原料资源 低温烧成的普通陶瓷产品，其配方组成中一般都含有较多的熔剂成分。我国地方性原料十分丰富，这些地方性原料或者低质原料（如瓷土尾矿、低质滑石等）及某些新开发的原料（如硅灰石、透辉石、霞石正长岩、含锂矿物原料等）往往含较多的低熔点成分，来源丰富，价格低廉，很合适制作低温坯釉料，或者快烧坯釉料。因此，低温烧成与快速烧成能充分利用原料资源，并且能促进新型陶瓷原料的开发利用。

（3）提高窑炉与窑具的使用寿命 陶瓷产品的烧成温度在较大幅度降低之后，可以减少匣钵的破损和高温荷重变形。对砌窑材料的材质要求也可降低，可以减少建窑费用，同时还可以增加窑炉的使用寿命，延长检修周期。在匣钵的材质方面也可降低性能要求，延长其使用寿命。

从快速烧成发展趋势看，装匣烧成将会逐渐减少，趋向于在隔焰窑中裸装烧成（用耐火棚架支撑产品）或在辊道窑中无匣烧成。

（4）缩短生产周期、提高生产效率 快速烧成除了节能和提高产量外，还可大大地缩短生产周期和显著地提高生产效率。以釉面砖为例，通常的素烧在隧道窑中需 30 ～ 40h，釉烧在隧道窑中需 20 ～ 30h，仅烧成一道工序就占了 50 ～ 70h。而釉面砖在辊道窑中快速烧成，素烧为 60min，釉烧为 40min，总的烧成时间不到 2h，当其他工序时间不变时，仅采用快速烧成就可大量缩短生产周期。

（5）低温烧成　有利于提高色料的显色效果，丰富釉下彩和色釉的品种。

（6）快速烧成　可使坯体中晶粒细小，从而提高瓷件的强度、改善某些介电性能。

虽然低温烧成及快速烧成有上述优点，但也应注意到，采用这些烧成方法的前提是必须保证产品的质量。而低温快烧产品的质量并非完全等同于常规烧成的产品。此外，由于陶瓷产品种类繁多、性能要求各异，因此并非任何品种都值得采用低温烧成或快速烧成。

6.3.1.3 降低烧成温度的工艺措施

（1）调整坯、釉料组成　碱金属氧化物会降低黏土质坯体出现液相的温度，促进坯体中莫来石的形成。向高岭石－蒙脱石质黏土中引入 Li_2O 时，液相出现的温度由 1170℃降至 800℃；引入 Na_2O 时，降至 815℃；引入 K_2O 时，降至 925℃。而添加剂对高岭石－水云母质黏土液相形成的温度影响不大。将高岭石－蒙脱石质黏土煅烧至 1100℃并无新相生成，但引入 Li_2O 后，莫来石可在 1000℃下出现；引入 Na_2O 及 K_2O 时，莫来石出现的温度为 1100℃。

与碱金属氧化物相似，碱土金属氧化物也对液相的出现温度及晶相的形成有强烈的影响。从 $RO-Al_2O_3-SiO_2$ 系统的相图可知，含 MgO 系统中出现液相的最低温度为 1345℃，含 BaO 系统为 1240℃，含 CaO 系统为 1170℃。但是由于黏土中总含有 Fe_2O_3、R_2O 等杂质成分，以致低共熔物的组成更为复杂，形成液相的温度更低。这也说明了复合熔剂组分对促进坯体低温烧结有更好的效果。例如，添加 1.0% 的菱镁矿和 0.5% 的氧化锌，可以使硬质瓷的烧成温度从 1390℃降至 1300℃。在碱土金属氧化物中，MgO 对莫来石形成的促进作用最大。氧化锌在 1300℃时的促进作用也强。不过，添加剂的用量对促进作用至关重要，引入过多的添加剂甚至会出现相反的结果。

生产实践中，坯体组成中的碱金属氧化物可由伟晶花岗岩、长石、霞石正长岩、锂云母、锂辉石、透锂长石和珍珠岩等天然矿物原料引入。而碱土金属氧化物则可由滑石、硅灰石、菱镁矿、白云石、透辉石、天青石等天然矿物原料引入。

当日用瓷及高压电瓷坯料中加入 1% ～ 2% 滑石时，会降低烧成温度 20 ～ 25℃。加入 3% 磷灰石时，日用瓷的烧成温度可降低 50℃。加入 2% 锂辉石时，可使日用瓷烧成温度降低 30 ～ 40℃。

对于日用瓷釉料除添加锂辉石、锂云母、硅灰石、滑石等天然原料外，还可少量添加 ZnO、$BaCO_3$、$SrCO_3$ 等化工原料以降低烧成温度和改善釉面质量。

（2）提高坯料细度　坯料颗粒越细，则烧结活性越大、烧结温度越低。有资料报道了 Al_2O_3 瓷坯体料细度与烧结温度的情况：球磨 168h 和 63h 的坯料不必煅烧至 1600℃，烧结已明显进行；球磨 48h 及 24h 的坯料则要煅烧至 1710℃，开口气孔率才明显下降；而球磨 12h 及 4h 的坯料则必须煅烧至 1760℃或 1835℃，才会明显烧结。

6.3.1.4 快速烧成的工艺措施

（1）快速烧成必须满足的工艺条件

① 坯、釉料能适应快速烧成的要求。快烧坯料的质量要求有以下几个方面。

a. 干燥收缩和烧成收缩均小。这样可保证产品尺寸准确，不致弯曲、变形。一般坯料只能适应 100 ～ 300℃ /h 的升温速度，而快速烧成时的升温速度可达 800 ～ 1000℃ /h，所以要配制低收缩的坯料，选用少收缩或无收缩的原料（如烧失量小的黏土、滑石、叶蜡石、硅灰石、透辉石或预烧过的原料、合成原料）。

b. 坯料的热膨胀系数小。热膨胀系数小，坯料随温度变化体积变形小，有利于提高其体积稳定性。如果它随温度的变化呈线性关系，在烧成过程中开裂可能性会更低。

c. 希望坯料的导热性能好。使烧成时物理化学反应能迅速进行，又能提高坯体的抗热震性。

d. 坯料中含晶型转变的成分少。因为部分晶型转变产生较大的体积变化，易造成坯体破坏。

快烧用的釉料要求其化学活性强，以利于物理化学反应能迅速进行；始熔温度要高些，以防快烧时原料的反应滞后，引起釉面缺陷（针孔、气泡等）；高温黏度比普通釉料低些，而且随温度升高黏度降低很多，以便获得平坦光滑无缺陷的釉面；膨胀系数较常规烧成时小些，便于和坯体匹配。

② 减少坯体入窑水分、提高坯体入窑温度。残余水在短时间内即可排尽，而且生成的水汽量也少，不致在快烧条件下产生巨大压力。入窑坯温高则可提高炉窑预热带的温度，缩短预热时间。

③ 控制坯体厚度、形状和大小。厚坯、大件、形状复杂的坯体在快烧时容易损坏，或者说难以进行快速烧成。

④ 选用温差小和保温良好的窑炉。小截面窑炉内的温度比较均匀。低蓄热量的窑炉易于升温和冷却。

⑤ 选用热抗震性能良好的窑具。快速烧成时，窑具首先承受大幅度的温度变化。它的使用条件比通常的烧成方法要苛刻得多。而窑具的抗热震性是快速烧成能否正常进行的重要条件。

（2）快烧产品的质量　生产实践和研究结果表明，在缩短烧成周期的同时，适当提高烧成温度 10 ～ 30℃是能够使陶瓷产品的显微结构和物相组成不受影响的。根据对 4h 快速烧成和 24h 常规烧成日用瓷的显微结构分析可知，这两种瓷坯的显微结构基本一致。瓷坯内含有的主晶相莫来石呈针状交织在一起，长度为 2 ～ 5 μm。石英晶粒被玻璃相包围，颗粒周围形成高硅玻璃层。玻璃相中存在极少量气泡。有资料报道，2h 快速烧成的硬质瓷，其白度和半透明度比 24h 烧成的硬质瓷低些。但向坯体内添加少量硅灰石或透辉石后，上述两项性能指标基本上相同。

有学者曾研究快速烧成对三种陶瓷电容器介质介电性能的影响。Ⅰ类介质主要成分为 $(Ca,Sr,Nd,Mg)TiO_3$；Ⅱ类介质主要成分为 $BaTiO_3$、CeO_2；Ⅲ类介质主要成分为 $BaTiO_3$、

$Nd_2O \cdot 3TiO_2$。

常规烧成与快速烧成时三类介质性能的比较列于表 6.3 和表 6.4 中。

表 6.3 不同烧成速度对Ⅰ类介质性能的影响

性能参数	常规烧成 1320℃，16h	快速烧成 1400℃，2h	说明
密度 /(g/cm³)	4.38	4.58	明显提高
介电常数（25℃，1kHz）	120	140	提高
损耗因数（25℃，1kHz）	0.05	0.025	改善
频率温度系数（-30 ～ 85℃）/℃$^{-1}$	(630 ～ 870)×10^{-6}	—	符合要求

表 6.4 不同烧成速度对Ⅱ、Ⅲ类介质性能的影响

性能参数	Ⅱ类介质		Ⅲ类介质		说明
	常规烧成 1260℃，16h	快速烧成 1400℃，160min	常规烧成 1320℃，16h	快速烧成 1400℃，160min	
密度 /(g/cm³)	5.40	5.86	5.70	5.72	提高
介电常数（25℃，1kHz）	7500	5100	6800	4500	降低
损耗因数（25℃，1kHz）	1	0.6	1.5	0.45	改善
容温系数（-30 ～ 80℃）/%	-72 ～ -50	-72 ～ -30	-64 ～ -52	-58 ～ -48	改善

Ⅰ类是低介电常数介质，快速烧成对其密度、介电常数、温度特性都有改善。因此可以说快速烧成适用于该类材料。快速烧成对Ⅱ、Ⅲ类介质的密度、损耗和温度特性都能改善，但却明显降低其介电常数。这样会降低电容器的体积效率。若降低烧成温度、延长烧成时间，则Ⅲ类介质的介电常数会有所提高。将电容器圆片还原处理后，快速烧成圆片的室温电阻比常规烧成圆片高 5 ～ 10 倍。这将导致再次氧化后前者的介电常数低于后者。所以说，快速烧成会降低电容器的体积密度。快速烧成使Ⅰ类介质材料电性能得到改善是由于介质密度提高的缘故。而快速烧成使Ⅱ、Ⅲ类介质介电常数降低（约 1/3）主要是形成较小晶粒的缘故。

6.3.2 热压烧结

热压烧结是在高温下加压促使坯体烧结的方法，也是一种使坯体的成型和烧成同时完成的新工艺。在粉末冶金和高温材料工业中已普遍采用这种方法。对于难熔的非金属化合物（如硼化物、碳化物等）以及氧化物陶瓷材料等，它们不易压制、不易烧结，应用热压法烧结效果显著。作为一个新的烧成方法，热压烧结已逐渐成为提高陶瓷材料性能以及研制新型陶瓷材料的一个重要途径。

6.3.2.1 热压烧结的致密化过程

在加压烧结过程中．粉末体的变形是在应力和温度同时作用下的变形。物质迁移可能通过位错滑移、攀移、扩散、扩散蠕变等多种机制完成。一般可以把这类加压烧结分成两个阶段来认识。Ashby 把这两个阶段分为孔隙连通阶段和孤立孔洞阶段。图 6.17 是这两个

阶段的示意图。

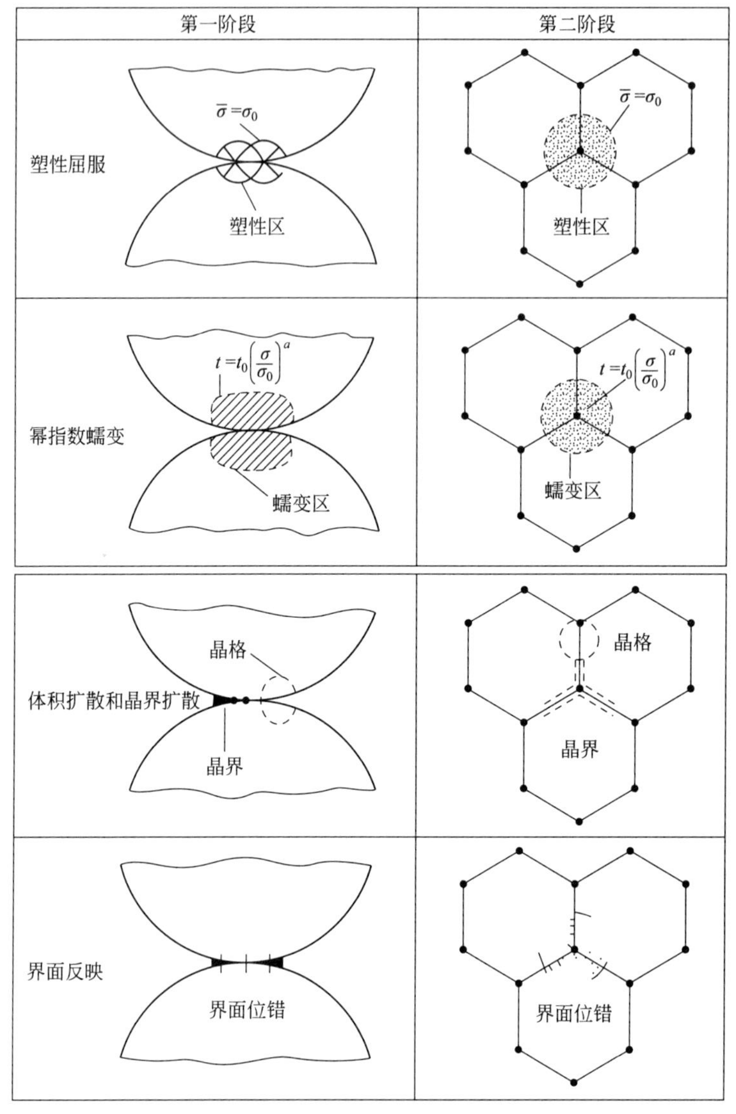

图 6.17 加压烧结两阶段示意图

（1）在加压烧结第一阶段（也可称为烧结初期），应力的施加首先使颗粒接触区发生塑性屈服。而后在增加了的接触区形成幂指数蠕变区，各类蠕变机制导致物质迁移。同时，原子或空位不可避免地发生体积扩散和晶界扩散。晶界中的位错也可能沿晶界攀移，导致晶界滑动。

（2）在加压烧结第二阶段（也可称为烧结末期），上述机制仍然存在，只不过孔洞成为孤立的闭孔，位于晶界相交处。同时，并不排除在晶粒内部孤立存在的微孔。

6.3.2.2 热压装置和模具

热压过程通常利用电加热，其典型的加热方式如图 6.18 所示。加压操作工艺根据烧结材料的不同，可分为整个加热过程保持恒压、仅在高温阶段加压、分段加压（在不同的温度阶段加不同的压力）等。热压的环境气氛又有真空、常压保护气氛和一定气体压力的保护气氛条件。

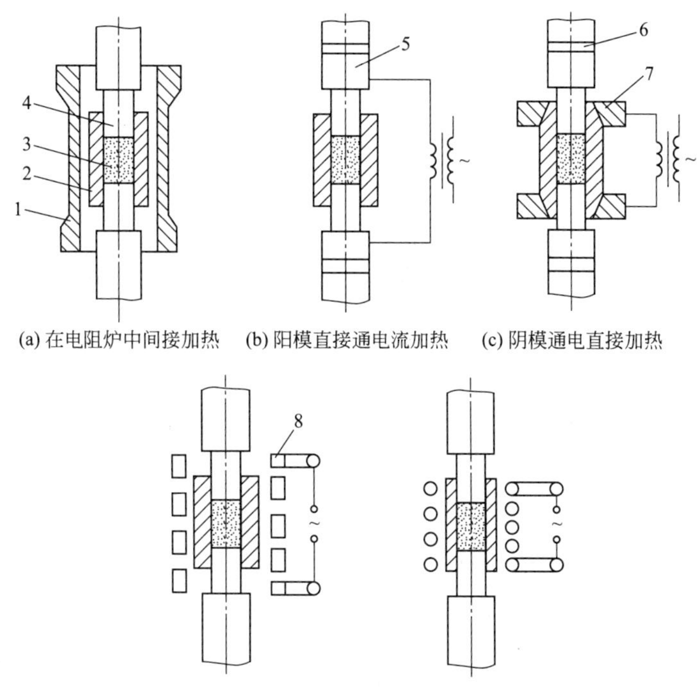

(a) 在电阻炉中间接加热　(b) 阳模直接通电流加热　(c) 阴模通电直接加热

(d) 导电(石墨)阴模感应加热　(e) 粉料在不导电(陶瓷)压模中感应加热

图 6.18　热压烧结的加热方式

1—加热装置；2—阴模；3—制品；4,5—阳模；6—绝缘；7,8—石墨的或铜的（水冷）导体

热压装备用的模具材料中，石墨得到了最广泛的应用。石墨的价格不太贵，易于机械加工，在较大的温度范围内具有较低密度，电阻较低，热稳定性好，具有足够的机械强度，且能形成保护气氛。实际压模采用的石墨的抗压强度为 35 ～ 45MPa。高强石墨可以在压力达 70MPa 条件下应用。石墨压模的局限性是它的机械强度较低（不能在高压下工作）以及能还原某些材料，尤其是氧化物。石墨还能和过渡族金属以及过渡族金属的氮化物和硅化物发生反应。

除石墨压模外，金属压模应用得最广泛，尤其是铜基合金压模。金属压模主要用来制造多晶光学材料，比如氟化镁、氧化镁和硒化铅。氧化物和陶瓷材料压模很少使用，因为它们的热稳定性差、难以加工以及较难与所压材料相协调和相容。

6.3.2.3　热压烧结的特点

（1）热压时，由于粉料处于热塑性状态，形变阻力小，易于塑性流动和致密化，因此，所需的成型压力仅为冷压法的 1/10，可以成型大尺寸的 Al_2O_3、BeO、BN 和 TiB_2 等产品。

（2）由于同时加温、加压，有助于粉末颗粒的接触和扩散、流动等传质过程，降低烧结温度和缩短烧结时间，因而抑制了晶粒的长大。

（3）热压法容易获得接近理论密度、气孔率接近于零的烧结体，容易得到细晶粒的组织，容易实现晶体的取向效应和控制含有高蒸气压成分体系的组成变化，因而容易得到具有良好力学性能、电学性能的产品。

（4）能生产形状较复杂、尺寸较精确的产品。

（5）热压法的缺点是生产率低、成本高。

6.3.3 热等静压烧结

热等静压工艺（HIP）是将粉末压坯或装入包套的粉料装入高压容器中，使粉料经受高温和均衡压力的作用，被烧结成致密件。该法可采用金属、陶瓷包套（低碳钢、Ni、Mo、玻璃等），使用氮气、氩气作加压介质，使材料热致密化。经过半个世纪的发展完善，国外已经采用热等静压技术制取了核燃料棒、粉末冶金高温合金涡轮盘、钨喷嘴、陶瓷及金属基复合材料等，如今，其在制取金属陶瓷、硬质合金、难熔金属制品及其化合物、粉末冶金制品、金属基复合材料、功能梯度材料等方面都有广泛的应用。

6.3.3.1 热等静压烧结的致密化过程

热等静压的致密化过程大致分为三个阶段。

（1）粒子靠近及重排阶段　在加温加压开始之前，松散粉末粒子之间存在大量空隙，同时由于粉末粒子形状不规则及表面凹凸不平，它们之间多呈点状接触，所以与一个粒子直接接触的其他粒子数（粒子配位数）很少。当向粉末施加外力时，在压应力作用下，粉末体可能发生下列各种情况：随机堆叠的粉末将发生平移或转动而相互靠近；某些粉末被挤进临近空隙之中；一些较大的搭桥孔洞将坍塌等。由于上述变化的结果，粒子的临近配位数明显增大，从而使粉末体的空隙大大减少，相对密度迅速提高。

（2）塑性变形阶段　第一阶段的致密化使粉末体的密度已有了很大的提高，粒子之间的接触面积急剧增大，粒子之间相互抵触或相互楔住。这时要使粉末体继续致密化，可以提高外加压力以增加粒子接触面上的压应力，也可升高温度以降低不利于粉末发生塑性流动的临界切应力。如果同时提高压力和温度，对继续致密化将更加有效。当粉末体承受的压应力超过其屈服切应力时，粒子将以滑移方式产生塑性变形。

（3）扩散蠕变阶段　粉末粒子发生大量塑性流动后，粉末体的相对密度迅速接近理论密度值。这时，粉末粒子基本上连成一片整体，残留的气孔已经不再连通，而是弥散分布在粉末基体之中，好像悬浮在固体介质中的气泡。这些气孔开始是以不规则的狭长形态存在，但在表面张力作用下，将球化而成圆形。残存气孔在球化过程中其所占体积分数也将不断减小。粒子间的接触面积增大到如此程度，使得粉体承受的有效压应力不再超过其临界切应力，这时以大量原子团滑移而产生塑性变形的机制将不再起主要作用，致密化过程主要靠单个原子或空穴的扩散蠕变来完成，因此整个粉末体的致密化过程缓慢下来，最后趋近于一最大终端密度值。

值得注意的是，上述三个阶段并不是截然分开的，在热等静压过程中它们往往同时起作用而促进粉体的致密化，只是当粉末体在不同收缩阶段，由不同的致密化过程起主导作用。

6.3.3.2 热等静压装置

热等静压装置主要由压力容器、气体增压设备、加热炉和控制系统等几部分组成（图 6.19）。其中压力容器部分主要包括密封环、容器、顶盖和底盖等；气体增压设备主要有气体压缩机、过滤器、止回阀、放气阀和压力表等；加热炉主要包括加热器和热电偶等；控制系统由功率控制器、温度控制器和压力控制器等组成。

现在的热等静压装置主要趋向于大型化、高温化和使用气氛多样化，HIP 加热炉主要采用辐射加热、自然对流加热和强制对流加热三种加热方式，其发热体材料主要是 Ni-Cr、Fe-Cr-Al、Pt、Mo 和 C 等。

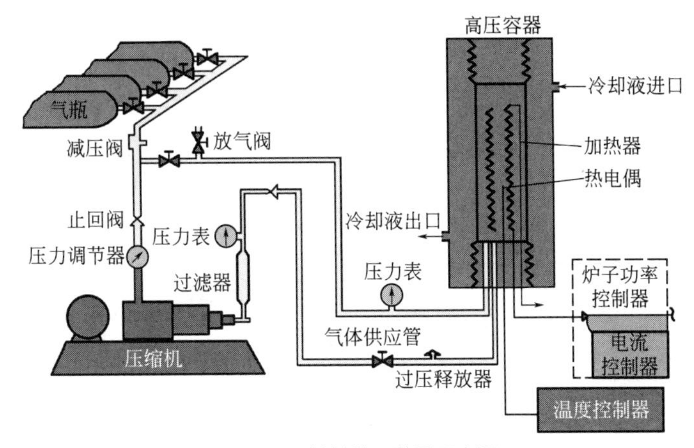

图 6.19 热等静压装置示意图

6.3.3.3 热等静压工艺流程

热等静压法的工艺流程如图 6.20 所示。

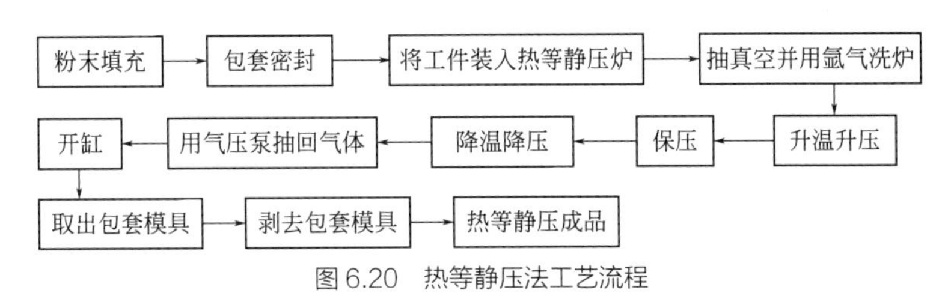

图 6.20 热等静压法工艺流程

粉末填充一般在真空或惰性气体氛围中进行。为了提高填充粉末的密度，包套要不停地振动。为了得到统一的收缩，则需要填充粉末的密度应不低于理论密度的 68%。填充后包套要抽真空并密封，这是因为热等静压过程是通过压差来固结被成型粉末和材料的，一旦包套密封不严，气体介质进入包套，将影响粉末的烧结成型。另外，真空密封可以去除空气和水，防止氧化反应和阻碍烧结过程。

其中升温升压、保压、降温降压阶段被称为高温高压循环。根据升温、升压的先后顺序不同可以分为四种不同的循环方式（图 6.21），并具有各自的优点。

（1）循环一：冷加载循环　升压先于升温，并且两者同时达到各自的峰值。这种方式有利于更好地控制薄壁金属包套的几何形状。

（2）循环二：热加载循环　当温度达到一定值后再升压。这种方式在使用玻璃包套时尤为重要，过早地加压会使脆性的玻璃破裂。

（3）循环三：后热循环　这种方式与冷加载循环相似，也为升压先于升温，不同的是升压到峰值后才开始升温，并保压。这种方式通过塑性变形促进粉末粒子的再结晶，从而降低成型温度。

（4）循环四：最有效循环　同时升温升压，从而缩短热等静压时间，获得最高的效率。

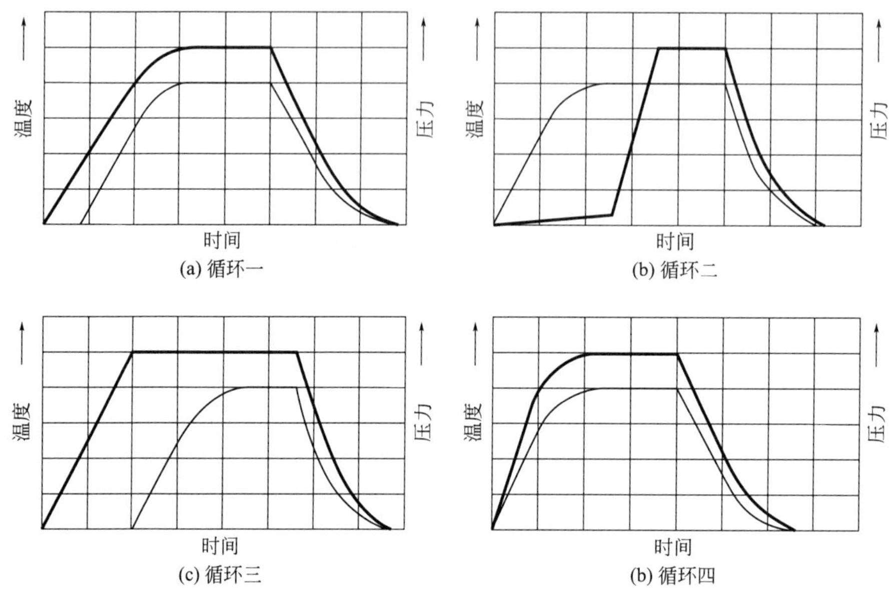

图 6.21　高温高压循环的不同方式

6.3.3.4　热等静压的特点

（1）采用热等静压烧结，陶瓷材料的致密化可以在比无压烧结或热压烧结低得多的温度下完成，可以有效地抑制材料在高温下发生很多不利的反应或变化，如晶粒异常长大和高温分解等。

（2）通过热等静压烧结工艺，能够在减少甚至无烧结添加剂的条件下，制备出微观结构均匀且几乎不含气孔的致密陶瓷烧结体，显著地改善材料的各种性能。

（3）通过热等静压后处理工艺，可以减少乃至消除烧结体中的剩余气孔，愈合表面裂纹，从而提高陶瓷材料的密度、强度。

（4）热等静压工艺能够精确控制产品的尺寸与形状，而不必使用费用高的金刚石切割加工，理想条件下产品无形状改变。

6.3.4　放电等离子体烧结

放电等离子体烧结工艺（SPS），又称为脉冲电流烧结。主要是利用外加脉冲强电流形成的电场清洁粉末颗粒表面氧化物和吸附的气体，净化材料，活化粉末表面，提高粉末表面的扩散能力，再在较低机械压力下利用强电流短时加热粉体进行烧结致密。

6.3.4.1 放电等离子体烧结机理

放电等离子体烧结机理目前还没有达成较为统一的认识，其烧结的中间过程还有待于进一步研究。M.Tokita 最早提出放电等离子体烧结的观点，他认为粉末颗粒微区还存在电场诱导的正负极，在脉冲电流作用下颗粒间发生放电，激发等离子体，由放电产生的高能粒子撞击颗粒间的接触部分，使物质产生蒸发作用而起到净化和活化作用，电能储存在颗粒团的介电层中，介电层发生间歇式快速放电。

6.3.4.2 放电等离子体烧结技术的装置

放电等离子体烧结是利用直流脉冲电流直接通电烧结的加压烧结方法，通过调节脉冲直流电的大小控制升温速度和烧结温度。其烧结系统示意图如图 6.22 所示。整个烧结过程可在真空环境下进行，也可在保护气氛中进行。烧结过程中，脉冲电流直接通过上下压头和烧结粉体或石墨模具，因此加热系统的热容很小，升温和传热速度快，从而使快速升温烧结成为可能。

6.3.4.3 放电等离子体烧结技术的工艺流程

在进行具体的实验操作时，将试样装入石墨模具中，模具置于上下电极之间，通过油压系统加压，然后对腔体抽真空，达到要求的真空度后通入脉冲电流进行实验。脉冲大电流直接施加于导电模具和样品上，通过样品及间隙的部分电流激活晶粒表面，在孔隙间局部放电，产生等离子体，粉末颗粒表面被活化、发热。同时，通过模具的部分电流加热模具，使模具开始对试样传热，试样温度升高，开始收缩，产生一定的密度，并随着温度的升高而增大，直至达到烧结温度后收缩结束，致密度达到最大。

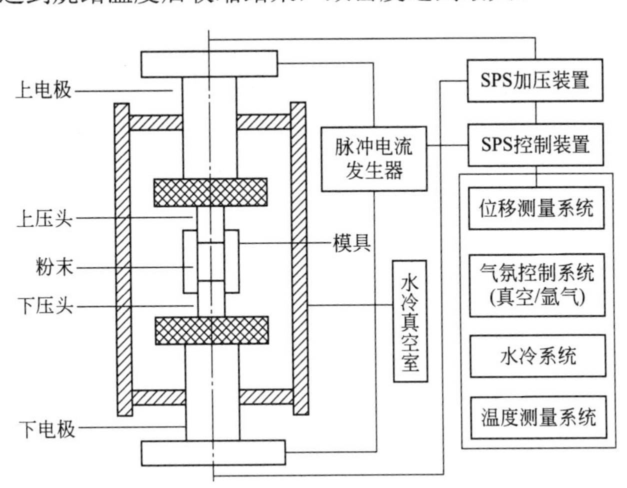

图 6.22　放电等离子体烧结系统示意图

6.3.4.4 放电等离子体烧结技术的优点

（1）烧结温度低（比 HP 和 HIP 低 200 ～ 300℃）、烧结时间短（只需 3 ～ 10min，而 HP 和 HIP 需要 120 ～ 300min）、单件能耗低；放电等离子体烧结温度可达 2000℃或更高，升温速度可达 100℃ /s。

（2）烧结机理特殊，赋予材料新的结构与性能。

（3）烧结体密度高，晶粒细小，是一种近净成型技术。

（4）操作简单，无须特别的模套技术。

6.3.5 微波烧结

微波烧结是利用微波具有的特殊波段与材料的基本细微结构耦合而产生热量，材料在电磁场中的介质损耗使材料整体加热至烧结温度而实现致密化的方法。微波烧结是样品自身吸收微波发热，根据微波烧结的基本理论，热能是由于物质内部的介质损耗而引起的，所以是一种体积加热效应。如图 6.23 所示，同常压烧结相比，微波烧结具有烧结时间短、烧成温度低、降低固相反应活化能、提高烧结样品的力学性能、使其晶粒细化、结构均匀等特点，同时降低高温环境污染。

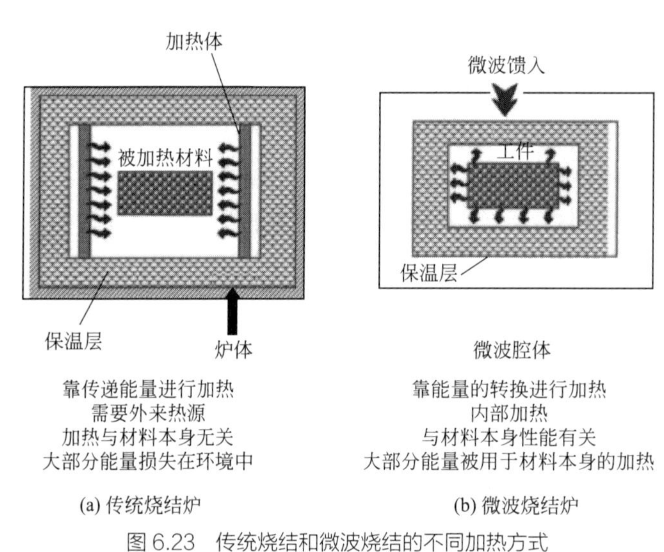

(a) 传统烧结炉　　(b) 微波烧结炉

图 6.23　传统烧结和微波烧结的不同加热方式

6.3.5.1 微波烧结机理

在微波电磁场作用下，陶瓷材料会产生一系列的介质极化，如电子极化、原子极化、偶极子转向极化和界面极化等。参加极化的微观粒子种类不同，建立或消除极化的时间周期也不一样。由于微波电磁场的频率很高，使材料内部的介质极化过程无法跟随外电场的变化，极化强度矢量 P 总是滞后于电场 E，导致产生与电场同相的电流，从而构成材料内部的耗散。在微波波段，主要是偶极子极化和界面极化产生的吸收电流构成材料的介质耗散。在绝热环境下，当忽略材料在加热过程中的潜能（如反应热、相变热等）变化时，单位体积材料在微波场作用下的升温速度为：

$$\frac{\mathrm{d}T}{\mathrm{d}t}=\frac{2\pi f\varepsilon_0\varepsilon E^2}{C_p\rho} \tag{6.14}$$

式中，f 为微波工作频率；ε 为材料介电损耗；ε_0 为空间介电常数；E 为微波电场强度；C_p 为材料热容；ρ 为材料密度。

上式给出了微波烧结陶瓷材料时微波炉功率与微波腔内场强的关系以及微波场强的大小对加热速度的影响。微波烧结的功率决定了微波烧结场场强的大小，升温速度与烧结场场强、材料热容和材料密度密切相关。这为进行微波炉设计和进行试样烧结时对实验参数的设计提供了一个基本依据。

6.3.5.2 微波烧结系统

合理的微波烧结系统是实现有效微波烧结的基础。一般来说，微波烧结系统主要包括三部分：微波发生器（微波源）、微波传输系统（波导）、微波谐振腔（烧结腔体）。

微波发生器是微波源，利用电流的高频振荡原理，产生一定频率的微波。用于微波烧结或微波加热（家用微波炉）的微波发生器产生的微波频率只可能是两种，即 915MHz 或 2450MHz。

根据实际需要，微波源的功率大小不同。家用微波炉的功率一般都小于 1kW；而微波烧结实验用微波源最大功率多为 5kW。

6.3.5.3 微波烧结的特点

（1）微波与材料直接耦合导致整体加热，实现材料中大区域的零梯度均匀加热，使材料内部热应力减小，从而减小开裂和变形倾向。微波能被材料直接吸收而转化为热能，能量利用率极高，比常规烧结节能 80% 以上。

（2）微波烧结升温速度快，由于材料介电损耗与温度有关，低温时介电损耗低，故升温速度慢，一定温度时由于介电损耗随温度升高而增大，故升温速度加快，更高温度时由于热损失的原因，升温速度减慢。一般平均升温速度约 500℃ /min。速度太快会造成温度不均匀和内应力。

（3）安全无污染，烧结气氛的气体的使用量大大降低，使烧结过程中废气、废热的排放量得到降低。

（4）能实现空间选择性烧结，对于多相混合材料，由于不同材料的介电损耗不同，产生的耗散功率不同，热效应也不同，可以利用这点来对复合材料进行选择性烧结，研究新的材料产品和获得更佳材料性能。

6.3.6 其他烧结方法

（1）电场烧结　电场烧结即陶瓷坯体在直流电场作用下的烧结。某些高居里点的铁电陶瓷，如铌酸锂陶瓷，在其烧结温度下对坯体的两端施加直流电场，待冷却至居里点（T_c 为 1210℃）以下撤去电场，即可得到有压电性的陶瓷样品。

（2）超高压烧结　超高压烧结即在几十万个大气压以上的压力下进行烧结。其特点是，不仅能够使材料迅速达到高密度，具有细晶粒，而且使晶体结构甚至原子、电子状态发生变化，从而赋予材料在通常烧结或热压烧结工艺下所达不到的性能。而且，可以合成新型的人造矿物。此工艺比较复杂，对模具材料、真空密封技术以及原料的细度和纯度均要求较高。

（3）活化烧结　活化烧结其原理是在烧结前或者烧结过程中，采用某些物理的或化学的方法，使反应物的原子或分子处于高能状态，利用这种高能状态下的不稳定性，容易释放出能量而变成低能态，作为强化烧结的新工艺，所以又称为反应烧结（reactive sintering）或强化烧结（intensified sintering）。活化烧结所采用的物理方法有电场烧结、磁场烧结、超声波或辐射等作用下的烧结等。所采用的化学方法有以氧化还原反应，氧化物、卤化物和氢氧化物的离解为基础的化学反应，以及气氛烧结等。它具有降低烧结温度、缩短烧结时间、改善烧结效果等优点。对某些陶瓷材料，它又是一种有效的织构技术。也有利用物质在相变、脱水和其他分解过程中，原子或离子间结合被破坏，使其处于不稳定的活性状态。如使其比表面积提高、表面缺陷增多；加入可在烧结过程中生成新生态分子的物质；加入可促使烧结物料形成固溶体或增加晶格缺陷的物质，皆属活化烧结。另外，加入可形成活性液相的物质，促进物料玻璃化；适当降低液相黏度，润湿固相促进固相溶解和重结晶等，也均属活化烧结。

（4）活化热压烧结　活化热压烧结（activated hot pressing sintering）是在活化烧结的基础上又发展起来的一种新工艺。利用反应物在分解反应或相变时具有较高能量的活化状态进行热压处理，可以在较低温度、较小压力、较短时间内获得高密度陶瓷材料，是一种高效率的热压技术。例如，利用氢氧化物的分解反应进行热压制成钛酸钡、锆钛酸铅、铁氧体等电子陶瓷；利用碳酸盐分解反应热压制成高密度的氧化铍、氧化钍和氧化铀陶瓷；利用某些材料相变时热压制成高密度的氧化铝陶瓷等。

6.4 热工设备

随着现代陶瓷工业的发展，烧成陶瓷窑炉的种类日益增多，本节将介绍间歇式窑炉和连续式窑炉。

6.4.1 间歇式窑炉

间歇式窑炉包括有电炉、倒焰窑、钟罩窑、梭式窑等。其优点是：热工制度易于调整，灵活性大；烧成时窑内温度分布较均匀；基建投资少。缺点是：砌筑体（窑墙、窑顶）蓄积热量大；烟气带走热量多，效率低；单位制品燃料消耗高；装出窑操作劳动强度大。

6.4.1.1 电炉

电炉（electric furnace）是电热窑炉的总称。一般是通过电热元件把电能转变为热能，可分为电阻炉、感应炉、电弧炉等。

（1）电阻炉　电阻炉是当电源接在导体上时，导体就有电流通过，因导体的电阻而发热的一种电热设备。根据炉膛形状可分为箱式电阻炉和管式电阻炉。

箱式电阻炉的炉膛为六面体结构，靠近炉膛内壁放置电热体，通电后发出的热量直接辐射给被加热的制品（图 6.24）。按照加热温度的不同一般分为三种类型，温度高于1000℃称为高温箱式电阻炉，温度在 600 ～ 1000℃之间称为中温箱式电阻炉，温度低于

600℃称为低温箱式电阻炉，以满足不同热处理温度的需要。

管式电阻炉的炉膛为一根长度大于炉体的管状体，其管状体可以是陶瓷管、石英管。发热体通常布置在管子的周围（图 6.25）。

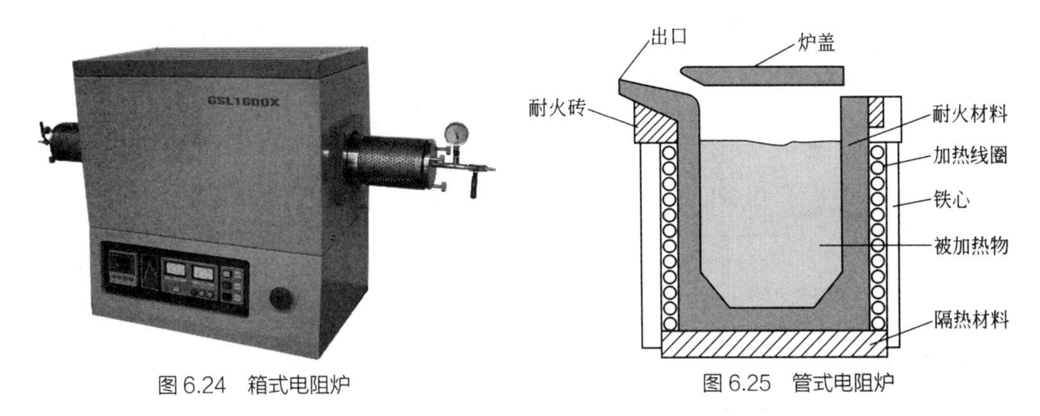

图 6.24 箱式电阻炉　　图 6.25 管式电阻炉

（2）感应炉　感应炉是利用物料的感应电热效应而使物料加热或熔化的电炉（图 6.26）。感应炉采用的交流电源有工频（50Hz 或 60Hz）、中频（150 ～ 10000Hz）和高频（高于 10000Hz）三种。在感应炉中的交变电磁场作用下，物料内部产生涡流，从而达到加热或者熔化的效果。感应炉通常分为感应加热炉和熔炼炉。

若加热金属物料，则将其放在耐火材料制作的坩埚中。加热非金属材料，则将物料放在石墨坩埚中。增加交流电频率时，感应电流频率则相应提高，产生的热量增多。

感应炉加热迅速，温度高，操作控制方便，物料在加热过程中受污染少，能保证产品质量。主要用于熔炼特种高温材料。用 $LaCrO_3$ 及石墨棒在真空或保护气氛下可加热至 2000℃。

图 6.26 感应炉

（3）电弧炉　电弧炉是利用电极电弧产生的高温的电炉（图 6.27）。气体放电形成电弧时能量很集中，弧区温度在 3000℃以上。一般用碳素电极或石墨电极。电弧发生在电极与被熔炼的炉料之间，炉料受电弧直接加热，电弧长度靠电极升降调节。

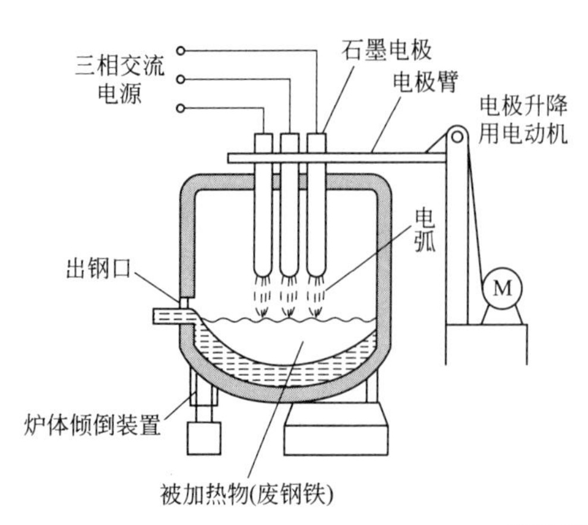

图 6.27 电弧炉

6.4.1.2 倒焰窑

坯体自装好至出窑前一直停在窑内，当烟气流经坯体时，以对流与辐射的方式将热量传递给坯体。因火焰在窑内倒流，故称为倒焰窑（图 6.28）。其工作过程是将需要烧制的砖坯由窑门运到窑里，按码砖规则码好，然后加热，将煤加入燃烧室的炉箅上，一次助燃空气由燃烧室下面的灰坑穿过炉箅，通过煤层并使之燃烧，燃烧产物自喷火口喷至窑顶，再自窑顶经过坯体倒流至窑底，经吸火孔、支烟道及主烟道流向烟囱底部，最后由烟囱排出，当烧制过程完成后，就停止加煤，使砖坯冷却，冷却到一定温度后出窑。

倒焰窑遵循“垂直分流法则”。其燃烧产物的自上而下的流动方式有利于倒焰窑内横截面上的温度分布均匀。但是如果由于码垛不当等原因造成各通道间阻力差别较大时，仅靠“垂直分流法则”的作用是不能达到自动调节倒焰窑横截面上温度分布的目的的。

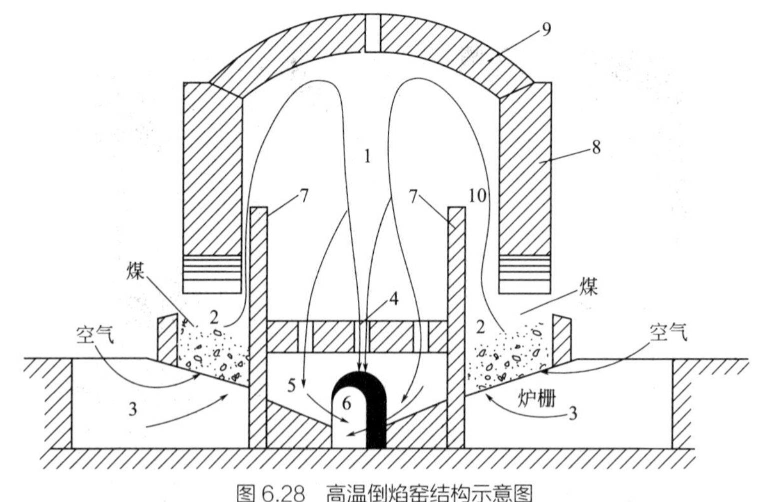

图 6.28 高温倒焰窑结构示意图

1—窑室；2—燃烧室；3—灰坑；4—窑底吸火孔；
5—支烟道；6—主烟道；7—挡火墙；8—窑墙；9—窑顶；10—喷火口

6.4.1.3 梭式窑

梭式窑是由窑室和窑车两大部分组成的，坯件码放在窑车棚架上，推进窑室内进行烧成，在烧成并冷却之后，将窑车和制品拉出窑室外卸车，窑车的运动犹如织布机上的梭子，故称为梭式窑（图 6.29）。其工作过程为装好坯体的窑车被推入窑内后开始点火燃烧，燃料通过烧嘴燃烧产生的高温热烟气从窑车两侧与窑墙之间的缝隙流到窑车的顶部以后，在烟囱抽力的作用下再通过窑车上坯体之间的缝隙向下流动，在此过程中，热烟气把热量以对流传热和辐射传热的形式传给窑车上的坯体，烟气完成传热后的热烟气其本身变为废气，最后从排烟系统和烟囱排向大气。待冷却以后再将窑车拉出窑外，卸下烧好的产品，再准备下一个循环的烧制过程。

梭式窑窑具结构多种多样，采用的材料也各不相同。烧制卫生陶瓷的梭式窑常使用堇青石－莫来石质或碳化硅质的空心长立柱、棚板及薄形多孔板；使用重结晶碳化硅质或氮化硅结合碳化硅质的横梁、各种形状的支凳、棚板联锁件等窑具来支承和固定制品。梭式窑由于常是多层码装，故棚架多层，高度较大，因此棚架的稳固性十分重要。

梭式窑对烧成制品适应性强，能适应不同尺寸、形状和材质制品的烧成。它既可用作生产的主要烧成设备，特别适合小批量、多品种的生产，满足市场多样化的需求，又可作为辅助烧成设备，例如产品的重烧和新产品的试生产使用，是陶瓷行业不可缺少的烧成设备。

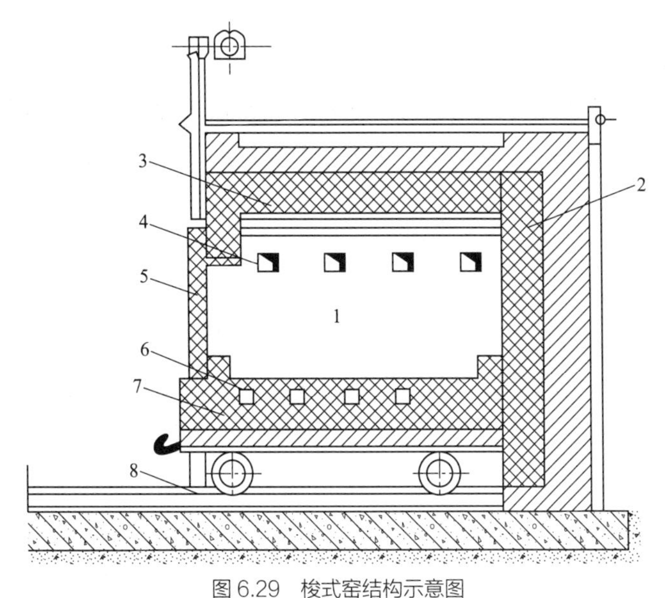

图 6.29 梭式窑结构示意图

1—窑室；2—窑墙；3—窑顶；4—烧嘴；5—升降窑门；6—支烟道；7—窑车；8—轨道

6.4.1.4 钟罩窑

钟罩窑是一种窑墙、窑顶构成整体像一个钟罩，并可移动的间歇窑，故称为钟罩窑（图 6.30）。其结构基本上与传统的圆形倒焰窑相同。钟罩窑常备有两个或数个窑底，在每个窑底上都设有吸火孔、支烟道和主烟道。窑底结构分为窑车式和固定式两种。

图 6.30 钟罩窑

窑车式钟罩窑是先通过液压设备将窑罩提升到一定程度，将装载坯体的窑车推至窑罩下，降下窑罩，严密砂封窑罩与窑车之间接合处，即可开始点火烧成。烧成制品经冷却至一定温度后，将窑罩提起，推出窑车，并推入另一辆已装好坯体的窑车。固定式钟罩窑是窑罩运动移至装载好坯体的固定窑底上，密封窑底与窑罩，即可点火焙烧。制品经烧成冷却后，再将窑罩吊起，移至另一个固定窑底上，用于另一座窑的烧成。

钟罩窑的特点是：适应性强，可根据不同产品的工艺要求改变工艺制度；利用率高，由两台窑车轮换烧成；密封性好，无窑门，窑内温差小，特别适合高温及特殊气氛烧成；容易搬迁，转售价高于其他形式窑炉；车下排烟，减少上下温差，易于控制窑内压力。

6.4.2 连续式窑炉

连续式窑炉按照制品的输送方式可分为隧道窑、辊道窑和推板窑。与传统的间歇式窑炉相比，连续式窑炉具有连续操作性、易实现机械化、大大改善了劳动条件和减轻了劳动强度、降低了能耗等优点。

6.4.2.1 隧道窑

隧道窑是一个长长的，由耐火材料、保温材料和建筑材料砌筑而成的在内装有窑车等运载工具的隧道。工作时，运载工具（窑车）上装载有待烧的制品以及一些必要的待烧的制品坯体，随运载工具从隧道窑的一端（窑头）进入，在窑内完成制品的烧制以后，从隧道窑的另一端（窑尾）随运载工具（窑车等）输出，而后卸下烧制好的产品，卸空的运载工具（窑车）返回窑头继续装载新的坯体后再入窑内煅烧。

任何隧道窑都可划分为三带：预热带、烧成带、冷却带。坯体在通过预热带的过程中，与来自烧成带燃料燃烧产生的烟气接触，逐渐被加热，完成坯体的预热过程；然后坯体在烧成带借助燃料燃烧所释放出的热量，达到所要求的最高烧成温度，完成坯体的烧成过程；高温烧成的制品进入冷却带，与从窑尾鼓入的大量冷空气进行热交换，完成坯体的冷却过程。隧道窑如图 6.31 所示。

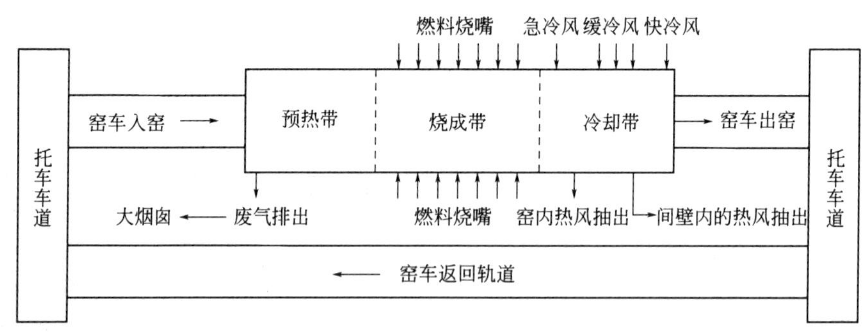

图 6.31 隧道窑

隧道窑的特点是：连续性生产，产量大；工作制度稳定，成品率较高；结构复杂，占地面积大，投资大；能耗低，制品烧成周期短，总成本低；产品适应性差。

6.4.2.2 辊道窑

辊道窑是以转动的辊棒作为坯体运载工具的隧道窑。用许多平行排列转动的辊棒组成的辊道来代替窑车，陶瓷产品靠辊棒的转动使陶瓷从窑头传送到窑尾，故而称为辊道窑。坯体可以直接放在辊道上，也可以放在垫板上，由传动系统使辊棒转动，被烧制的坯体向前移动，经预热带、烧成带和冷却带冷却后出窑。辊道窑如图 6.32 所示。

(a) 辊道窑实物图

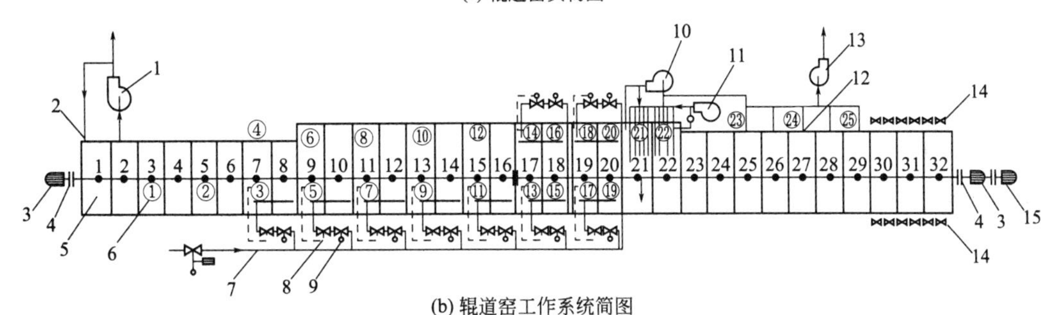

(b) 辊道窑工作系统简图

图 6.32　辊道窑生产工艺流程

1—排烟机；2—窑头封闭气幕；3—可调速电动机；4—电磁离合器；
5—窑体模块；6—测温热电偶；7—燃气管道；8—下游电磁阀；9—上游电磁阀（最小量电磁阀）；
10—热风循环风机；11—急冷风机；12—抽热风口；13—抽热风机；14—窑尾轴流式冷却风机；15—备用电动机系统

辊道窑优点主要包括以下几点。

（1）温差小。由于断面呈扁平形，制品一般为单层烧成，故基本上不存在上下温差；辊子的上下能同时加热，制品裸烧不装匣钵；传热速度加快，窑内断面温度均匀，故大大缩短了烧成时间；由于没有窑车，没有车下漏风，所以也保证了窑内上下温度的均匀。

（2）节能。由于辊道窑广泛采用新型轻质耐火材料，取消了窑车和匣钵，辊道窑属于中空窑，窑内阻力小，压降小，故窑内的正负压都不大，加上无曲封、车封、砂封等空隙，窑体密封性好，大大提高了热利用率。

（3）机械化、自动化程度高。不仅降低了工人的劳动强度，而且保证了产品质量的稳定，辊道窑能与前后工序连成完整的生产线，大大提高效率。

（4）经济效益高。辊道窑占地面积小，结构简单，建造快（一般不超过 3 个月），因而见效快，经济效益十分明显。

（5）使用的燃料为清洁燃料。环境污染程度降低。

辊道窑相对于隧道窑有一些特别的优点，首先辊道窑所占有的市场比例已逐渐增加，对于陶瓷工业，一般使用辊道窑能取得全自动的生产，与隧道窑相比，辊道窑没有吸热量

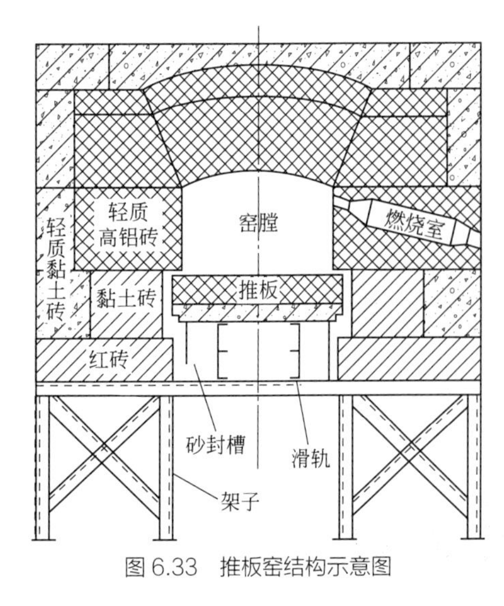

图 6.33 推板窑结构示意图

很大的窑车和一些重质的耐火材料，具有更短的烧成周期和更低的能量消耗。

6.4.2.3 推板窑

推板窑是以耐火材料制成，推板放在窑底上作运载工具，制品放在彼此相连的推板上，由推进机推入窑内。多为隔焰，截面较小。其结构示意图如图 6.33 所示。

推板窑的优点是密封性好，温度均匀，结构简单，操作方便，易于机械化和自动化。缺点是推板易磨损，使推板和窑底间的摩擦阻力增加，易罗叠。有的工厂在推板下设置金属滑块，窑底上有滑轨，滑块载着推板在滑轨上滑走，摩擦较小。

推板窑一般长 30m 以下，宽小于 1m，高不超过 0.5m。太宽，则加热或冷却时推板温度不均匀，易开裂。预热带上部有排气孔，用来排除制品在加热时放出的水汽和分解出来的气体。

思考题

6-1 陶瓷坯体在烧成过程中要经历哪些物理化学过程？

6-2 为什么低温烧成阶段对气氛性质无特殊要求？

6-3 为什么普通陶瓷在 500 ～ 700℃时升温速度要慢，而制品冷却时在 700℃以上可以急冷？

6-4 间歇式窑炉和连续式窑炉各有何优缺点？

6-5 普通陶瓷烧成中，什么是中性焰、氧化焰、还原焰？

6-6 普通陶瓷烧成中，烧还原焰的目的是什么？

6-7 非氧化陶瓷为什么通常在惰性气体中烧成？

6-8 烧成过程中出现的液相有何作用？

6-9 什么是一次烧成和二次烧成？它们各自的优缺点是什么？

6-10 低温烧成的目的是什么？生产中需采用哪些措施保证低温烧成产品的质量？

6-11 普通陶瓷快速烧成必须满足的工艺条件有哪些？

6-12 普通陶瓷制品在烧成过程中容易产生的缺陷有哪些？产生的原因是什么？如何排除？

6-13 特种陶瓷有哪些烧成方法？各自有何特点？

6-14 综述特种陶瓷烧成新技术的研究进展。

陶瓷的装饰、加工及改性

陶瓷装饰方法很多，它们各有其艺术特点。同时，陶瓷材料是由粉末加工、成型后经高温烧结而成的，由于烧结收缩率大，无法保证烧结后瓷体尺寸的精确度。因此，陶瓷都有尺寸和表面精度要求，烧结后需要进行再加工。

但由于包括工程陶瓷在内的所有陶瓷，晶体结构几乎都是离子键和共价键组成，这类材料具有高硬度、高强度、脆性大的特性，属于难加工材料。因此，对于陶瓷制品的加工已成为一种新兴的工艺技术，涉及许多相关的先进理论与方法。陶瓷材料的加工方法见表 7.1。

表 7.1　陶瓷材料的加工方法

分类方式	加工方法		
机械	磨料加工	固结磨料加工	磨削
			珩磨
			超精加工
			砂布砂纸加工
		悬浮磨料加工	研磨
			超声波加工
			抛光
			滚筒抛光
	刀具加工	切削加工、切割	
化学	蚀刻、化学研磨、化学抛光		
光化学	光刻		
电化学	电解研磨、电解抛光		
电学	电火花加工、电子束加工、离子束加工、等离子体加工		
光学	激光加工		

7.1 陶瓷装饰

7.1.1 陶瓷颜料

陶瓷颜料是指在陶瓷制品上使用的颜料通称，它包括釉上、釉下以及使釉料和坯体着色的颜料。陶瓷颜料是由色基和熔剂配合制成的。其中色基是以着色剂和其他原料配合，经煅烧后而制得的无机着色材料。着色剂是使陶瓷胎、釉、颜料呈现各种颜色的物质。

陶瓷颜料的种类很多，国内外至今没有统一分类标准。目前最常用的是按矿相类型分类，从这种分类方法可以看到陶瓷颜料的概貌。

（1）简单化合物类型颜料　这一类颜料是指过渡元素的着色氧化物、氯化物、碳酸盐、硝酸盐以及氢氧化物。此外，一些铬酸盐（如铬酸铅红）、铀酸盐（如铀酸钠红）、硫化物等也归属这一类。

简单化合物颜料在烧成时，除了少数外，一般是不耐高温的，抵抗还原气氛与耐釉的酸碱侵蚀能力也弱。因此，陶瓷工业上很少直接使用简单化合物颜料，而是用它来制造性能好的其他类型的颜料。

（2）固溶体单一氧化物类型颜料　简单化合物颜料中的着色氧化物或其相应盐类常可以与另一种耐高温的氧化物化合（固溶）而形成稳定的固溶体。这种固溶体虽由两种氧化物合成，但用X射线鉴定时，只表现为一种氧化物晶格，故命名为固溶体单一氧化物类型颜料。这种颜料一般情况下是耐高温的，但对气氛与熔体侵蚀的稳定性则各不相同，差异很大。

（3）尖晶石型颜料　通常尖晶石型颜料具有耐高温、对气氛敏感性小与化学稳定性好的特性。因而被认为是一种良好的陶瓷颜料。属于尖晶石类型的颜料有铬铝锌红、锌钛黄、孔雀蓝等。

（4）钙钛矿型颜料　这类颜料是指以钙钛矿 $CaO \cdot TiO_2$ 或钙锡矿 $CaO \cdot SnO_2$ 为载色母体的颜料。例如，Cr_2O_3 与钙锡矿固溶形成铬锡红颜料，用X射线衍射鉴定时，只表现为钙锡矿母体的衍射特征。

（5）硅酸盐类颜料　这类颜料有两种构成形式：一种是着色氧化物与硅酸盐矿物母体形成固溶体；另一种是着色氧化物参与形成硅酸盐化合物。前者如橄榄石型钴镁红等，后者如柘榴石型铬绿等。

7.1.2 色釉

在无色透明釉或乳白釉料中引入适量的颜料即为色釉。色釉是陶瓷简便而廉价的装饰方法。但从装饰艺术来看，显得单调且易发生“露白”现象。

（1）按烧成温度分类　分为高温颜色釉（1300℃左右）、中温颜色釉（1200℃左右）

和低温颜色釉（1000℃左右）。若以1250℃为界，可分为低温色釉和高温色釉两类。

（2）按烧成后的火焰性质分类　分为氧化焰颜色釉、还原焰颜色釉两种。

（3）按着色机理分类　分为离子着色色釉、胶体着色色釉、晶体着色色釉三种。

7.1.3　彩绘

（1）釉上彩　在釉烧过的釉面上用低温颜料进行彩绘，然后在不高的温度下进行彩烧的方法称为釉上彩。釉上彩的彩烧温度低，许多陶瓷颜料可用，故色调极其丰富多彩。此外，彩绘是在强度高的陶瓷釉面进行的，故除手工绘画外，其他装饰方法均可采用。

（2）釉中彩　釉中彩又名高温快烧颜料。这种陶瓷颜料的熔剂成分不含铅，是在陶瓷釉面上进行彩绘后，在1060～1250℃温度下快速烤烧而成（一般在最高温度阶段不超过0.5h）。在高温快烧的条件下，制品釉面软化熔融，使陶瓷颜料渗透到釉层内部，冷却后釉面封闭，颜料便自然地沉在釉中，具有釉中彩的实际效果。

（3）釉下彩　釉下彩是在素烧坯或未烧的坯体上进行彩绘，然后施上一层透明釉，高温（1200～1400℃）烧成。釉下彩所用彩料是由颜料、胶结剂与描绘剂等组成的。胶结剂是指能使陶瓷颜料在高温烧成后能够黏附在坯体上的组分，常用的有釉料、长石等熔剂。描绘剂是指在彩绘时能使陶瓷颜料展开的组分，如茶汁、阿拉伯树胶、甘油与水等。

7.1.4　贵金属装饰

用金、铂、钯和银等贵金属在陶瓷釉上进行装饰，一般只限于一些高级细瓷和礼品瓷等制品。用金装饰陶瓷有亮金、磨光金与腐蚀金等方法，使用的金饰彩料只有金水与粉末金两种。

（1）亮金（金水）　亮金装饰是指金着色材料，在适当的温度下彩烧后可以直接获得发金光的金属层装饰法。

金水的使用方法与釉上彩绘彩料相同，直接用毛笔涂画即可，故很方便。金水在30s内就干燥成褐色的亮膜，在彩烧后褐色亮膜被还原成发亮的金层。陶器用金水彩烧温度为600～700℃，而瓷器用金水彩烧温度可达700～850℃。

（2）磨光金（无光金、厚质金）　磨光金经过彩烧后金层是无光的，因必须经过抛光才能获得金子的光泽而得名。

7.1.5　晶化釉

（1）结晶釉　结晶釉是在基础釉中引入一种或两种以上的结晶剂，使其在釉的熔融过程中过饱和，在冷却过程中析出，形成结晶花纹。

（2）砂金釉　砂金釉是微晶结晶釉，是釉内结晶呈现金子光泽的细结晶的一种特殊釉，因其形状同自然界的砂金石相似而得名。其微晶通常为Fe_2O_3，也有Cr_2O_3或铀酸钠。

7.2 陶瓷的机械加工法

7.2.1 陶瓷的切削加工

陶瓷切削加工的特点如下。

（1）陶瓷材料具有很高的硬度、耐磨性，对于一般工程陶瓷的切削，只有超硬刀具材料才能够胜任。

（2）陶瓷材料是典型的硬脆材料，其切削去除机理是：刀具刃口附近的被切削材料易产生脆性破坏，而不是像金属材料那样产生剪切滑移变形，加工表面不会由于塑性变形而导致加工变质，但切削产生的脆性裂纹会部分残留在工件表面，从而影响陶瓷零件的强度和工作可靠性。

（3）陶瓷材料的切削特性由于材料种类、制备工艺不同而有很大差别，从机械加工的角度来看，断裂韧性较低的陶瓷材料容易切削加工。

陶瓷与金属材料在切削加工方面存在着显著的差异，由于工程陶瓷材料硬度高、脆性大，车削难以保证其精度要求，表面质量差，同时加工效率低，加工成本高，所以车削加工陶瓷零件应用不多。

陶瓷材料的切削首先应选择切削性能优良的新型切削刀具，如各种超硬高速钢、涂层硬质合金、金刚石和超硬陶瓷材料等。

首先，对陶瓷材料进行精车时，必须使用天然单晶金刚石刀具，采用微切削方式；其次，车削陶瓷时，在正确选择刀具的前提下，还要考虑选择合适的刀具几何参数，由于切削陶瓷材料时，刀具磨损严重，可适当加大刀具圆弧半径，以增加刀尖的强度和散热效率。

7.2.2 陶瓷的磨削加工

磨削加工，是用高硬度的磨粒、磨具来去除工件上多余材料的方法。在磨削过程中，大体可分为三个阶段：弹性变形阶段（磨粒开始与工件接触）、刻划阶段（磨粒逐渐切入工件，在工件表面形成刻痕）、切削阶段（法向切削力增加到一定程度，切削物流出）。

在磨削陶瓷和硬金属等硬脆材料时，磨削过程及结果与材料剥离机理紧密相关。材料去除剥离机理是由材料特性、磨料几何形状、磨料切入运动以及作用在工件和磨粒上的机械及热载荷等因素的交互作用决定的。

7.2.2.1 陶瓷的磨削机理

陶瓷属于硬质材料，其磨削机理与金属材料有很大的差别，两者磨削机理如图 7.1 所示。在陶瓷磨削过程中，材料脆性剥离是通过空隙和裂纹的形成或延展、剥落及碎裂等方式来完成的，具体方式主要有以下几种：晶粒去除、材料剥落、脆性断裂、晶界微破碎等。在晶粒去除过程中，材料是以整个晶粒从工件表面上脱落的方式被去除的；金属材料依靠磨粒切削刃引起的剪切作用产生带状或接近带状的切屑，而磨削陶瓷时，在磨粒切削刃撞击工件瞬间，材料内部就产生裂纹，随着应力的增加，间断裂纹的逐渐增大、连接，从而形成局部剥落。

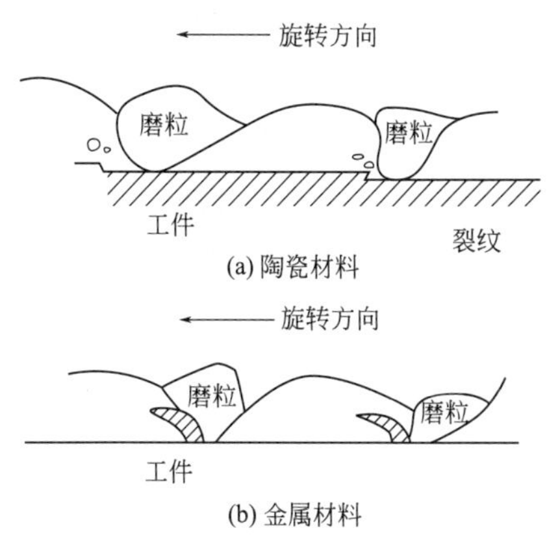

图 7.1 陶瓷材料和金属材料的磨削机理

因此，从微观结构来看，可加工陶瓷材料的共同特点是：在陶瓷基体中引入特殊的显微结构，如层状、片状、主裂纹，耗散裂纹扩展的能量，使扩展终止。微裂纹连接成网络层，使材料容易去除，最终提高了陶瓷的可加工性。

7.2.2.2 磨削加工设备

（1）砂轮和磨料的选择　陶瓷的磨削加工一般选用金刚石砂轮。一方面，金刚石砂轮磨削剥离材料是由于磨粒切入工件时，磨粒切削刃前方的材料受到挤压，当应力值超过陶瓷材料承受极限时被压溃，形成碎屑；另一方面，磨粒切入工件时由于压应力和摩擦热的作用，磨粒下方的材料会产生局部塑性流动，形成变形层。当磨粒划过后，由于应力的消失，引起变形层从工件上脱落，形成切屑。

对于磨料的选择，就粒度的标准而言，依精磨和粗磨的要求不同而不同。磨料粒度越大，研磨后工件表面粗糙度越高，磨料滚动嵌入工件并切削的能力越强，研磨量也越大，而过细的颗粒在研磨中不起作用。粗磨时金刚石的粒度为 80 ～ 140 目；精磨时的粒度为 270 ～ 400 目。球形颗粒的金刚石粉，研磨效果较好。

就黏结剂而言，当加工的材料很脆且出现大量磨屑和砂轮磨损，影响工件质量时，采用金属黏结剂；对于 Si_3N_4 和 SiC，使用树脂黏结剂。加工表面粗糙度要求很高时，也用树脂黏结剂。就硬度而言，对于平行砂轮，选择硬度高一些的；对于杯形砂轮，选择硬度低一些的。

（2）磨削工艺及条件的选择

① 砂轮磨削速度。随着磨削速度的增大，法向磨削力和切向磨削力均减小，但趋势逐渐变缓。这主要是因为随磨削速度的增大，一方面使磨粒的实际切削厚度减小，降低了每个磨粒上的切削力；另一方面产生高温，提高了陶瓷材料的断裂韧性，增加了塑性变形。

加工陶瓷材料比加工金属材料的转速要适当低一些。如果采用冷却液，使用树脂黏结剂的砂轮，转速范围为 20 ～ 30m/s。应该避免无冷却液磨削的情况，但有特殊情况非采用不可时，砂轮的转速要比有冷却液磨削的转速低很多。

② 工件给进速度。随着工件进给速度的增加，法向磨削力和切向磨削力均增大，可大大提高磨削效率，但趋势逐渐变缓。而工件进给速度较高时，磨削力总的增加幅度不大，比磨削刚度增大。国内有学者指出：在加工 Al_2O_3 和 Si_3N_4 时，随着工件进给速度的提高，磨削力有明显的增长，但随后当继续增大工件进给速度时，由于磨粒实际切削厚度增大，脆性剥落增多，故磨削力减小。

③ 冷却液的选择。由于磨削加工速度高，消耗功率大，其能量大部分转化为热能。在磨削加工中，磨削液的适当选用有利于降低磨削温度、减小磨削力、提高工件的表面质量、延长砂轮的使用寿命。研究表明，磨削液的渗透能力越强，磨削力越小。

④ 磨削深度 α_p。研究表明，法向切削力 F_n 与磨削砂轮的实际磨削深度 α_p 存在以下关系：

$$F_n = F_0 + C_\alpha \alpha_p \tag{7.1}$$

式中，C_α 是由磨削条件所决定的常数；F_0 是当实际切深度 α_p 为零时的值。

从式中可以看出，当增大切削深度时，磨削力和力比均增大。当磨削深度很微小时，由于陶瓷发生显微塑性变形，磨削力很小。增大磨削深度，使得参与磨削的有效磨粒数量增多，同时接触弧长增大，磨削力将呈线性增加。

⑤ 磨削方式、方向及机床刚性。磨削方式不同导致磨削特性不同，如平磨时，采用杯式砂轮一般比直线砂轮磨削的表面粗糙度要好，效率高，可以降低成本。磨削过程中会产生裂纹，对材料的强度产生影响，但与方向有关。磨削方向如果是顺材料成型时所施加压力的方向运动，比逆材料成型时施加压力的运动造成的断裂程度少得多。

7.2.3 陶瓷的研磨

研磨加工是介于脆性破坏与弹性去除之间的一种精密加工方法。它是利用涂覆或压嵌游离磨粒与研磨剂的混合物在一定刚性的软质研具上，研具与工件向磨粒施加一定压力，磨粒滚动与滑动，从被研磨工件上去除极薄的余量，以提高工件的精度和降低表面粗糙度的加工方法。研磨加工示意图如图 7.2 所示。

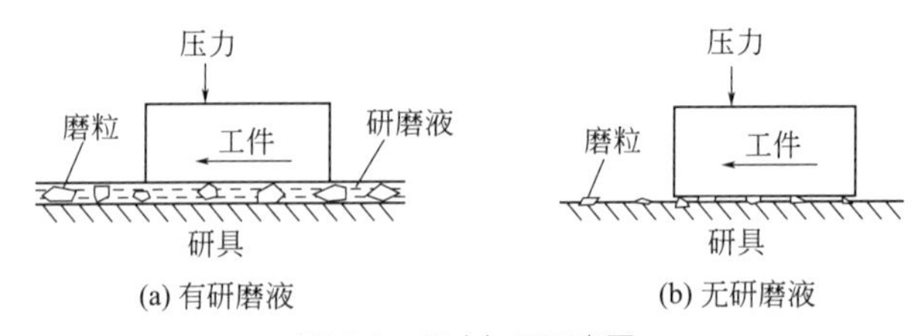

图 7.2 研磨加工示意图

研磨加工一般使用较大粒径的磨粒，磨粒曲率半径较大，在研磨硬脆材料时，通过磨粒对工件表面交错地进行切削、挤压、划擦，从而使工件表面产生塑性变形和微小裂纹，生成微小碎片切屑。工程陶瓷材料韧性差，其强度很容易受表面裂痕的影响，但加工过程中往往造成加工表面有微裂纹，且裂纹会引起应力集中，使裂纹末端应力增大。因此，研磨不仅是为了达到一定的表面粗糙度和高的形状精度，而且也是为了提高工件的强度。

研磨过程材料剥离的机理主要是以滚碾破碎为主。磨粒越粗，材料剥离率越大，研磨效率越高，但表面粗糙度增大；磨粒硬度越高，研磨效率越高，但却容易使球面出现机械损伤，导致表面粗糙度相对较低。所以，在粗研时，一般选用磨粒较粗、硬度较高的磨料，以提高效率；而在精磨时选用磨粒较细、硬度较低的磨料，以提高表面质量。

研磨工程陶瓷用的磨料一般采用 B_4C 和金刚石粉，磨料粒度范围为 250 ～ 600 目，冷却液可选用煤油或机油。但对于较大尺寸的制品，不适合采用端面研磨机加工，通常采用研磨砂布进行加工。

7.2.4 陶瓷的抛光

抛光是使用微细磨粒弹塑性的抛光机对工件表面进行摩擦，使工件表面产生塑性流动，生成细微的切屑。

抛光的方法很多，一般的抛光使用软质、富于弹性或黏弹性的材料和微粉磨料。如利用细绒布垫、磨料镶嵌或粘贴于纤维间隙中，不易产生滚动，其主要作用机理以滑动摩擦为主，利用绒布的弹性与缓冲作用，紧贴在瓷件表面，以去除前一道工序所留下的瑕疵、划痕、磨纹等加工痕迹，获得光滑的表面。抛光加工基本上是在材料的弹性去除范围内进行的。

抛光加工主要用于制备许多精密零件如硅芯片、集成电路基板、精密机电零件等的重要工件。

7.3 陶瓷的特种加工技术

随着高性能陶瓷材料的不断涌现，现代高科技产业对陶瓷材料，特别是在航空航天、化工机械、陶瓷发动机、生物陶瓷、微波介质、超大规模集成电路等领域，对工程陶瓷提出了越来越高的要求，如超高的机械强度、平整光洁的表面、精确的几何尺寸等，对其加工提出了更为苛刻的要求。同时由于受其自身化学键和微观结构的影响，陶瓷的脆硬性导致了其加工效率低、成本高，这对机械加工技术提出了新的要求。

因此，一些先进的特种加工技术应运而生，如电火花加工、电子束加工、激光加工、超声波加工、等离子体加工等。

7.3.1 电火花加工

电火花加工又称为放电加工。该加工方法使浸没在工作液中的工具和工件之间不断产生脉冲性的火花放电，依靠每次放电时产生的局部、瞬间高温把金属材料逐次微量蚀除下来，进而将工具的形状反向复制到工件上。

电火花加工的原理是基于工件和工具（正、负电极）之间脉冲性火花放电时的电腐蚀现象来蚀除多余的金属，以达到对零件的尺寸、形状以及表面质量预定的加工要求。

电火花加工过程中电极和工件之间必须存在一个放电间隙，同时电极和工件分别联结在一个脉冲电源的正极和负极上，并且都处在有一定绝缘性的液体介质中。当两极间的电压大到击穿两极间间隙最小处或者绝缘强度最低的介质时，便在该局部发生火花放电，瞬时高温使电极和工件表面都蚀除掉一小部分金属，各自形成一个凹坑；当脉冲放电结束后，经过一个脉冲间隔时间，工作液恢复绝缘后，下一个脉冲电压又在电极和工件之间的绝缘强度最弱或者最近处发生击穿放电，这样持续的击穿放电便形成了整个加工过程，其放电加工示意图如图 7.3 所示。

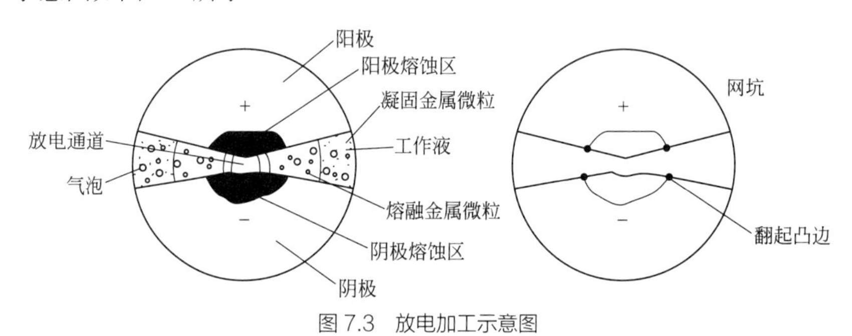

图 7.3 放电加工示意图

电火花加工采用在空间上和时间上相互分开的、不稳定或准稳定的一系列脉冲放电来进行材料蚀除加工。具体来说，电火花加工必须具备以下几个条件。

（1）放电必须是瞬时的脉冲性放电。脉冲宽度一般为 10^{-3} ～ 10^{-1}s，脉冲间隔因加工条件而异，但必须满足电离和散热条件，以保证加工能够稳定连续地进行。

（2）火花放电必须在有较高绝缘强度的介质中进行。传统的电火花加工认为液体介质是必不可少的，但近年来的研究表明，气体介质中的电火花加工是绿色电火花加工的一个研究热点。

（3）要有足够的放电强度，以实现金属局部的熔化和气化。

（4）工具电极与工件被加工表面之间要始终保持一定的放电间隙。

电火花加工具有许多传统切削加工所无法比拟的优点：由于电火花加工是基于脉冲放电时的电腐蚀原理，其脉冲放电的能量密度很高，因而可以加工任何硬、脆、韧、软、高熔点的导电材料，在一定条件下也可以加工半导体材料和非导电材料；电火花加工时，工具电极与工件材料不接触，二者之间宏观作用力极小，工件加工时不会产生变形，适用于加工薄壁工件；另外，工具电极材料也不必比工件材料硬，工具电极制造容易；脉冲放电的持续时间很短，放电产生的热量来不及传散，因而工件材料被加工表面受热影响的范围甚小，适用于加工热敏感性较强的材料；电火花加工电流脉冲参数能在一个较大的范围内调节，故可以在一台车床上同时进行粗、半粗及精加工。

7.3.2 电子束加工

电子束加工是在真空条件下，利用聚焦后能量密度极高（$10^6 \sim 10^9 W/cm^2$）的电子束，以极高的速度冲击到工件表面极小的面积上，在极短的时间（几分之一微秒）内，其能量的大部分转变为热能，使被冲击的大部分的工件材料达到数千摄氏度以上的高温，从而引起材料的局部熔化或气化。图 7.4 为电子束加工工作原理示意图。

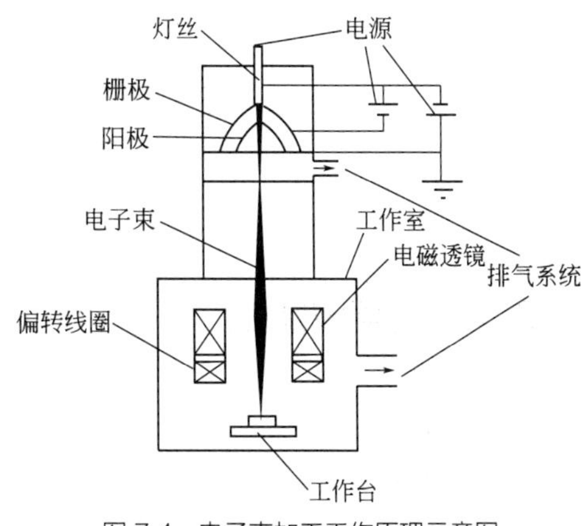

图 7.4 电子束加工工作原理示意图

电子束加工具有工件变形小、效率高、清洁等特点。通过控制电子束能量密度的大小与能量注入时间，可以达到不同的加工目的。

7.3.3 激光加工

激光加工是利用能量密度极高的激光束照射到被加工陶瓷工件表面上，工件局部表面吸收激光能量，使自身温度上升，从而能够改变工件表面的结构和性能，甚至造成不可逆的破坏。激光加工原理示意图如图 7.5 所示。

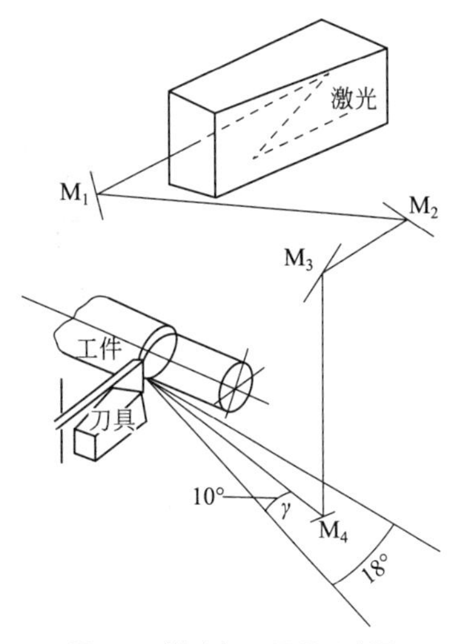

图 7.5 激光加工原理示意图

当前用于激光加工的激光器主要有三类，即 CO_2、Nd:YAG 和准分子（Kr、ArF）激光器，另外还有光纤激光器、飞秒激光器及半导体激光器等新型激光器。

一般加工工程陶瓷使用的是 CO_2 激光器，CO_2 激光有高的可用功率和长脉冲时间，可以进行高速加工。但 CO_2 激光易被工程陶瓷吸收且其工作焦点大，往往对工件易产生较大的热影响区，易使脆性高的工程陶瓷破裂。

在激光加工过程中，光斑的功率密度要达到 $10^4 \sim 10^7 W/cm^2$，而一般的激光器的输出功率在 $10^3 W/cm^2$ 左右，因此，必须将激光光束进行聚焦，以获得足够的功率密度。

与普通技术相比，激光加工技术具有以下不可比拟的优点。

（1）激光加工为无接触加工，其主要特点是无惯性，因此加工速度快、无噪声，并可以实现各种复杂形状物体的高精度加工。

（2）激光束可以聚焦到亚微米量级，光斑内的能量密度或功率密度极高，用这样小的光斑可以进行微区加工，也可以进行选择性加工。

（3）由于光束照射到物体表面是局部的，虽然加工部位的温度很高，但移动速度快，对非照射部位没有什么影响，因此其热影响区很小。

（4）激光加工不受电磁干扰，与电子束加工相比，其优越性就在于可以在大气中进行，在大工件加工中，使用激光加工比使用电子束加工要方便很多。

（5）激光易于导向聚焦和发散，根据加工要求可以得到不同的光斑尺寸和功率密度，通过外光路系统可以使光束改变方向，因而可以和数控机床机器人连接起来，构成各种加工系统。

7.3.4 超声波加工

超声波加工是在加工工具或被加工材料上施加超声波振动，在工具与工件之间加入液体磨料或糊状磨料，并以较小的压力使工具贴压在工件上。加工时，由于工具与工件之间存在超声波振动，迫使工作液中悬浮的磨粒以很大的速度和加速度不断撞击、抛磨被加工表面，加上加工区域内的空化作用和超压效应，从而产生材料去除效果。超声波与其他加工方法结合，形成了各种超声波复合加工方式。其中超声波磨削较适用于陶瓷材料的加工，其加工效率随着材料脆性的增大而提高。

超声波磨削加工是利用工具端面作超声频振动，通过磨料悬浮液加工硬脆材料的一种加工方法，其加工原理如图 7.6 所示。加工时，在工具和工件之间加入液体（水或煤油等）和磨料悬浮液，并使工具以很小的力轻轻压在工件上。超声波换能器产生 17 ～ 25kHz 以上的超声频纵向振动，并借助于变幅杆把振幅放大到 0.05 ～ 0.10mm，驱动工具端面作超声波振动，迫使工作液中的磨粒以很大的速度和加速度不断地撞击、抛磨被加工表面。

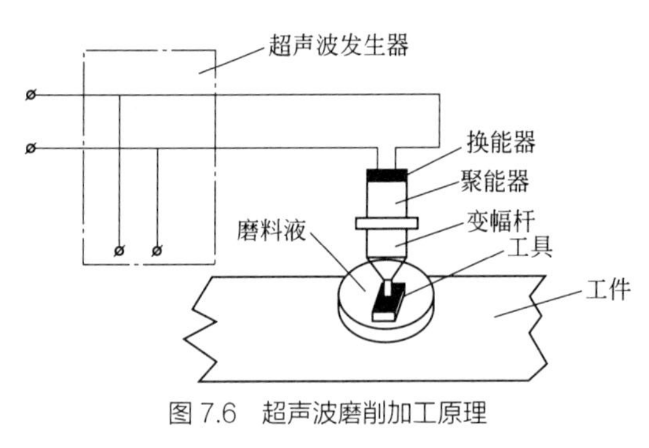

图 7.6 超声波磨削加工原理

超声波加工具有如下特点。

（1）适合加工各种硬脆材料，特别是不导电的非金属材料，如玻璃、陶瓷、石英、金刚石等。

（2）加工设备结构简单，操作、维修方便。

（3）工件表面的宏观切削力很小，切削应变、切削应力、切削热很小，不会在表面引起新的损伤层，可以得到高质量的表面，而且可以加工薄壁、窄缝零件。

7.4 陶瓷表面金属化

陶瓷表面金属化的目的主要包括制造电子元器件，用于电磁屏蔽和应用于装饰方面生产美术陶瓷。

陶瓷的金属化方法很多，在电容器、滤波器及印刷电路等技术中，常采用被银法。此外，还采用化学镀镍法、烧结金属粉末法、活性金属法、真空气相沉积和溅射法等。

7.4.1 被银法

被银法又称为烧渗银法。这种方法是在陶瓷的表面烧渗一层金属银，作为电容器、滤波器的电极或集成电路基片的导电网络。银的导电能力强，抗氧化性能好，在银面上可直接焊接金属。烧渗的银层结合牢固，热膨胀系数与瓷坯接近，热稳定性好。因此它在压电陶瓷滤波器、瓷介电容器、印刷电路的金属化上用得较多。但是被银法也有缺点，例如，金属化表面上的银层往往不均匀，甚至可能存在孤独的银粒，造成电极的缺陷，使电性能不稳定。

被银法的工艺流程如下。

（1）瓷件的预处理。瓷件金属化之前必须预先进行净化处理。清洗的方法很多，通常可用 70 ～ 80℃的热肥皂水浸洗，再用清水冲洗。也可用合成洗涤剂超声波振动清洗。小量生产时，可用乙醇浸洗或蒸馏水蒸洗。洗后在 100 ～ 110℃烘箱中烘干。当对银层的质量要求较高时，可放在电炉中煅烧到 550 ～ 600℃，烧去瓷坯表面的各种有机污物。对于独石电容，则可在轧膜、冲片后直接被银。

（2）银浆的配制。用于电子陶瓷的电极银浆，除了通常要求的涂覆性能、抗拉强度、易焊性外，有时更强调电容器的损耗角正切值（$\tan\theta$）不大于某一值，以及电容器的耐焊接热性能更好。

（3）银电极浆料的制备。将制备好的含银原料、溶剂和黏结剂按一定配比进行配料后，在刚玉或玛瑙磨罐中球磨 40 ～ 90h，使粉体粒度小于 5μm，并混合均匀。制备好的银浆不宜长期存放，否则会聚集成粗粒，影响质量。一般银浆有效储存期冬天为 30 天，夏天为 15 天。

（4）涂覆工艺。涂银的方法很多，有手工、机械、浸涂、喷涂或丝网印刷等。涂覆前要将银浆搅拌均匀，必要时可加入适量溶剂，以调节银浆的稀稠。由于一次被银，银层的厚度只有 2.5 ～ 3μm，并且难以均匀一致，甚至会产生局部缺银现象，因此生产上有时采用二被一烧、二被二烧和三被三烧等方法。一般二次被银可得到厚度达 10μm 的银层。

（5）烧银。烧银的目的是在高温作用下使瓷件表面上形成连续、致密、附着牢固、导电性良好的银层。烧银前要在 60℃的烘箱内将银浆层烘干，使部分溶剂挥发，以免烧银时银层起鳞皮。烧银设备可用箱式电炉或小型电热隧道窑。

银的烧渗过程可分为四个阶段：第一阶段由室温至 350℃，主要是烧除银浆中的黏结剂；第二阶段 350 ～ 500℃，这一阶段主要是碳酸银及氧化银分解还原为金属银，升温速度可稍快，但因仍有少量气体逸出，也应适当控制；第三阶段由 500℃到最高烧渗温度；第四阶段为冷却阶段。从缩短周期及获得结晶细密的优质银层来看，冷却速度越快越好。

但降温过快，要防止瓷件开裂，因此降温速度要根据瓷件的大小及形状等因素来决定，一般每小时不要超过 350 ～ 400℃。通常采用随炉冷却，以防止瓷件炸裂。

7.4.2 化学镀镍法

7.4.2.1 化学镀镍法的优点

电子陶瓷表面传统的金属化工艺通常采用镀银法，由于该工艺复杂、设备投资大、成本高，而且镀银层的可焊性较差，因此，提出了以化学镀镍代替镀银的工艺，其优点如下。

（1）镀层厚度均匀，能使瓷件表面形成厚度基本一致的镀层。

（2）沉积层具有独特的化学、物理和力学性能，如抗腐蚀、表面光洁、硬度高、耐磨良好等。

（3）投资少，简便易行，化学镀不需要电源，施镀时只需直接把镀件浸入镀液即可。

化学镀镍法适用于瓷介质电容器、热敏电阻等几种装置零件。化学镀镍是利用镍盐溶液在强还原剂（次磷酸盐）的作用下，在具有催化性质的瓷件表面上，使镍离子还原成金属，次磷酸盐分解出磷，从而获得沉积在瓷件表面的镍磷合金层。

7.4.2.2 化学镀镍的工艺流程

瓷件表面均匀地吸附一层具有催化活性的颗粒，这是表面沉积镍工艺的关键。为此，先使瓷件表面吸附一层 $SnCl_2$ 敏化剂，再把它放在 $PbCl_2$ 溶液中，使贵金属还原并附在瓷件表面上，成为诱发瓷件表面发生沉积镍反应的催化膜。

化学镀镍的工艺流程如下：陶瓷片→水洗→除油→水洗→粗化→水洗→敏化→水洗→活化→水洗→化学镀→水洗→热处理。

（1）表面处理。目的是除掉瓷件表面的油污和灰尘，以增加化学镀层和基体的结合强度。

（2）粗化。粗化的实质是对陶瓷表面进行刻蚀，使表面形成无数凹槽、微孔，造成表面微观粗糙，以增大基体的表面积，确保化学镀所需要的“锁扣效应”，从而提高镀层与基体的结合强度。

（3）敏化和活化（催化）。催化操作使陶瓷粉体表面具有活性，使化学镀反应能够在该表面进行。催化的好坏影响反应的进行，更会影响镀覆的质量，尤其是镀覆的均匀性。

（4）预镀。预镀是在瓷件表面形成很薄的均匀的金属镍膜，并清洗掉多余的活化液的过程。预镀液的组成为次亚磷酸钠 30g、硫酸镍 0.048g、水 1000mL，预镀 3 ～ 5min。

（5）终镀。终镀是在瓷件表面形成均匀的一定厚度的镍磷合金层。镀液有酸性和碱性两种。碱性镀液在施镀过程中逸出氨，使镀液的 pH 值迅速下降，为维持一定的沉积速率，必须不断地添加氨水。

（6）热处理。化学镀镍后形成的金属镍层与瓷件的结合强度较低，表面易氧化，镍层松软。经热处理后强度大大提高。

7.4.3 真空蒸发镀膜

真空蒸发镀膜又称为真空蒸镀，它是在功能陶瓷表面形成导电层的方法，如镀铝、镀金等，具有镀膜质量较高、简便实用等优点（图 7.7）。用真空溅射方法（如阴极溅射、高频溅射等），可形成合金和难熔金属的导电层以及各种氧化物、钛酸钡等化合物薄膜。

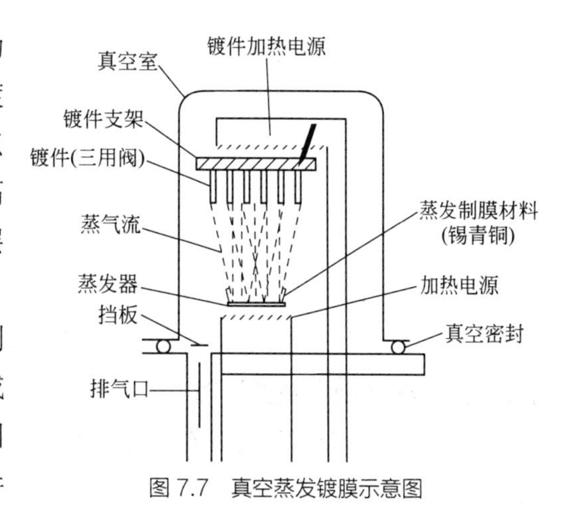

图 7.7 真空蒸发镀膜示意图

在真空状态下，将待镀材料加热后，达到一定的温度即可蒸发，这时待镀材料以分子或原子的形态进入空间，由于其环境是真空，因此，无论是金属还是非金属，在这种真空条件下，蒸发要比常压下容易得多。

7.5 陶瓷－金属封接技术

陶瓷－金属封接广泛用于真空电子技术、微电子技术、激光和红外技术、宇航工业、化学工业等领域。在陶瓷与金属的连接过程中，要选用适当的连接方法。

陶瓷与金属的连接方法有多种，不管采用哪种类型的封接工艺，都必须满足下列性能要求：电气特性优良，包括耐高电压，抗飞弧，具有足够的绝缘、介电性能等；化学稳定性高，能耐适当的酸、碱清洗，不分解，不腐蚀；热稳定性好，能够承受高温和热冲击作用，具有合适的线膨胀系数；可靠性高，包括足够的气密性、防潮性和抗风化作用等。

7.5.1 玻璃焊料封接

玻璃焊料封接又称为氧化物焊料法，即利用附着在陶瓷表面的玻璃相（或玻璃釉）作为封接材料。玻璃焊料适合于陶瓷和各种金属合金的封接（包括陶瓷与陶瓷的封接），特别是强度和气密性要求较高的功能陶瓷。如集成电路、高密度磁头的磁隙、硅芯片、底座、传感器、微波管、真空管、高压钠灯 Nb 管（针）与氧化铝透明陶瓷管的封接等。

7.5.1.1 玻璃焊料－金属封接条件

（1）两者的膨胀系数接近　一般来讲，在从室温到低于玻璃退火温度上限的温度范围内，玻璃和金属的膨胀系数尽可能一致，以便于制得无内应力的封接体。

（2）玻璃能润湿金属表面　润湿角 θ 是液体对固体润湿程度的度量。如图 7.8 所示，当 θ 小于 90º 时，发生浸润；当 θ 大于 90º 时，不发生浸润。在通常情况下，玻璃和纯金属表面几乎不润湿（润湿角 θ 很大），但在空气和氧气介质中，则润湿情况会出现明显改善，这是由于金属表面形成了一层氧化膜而促进润湿的缘故。衡量润湿性的优劣以润湿角表示。

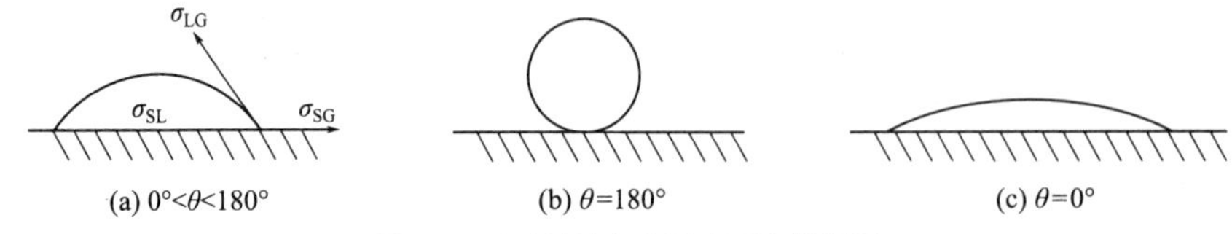

图 7.8　玻璃液滴在金属表面上的润湿

7.5.1.2　封接前金属的处理

要使玻璃－金属封接前有很好的润湿性能，金属的处理就显得尤为重要。金属材料的处理包括两部分：清洁处理和热处理。

（1）金属的清洁处理

① 机械净化。借助于机械摩擦来部分地除去材料表面的各种化合物及黏附着的污物。常用的办法是用砂纸擦，有时也用肥皂擦洗。

② 去油。常用碱液和有机溶液去油，碱液有氢氧化钠和氢氧化钾，将之加热至与油脂发生皂化作用而达到去油的目的。

③ 化学清洗。利用金属材料表面的污物在化学液体中的溶解来达到清洗的目的，可得到高度清洁的表面。

④ 电化学清洗。是将金属材料浸入特别配制的溶液中通电，使零件表面的金属和金属化合物脱离零件，从而获得高度清洁的表面。

⑤ 烘干。将上述清洗的金属用蒸馏水冲洗，烘干。

（2）金属的热处理　对金属清洁处理后，还需进行加温热处理，即将金属置于氢气（湿氢）或真空中进行高温加热，使金属表面能形成一层氧化物而达到润湿的效果。预热的金属表面会形成一层氧化膜，形成金属、金属氧化物、玻璃的连续过渡层，如图 7.9 所示。

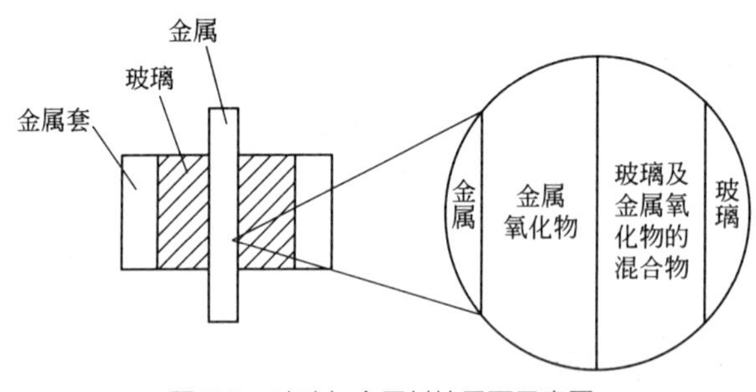

图 7.9　玻璃与金属封接界面示意图

金属基体表面的低价氧化物从化学键类型角度来看，它接近于金属，因此能与金属牢固地结合，而氧化程度较高的外表层氧化物的化学键与玻璃相似，故能与玻璃结合。因此，这一过渡层对玻璃－金属封接至关重要。

7.5.2 烧结金属粉末封接

用烧结金属粉末法将陶瓷和金属件焊接到一起时，其主要工艺分为两个步骤：陶瓷表面金属化和加热焊料使陶瓷与金属焊封。其中，最关键的工艺是陶瓷表面的金属化。现按工艺流程简述如下。

（1）浆料制备　其中主要成分为金属氧化物或金属粉末，还含有一些无机黏合剂、有机黏合剂、再加上适量的液体，就可置入球磨机中湿磨 12 ～ 60h，直到平均粒径到 1 ～ 3μm 为止。

（2）刷浆　将上述制得的金属浆料，以一定方式涂刷于需要金属化的陶瓷表面上，这层金属浆料的厚度，以干后达到 12 ～ 26μm 为宜。

（3）烧渗　在高温及还原性气氛的作用下，一部分金属氧化物将被还原成金属，另一部分则可能熔融并添加到陶瓷的玻璃相中，或与陶瓷中的某些晶态物质通过化学反应而生成一种新的化合物，形成一种黏稠的过渡层，并将陶瓷表面完全润湿。而在冷却过程中这一黏稠的过渡层，则凝固为玻璃相，填充于陶瓷表面与金属粉粒之间。

（4）将陶瓷金属化表面与金属进行焊接　这一工序通常是在还原性的气氛保护下进行的。焊料温度一般都是比较高的，温度太低，焊料虽可熔化，但流动性不好，不能润湿和填充所有的封焊间隙，气密性不好，机械强度不高；而温度太高，则可能使熔融的焊料将金属化薄层溶解、侵蚀，甚至将金属件熔蚀，形成缺口或脱焊。合适的焊封温度以能在焊封间隙中形成一层厚为 10 ～ 50μm、均匀而致密的焊封层为宜。对于半导体器件，一般应控制在 500℃以下；对于电子管的焊封，常在 800 ～ 1000℃之间；个别硬质金属大件的焊封温度，可高达 1800℃。可以得到抗张强度大于 0.7MPa，几乎是绝对密封的陶瓷－金属封接。

7.5.3 活性金属封接

活性金属封接法的封接属于压力封接。这种封接的特点是，在直接焊封之前，陶瓷表面不需要先进行金属化，而采用一种特殊的焊料金属直接置于需要焊接的陶瓷和金属之间，利用陶瓷和金属母材之间的焊料在高温下熔化，其中的活性组元与陶瓷发生反应，形成稳定的反应梯度层，从而使两种材料结合在一起。这种金属焊料可以直接制成薄层垫片状，或采用胶态悬浊浆涂刷。

陶瓷－金属的连接多用钎焊，添加的活性金属元素有 Si、Mg、Ti、Zr、Hf、Pd 等。当活性金属钛与焊料接触，温度达到它们的共熔点时，便形成了含钛的液相合金。

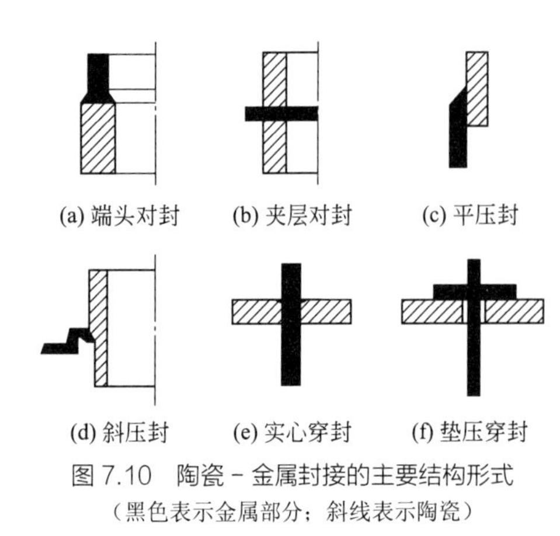

图 7.10 陶瓷 - 金属封接的主要结构形式
（黑色表示金属部分；斜线表示陶瓷）

7.5.4 封接的结构形式

应用于电子元件、器件中的陶瓷 - 金属的封接，就基本结构而言，不外乎对封、压封、穿封三种（图 7.10）。如果元件本身结构比较简单，则可以使用其中一种，如小型密封电阻、电容、电路、基片等。如果元器件本身比较复杂，则可能由其中的 2 ～ 3 种形式组合而成，如穿心式电容器、陶瓷绝缘子、真空电容器等。

7.6 陶瓷表面改性新技术

陶瓷材料不仅具有高硬度、高强度、良好的耐磨性能，而且还具有优异的化学稳定性及高温力学性能。但是，陶瓷材料脆性大、延展性小，在使用过程中容易发生脆性断裂，从而影响其可靠性，限制了它的广泛应用。

利用表面改性技术可以克服陶瓷材料的这些缺陷，使陶瓷材料能够发挥其优良的物理、化学性能。传统的陶瓷表面改性技术有喷涂、溶胶 - 凝胶、化学气相沉积、物理气相沉积、离子束溅射沉积等。在传统的表面改性技术和方法的基础上，研究了许多用于改善材料表面性能的技术，诸如离子注入技术、等离子体技术、激光技术及粉体表面包覆改性等。

7.6.1 离子注入技术

离子注入技术是将所需的元素（气体或金属蒸气）通入电离室电离后形成正离子，将正离子从电离室引出进入几十至几百千伏的高压电场中，加速后注入材料表面，在零点几微米厚的表层中增加注入元素的浓度，同时产生辐照损伤，从而改变材料的结构和各种性能。

7.6.1.1 离子注入技术原理及装置

离子注入是指从离子源中引出离子，经过加速电位加速，离子获得一定的初速度后进入磁分析器，使离子纯化，从磁分析器中引出所需要注入的纯度极高的离子。加速管将选出的离子进一步加速到所需的能量，以控制注入的深度。聚焦扫描系统将粒子束聚焦扫描，有控制地注入陶瓷材料表面。离子注入机如图 7.11 所示。

7.6.1.2 离子注入技术的特点

（1）离子注入是一个非平衡过程，注入元素不受扩散系数、固溶度和平衡相图的限制，理论上可将任何元素注入任何基体材料中去。

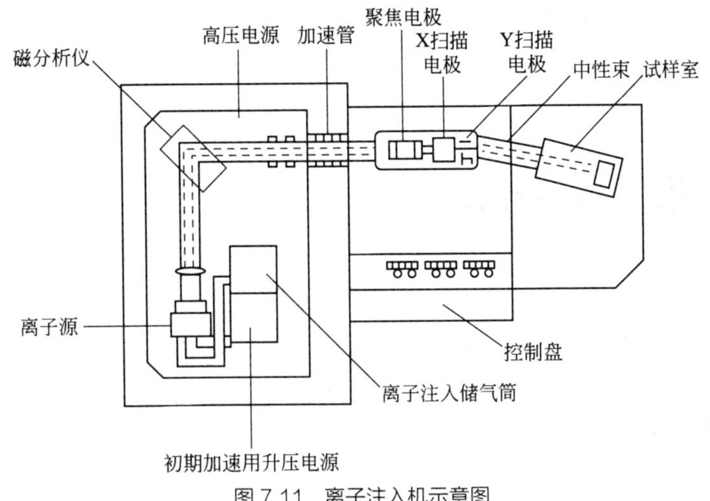

图 7.11 离子注入机示意图

（2）离子注入是原子的直接混合，注入层厚度为 0.1μm，但在摩擦条件下工作时，由于摩擦热作用，注入原子不断向内迁移，其深度可达原始注入深度的 100 ～ 1000 倍，使用寿命延长。

（3）离子注入元素是分散停留在基体内部，没有界面，故改性层与基体之间的结合强度很高，附着性好。

（4）离子注入是在高真空（10^{-5} ～ 10^{-4}Pa）和较低的温度下进行的，因此工件不产生氧化脱碳现象，也没有明显的尺寸变化，故适宜工件的最后表面处理。

（5）缺点是有时无法处理复杂的凹面和内腔，注入层较薄，离子注入机价格昂贵，加工成本较高。

7.6.1.3 离子注入对陶瓷表面材料表面力学性能的影响

（1）离子注入对陶瓷表面材料断裂韧性的影响　陶瓷材料的致命缺陷是脆性大，利用离子注入可以在一定程度上提高陶瓷的断裂韧性。

（2）离子注入对陶瓷抗弯强度的影响　因为离子注入使材料表面产生辐照损伤，体积膨胀，产生表面压应力，这是材料强度增加的主要原因，但是如果材料表面的裂纹尺寸超过了注入引起的表面压应力的厚度，其增强效果会减小。

（3）离子注入对陶瓷硬度的影响　一般来说，低剂量注入时，离子束引起表面硬化，使得材料硬度会增大，但是剂量增加到一定程度时，当陶瓷表面呈无定形后，硬度就会急剧下降。

（4）离子注入对陶瓷摩擦性能的影响　陶瓷材料的摩擦损失常与表面性能有密切关系。离子注入可以改善材料的表面性能，从而提高材料表面的抗磨损性能。

7.6.2 等离子体喷涂

在一定的压力下，宏观物质随温度升高由固态变成液态，再变为气态（有的直接变成气态）。随着温度继续升高，气态分子热运动加剧。当温度足够高时，分子中的原子由于获得足够的动能，便开始彼此分离。若进一步升高温度，原子的外层电子会摆脱原子核的束缚成为自由电子。失去电子的原子变成带电的离子，这个过程称为电离。发生电离（无论是部分电离，还是完全电离）的气体称为等离子体（或等离子态）。根据温度不同，等离子体可分为高温等离子体和低温等离子体。

7.6.2.1 等离子体与表面的相互作用

低温等离子体中存在具有一定能量分布的电子、离子和中性粒子，通过它们与材料表面的撞击，会将自己的能量传递给材料表面的原子或分子，产生解析、溅射、刻蚀、蒸发等各种物理、化学过程。一些粒子还会注入材料表面引起级联碰撞、散射、激发、重排、异构、缺陷、晶化或非晶化，从而改变材料表面的组织和性能。

7.6.2.2 脉冲等离子体沉积

近 20 年来，人们发展了许多现代表面处理技术，主要是通过各种电磁波束（激光、微波、紫外线等）和荷能离子（分子、原子、离子、电子等）束等辐照处理，在材料表面产生物理变化、化学变化和机械变化，达到改性的目的。用于薄膜合成、表面改性技术中的脉冲能量束一般为脉冲激光束、脉冲电子束、脉冲等离子束。与脉冲电子束、脉冲激光束相比，脉冲等离子束具有电子温度高、等离子体密度高、定向速度高、功率大等特点。脉冲等离子体应用于材料表面改性具有设备简单、处理温度可以在室温进行、沉积速率高、薄膜与基底黏结力强等优点，并兼有激光表面处理、电子束处理、冲击波轰击、离子注入、溅射、化学气相沉积等综合性特点。在制备薄膜时可在室温下合成亚稳态相和其他化合物材料。

7.6.2.3 脉冲高能量密度等离子体表面改性

脉冲高能量密度等离子体是一种脉冲能量束。脉冲高能量密度等离子体具有很高的电子温度（10 ～ 100eV）和等离子体密度（10^{14} ～ $10^{16}cm^{-3}$）以及相对较高的定向运动速度（10 ～ 100km/s），能量密度可达 1 ～ $10J/cm^2$。将如此高能量密度等离子体瞬间作用在材料表面，可以导致材料表面出现局部急剧熔化，紧接着急剧冷却凝固，加热或冷却速度可达 10^8 ～ 10^{10} K/s。因此可以在基材表面形成一层微晶或非晶薄膜，从而达到改善材料表面性能的目的。通过改变同轴枪内电极、外电极材料，工作气体种类及工艺参数，可以获得不同种类和比例的等离子束，从而可以在室温下制备各种稳态和亚稳态相的薄膜。脉冲高能量密度等离子体的产生装置是根据同轴等离子体加速器的概念设计的，其原理如图 7.12 所示。

脉冲高能量密度等离子体技术能够用于陶瓷表面金属化的原因如下。

（1）通常用铜代替铝作为集成电路的金属材料，目前通过 CVD、PVD 及化学镀的方法沉积得到的铜膜由于与氧化铝基底的润湿性很差，造成金属膜与基底结合不牢。

（2）脉冲高能量密度等离子体在处理材料时，等离子体能够与基底材料直接发生反应，这样，制备薄膜及膜 / 基混合可同步实现，能够有效提高膜 / 基结合力。同样利用脉冲高能量密度等离子体技术在 Si_3N_4 陶瓷刀具和硬质合金刀具表面沉积 Ti（C，N）涂层后，具有很好的硬度效果。

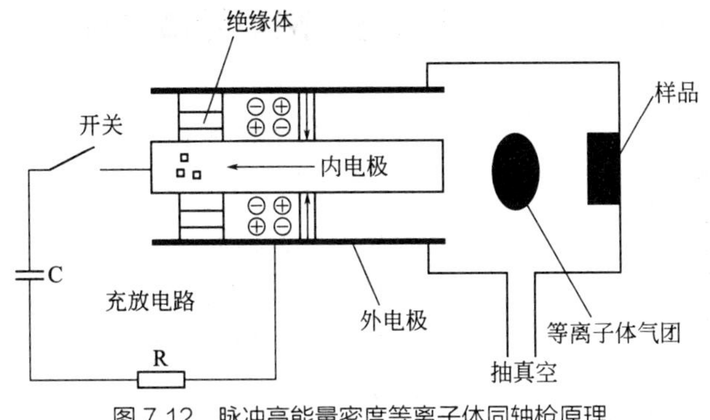

图 7.12 脉冲高能量密度等离子体同轴枪原理

7.6.3 激光技术

激光表面处理技术是在材料表面形成一定厚度的处理层，可以改善材料表面的力学性能，以满足各种不同的使用要求。

激光表面处理采用大功率密度的激光束，以非接触性的方式加热材料表面，借助于材料表面本身传导冷却，来实现其表面改性的工艺方法。激光表面处理包括激光表面硬化、激光冲击硬化、激光表面熔化、激光表面合金化和激光表面涂覆等。

图 7.13 为激光表面喷涂示意图。它的特点是利用高温度、高能量密度的激光作为光源，使喷涂材料熔化制作涂层。

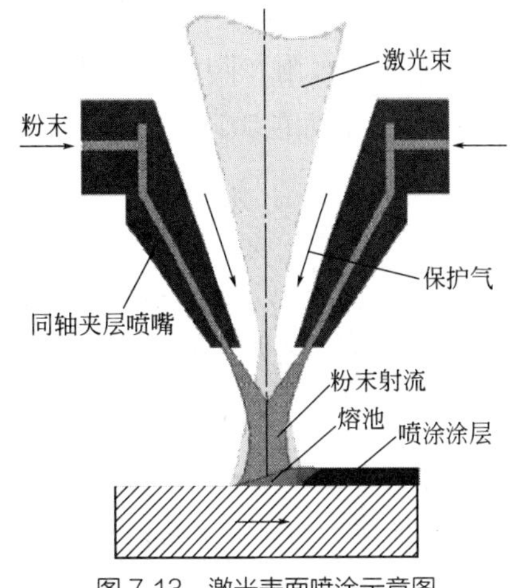

图 7.13 激光表面喷涂示意图

激光表面处理技术的优点如下。

（1）能量传递方便，可以对被处理工件表面有选择地局部强化。

（2）能量作用集中，加工时间短，热影响区小，激光处理后，工件变形小。

（3）可处理表面形状复杂的工件，而且容易实现自动化生产线。

（4）激光表面改性的效果比普通方法更显著，速度快，效率高，成本低。

（5）通常只能处理一些薄板金属，不适宜处理较厚的板材，但可以作为建筑卫生陶瓷的表面修补。

7.6.4 爆炸喷涂

爆炸喷涂是指喷涂时，首先将定量的乙炔和氧气由供气口送入水冷喷腔的内腔，再从另一入口送入氮气，同时将粉末从供料口送入，这些粉末在燃烧气体中浮游，火花塞点火，气体爆炸产生的热能和压力转化成动能，使粉末达到熔融状态并高速撞击基材表面，从而形成涂层。图 7.14 是爆炸喷涂原理示意图。

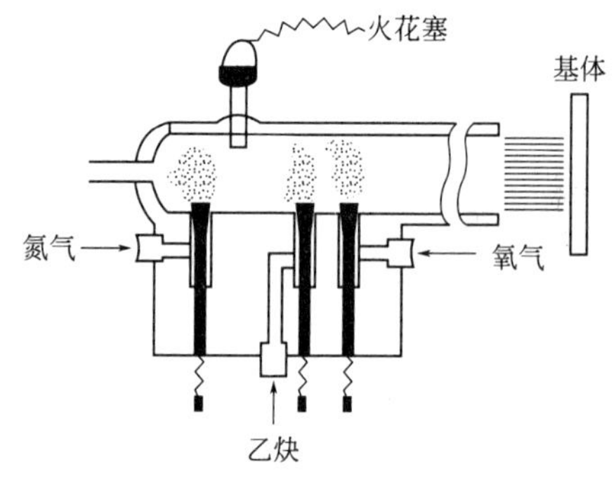

图 7.14 爆炸喷涂原理示意图

7.6.5 陶瓷粉体的表面包覆改性

在陶瓷粉体颗粒表面包覆一层其他物质，可以改变颗粒表面的物理化学性质，控制粉体的团聚状态，改善其分散特性。包裹粉体在陶瓷领域的应用主要在以下几方面：提高陶瓷粉体的分散性；提高烧结助剂或弥散相在粉体中的均匀性；阻止弥散体与基体之间的反应。在功能陶瓷领域除可以降低粉体表面的缺陷浓度、提高分散性外，还可以改善其电、磁、光、催化以及烧结性能。

从粉体包覆改性过程中颗粒表面发生的物理化学变化的角度，有以下几种包覆改性方法。

（1）表面吸附改性　表面吸附改性是利用物理或化学吸附原理，使包覆材料均匀附着在陶瓷粉体上，以形成连续完整的包覆层。在此过程中，包覆材料多是有机物，这些有机物选择性地吸附在陶瓷粉体表面，定向排列，使粉体的性能得到改善。图 7.15 为硬脂酸在 Y-TZP 表面的吸附示意图。

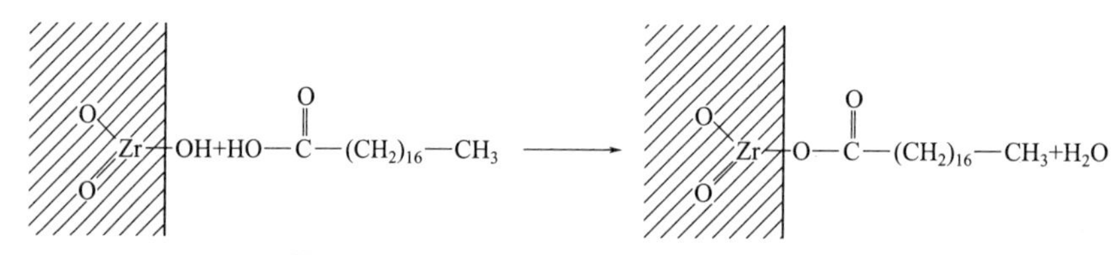

图 7.15 硬脂酸在 Y-TZP 表面的吸附示意图

（2）非均相成核法　最理想的包覆工艺是控制沉淀反应为非均匀成核生长，即控制包覆层物质以被覆颗粒（晶须）为成核基体进行生长，从而实现包覆陶瓷颗粒（晶须）的目的。

非均匀形核法是利用改性剂微粒在被包覆颗粒基体上的非均匀形核并生长来形成包覆层。图 7.16 为采用非均相沉淀法制备 Cu 包覆 Al_2O_3 纳米复合粉体示意图。

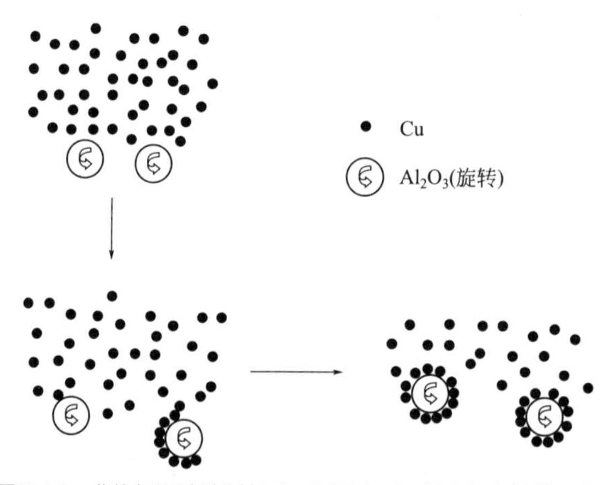

图 7.16 非均相沉淀法制备 Cu 包覆 Al_2O_3 纳米复合粉体示意图

思考题

7-1 釉下彩、釉上彩、釉中彩各有什么特点？

7-2 按矿物类型分，陶瓷釉料有哪些种类？

7-3 什么是“窑变”？“窑变”与釉料呈色有何联系？

7-4 我国传统的结晶釉有哪些？结晶釉涉及哪些物理化学机理？

7-5 陶瓷的机械加工方式有哪些？如何选用？

7-6 试述电子陶瓷表面被银法的工艺要点。

7-7 试述电子陶瓷表面化学镀镍法的工艺要点。

7-8 陶瓷－金属封接需要满足哪些性能要求？

7-9 综述陶瓷离子注入技术的研究进展。

7-10 试述激光技术在陶瓷表面处理中的应用。

7-11 粉体包覆改性的作用是什么？有哪些主要方法？

参考文献

［1］干福熹．硅酸盐玻璃物理性质变化规律及其计算方法［M］．北京：科学出版社，1966．

［2］刘康时．陶瓷工艺原理［M］．广州：华南理工大学出版社，1990．

［3］王零森．特种陶瓷［M］．长沙：中南工业大学出版社，1994．

［4］刘维良，喻佑华．先进陶瓷工艺学［M］．武汉：武汉理工大学出版社，2004．

［5］李言荣，恽正中．电子材料导论［M］．北京：清华大学出版社，2001．

［6］李家驹，马铁成，缪松兰，等．陶瓷工艺学［M］．第 2 版．北京：中国轻工业出版社，2011．

［7］张锐，王海龙，许红亮．陶瓷工艺学［M］．第 2 版．北京：化学工业出版社，2013．

［8］李世普．特种陶瓷工艺学［M］．武汉：武汉理工大学出版社，2007．

［9］陈大明．先进陶瓷材料的注凝技术与应用［M］．北京：国防工业出版社，2011．

［10］黄培云．粉末冶金原理［M］．北京：冶金工业出版社，2008．

［11］张迎春．铌钽酸盐微波介质陶瓷材料［M］．北京：科学出版社，2005．

［12］高瑞平，李晓光，施剑林，等．先进陶瓷物理与化学原理与技术［M］．北京：科学出版社，2001．

［13］桥本谦一，滨野健也．陶瓷基础［M］．陈世兴译．北京：中国轻工业出版社，1986．

［14］饶东生．硅酸盐物理化学［M］．北京：冶金工业出版社，1980．

［15］谢志鹏，杨现锋，王霖林．先进陶瓷的精密注射成型［J］．长沙理工大学学报，2006，3（3）：102-106．

［16］梁炳亮，郑兴华，倪维庆，等．（1-x）$Ba_4Sm_{9.33}Ti_{18}O_{54-x}Ca_{0.61}Nd_{0.26}TiO_3$ 系微波介质陶瓷［J］．硅酸盐学报，2006，34（12）：1437-1441．

［17］Huang C L，Su C H，Chang C M．High Q microwave dielectric ceramics in the $Li_2(Zn_{1-x}A_x)Ti_3O_8$（A = Mg，Co；x = 0.02 ～ 0.1）system［J］．Journal of the American Ceramic Society，2011，94（12）：4146-4149．

［18］黄勇，张立明，汪长安，等．先进结构陶瓷研究进展评述［J］．硅酸盐通报，2005，（5）：91-99．

［19］李亚运，司云晖，熊信柏，等．陶瓷 3D 打印技术的研究与进展［J］．硅酸盐学报，2017，45（6）：793-804．

［20］南策文，王晓慧，陈湘明，等．信息功能陶瓷研究的新进展与挑战［J］．中国材料进展，2010，29（8）：30-36．

［21］施剑林．固相烧结 - 气孔显微结构模型及其热力学稳定性、致密化方程［J］．硅酸盐学报，1997，25（5）：499-512．